DIE ZEIT WISSEN EDITION

Schaltstelle Gehirn

DIE ZEIT WISSEN EDITION

Andreas Sentker, Frank Wigger (Hrsg.)

Schaltstelle Gehirn

Denken, Erkennen, Handeln

Mit einem Nachwort von Gerhard Roth

Spektrum
AKADEMISCHER VERLAG

Herausgegeben von Spektrum Akademischer Verlag GmbH und Zeitverlag Gerd Bucerius GmbH & Co. KG

Bibliografische Information Der Deutschen Bibliothek
Die Deutsche Nationalbibliothek verzeichnet diese Publikation in der Deutschen Nationalbibliografie; detaillierte bibliografische Daten sind im Internet über http://dnb.d-nb.de abrufbar.

Springer ist ein Unternehmen von Springer Science+Business Media
springer.de

Spektrum Akademischer Verlag ist ein Imprint von Springer

09 10 11 12 13 5 4 3 2 1

Planung und Lektorat: Frank Wigger, Andreas Sentker, Bettina Saglio
Redaktion: Dr. Petra Seeker, ps-redaktionsbüro Sinsheim
Copy-Editing: Robert Woltmann
Herstellung: Katrin Frohberg
Umschlaggestaltung: Alexandra Kardinar und Volker Schlecht, www.drushbapankow.de
Grafiken: Vera Kassühlke
Satz: TypoDesign Hecker, Leimen
Druck und Bindung: Stürtz GmbH, Würzburg

Printed in Germany

ISBN 978-3-8274-2002-2

Inhalt

Vorwort VII

Aus der Memperspektive 1
Von Susan Blackmore

Das geheime Wissen der Erbsenzähler 23
Till Hein

Bekenntnisse eines Physikalisten oder Was ist Synästhesie? 29
Von John Harrison

Die Symphonie der Sinne 47
Andreas Sentker

Falsche Erinnerungen 51
Von Sina Kühnel und Hans J. Markowitsch

Alles schon mal da gewesen 77
Sara Mously

Musik hören – Musik entsteht im Kopf 83
Von Eckart Altenmüller

Warum wir alle Musikgenies sind 107
Christoph Drösser

Können wir beeinflussen, was uns emotional werden lässt? 113
Von Paul Ekman

Ich fühle, also bin ich 131
Bas Kast

Depression und Burnout 139
Von Thomas Haenel

Wenn das Ich erstarrt 153
Ute Eberle

Der mörderische Geist – Eine evolutionäre Theorie des Mordes 161
Von David M. Buss

Auch Frauen sind zu allem fähig 185
Sabine Etzold

Selbstbehinderung – Fallstricke, Fehlschlüsse und wie wir sie vermeiden können 189
Von Manfred Spitzer

Der unbewusste Wille 209
Ulrich Schnabel

Die Kunst der Beeinflussung 213
Von Wolfgang Seidel

Geht's auch anders? 228
Katharina Kluin

Widerstand gegen situative Einflüsse und heroisches Verhalten 233
Von Philip G. Zimbardo

Alle für einen! 258
Katharina Kluin

Nachwort 262
Von Gerhard Roth

Bild- und Textnachweise 273

Index 275

Vorwort

Es schimmert graurosa, ist etwa 1400 Gramm schwer und hat die Konsistenz eines weichgekochten Frühstückseies. Auf den ersten Blick erscheint unser Gehirn, das Zentralorgan des Menschseins, erstaunlich unspektakulär. Kaum verwunderlich, dass Aristoteles vermutete, es sei mit seinen vielen Windungen einzig zur Kühlung des Blutes da. Das Denken, war der griechische Philosoph wie viele seiner Zeitgenossen überzeugt, finde im Herzen statt.

Kein anderes Organ hat im Laufe der Wissenschaftsgeschichte so unterschiedliche, ja widersprüchliche Funktionszuweisungen und Interpretationen erfahren wie das Gehirn. Der französische Arzt und Philosoph Julien Offray de La Mettrie interpretiert den Menschen im 18. Jahrhundert als Maschine und das Gehirn entsprechend als Rechenwerk in der Schädelkapsel.

Das Bild der Rechenmaschine hält sich hartnäckig und erlebt trotz aller romantisierender Widerstände und medizinischer Einsichten im Zeitalter der ersten Großrechner eine Renaissance: Noch bis vor wenigen Jahren betrachtete man das Gehirn als Computer, seine Neuronengeflechte als Schaltkreise, das Denken als Input-Output-Prozess.

Das Bild wandelt sich. Ein Gedanke aber zieht sich durch die Jahrhunderte der Hirnforschung. Das Gehirn ist ein einsames Organ, von der Knochenhülle des Schädels nicht nur beschützt, sondern isoliert, als Sitz der Persönlichkeit naturgemäß individuell und im höchsten und eigentlichen Sinn eigensinnig.

Erst in jüngster Zeit weicht diese nahezu autistische Interpretation einer neuen Vorstellung: Gemeinsinn ersetzt den Eigensinn, das Gehirn wird von der kalten Maschine zum sozialen Organ.

Paradoxerweise kommen wichtige Hinweise, die diesen Wandel vorantreiben, zunächst aus der Robotik: Beim Versuch, einem Computer Intelligenz einzupflanzen, scheitern die Entwickler. Sie können seine Schaltkreise mit noch so viel Wissen vollstopfen, er lernt nur bedingt. Er braucht, schlussfolgern die Fachleute für Künstliche Intelligenz, die Chance, seine Umwelt selbst zu erfassen und mit ihr in Wechselwirkung zu treten. Interaktion ist die Voraussetzung für Intelligenz.

Ein weiteres Indiz für die Sozialstruktur des Gehirns liefern Tierversuche. Bei Experimenten mit Affen finden der Italiener Giacomo Rizzolatti und seine Mitarbeiter Nervenzellen im Gehirn, die nicht nur agieren, wenn das Tier eine bestimmte Handlung vollführt (etwa nach einer Nuss greift). Sie werden auch aktiv, wenn der Affe seinen menschlichen Versuchsleiter beim Griff nach der Nuss beobachtet.

Als „Zellen des Mitgefühls" werden die Spiegelneuronen in den Medien wie in der Fachwelt gefeiert. Aristoteles scheint gleich doppelt geirrt zu haben: Wir denken nicht mit dem Herzen, wir fühlen mit dem Gehirn.

Die Metapher von der emotionslos kalkulierenden Rechenmaschine Gehirn löst sich nahezu vollständig auf. In unserem Denkorgan finden wir Spuren unseres evolutionär-emotionalen Erbes ebenso wie Hinweise darauf, dass unsere Intuition, das Bauchgefühl, in Wahrheit dem Kopf entspringt. Wir sind, wie der Bremer Hirnforscher Gerhard Roth in seinem Nachwort zu diesem Band zeigt, auf die emotionale Seite unseres Denkens angewiesen, um Rationalität in Handeln umsetzen zu können.

Schaltstelle Gehirn ist wie *Rätsel Ich, Planet Erde, Phänomen Mensch, Faszination Kosmos* und *Triebkraft Evolution,* die ersten fünf Bände der ZEIT WISSEN Edition, ein Buch mit einem einzigartigen Ansatz. Es vereint prominente Autoren der unterschiedlichen Fachrichtungen, macht zentrale Positionen der Wissenschaft verständlich und zeigt den aktuellen Stand dessen, was Mediziner, Psychologen, Psychiater, Philosophen und Anthropologen über das soziale Gehirn wissen.

Die britische Psychologin Susan Blackmore beschreibt, wie unsere kulturelle Evolution das Gehirn prägt. Während unser genetisches Erbe in Form von Genen niedergelegt ist, sind in ihrer Theorie die Meme die Erbeinheiten des Verhaltens. Die Bielefelder Gedächtnisforscher Sina Kühnel und Hans J. Markowitsch zeigen, dass wir unserem Gedächtnis nicht trauen können, weil wir es selbst mit jedem Aufruf im jeweiligen historischen und sozialen Kontext wieder verändern. Der amerikanische Anthropologe und Psychologe Paul Ekman gilt als der weltbeste Kenner menschlicher Gefühlsausdrücke – und entdeckt in ihnen eine globale und kulturunabhängige Universalsprache. Der Evolutionspsychologe David M. Buss ist überzeugt, dass unser evolutionäres Erbe nicht nur positiv ist: „Jeder Mensch hat das Potenzial, einen Mord zu begehen." Aber – das ist die gute Botschaft von Buss – die Natur hat uns nicht nur Mordgelüste mitgegeben, sondern auch die Fähigkeit, sie zu kontrollieren. Für den amerikanischen Psychologen Philip G. Zimbardo resultiert aus seiner experimentellen Praxis menschlicher Selbsterkenntnis eine dringende Mahnung: „Wir sind alle verführbar."

Den Beiträgen der Wissenschaftler haben wir Reportagen, Analysen und Interviews namhafter Autoren von ZEIT und ZEIT WISSEN zur Seite gestellt. Sie ordnen die wissenschaftlichen Positionen in das

Gesamtbild ein, zeigen gesellschaftliche Zusammenhänge auf, lassen Widersprüche und Dispute sichtbar werden.

Das Gehirn, so belegen die Beiträge, ist nicht das Organ des Eigensinns, der Hort festverdrahteter, kühler Berechnungen. Es ist ein soziales und sozial formbares Organ, eine erfahrungsgesteuerte Gefühls- und Wertezentrale mit rationaler Teilkontrolle.

Es ertüchtigt uns nicht nur zu sozialem Verhalten, es ist auch selbst sozial organisiert. „Das Gehirn", sagt der aus Südafrika stammende Schweizer Hirnforscher Henry Markgram, „ist die ultimative Demokratie." Alle Neuronen verhalten sich unterschiedlich. Aber sie respektieren sich. Und sie müssen lernen, sich in ihrer Verschiedenheit aufeinander einzustimmen.

„Das Verständnis des Gehirns kann tatsächlich die Gesellschaft verändern", ist Markgram überzeugt. „Es kann das Bewusstsein der Menschen verändern." Das ist neben seiner eigentlichen Funktion und seiner inneren Organisation die dritte Ebene, auf der unser Gehirn Gemeinsinn zeigt – als soziale Schaltstelle.

Hamburg und Heidelberg, Oktober 2008

Andreas Sentker und Frank Wigger

In diesem Buch werden Ihnen neben den Grundtexten verschiedene Arten von Zusatzinformationen begegnen, die meist in der Randspalte platziert oder auch als Kästen eingefügt sind: kurze Porträts wichtiger Forscher, Erläuterungen ausgewählter Fachbegriffe sowie Fotos, Grafiken und Tabellen, die einzelne Sachverhalte veranschaulichen, ergänzt um gelegentliche Literaturhinweise und Internet-Links. Diese Zusatzelemente treten im Buch immer nur einmal auf. Sie lassen sich aber leicht über den Index lokalisieren, denn alle in diesen Zusatzelementen enthaltenen Stichwörter sind dort durch kursive Seitenzahlen markiert (neben den steilen Seitenzahlen für die Grundtexte). Sollten Sie also in einem bestimmten Beitrag eine biographische Notiz und oder eine Worterläuterung vermissen, finden Sie sie wahrscheinlich an anderer Stelle des Buches.

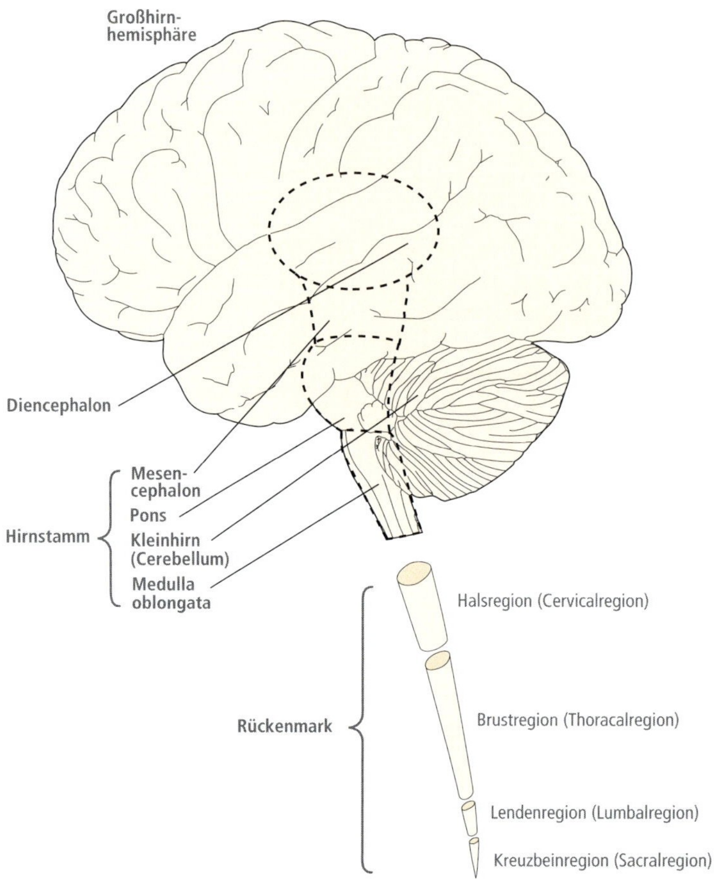

Hauptbestandteile des Zentralnervensystems.

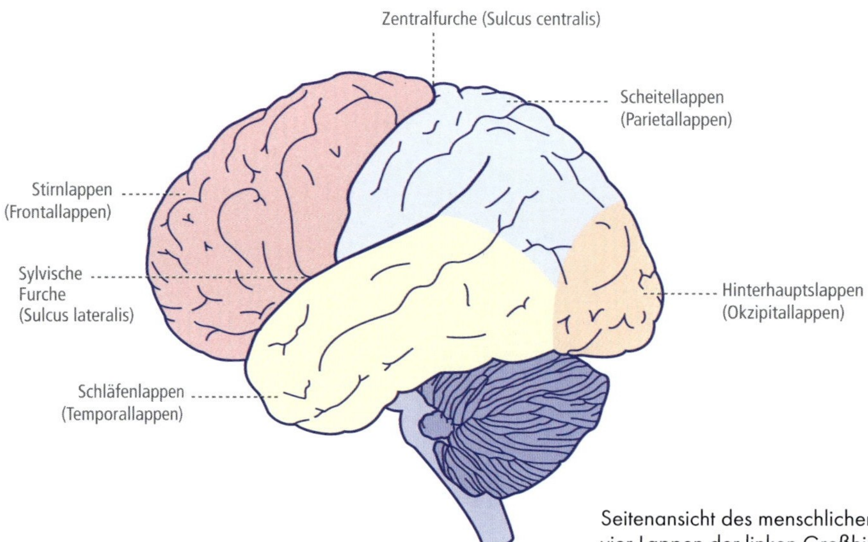

Seitenansicht des menschlichen Gehirns mit den vier Lappen der linken Großhirnhemisphäre.

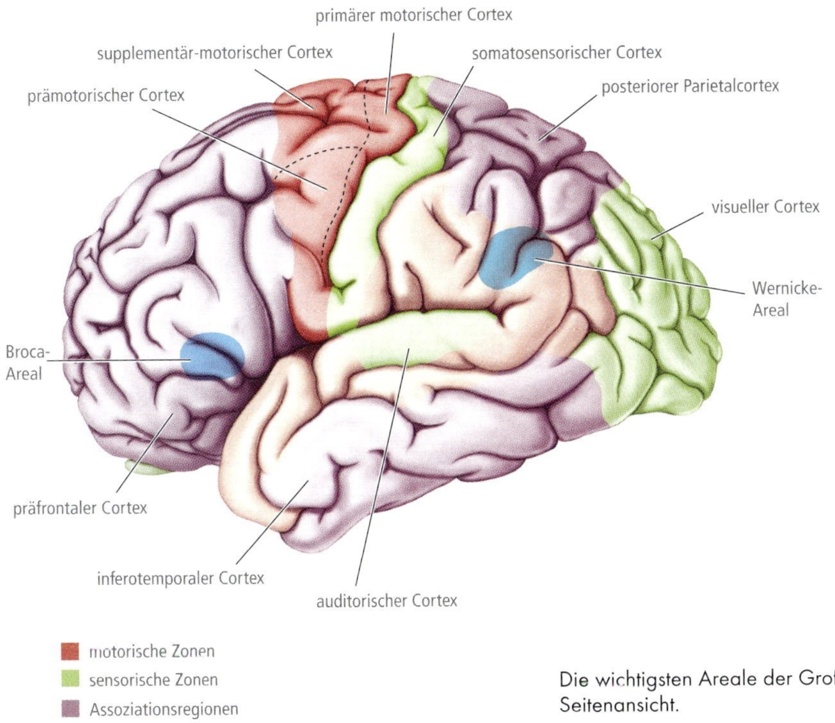

Die wichtigsten Areale der Großhirnrinde (Cortex) in Seitenansicht.

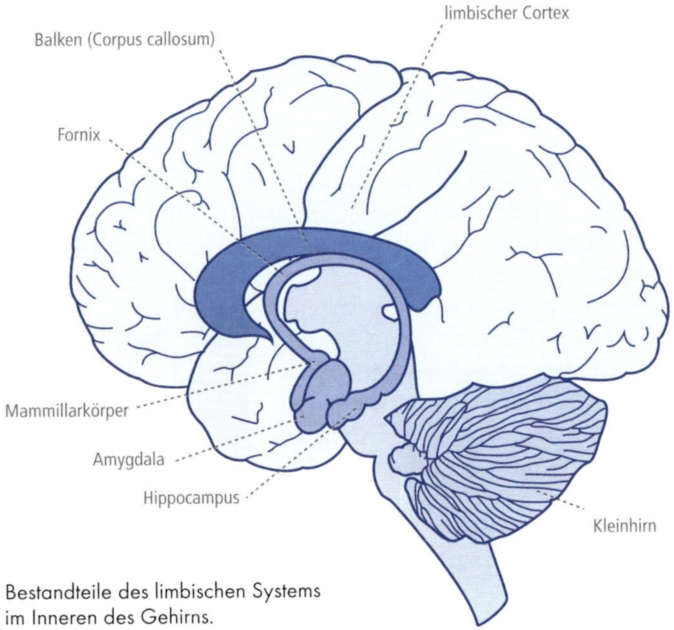

Bestandteile des limbischen Systems im Inneren des Gehirns.

Das erste Mal, dass ihm **Susan Blackmore** aufgefallen sei, erinnert sich ZEIT-Redakteur Gero von Randow, war der Moment, als sie eine Glühbirne aß: „Das war bei einer Veranstaltung, in der ein Antiguru aus Indien auftrat, einer jener Aufklärer, die guruübliche Wunderdinge vollführen und anschließend dem Publikum die Tricks verraten. Dieser Entzauberer also holte eine Glühbirne hervor, versprach, sie zu verspeisen, und fragte: Wer möchte sich davon überzeugen, dass sie echt ist? Prompt sprang eine Frau auf die Bühne, inspizierte das Ding und verkündete: Wenn Sie Glas essen können, dann kann ich das auch. Sodann verschlang Susan Blackmore, angeleitet vom Antiguru, eine halbe Banane, zerkaute danach ein paar dünne Scherben, bis das Glas pulverisiert war, schluckte es mit etwas Wasser, verputzte den Rest der Banane und trank viel Wasser. Schäden trug sie nicht davon." (Zur Nachahmung sei dieser Trick dennoch nicht empfohlen).

Die Szene ist typisch. Die britische Psychologin will alles selbst erfahren, mit eigenen Augen und Ohren und Mund und Nase und Händen prüfen, will Wissen und Gewissheit. Susan Jane Blackmore wird am 29. Juli 1951 in London geboren. 1973 macht sie ihren Bachelor in Psychologie und Philosophie am St. Hilda's College der Universität Oxford. An der Universität von Surrey will sie ihren PhD in Parapsychologie erwerben. Susan Blackmore glaubt an außersinnliche Wahrnehmungen und paranormale Phänomene – und will sie wissenschaftlich beweisen. Doch ihren Doktorgrad erhält sie schließlich 1980 für eine Arbeit, die mit parapsychologischen Ideen und Phänomenen bricht. Sie wechselt auf die Seite der professionellen Skeptiker und ist seit vielen Jahren Fellow des „Committee for the Scientific Investigation of Claims of the Paranormal" (CSICOP).

Bekannt wird Blackmore jedoch durch ein ganz anderes Thema: ihre Arbeiten über Meme. Was das ist? „Meme sind ein Pendant zu den Genen", erklärt Blackmore im Gespräch mit der ZEIT. „Eine schöne Theorie, ich habe davon zum ersten Mal bei dem Zoologen Richard Dawkins gelesen. Gene sind Anweisungen, wie Proteine zu bauen sind. Meme sind auch Anweisungen. Sie sind in unseren Köpfen gespeichert und steuern das Verhalten." Blackmore arbeitet heute als Schriftstellerin, Dozentin und Radiomoderatorin an der Weiterverbreitung ihrer Mem-Theorie. Sie hat mehr als sechzig wissenschaftliche Artikel verfasst und bei etwa vierzig Büchern mitgewirkt. Ihr Buch *The Meme Machine* (1999) ist in zwölf Sprachen erschienen.

Susan Blackmore

Aus der Memperspektive

Von Susan Blackmore

Einführung von Richard Dawkins

Dass wir unbewusst andere nachahmen – insbesondere unsere Eltern, Menschen in quasi-elterlichen Rollen oder Personen, die wir bewundern – ist allseits bekannt. Aber kann man Nachahmung oder Imitation zur Grundlage einer bedeutenden Theorie der Evolution des menschlichen Geistes und der explosionsartigen Größenzunahme des menschlichen Gehirns machen? Einer Theorie, die sogar die Vorstellung eines bewussten Selbst einschließt? Könnte Imitation der Schlüssel zu dem sein, was unsere Vorfahren von allen anderen Tieren unterschied? Ich wäre nie auf diese Idee gekommen, doch Susan Blackmore trägt verblüffende und überzeugende Argumente dafür zusammen.

Durch Imitation lernt ein Kind eine ganz bestimmte Sprache und nicht irgendeine x-beliebige. Darum sprechen Kinder eher wie ihre Eltern als wie die Eltern anderer Kinder. Auf diese Weise entstehen regionale Dialekte und im Laufe der Zeit verschiedene Sprachen. In ähnlicher Weise werden Religionen innerhalb einer Familie von Generation zu Generation weitergegeben, statt in jeder Generation neu gewählt zu werden. Hier existiert eine zumindest oberflächliche Analogie zu der vertikalen Übermittlung von Genen von einer Generation zur nächsten und zu der horizontalen Übermittlung von Genen in Viren. Daher sollten wir das, was bei der Übermittlung von Wörtern, Ideen, Glaubensinhalten, Verhaltenseigenheiten und Moden die Rolle des Gens spielen könnte, mit einem Namen versehen. Seit 1976 (als das Wort geprägt wurde) hat sich zunehmend der Begriff „Mem“ für dieses postulierte Genanalogon eingebürgert.

Meme werden wie Gene vor dem Hintergrund anderer Meme im selben Mempool selektiert. Das führt dazu, dass man in individuellen Gehirnen Gruppen gegenseitig kompatibler Meme beziehungsweise coadaptierte Memkomplexe oder Memplexe findet – nicht etwa deshalb, weil die Selektion sie als Gruppe gewählt hat, sondern weil jedes einzelne Mitglied der Gruppe davon profitiert, wenn die Umwelt zufällig von den anderen dominiert wird. Ganz genauso kann man bei der genetischen Selektion argumentieren. Jedes Gen in einem Genpool bildet einen Teil des Umwelthintergrunds, vor dem die anderen Gene selektiert werden; daher verwundert es nicht, dass die natürliche Selektion Gene fördert, die beim Aufbau diese hochintegrierten und zu einem einzigen Ganzen vereinten Maschinen „kooperieren“, die wir Organismen nennen. Biologen scheiden sich streng in diejenigen, für die diese Logik so klar ist wie der lichte Tag, und solche (darunter sogar einige sehr renommierte), die das einfach nicht einsehen.

Ich war immer offen für die Möglichkeit, dass sich das Mem eines Tages zu einer richtigen Theorie des menschlichen Geistes entwickeln ließe, doch ich wusste nicht, als wie weitreichend sich eine solche Hypothese herausstellen könnte. Jede Theorie verdient ihre bestmögliche Darstellung, und die hat Susan Blackmore der Memtheorie nun gegeben. Möglicherweise wird man ihr vorhalten, das Unternehmen sei zu kühn, und ich würde sogar um sie fürchten, wenn ich ihre respektablen kämpferischen Qualitäten nicht kennte. Kämpferisch und hartnäckig ist sie, doch gleichzeitig ist ihr Stil locker und umgänglich. Ihre These unterminiert unsere liebsten Illusionen (als solche würde Susan Blackmore sie jedenfalls ansehen) von individueller Identität und Persönlichkeit, und dennoch spürt man hinter dieser Darstellung einen Menschen, den man gerne kennenlernen möchte.

Eine Welt voller Memwirte

Lassen Sie uns einmal die Welt mit anderen Augen betrachten. Ich nenne es die Memperspektive, wenn Meme in Wirklichkeit auch weder Augen noch eine Perspektive haben. Sie können nichts sehen und sie können nichts vorhersagen. Der entscheidende Punkt bei dieser Perspektive ist jedoch derselbe wie bei der Genperspektive in der Biologie. Meme sind Replikatoren und sie vermehren sich im Allgemeinen, wenn sie die Möglichkeit dazu haben. Daher ist die Memperspektive die Perspektive, die die Welt unter dem Aspekt der Replikationsmöglichkeiten betrachtet – was hilft einem Mem, weitere Kopien seiner selbst herzustellen und was verhindert dies?

Ich möchte eine einfache Frage stellen. Stellen Sie sich eine Welt voller Memwirte (zum Beispiel Gehirne) vor, in der es weitaus mehr Meme gibt als unterkommen können. Nun fragen Sie sich: Welche Meme werden mit größerer Wahrscheinlichkeit einen sicheren Unterschlupf finden und weitergegeben werden?

Jeder von uns kommt jeden Tag mit zahllosen Memen in Kontakt, schafft sie oder begegnet ihnen. Die meisten unserer Gedanken sind potenzielle Meme, doch wenn sie nicht ausgesprochen werden, sterben sie auf der Stelle aus. Jedes Mal, wenn wir sprechen, produzieren wir Meme, doch die meisten kommen nicht weit. Andere Meme werden via Radio und Fernsehen, schriftlich, durch die Handlungen anderer Menschen oder durch technische Produkte, Filme und Bilder weitergegeben.

Was ist eigentlich …

Replikation [von latein. *replicatio* = Wiederholung], in der Biologie die identische Verdoppelung der Desoxyribonucleinsäure (DNA), bei RNA-Viren von Ribonucleinsäure (RNA), welche die Voraussetzung für die Vermehrung und Fortpflanzung aller Lebewesen ist. Die Replikation ist auch für die Weitergabe der Erbinformation von Generation zu Generation verantwortlich.

Denken Sie einen Augenblick an all die Gedanken, die Sie in den vergangenen zehn Minuten – geschweige denn den ganzen Tag – gehabt haben. Selbst beim Lesen haben Sie vielleicht an andere Leute gedacht, sich an Dinge erinnert, die Sie noch erledigen wollen, Pläne für den Tag geschmiedet oder (hoffentlich) Ideen weiterverfolgt. Die meisten dieser Gedanken werden nicht nochmals gedacht werden. Sie werden sie nicht weitergeben und sie werden verschwinden.

Denken Sie an die Zahl von Dingen, die Sie heute wahrscheinlich zu anderen sagen werden – oder an die Zahl von Wörtern, die Sie von anderen hören werden. Sie hören vielleicht Radio, sehen fern, essen mit anderen Leuten, helfen Ihren Kindern bei den Hausaufgaben, gehen ans Telefon und unterhalten sich mit Menschen in aller Welt. Das meiste davon wird *nicht* in Sätzen wie „Dann sagte er zu ihr …“ oder „Und wusstest du schon …“ weiterleben. Das meiste stirbt bereits im nächsten Augenblick.

Geschriebenen Wörtern ergeht es nicht unbedingt besser. Die Wörter auf dieser Seite haben es zumindest so weit gebracht, von Ihnen gelesen zu werden, kommen aber vielleicht nicht darüber hinaus. Selbst wenn Sie sie weitergeben, gruppieren Sie sie vielleicht neu, um sie leichter abrufen zu können, oder weil ich mich nicht klar genug ausgedrückt habe; die Kopiertreue wird daher nicht immer besonders hoch sein. Jeden Tag werden Millionen von Zeitungen gedruckt, doch eine Woche später sind die meisten Exemplare längst in den Müll gewandert und die meisten Leute haben vergessen, was darin stand. Büchern ergeht es vielleicht etwas besser – wenn auch allein in den Vereinigten Staaten jedes Jahr rund 100 000 neue Bücher publiziert werden. Nicht alle können beeindruckend oder unvergesslich sein. Und während einige wissenschaftliche Veröffentlichungen viel gelesen und zitiert werden, hält sich hartnäckig das Gerücht, dass die Mehrheit der Artikel von niemandem gelesen wird!

Wir können nicht – nicht einmal im Prinzip! – den Anteil der potenziellen Meme berechnen, die tatsächlich weitergegeben werden, doch wird deutlich, was gemeint ist. Es herrscht ein enormer Selektionsdruck, und daher gibt es unter den zahllosen Startern nur sehr wenig Überlebende. Nur wenige Meme werden erfolgreich von Gehirn zu Gehirn, von Gehirn zu Gedrucktem, von Gedrucktem zu Gedrucktem oder von Stimme zu CD kopiert. Diejenigen, denen wir regelmäßig begegnen, sind die erfolgreichen – diejenigen, die den Wettstreit um die Replikation gewonnen haben. Meine Frage lautet einfach: Welche Meme sind das?

Ich möchte die Memperspektive einnehmen, um mehrere kontroverse Fragen zu diskutieren. Ich werde mit einer ganz einfachen Frage beginnen. Die Frage selbst mag nicht sehr tiefgründig sein, doch sie stellt sich bei näherer Betrachtung als recht spannend heraus – und sie wird uns Übung darin verleihen, vom Standpunkt des Mems aus zu denken.

Warum können wir nicht aufhören zu denken?

Können Sie aufhören zu denken?

Was ist eigentlich ...

Meditation [von latein. *meditatio* = das Nachdenken über], in vielen Religionen und Kulturen spirituelles Verfahren, um die Bewusstseinslage zu verändern. Meditation kann von schläfrigen Entspannungszuständen über tranceähnliche Bewusstseinslagen bis zu einer klaren wachen Form der Versunkenheit reichen (z. B. beim zen-buddhistischen Zazen). Techniken sind sowohl im östlichen als auch westlichen Kulturkreis lange bekannt: Asiatische Methoden sind z. B. Yoga, Zazen; aus der christlichen Tradition kennt man z. B. das formelhafte Gebet des Rosenkranzes. Unterschieden werden vorbereitende Übungen zur Sammlung und Versenkung, objektbezogene Meditationen und objektlose Meditationen.

Vielleicht haben Sie schon einmal meditiert oder irgendeine andere Methode praktiziert, bei der der Geist zur Ruhe kommen soll. Wenn ja, dann wissen Sie, dass das keineswegs einfach ist. Wenn nicht, dann schlage ich vor, Sie versuchen jetzt, Ihren Geist etwa eine Minute lang völlig zu leeren (oder wenn Sie es jetzt nicht können, versuchen Sie es irgendwann, wenn Sie nichts „Besseres" zu tun haben und beispielsweise darauf warten, dass der Wasserkessel kocht oder der Computer hochfährt). Wenn irgendein Gedanke auftaucht, wie es zweifellos der Fall sein wird, nehmen Sie ihn nur zur Kenntnis und lassen ihn wieder gehen. Lassen Sie sich nicht in Gedanken verwickeln und gehen Sie ihnen nicht nach. Versuchen Sie nur herauszufinden, ob Sie irgendeinen gedankenleeren Zwischenraum finden können. Die einfachsten Meditationsformen bestehen aus nicht mehr als solchen Übungen. Es ist teuflisch schwierig.

Warum? Sie werden zweifellos feststellen, dass Gedanken wie aus dem Nichts auftauchen und Ihre Aufmerksamkeit beanspruchen. Vielleicht registrieren Sie auch, welche Arten von Gedanken sich einstellen. In der Regel handelt es sich um imaginäre Unterhaltungen oder Diskussionen, um das Durchspielen von Ereignissen mit neuem Ausgang, um Selbstrechtfertigungen, komplizierte Pläne für die Zukunft oder schwierige Entscheidungen, die anstehen. Selten handelt es sich bei diesen Gedanken um einfache Bilder, Wahrnehmungen oder Gefühle (die problemlos kommen und gehen können), sondern vielmehr um Worte, Argumente und Ideen, die Sie von anderen Menschen übernommen haben. Mit anderen Worten: Diese unaufhörlich fließenden Gedanken sind Meme. *Sie* können ihnen nicht befehlen zu verschwinden. Sie können ihnen nicht einmal befehlen, langsamer zu fließen, oder sich weigern, sich mit ihnen einzulassen. Diese Gedanken sind offenbar eigenmächtig und führen ein Eigenleben. Warum?

Vom biologischen Standpunkt aus erscheint dieses ständige Denken nicht sinnvoll. Ich sage dies in aller Vorsicht, denn bei vielen Dingen, die auf den ersten Blick nicht im Interesse der Gene schienen, hat sich später herausgestellt, dass sie es doch waren. Dennoch könnte es hilfreich sein, diesen Punkt zu überdenken.

Denken erfordert Energie. Einer der vielen Vorzüge von Techniken wie der Positronen-Emissions-Tomographie (PET) besteht darin, dass wir sehen können, was im Gehirn passiert, wenn jemand denkt.

Mit PET-Scans lässt sich die relative Durchblutung in verschiedene Hirnregionen sichtbar machen, wenn ihre Auflösung auch noch recht gering ist. Führt eine Versuchsperson beispielsweise eine visuelle Aufgabe durch, so herrscht größere Aktivität im visuellen Cortex, hört sie Musik, größere Aktivität im auditorischen Cortex et cetera. Wie seit langem vermutet, werden bei optischen oder akustischen Vorstellungen ähnliche Regionen im Gehirn aktiviert wie beim realen Seh- oder Hörvorgang. Daher aktiviert das Sichvorstellen einer Unterhaltung beispielsweise die Sprachareale. Experimente, in denen einfache mit schwierigeren visuellen Aufgaben verglichen werden, zeigen bei den schwierigeren Aufgaben höhere Aktivitätsniveaus.

Die dabei verbrauchten Energiemengen sind gering, wenn man sie beispielsweise mit der Energie vergleicht, die nötig ist, um einen Hügel hinaufzulaufen, aber sie sind nicht völlig vernachlässigbar. Durchblutung heißt, dass Sauerstoff und gespeicherte Energiereserven verbrannt werden, und die müssen erarbeitet werden. Wenn ein Organismus existieren könnte, ohne ständig zu denken, würde er weniger Energie verbrauchen und müsste daher einen Überlebensvorteil haben.

Dieses Denken hat vermutlich eine Funktion. Aber welche? Vielleicht üben wir nützliche Fertigkeiten ein oder lösen Probleme oder durchdenken soziale Beziehungsgeflechte, um bessere Geschäfte zu machen, oder wir planen zukünftige Aktivitäten. Ich muss sagen, all das erscheint mir bei den dummen und sinnlosen Gedanken, die mir oft durch den Kopf schwirren, nicht besonders plausibel. Doch vielleicht lässt sich evolutionäres Denken nicht auf die heutige Situation anwenden. Wir haben uns nicht inmitten von Büchern, Telefonen und Städten entwickelt.

Was ist eigentlich ...

visueller Cortex [von latein. *videre, visum* = sehen und *cortex* = Rinde], optischer Cortex, Sehrinde, Gebiete der Hirnrinde, in denen visuelle Informationen verarbeitet werden: Dazu gehören der primäre visuelle Cortex sowie eine Vielzahl von Gebieten im Hinterhauptslappen, Scheitellappen und Schläfenlappen. Bei Primaten nehmen diese visuellen Gebiete etwa die Hälfte der gesamten Hirnrindenoberfläche ein.

auditorischer Cortex [von latein. *auditus* = Gehör und *cortex* = Rinde], akustischer Cortex, Hörrinde, Anteil der Großhirnrinde, der dem Hören dient. Der auditorische Cortex liegt im Temporallappen; zu ihm gehören der primäre auditorische Cortex und mehrere übergeordnete (sekundäre, tertiäre) corticale Gebiete.

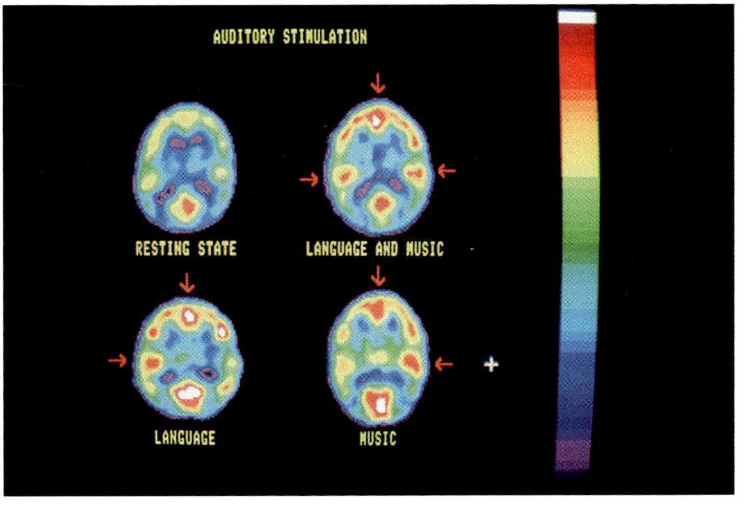

Aufnahmen mittels Positronen-Emissions-Tomographie (PET-Scans) machen hier diejenigen Gehirnregionen sichtbar, die durch auditorische Stimulation aktiviert werden.

Phylogenese des Denkens

Es kann heute als gesichert gelten, dass das Denken die Funktion eines biologischen Systems, nämlich des Gehirns, ist und dass es sich auch nicht unabhängig von dessen innerer Organisation entwickelt haben kann. Da sich unser Gehirn in der Stammesgeschichte schrittweise ausbildete, muss das Denken eine Folge evolutionärer (materieller) und historisch-gesellschaftlicher Prozesse sein, die eine schrittweise Vervollkommnung symbolischer Funktionen ermöglicht haben. Punktuelles Erkennen von Umweltausschnitten ist schon beim Orientierungs-, Nahrungs- oder Beutesuchverhalten von Insekten gegeben. Wirbeltiere, wie z. B. Vögel, verfügen über strukturierte Bilder ihrer Artumgebung. Die angeborenen auslösenden Mechanismen sind eine Vorstufe klassifizierenden Erkennens. Vormenschliche Primaten ordnen die Dinge ihrer Umwelt nach deren Verwendungsweise, z. B. einen Ast zum Stochern, Zuschlagen oder Angeln. Bei der Assoziation von Lauten mit Begriffen werden von den frühen Hominiden bedürfnisgerechte Benennungen gefunden worden sein („Funktionalwert" eines Dinges und Element produktiven Denkens). Im Prozess der Hominidisierung werden durch Klima- und Umweltveränderungen in starkem Maße Lernen und Umlernen herausgefordert. Lange Märsche in nahrungsarmer Savanne erfordern das Einprägen von Wegemarken, um eine reiche Nahrungsquelle als Ziel wiederzufinden. Solche Routen können klassifiziert werden, z. B. nach Art des Zieles, das man erreichen will. Sie können mit anderen Wegen verglichen und verkürzt werden. In Analogie zum „Wegelernen" spricht man auch von „Denkschritten". Diese intensivierten Lernbedingungen während der Hominidisierung schaffen bleibende Module menschlichen Denkens: Die Verkettung von Bild- oder Aktionsfolgen im Gedächtnis, ihre Verkürzung wie auch ihre Umkehr sind in vielen komplexen Denkanforderungen enthalten – im Operieren mit Mengen oder Zahlen, bei der Planung von Unternehmungen, bei der Konstruktion von Werkzeug, bei taktischer Planung oder bei der Konstruktion von längeren Mitteilungen. Es gibt Gründe anzunehmen, dass sich die menschliche Hochsprache mit dem kombinatorischen Werkzeugdenken entwickelt hat. Mit der Bindung von Lauten an Begriffe entsteht die enge Wechselbeziehung zwischen Sprache und Denken und mit ihr die Doppelfunktion der Sprache, nämlich gleichzeitig Kommunikations- und Erkenntnismittel zu sein.

Was ist eigentlich ...

Evolutionspsychologie, eine Synthese von Psychologie und Evolutionsbiologie, die speziell den menschlichen Verstand, sein Gehirn, aus evolutionärer Perspektive untersucht (Bewusstsein, Denken, Geist, Verstand). Evolutionspsychologie zieht aus systematischen Verhaltensvergleichen zwischen Mensch und Tier oder zwischen Menschen verschiedener kultureller Epochen Schlüsse, welche Bedingungen und Faktoren in den langen erdgeschichtlichen Zeiträumen der Evolution gegeben waren und welche Wirkungen davon auf psychische Eigenschaften ausgegangen sind.

Evolutionspsychologen würden vorschlagen, stattdessen unsere Jäger-und-Sammler-Vergangenheit zu betrachten. Spekulationen, die zu sehr ins Detail gehen, sind riskant, da wir nur recht wenig Informationen über unsere ferne Vergangenheit besitzen, doch viele Autoren haben gute Beschreibungen geliefert, die auf den verfügbaren Erkenntnissen beruhen. Sie stimmen weitgehend darin überein, dass die Menschen damals in Gruppen von 100–250 Personen lebten, in denen starke Familienbindungen herrschten und komplexe soziale Regeln galten. Die Frauen sammelten in der Regel pflanzliche Nahrung, die Männer gingen auf die Jagd. Die Lebenserwartung war, verglichen mit der unsrigen, gering. Die Populationsdichte wurde durch die Größe des durchstreiften Gebiets begrenzt, das für diese Lebensform notwendig war, und überall lauerten Raubtiere und lebensbedrohliche Krankheiten. Dennoch wird die Nahrungsbeschaffung wohl nicht den ganzen Tag in Anspruch genommen haben, und es blieben viele Mußestunden.

Würde es in einer derartigen Situation Sinn machen, ununterbrochen zu denken? Würden diese endlosen Gedanken ihre Energiekosten im Sinne eines Überlebensvorteils gerechtfertigt haben? Oder wäre es besser gewesen, diese Energie zu sparen und einfach dazusitzen, ohne zu denken – wie es sich sonnende Katzen anscheinend tun? All das ist Spekulation, doch ich vermute, es hätte den Genen wahrscheinlich mehr genutzt, wenn wir manchmal aufhören könnten zu denken und damit wertvolle Reserven sparen würden. Warum können wir es dann nicht?

Die Antwort der Memetik lautet: Wir müssen die Frage aus der Sicht von Replikatoren betrachten, die kopiert werden wollen.

Lassen Sie uns zunächst über Gehirne ohne Meme spekulieren. Wenn das Gehirn tatsächlich eine Darwin-Maschine ist, dann müssen die Gedanken, Wahrnehmungen, Ideen, Erinnerungen und so weiter, die in seinem Inneren ablaufen, alle um die begrenzten Verarbeitungsressourcen des Gehirns konkurrieren. Dabei wird die natürliche Selektion sichergestellt haben, dass die Mechanismen des Gehirns, die die Aufmerksamkeit steuern, in der Regel demjenigen Verarbeitungsprozess die meisten Ressourcen widmet, der den Genen nutzt, die das Gehirn geschaffen haben. Innerhalb dieser Grenzen würden all die Gedanken und Ideen um Aufmerksamkeit und Kopierchancen wetteifern. Sie sind jedoch auf ein einziges Gehirn beschränkt und unterliegen den natürlichen Selektionsdrücken.

Nun stellen Sie sich ein Gehirn vor, das imitieren kann – ein Gehirn mit Memen. Ein Gehirn mit Memen hat nicht nur viel mehr Information zu speichern, sondern die Meme selbst sind Denkwerkzeuge, so der amerikanische Philosoph Daniel Dennett. Wenn Sie erst einmal Wörter, Geschichten und Argumentationsstrukturen oder neue Wege kennengelernt haben, über Liebe, Logik und Wissenschaft nachzudenken, eröffnen sich zahllose neue Denkmöglichkeiten. Nun existieren viel mehr Gedanken, die um dieselbe begrenzte Verarbeitungskapazität des Gehirns konkurrieren. Und nicht nur das: Meme können auch von einem Gehirn ins andere kopiert werden.

Wenn ein Mem die Chance hat, erfolgreich kopiert zu werden, wird es sie nutzen. Eine Möglichkeit besteht darin, die Ressourcen eines Gehirns zu kontrollieren und zu veranlassen, besagtes Mem zu wiederholen, sodass es einen Wettbewerbsvorteil gegenüber Memen erhält, die nicht wiederholt werden. Solche Meme werden nicht nur eher erinnert, sondern sie gehen uns auch mit größerer Wahrscheinlichkeit „im Kopf herum“, wenn wir uns anschließend mit jemandem unterhalten. Nehmen wir Geschichten als Beispiel: Eine Geschichte, die Sie emotional stark berührt oder die aus einem anderen Grund bewirkt, dass Sie ständig darüber nachdenken, wird Ihnen nicht aus dem Kopf gehen. Das festigt die Erinnerung und führt dazu, dass Sie diese Geschichte eher jemandem weitererzählen, der vielleicht ebenso davon gepackt wird.

Wir können nun die Frage stellen, die ich eingangs gestellt habe: Stellen Sie sich eine Welt voller Gehirne und mit weitaus mehr Me-

Was ist eigentlich ...

Selektionsdruck, Evolutionsdruck, Bezeichnung für Umweltbedingungen, die eine Veränderung der Anpassung notwendig machen und bei Vorliegen einer entsprechenden Variation auch erzwingen. Nicht näher verwandte Arten, die unter ähnliche Umweltbedingungen geraten, weisen daher eine Anpassungsähnlichkeit auf (Analogie, Lebensformtypus).

Zum Weiterlesen

Daniel Dennett *Philosophie des menschlichen Bewusstseins* (Hamburg 1994)

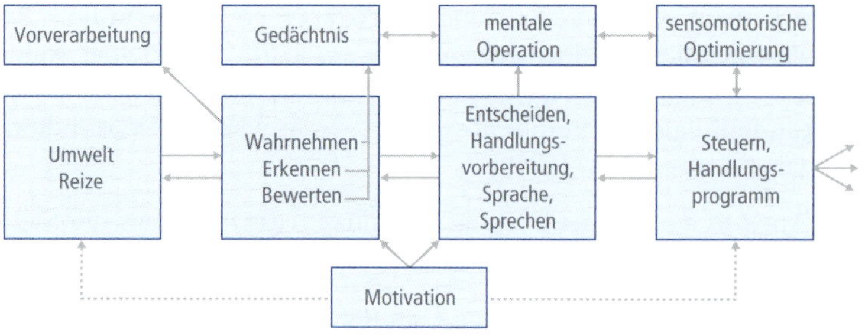

Evolutionspsychologie. Kreislauf des Informationsaustausches zwischen Organismus und Umwelt. Die Teilsysteme differenzieren ihre Funktionen in der Evolution. Neue Wechselwirkungen entstehen, neue Leistungen sind die Folge.

men vor, als unterkommen können. Welche Meme werden mit größerer Wahrscheinlichkeit einen sicheren Unterschlupf finden und weitergegeben werden?

Vergleichen Sie ein Mem, das nicht nur die Aufmerksamkeit auf sich zieht, sondern seinen Wirt auch dazu bringt, es ständig im Geist zu wiederholen, mit einem Mem, das sich still und leise im Gedächtnis vergräbt und niemals wiederholt wird, oder mit einem Gedanken, der zu langweilig ist, um jemals wieder gedacht zu werden.

Wer wird erfolgreicher sein? Unter sonst gleichen Bedingungen zweifellos der erste Typ! Daher verkörpert er die Gedanken, die weitergegeben werden, während die anderen einfach verblassen. Die Folge ist, dass sich die Welt der Meme – der Mempool – mit der Art von Gedanken füllt, an die die Leute häufig denken. Wir alle stoßen auf sie und daher denken wir alle furchtbar viel. Der Grund, warum *ich* mich nicht zwingen kann, mit dem Denken aufzuhören, ist, dass Millionen von Memen um einen Platz in *meinem* Gehirn wetteifern.

Beachten Sie, dass es sich hierbei lediglich um ein allgemeines Prinzip handelt, das erklären soll, warum wir so viel denken. Wir sollten auch in der Lage sein herauszufinden, zu welcher Art von Memen diese erfolgreichen Typen gehören. Es könnten beispielsweise Memtypen sein, die gewisse emotionale Reaktionen auslösen oder mit den Urbedürfnissen Sex und Nahrung verknüpft sind – und da kann uns die Evolutionspsychologie weiterhelfen. Es könnten auch Memtypen sein, die besonders gute Werkzeuge zur Schaffung neuer Meme liefern, oder die nahtlos in bereits bestehende Memplexe, wie politische Ideologien oder astrologische Konzepte, passen. Aber diese Gründe zu erforschen, ist eine ganz spezielle Aufgabe. Im Augenblick möchte ich nur zeigen, wie die allgemeinen Prinzipien der Memetik uns helfen können, das Wesen unseres Geistes zu verstehen.

Ich nenne dies die „Unkraut-Theorie" der Meme. Ein leerer Geist erinnert ein wenig an meinen Gemüsegarten, wenn ich ihn umgegraben, gejätet und gelockert habe. Die Erde ist braun, fruchtbar und auf alles vorbereitet, das darin wachsen will. Ein oder zwei Wochen später tauchen hier und da grüne Spitzen auf; nach ein oder zwei weiteren Wochen sind überall kleine Pflanzenteppiche entstanden, und bald darauf ist die ganze Fläche grün, überwuchert von niedrigen Bodendeckern und hohen Blattpflanzen, und nirgends ist mehr ein Fleckchen brauner Erdboden zu sehen. Der Grund dafür liegt auf der Hand. Wenn irgendetwas wachsen kann, dann wächst es. Im Boden und in der Luft gibt es viel mehr Samen, als zu erwachsenen Pflanzen heranreifen können, und sobald irgendein Same genügend Platz, Wasser und Licht findet, legt er los. So machen es Samen, und Meme machen es mit Gehirnen genauso. Sobald es irgendwo eine freie Denkkapazität gibt, kommen Meme und nutzen sie. Selbst wenn wir gerade über etwas sehr Spannendes nachdenken, kann irgendeine andere, noch fesselndere Idee die erste aus ihrer Position vertreiben und ihre Chance verbessern, weitergegeben zu werden, und dadurch die Wahrscheinlichkeit erhöhen, einen anderen Menschen zu infizieren. So gesehen ist Meditation eine Art mentales Unkrautjäten.

Es gibt noch andere Analogien aus der Welt der Biologie (wenn wir uns auch stets daran erinnern müssen, dass es sich lediglich um Analogien handelt). Nehmen Sie beispielsweise einen Wald. In einem Wald muss jeder Baum um Licht konkurrieren, daher sind Gene für hohe Stämme vorteilhaft. Sie breiten sich im Genpool aus, da all die Bäume, die Gene für einen kürzeren Stamm tragen, im Schatten der Riesen eingehen. Schließlich wird der Wald aus Bäumen bestehen, die alle den höchsten Stamm haben, den sie hervorbringen können.

Wem nützt das? Den Bäumen jedenfalls nicht. Sie haben alle enorme Energiemengen in den Aufbau ihres Stammes gesteckt und konkurrieren dennoch weiterhin miteinander. Eine Vereinbarung, sich nicht um Stammhöhen zu kümmern, kommt nicht infrage, denn dann wäre ein Betrüger, der den Pakt bricht, stets erfolgreich. Deshalb gibt es überall auf der Welt Wälder. Nutznießer ist das erfolgreiche Gen, nicht der einzelne Baum.

Kehren wir zu unserem armen, hyperaktiven Gehirn zurück und fragen noch mal: Wem nützt es? Das ständige Denken nützt anscheinend weder unseren Genen noch macht es uns glücklich. Der entscheidende Punkt ist: Sobald Meme einmal aufgetreten sind, ist der Druck, ständig weiterzudenken, unvermeidlich. Bei all der Konkurrenz rundum ist das Schlimmste, was passieren kann, ein friedliches Gemüt.

Natürlich kümmert das weder die Gene noch die Meme – sie replizieren sich lediglich. Und selbst wenn es sie kümmerte – sie können weder vorausschauen noch planen, um die Folgen ihrer Handlungen zu berücksichtigen. Wir sollten von ihnen nicht erwarten, dass sie uns ein glückliches und sorgenfreies Leben schaffen, und das tun sie auch nicht.

Ich habe diese einfachen Beispiele gewählt, um zu zeigen, auf welche Weise ich memetisches Denken einsetzen möchte, um den menschlichen Geist zu verstehen. An dieser Stelle möchte ich eine wichtige Aussage zur Vorsicht einschieben.

Nicht alles ist ein Mem!

Was ist eigentlich ...

Mem [von griech. *mimema* = Nachahmung], umstrittener, von dem Ethologen Richard Dawkins vorgeschlagener und erstmals 1976 in seinem Buch *Das egoistische Gen* beschriebener Begriff für die Replikationseinheit der kulturellen Evolution – analog dem Gen als Replikationseinheit der biologischen Evolution. Beispiele für Meme sind nach Dawkins: „Ideen, Melodien, Gedanken, Schlagworte, Kleidermoden, die Art, Töpfe zu machen oder Bögen zu bauen". Meme vermehren sich demnach im Mempool, „indem sie von Gehirn zu Gehirn springen durch einen Prozess, den man im weitesten Sinne als Imitation bezeichnen kann".

Nicht alles ist ein Mem

Wenn man die Grundidee der Memtheorie einmal begriffen hat, lässt man sich nur allzu leicht vom Enthusiasmus mitreißen und fängt an, alles für ein Mem zu halten, und Meme mit Ideen, Gedanken, Überzeugungen, den Inhalten des Bewusstseins oder allem Erdenklichem gleichzusetzen. Diese Neigung führt zu großer Verwirrung und verstellt den Weg zum Verständnis dessen, was Meme leisten können und was nicht. Wir müssen mit einer klaren und präzisen Definition des Mems beginnen und dann entscheiden, was dazu zählt und was nicht.

Wir müssen immer in Erinnerung halten, dass Meme, wie Dawkins in seiner ursprünglichen Formulierung schreibt, via Imitation weitergegeben werden. Ich habe sie als „Instruktionen für Verhaltensweisen" bezeichnet, „die im Gehirn (oder in anderen Objekten) gespeichert und durch Imitation weitergegeben werden". Das neue *Oxford English Dictionary* gibt folgende Definition: „Mem. Ein Element einer Kultur, das offenbar auf nichtgenetischem Weg, insbesondere durch Imitation, weitergegeben wird." Imitation ist eine Art Replikation oder Kopierprozess, und das ist es, was das Mem zu einem Replikator macht und ihm Replikationsvermögen verleiht. Man könnte sogar sagen: „Was auch immer durch Imitation weitergegeben wird, ist ein Mem."

Wir sollten (und werden) diskutieren, was alles zur Imitation zählt, aber für den Augenblick benutze ich das Wort wie Dawkins: „im weitesten Sinne". Wenn ich von „Imitation" spreche, schließt das für mich die Weitergabe von Information ein, sei es durch Sprechen, Lesen, Anweisungen oder andere komplexe Fertigkeiten und Verhaltensweisen. Imitation umfasst alle Formen des Kopierens von Ideen und Verhaltensweisen, die dabei von einer Person zur anderen weitergegeben werden. Wenn Sie also eine Geschichte hören und jemand anderem das Wesentliche weitererzählen, haben Sie ein Mem kopiert. Der entscheidende Punkt ist, dass die Betonung der Imitation uns erlaubt, alles auszuschließen, das nicht weitergegeben werden kann und daher nicht als Mem gilt.

Schauen Sie einen Augenblick von dieser Seite auf und fixieren Sie das Fenster, die Wand, ein Möbelstück oder eine Pflanze. Es spielt keine Rolle, was Sie fixieren, aber lassen Sie Ihr Auge, sagen wir, fünf Sekunden auf dem Objekt Ihrer Wahl ruhen, bevor Sie weiterlesen. Ich vermute, Sie haben etwas erlebt. Es gab Anblicke, Geräusche und Eindrücke, die Ihr Erleben in diesen fünf Sekunden ausmachten. Waren an ihnen Meme beteiligt? Vielleicht haben Sie sich im Stillen gesagt „Diese Pflanze muss gegossen werden" oder „Ich wünschte, draußen wäre nicht so viel Verkehr". Wenn das der Fall war, haben Sie Wörter gebraucht; Sie haben diese Wörter memetisch erworben und können sie weitergeben – aber was die sensorische Wahrnehmung selbst angeht, so sind daran nicht unbedingt Meme beteiligt.

Natürlich könnten Sie argumentieren, dass nun, da wir fähig sind zu sprechen, alles, was wir erfahren, von Memen beeinflusst ist. Lassen Sie uns daher die Erfahrungen eines anderen Tieres betrachten, das nicht über Sprache verfügt. Eine meiner Katzen mag als Beispiel herhalten. Sie ist nicht das schlaueste aller Geschöpfe, doch sie hat ein abwechslungsreiches und interessantes Leben und verfügt über viele Fähigkeiten, obwohl sie fast nichts durch Imitation erworben hat.

Erstens kann sie hören und sehen. Sie kann Schmetterlingen nachrennen und auf Bäume klettern – was komplexe sensorische und motorische Fähigkeiten erfordert. Sie kann riechen und schmecken und Whiskas Kitekat vorziehen – oder umgekehrt. Sie hat einen gut ausgebildeten Sinn für Hierarchien und Territorien und faucht einige Katzen an, während sie mit anderen herumtollt. Sie kann offensichtlich einzelne Katzen und auch einige Menschen individuell erkennen und reagiert auf deren Stimmen, Schritte oder Berührungen. Und sie kann mit ihnen durch Bewegungen, physischen Kontakt und ihre eigene, recht kräftige Stimme kommunizieren. Ihre mentale Karte ist komplex und detailliert (ich habe keine Ahnung, wie weit sie sich erstreckt, aber sie deckt mindestens vier Nachbargärten ab). Sie kann die Position einer Person am Fenster mit dem Raum in Beziehung setzen, in dem diese sich befindet, und den direktesten Weg zur Küche finden, wenn sie das Geräusch des Dosenöffners hört. Und wenn sie hereinkommt und man sagt „Hopp!", macht sie Männchen.

Ihr Leben besteht aus vielen Erfahrungen, die ich in meinem eigenen Leben wiederfinden kann – Wahrnehmung, Gedächtnis, Lernen, Erkunden, Vorlieben für bestimmte Nahrungsmittel, Kommunikation und soziale Beziehungen. Dies sind alles Beispiele für Erfahrungen und Verhaltensweisen, die nicht durch Imitation erworben wurden und daher keine Meme sind. Beachten Sie, dass meine Katze im Laufe ihres Lebens eine Menge gelernt hat – einiges davon auch von mir –, doch es kann nicht „durch Imitation weitergegeben" werden.

Wenn wir uns sicher sein wollen, was mit einem Mem gemeint ist, dann müssen wir Lernen durch Imitation sorgfältig von anderen Formen des Lernens unterscheiden. Die Psychologie beschäftigt sich traditionell mit zwei Haupttypen individuellen Lernens (das heißt, Lernen eines einzelnen Tieres oder einer Person) – der klassischen Konditionierung und der operanten Konditionierung. Bei der klassischen Konditionierung, die ursprünglich von Iwan P. Pawlow an speichelnden Hunden untersucht wurde, werden zwei Reize durch wiederholte Kopplung miteinander assoziiert. Meine Katze hat wahrscheinlich gelernt, gewisse Geräusche mit Futter, den Anblick bestimmter Katzen mit Furcht, den Klang von Regentropfen mit „kein schöner Tag, um nach draußen zu gehen“ und so weiter zu assoziieren – genauso, wie ich gelernt habe, beim Geräusch eines Zahnarztbohrers zu erstarren (und das tue ich noch immer, obwohl ich mir seit 25 Jahren immer eine Betäubung geben lasse!) und mich voller Vorfreude zu entspannen, wenn ich höre, wie die Eiswürfel in einem Gin Tonic gegeneinanderstoßen. Man könnte sagen, dass bei der klassischen Konditionierung einige Aspekte der Umgebung in ein Gehirn hineinkopiert worden sind, aber der Kopierprozess endet in diesem Gehirn und die Kopie kann nicht durch Imitation weitergegeben werden.

Von operanter Konditionierung spricht man, wenn das Verhalten eines Tieres entweder belohnt oder bestraft wird und daher in der Folgezeit eher häufiger oder eher seltener auftritt. Der Experimentalpsychologe Burrhus F. Skinner untersuchte diese Art von Versuch-und-Irrtum-Lernen in seinen berühmten Käfigversuchen mit Ratten und Tauben, die einen Hebel betätigen mussten, um an Futter zu gelangen. Meine Katze hat wahrscheinlich die Benutzung der Katzenklappe durch operante Konditionierung erlernt, ebenso bessere Techniken, um Wühlmäuse zu fangen. Sie lernte auf diese Weise auch zu betteln. Zuerst unternahm sie schwache Versuche, ihre Nase möglichst weit zum Futternapf emporzustrecken, den ich hielt. Dann, in einem Prozess, den man als Formung bezeichnet, belohnte ich sie fortlaufend für immer besseres und besseres Betteln, und schließlich versteckte ich den Napf hinter meinem Rücken und sagte „Hopp!“. Und falls Sie meinen, dies sei eine unfaire Behandlung eines kleinen schwachen Tieres durch ein großes und mächtiges Tier, sollte ich

Was ist eigentlich ...

Konditionierung [von latein. *conditio* = Bedingung], Konditionieren, das Ausarbeiten von bedingten Reflexen, Reaktionen oder Verhaltensweisen. Als klassische Konditionierung wird das von Iwan P. Pawlow entwickelte Verfahren zur Ausarbeitung bedingter Reflexe bezeichnet. Mit zahllosen bedingten Speichelreaktionen an Hunden hat er die zugrundeliegenden neuronalen Mechanismen, welche vor allem die Großhirnrinde, aber auch den Subcortex einbeziehen, eingehend untersucht. Später haben er und seine Schüler diese Untersuchungen auf das Gesamtverhalten des Organismus ausgedehnt und damit die experimentellen Grundlagen für die Physiologie und Pathologie der höheren Nerventätigkeit geschaffen. Parallel zu Pawlow untersuchte Edward L. Thorndike (1874-1949) bedingtreflektorische Verhaltensänderungen und Lernprozesse bei Tieren. Er bezeichnete sie als *instrumental conditioning* (instrumentelle Konditionierung), da er die bedingte Reaktion als ein Instrument zur Bedürfnisbefriedigung sah. Auf dieser Grundlage schuf er 1912 zusammen mit John B. Watson (1878–1958) die amerikanische Schule des Behaviorismus. 30 Jahre später betonte Burrhus F. Skinner die Bedeutung des aktiven Verhaltens des Tieres für das Konditionieren und sprach vom *operant conditioning* (operante Konditionierung).

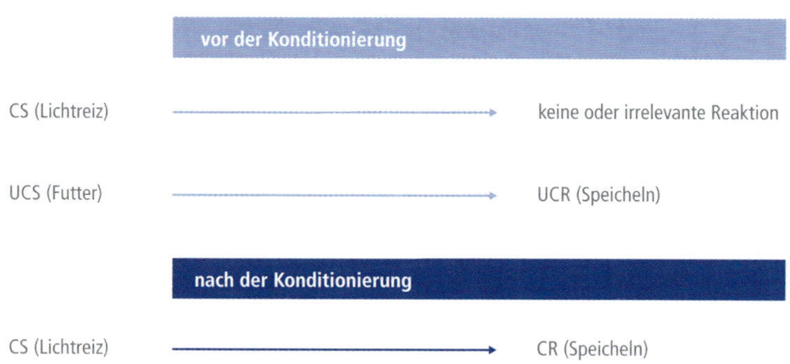

Schema der klassischen Konditionierung. UCS = unkonditionierter Reiz; UCR = unkonditionierte Reaktion; CS = konditionierter Reiz; CR = konditionierte Reaktion.

vielleicht darauf hinweisen, dass meine Katze mich erfolgreich darauf trainiert hat, meinen Schreibtisch zu verlassen und zu ihr zu kommen, um sie zu streicheln, wenn sie es wünscht.

Skinner wies auch auf die Ähnlichkeit zwischen operanter Konditionierung und natürlicher Selektion hin – einige Verhaltensweisen werden positiv selektiert, andere ausgemerzt. In diesem Sinne kann man Lernen als Evolutionsprozess ansehen, in dem die Instruktionen zur Ausführung von Verhalten die Replikatoren sind. Es sind mehrere Selektionstheorien des Lernens und der Hirnentwicklung vorgeschlagen worden, doch solange Verhaltensweisen nicht per Imitation an eine andere Person weitergegeben werden, werden sie nicht zu Memen, und die Selektion ist keine memetische Selektion.

Ein großer Teil des menschlichen Lernens ist „skinnerisch" und nicht memetisch. Ob bewusst oder nicht, formen Eltern das Verhalten ihrer Kinder durch die Art und Weise, wie sie es verstärken. Die beste Belohnung für Kinder ist Aufmerksamkeit, und Belohnung wirkt besser als Bestrafung. Wenn Eltern ihren Kindern daher viel Beachtung schenken, wenn sie sich gut benehmen, und sich uninteressiert zeigen, wenn sie schreien oder Wutanfälle haben, dann ist gutes Benehmen einfach im ureigenen Interesse der Kinder, und sie werden sich entsprechend verhalten. Eltern, die alles für ihre Kinder tun, erziehen sie zur Abhängigkeit, während diejenigen, die von ihren Kindern erwarten, ihren eigenen Weg zu finden, und zulassen, dass sie den Zorn des Lehrers zu spüren bekommen, wenn sie zu spät zum Unterricht erscheinen, erziehen sie zur Eigenverantwortung. Sie denken vielleicht, Sie hätten Ihrer Tochter das Radfahren beigebracht, aber aller Wahrscheinlichkeit nach haben Sie nur das Fahrrad gekauft und sie zum Fahren ermutigt, und Versuch und Irrtum haben den Rest besorgt. An all dem ist überhaupt nichts memetisch (abgesehen von der Vorstellung, überhaupt Fahrrad zu fahren). Vieles von dem, was wir lernen, lernen wir nur für uns selbst und können es nicht weitergeben.

In der Praxis können wir diejenigen Dinge, die wir persönlich durch Imitation gelernt haben, wahrscheinlich niemals von denjenigen trennen, die wir auf andere Weise gelernt haben – aber im Prinzip unterscheiden sich beide Lernweisen. Wir kennen eine Menge Dinge, die keine Meme sind. Für einige Autoren ist praktisch alles, was wir wissen, ein Mem. Für R. Brodie fällt operante Konditionierung, ja eigentlich jedwede Konditionierung, unter den Begriff „memetisch". L. Gabora geht noch einen Schritt weiter und betrachtet als Mem „alles, was Gegenstand eines Erfahrungsmoments sein kann". Das ist außerordentlich verwirrend. Es nimmt der Vorstellung vom Mem als Replikator jeden Schwung und trägt nichts zu dem sowieso schon schwierigen Problem bei, wie man mit dem Bewusstsein umgehen

Porträt

Pawlow, *Iwan Petrowitsch*, russischer Neurologe und Physiologe, * 26.9. 1849 Rjasan, † 27.2.1936 Leningrad; wurde durch seine Studien über den Speichelreflex beim Hund bekannt. Er war einer der bedeutendsten Physiologen in der ersten Hälfte des 20. Jahrhunderts; als Sohn eines russisch-orthodoxen Pfarrers geboren, studierte er zunächst Theologie, danach Naturwissenschaften und erst seit dem 26. Lebensjahr Physiologie. Er war Leiter der physiologischen Abteilung am Institut für Experimentelle Medizin in Sankt Petersburg und gleichzeitig Professor für Medizin an der dortigen Militärmedizinischen Akademie. Im Jahr 1904 erhielt Pawlow für seine Arbeiten über die Physiologie des Verdauungstraktes den Nobelpreis für Medizin.

Porträt

Skinner, *Burrhus Frederic*, amerikanischer Experimentalpsychologe, * 20.3.1904 Susquehanna (Pa.), † 18.8.1990 Cambridge (Mass.), ab 1937 Professor an der University of Minnesota, ab 1945 an der Indiana University, ab 1948 an der Harvard University; führte Verhaltens- und Lernexperimente mit Tauben und Ratten durch (Skinner-Box) und leistete bedeutende Beiträge zum Behaviorismus. Die von ihm entwickelte Skinner-Box ist eine Versuchsanordnung zur operanten Konditionierung. In einem Holzkasten befindet sich ein Versuchstier (z. B. eine Ratte oder eine Taube) sowie ein Hebel. Sobald das Tier auf den Hebel drückt, erhält es Futter, Wasser oder eine andere Form der Belohnung. Bei mehrfacher Wiederholung vollzieht sich ein Lernprozess (instrumentelles oder operantes Lernen). Dieser Effekt tritt nur ein, wenn die Belohnung (Bekräftigung) im Sekundenabstand auf den Hebeldruck erfolgt.

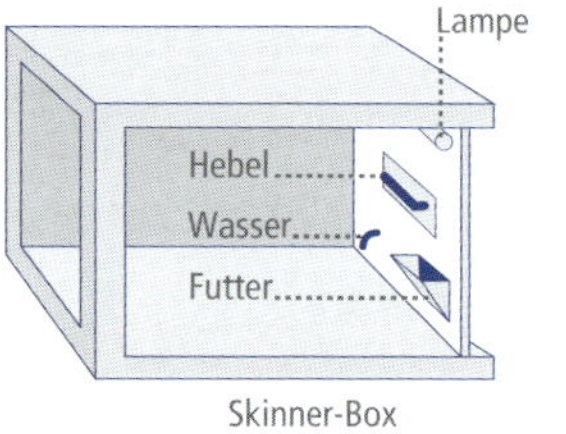

Die Skinner-Box.

sollte. Wenn wir Fortschritte machen wollen, müssen wir uns an eine klare und einfache Definition halten.

Was ist mit Gefühlen? Gefühle sind ein unverzichtbarer Teil des menschlichen Lebens und spielen sogar eine Schlüsselrolle beim rationalen Denken und bei der Entscheidungsfindung. Der Neurologe Antonio Damasio arbeitet häufig mit Patienten, die Hirnschäden im Bereich des Stirnlappens aufweisen, was dazu führt, dass sie ihre normalen emotionalen Reaktionen verlieren und emotional unerregbar werden. Man könnte nun meinen, diese Menschen würden sich in superrationale Roboter verwandeln und ihr Leben ohne all die irritierenden Ablenkungen durch unerwünschte Emotionen planen

Zum Weiterlesen

Antonio R. Damasio *Descartes' Irrtum* (München 1997)

können, doch ganz im Gegenteil werden sie beinahe gelähmt von Unentschiedenheit. Ob sie sich für Schwarzbrot mit Leberwurst oder Graubrot mit Käse entscheiden sollen, kann für diese Patienten zu einem nervenaufreibenden Dilemma werden, das sich nur durch langes und gründliches Nachdenken lösen lässt, und ein normales Leben unmöglich macht. Die meisten von uns würden lediglich denken: „Nun, ich hab' heute Lust auf Graubrot mit Käse", ohne sich klar zu machen, dass die Emotionen die komplexe Arbeit verrichtet haben, die möglichen Konsequenzen gegeneinander abzuwägen, die Resultate verflossener Erfahrungen zu gewichten, artspezifische Präferenzen zu berücksichtigen und eine provisorische körperliche Reaktion zu entwickeln, die dem winzigen verbalen Teil des Gehirns zu sagen erlaubt: „Ich hätte, glaube ich, gern das Graubrot mit Käse – falls Sie es nicht haben möchten!" Mr. Data aus der Science-Fiction-Serie *Star Trek* ist einfach nicht plausibel. Wenn er tatsächlich keine Gefühle hätte, könnte er nicht entscheiden, ob er morgens aufstehen will, wann er mit Captain Picard sprechen oder ob er Tee oder doch lieber Kaffee trinken möchte.

Emotionen und Gedanken sind auch auf andere Weise eng miteinander verknüpft. Es gibt einige Hormone, wie Adrenalin und Noradrenalin, die emotionale Zustände steuern, doch wir können ein breites Spektrum verschiedener Emotionen erleben, je nachdem, wie wir unsere physiologischen Reaktionen interpretieren und bezeichnen. In diesem Sinne könnte man sagen, dass Meme an unseren Emotionen beteiligt sind, doch sind Emotionen Meme? Die Antwort lautet: Nur wenn sie per Imitation an eine andere Person weitergegeben werden können.

Es ist fast eine Binsenweisheit zu sagen „Du kannst nicht wissen, wie ich mich fühle". Emotionen sind etwas sehr Intimes und notorisch schwierig zu übermitteln. Wir schreiben Gedichte, verschenken Rosen und malen Bilder, um sie auf irgendeine Weise mitzuteilen. Wir können natürlich die Emotion einer anderen Person nachempfinden und das sieht sicherlich wie Imitation aus, zum Beispiel, wenn uns der Kummer, den wir bei anderen sehen, zu Tränen rührt. Diese ansteckende Ausbreitung von Verhalten sieht wie Imitation aus, weil eine Person etwas tut und eine andere Person anschließend dasselbe tut. Aber strenggenommen ist es das nicht. Um zu verstehen, warum nicht, müssen wir den Begriff „Imitation" definieren.

Imitation, Ansteckung und soziales Lernen

Der Psychologe Edward Lee Thorndike war möglicherweise der Erste, der den Begriff „Nachahmung" oder „Imitation" klar definierte: „Lernen, eine Handlung auszuführen, durch Beobachten, wie sie

Porträt

Thorndike, *Edward Lee*, amerikanischer Psychologe, * 31.8. 1874 Williamsburg (Mass.), † 10.8.1949 Montrose (N.Y.); Professor in New York; einer der Begründer des Behaviorismus; führte den Begriff Konnektionismus ein – Verbindungen zwischen Reiz (Sinneseindruck) und Reaktion (Handlungsimpuls) bilden die Grundlage aller Verhaltenserscheinungen. Thorndike forschte v. a. über lernorientierte Themen und führte das Tierexperiment in die Lernforschung ein (Problemkäfig); belegte „Versuch und Irrtum" als elementare Prinzipien des Lernens und beschrieb das Effekt-Gesetz, nach dem Belohnung eine Reiz-Reaktions-Verbindung stärkt und Bestrafung sie abschwächt.

Was ist eigentlich ...

Nachahmung, auch: Imitation, Beobachtungslernen. 1) In der Theorie des Beobachtungslernens (Modell-Lernen) eine nachahmende Handlung, der die vorherige Beobachtung eines Modells vorausgeht und das Erkennen einer Mittel-Ziel-Beziehung zugrunde liegt. Wichtiges Prinzip dabei ist die stellvertretende Verstärkung: Erhält die Modellperson für ein bestimmtes Verhalten eine Belohnung, so erhöht sich unter bestimmten Bedingungen die Wahrscheinlichkeit, dass sich der Beobachter in einer ähnlichen Situation auch so verhält wie die Modellperson. 2) Nachahmung wurde von Lerntheoretikern als wesentlich für den Spracherwerb angesehen: Sprachliches Verhalten sei eine Form sozialen Verhaltens, das wesentlich über Nachahmung erworben werde (was sich allerdings empirisch nur für wenige sprachliche Aspekte nachvollziehen ließ). 3) In alltagstheoretischen Annahmen ist Nachahmung ein sozialer Trieb (Nachahmungstrieb), der die Grundlage sein soll für Gleichförmigkeit und Übertragung von Verhaltensweisen. 4) Nachahmung ist bereits bei Affen eine wichtige Methode, um soziale Verhaltensweisen zu erwerben („nachäffen"). Nachahmung beschleunigt Lernprozesse und verkürzt Versuchs- und Irrtumsphasen.

ausgeführt wird." Thorndikes Definition fängt (wenn sie auch auf visuelle Information beschränkt ist) die wesentliche Vorstellung ein, nach der beim Imitieren ein neues Verhalten durch Kopieren des Verhaltens einer anderen Person erlernt wird. Hundert Jahre später erkennen wir die Bedeutung dieses Punktes und unterscheiden deshalb zwischen „Ansteckung", „sozialem Lernen" und „echter Imitation".

Der Begriff „Ansteckung" *(contagion)* wird sehr unterschiedlich verwendet. Wir bezeichnen Ideen als ansteckend und vergleichen die Ausbreitung von Memen mit der Ausbreitung ansteckender Krankheiten. Auch der Begriff „soziale Ansteckung" dient dazu, die Ausbreitung von Verhaltensweisen, wie Modefimmel oder sogar Selbstmordwellen in der Gesellschaft, zu beschreiben. Das ist jedoch nicht die Art von Ansteckung, die ich dem Begriff „Imitation" gegenüberstellen möchte. Vielmehr meine ich das, was verschiedentlich als instinktive Nachahmung *(instinctive imitation)*, Verhaltensansteckung *(behavioral contagion)*, soziale Bahnung *(social facilitation)*, Co-Aktion *(co-action)* oder (einfach) Ansteckung *(contagion)* bezeichnet worden ist. Leider vermischen Sozialpsychologen häufig Imitation und Ansteckung oder behandeln sie, als seien sie dasselbe. Vergleichende Psychologen (diejenigen, die tierisches und menschliches Verhalten vergleichen) haben jedoch kürzlich einen nützlichen Unterschied deutlich gemacht. Gähnen, Husten und Lachen sind beim Menschen alle außerordentlich ansteckend. Es kann tatsächlich schwierig sein, nicht zu lachen, wenn alle rundum bereits lachen. Diese Art von Ansteckung beruht vermutlich auf bestimmten Reizmerkmaldetektoren, die Lachen oder Gähnen bei anderen wahrnehmen und dann als Reaktion darauf dasselbe angeborene Verhalten auslösen. Bei manchen Tieren können Alarmrufe und andere Lautgebungen ansteckend wirken, doch ansteckendes Gelächter ist offenbar auf Menschen beschränkt. Andere Beispiele sind die Ausbreitung von Stimmungen und Emotionen in Menschenmengen und die Art und Weise, wie Menschen stehen bleiben, um etwas anzusehen, wenn sie merken, dass andere irgendwohin starren.

Diese Art von Ansteckung ist kein echtes Imitieren. Wir erkennen, warum, wenn wir Thorndikes einfache Definition überdenken. Gähnen, Husten, Lachen und Ansehen sind angeborene Verhaltensweisen. Wenn wir zu lachen beginnen, weil alle in der Runde lachen, haben wir nicht gelernt, „wie eine Handlung durchzuführen ist". Wir wissen bereits, wie man lacht, und unsere Art von Lachen richtet sich nicht nach der Art von Lachen, das wir hören. Daher ist diese Art von Ansteckung keine Imitation und sollte nicht als memetisch betrachtet werden.

Es gibt soziales Lernen (im Gegensatz zu individuellem Lernen), das heißt Lernen, das durch Beobachtung von oder Interaktion mit einem anderen Tier beziehungsweise einer anderen Person beeinflusst wird.

Imitation ist *eine* Form des sozialen Lernens, doch es gibt andere, die nicht wirklich auf echter Nachahmung beruhen. Verhaltensforscher haben in den letzten Jahren mehr und mehr Unterscheidungskriterien zwischen diesen Lernformen gefunden und entdeckt, welche Tiere zu echter Imitation fähig sind. Die Ergebnisse waren überraschend.

Im Jahre 1921 konnte man in Südengland beobachten, dass Meisen die Deckel von Milchflaschen aufpickten, die auf der Türschwelle standen. In der Folgezeit verbreitete sich diese Gewohnheit über ganz England sowie einige Teile von Schottland und Wales; andere Vogelarten übernahmen sie, und auch Aluminiumdeckel wurden aufgepickt. Dass die Meisen voneinander lernten, deutete auf die Art und Weise hin, wie sich der Trick allmählich von Ort zu Ort und über verschiedene Regionen ausbreitete, wenn er offensichtlich auch viele Male unabhängig neu erfunden wurde. Seit dem Aufkommen von Supermärkten und Milchkartons sind Milchflaschen auf der Türschwelle selten geworden, doch selbst heute findet man gelegentlich noch einen aufgepickten Aluminiumdeckel.

Die Ausbreitung des Aufpickens war ein einfaches kulturelles Phänomen, doch Puristen würden einwenden, dass es nicht auf Imitation beruht, sondern auf einer einfacheren Form des sozialen Lernens. Stellen Sie sich vor, ein Vogel lernt durch Versuch und Irrtum, dass man an Sahne gelangen kann, wenn man die Flaschen anpickt. Dann kommt zufällig ein anderer Vogel vorbei und sieht das Picken und den aufgepickten Deckel. Picken ist eine natürliche Tätigkeit für Meisen, und nun, da die Aufmerksamkeit des zweiten Vogels auf die Flasche gelenkt worden ist, ist es wahrscheinlicher, dass er darauf landet und ebenfalls pickt. Verstärkung in Form von schmackhafter Sahne würde dann dazu führen, dass dieser Vogel seine Handlung wiederholt und dabei möglicherweise von anderen Vögeln beobachtet wird und so weiter. Die Tatsache, dass die Vögel viele unterschiedliche Techniken anwandten, um die Flaschen zu öffnen, lässt ebenfalls darauf schließen, dass sie nicht durch direkte Imitation lernten.

Formen der Verstärkung

Typ	Definition	Wirkung	Beispiel
positive Verstärkung	Hinzufügen eines angenehmen Reizes nach einer Verhaltensreaktion	erhöht die Auftretenswahrscheinlichkeit der Verhaltensreaktion	Wenn auf intensives Lernen eine gute Note folgt, erhöht sich intensives Lernen vor Prüfungen.
negative Verstärkung	Entfernen eines unangenehmen Reizes nach einer Verhaltensreaktion	erhöht die Auftretenswahrscheinlichkeit der Verhaltensreaktion	Wenn das Verlassen der Wohnung von einem lauten Mitbewohner befreit, erhöht sich die Zeit, die man außerhalb der Wohnung verbringt.

Diese Form des sozialen Lernens wird manchmal als „Reizverstärkung" bezeichnet – der Reiz, in diesem Fall der Flaschendeckel, wird leichter zur Kenntnis genommen. Ähnlich spricht man von „lokaler Verstärkung", wenn die Aufmerksamkeit auf einen bestimmten Ort gerichtet wird. Tiere lernen auch voneinander, welche Objekte oder Orte sie fürchten sollten oder ignorieren können. Beispielsweise lernen junge Rhesusaffen, Schlangen zu meiden, wenn sie erlebt haben, wie ihre Eltern ängstlich auf eine Schlange reagieren, und Kraken attackieren etwas, das sie andere Kraken haben attackieren sehen. Vögel und Kaninchen lernen, sich nicht vor Zügen zu fürchten, indem sie Artgenossen folgen, die sich nicht fürchten, und gewöhnen sich daher an das furchterregende Geräusch. Austernfischer öffnen Muschelschalen je nach lokaler Tradition mittels Stich- oder Hämmertechniken, und Vögel lernen von anderen Vögeln, welchen Wanderrouten sie folgen und welche Nistplätze sie wählen sollten. Doch keiner dieser Prozesse ist echte Imitation, denn es werden keine neuen Verhaltensweisen von einem Tier zum anderen weitergegeben.

Zu anderen berühmten Beispielen, die wie echtes, auf Imitation beruhendes kulturelles Lernen aussehen, gehören der Trupp Japanmakaken, der lernte, seine Süßkartoffeln zu waschen, und Schimpansen, die lernten, mit Stöckchen, die sie in die Hügel steckten, nach Termiten zu angeln. Weitere Untersuchungen der Ausbreitung dieser Fertigkeiten und der Lernfähigkeit der Tiere lassen jedoch darauf schließen, dass diese Traditionen beide auf individuellem Lernen und der oben beschriebenen Form von sozialem Lernen beruhen, und nicht auf echter Imitation. Wenn man also wirklich präzise sein will, muss man sagen, dass Flaschendeckelaufpicken, Termitenangeln und Süßkartoffelnwaschen keine echten Meme sind – wenn sie ihnen auch nahekommen.

Was ist mit dem Star in Ihrer Nachbarschaft, der piepst wie Ihr Wecker oder eine Autoalarmanlage imitiert? Bei Vögeln gibt es echte Imitation, wenn sich ihr Imitationsvermögen auch auf Töne – und überdies auf ganz bestimmte Töne – beschränkt (möglicherweise mit der Ausnahme von Papageien, die auch einfache Gesten nachahmen können). Aus diesem Grund ist der Vogelgesang lange als Spezialfall behandelt worden. Viele Singvögel haben lange Traditionen. Die Männchen lernen ihren Gesang durch Nachahmen ihrer Väter oder ihrer männlichen Nachbarn. Bei Kanarienvögeln beispielsweise hört der Nestling seinen Vater singen, lange bevor er selbst singen kann. Ein paar Monate später beginnt der Jungvogel, ein breites Spektrum von Tönen zu produzieren, die sich allmählich zu dem Lied verdichten, das er als Nestling gehört hat. Experimente haben gezeigt, dass es eine kritische Lernphase gibt und der Vogel seinen eigenen Gesang hören und an den erinnerten Gesang anpassen muss, den er imitiert. Handaufgezogene Vögel können Lieder vom Tonband lernen,

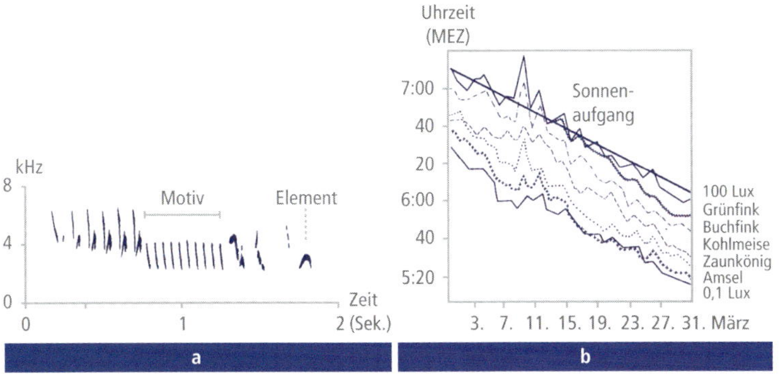

a) Lautspektrographische Darstellung (Sonagramm) einer Strophe des Buchfinken-Gesangs (*Fringilla coelebs*). Auf der Ordinate sind die Frequenzen (Tonhöhen) aufgetragen, während die Abszisse die Zeitachse bildet. Die Abbildung zeigt die Zusammensetzung der Strophe aus unterschiedlichen Motiven und Elementen. b) Gesangsbeginn in Abhängigkeit von der Helligkeit bei einigen Vogelarten im Lauf des Monats März.

und adoptierte Vögel singen Lieder, die denjenigen ihrer Adoptiveltern ähnlicher sind als denjenigen ihrer biologischen Eltern. Einige Vogelarten können Lieder von artfremden Nachbarvögeln lernen, und einige wenige, wie Papageien und Beos, sind in der Lage, die menschliche Sprache zu imitieren. Daher können wir den Vogelgesang zu den Memen zählen. Tatsächlich ist die kulturelle Evolution des Kanarienvogelgesangs im Hinblick auf die Mutation, den Fluss und die Drift von Gesangsmemen untersucht worden, und die Untersuchung singender Honigfresser hat ergeben, dass ihr Gesangsmempool auf dem australischen Festland größer ist als auf den nahegelegenen Inseln. Beim Vogelgesang liegen die Dinge daher anders als bei den Beispielen für soziales Lernen, die wir zuvor besprochen haben.

Der Unterschied lässt sich so erklären: Imitation heißt, durch Beobachtung anderer etwas über die Form eines Verhaltens zu lernen, während soziales Lernen heißt, durch Beobachtung anderer etwas über die Umwelt zu lernen. Die Meisen wissen bereits, wie man pickt, sie lernen nur, was sie anpicken sollten. Die Tieraffen wissen bereits, was Furcht ist, sie lernen nur, wovor sie sich fürchten sollten.

Nach fast einem Jahrhundert Forschung sprechen nur sehr wenige Belege für eine echte Imitation bei Tieren. Der Vogelgesang bildet offensichtlich eine Ausnahme, und wir wissen vielleicht einfach zu wenig über die Unterwasserwelt der Delfine, um etwas über ihr Imitationsvermögen auszusagen. Schimpansen und Gorillas, die in Menschenfamilien aufgezogen worden sind, imitieren gelegentlich in einer Art und Weise, die man bei ihren wilden Artgenossen nicht findet. Stellt man Menschenaffen und Menschenkindern jedoch dieselben Aufgaben, so greifen nur die Kinder ohne Weiteres auf Imitation zurück, um sie zu lösen. Offenbar liegen wir falsch, wenn wir das Verb „nachäffen“ als Synonym für „imitieren“ benutzen, denn Affen äffen nur selten nach.

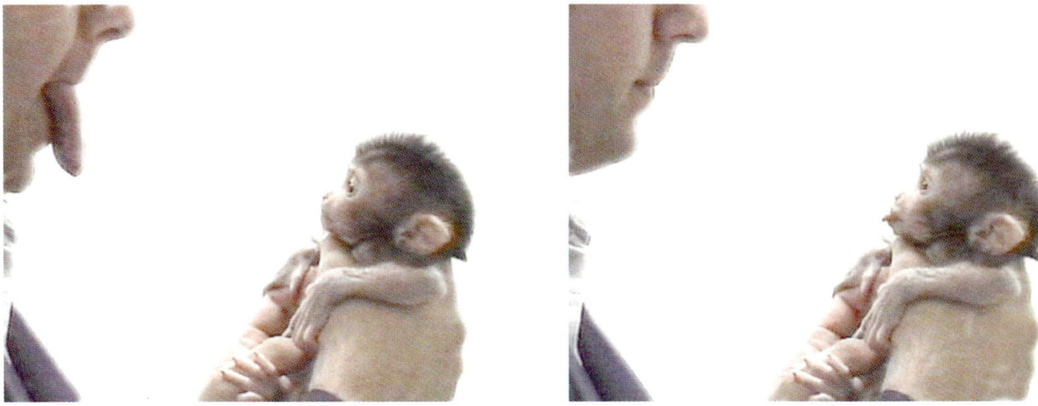

Affen mögen selten imitieren, aber sie tun es, wie diese Aufnahme von 2006 zeigt: Ein Makaken-Baby ahmt das Zunge-Raus-Strecken seines menschlichen Vorbilds nach.

Menschenkinder können ein breites Spektrum von Stimmlauten, Körperhaltungen, Objektmanipulationen und sogar ganz willkürliche Handlungen, wie mit dem Finger die Nasenspitze berühren, imitieren. Mit 14 Monaten können sie die Imitation eines Verhaltens sogar um eine oder mehrere Wochen verzögern, und sie wissen offenbar, wenn sie von Erwachsenen nachgeahmt werden. Im Gegensatz zu anderen Tieren imitieren wir bereitwillig alles und jeden und haben sogar Spaß daran.

Wenn wir Meme als Funktionseinheiten definieren, die durch Imitation weitergegeben werden, dann müssen wir schließen, dass nur Menschen zu einer umfassenden memetischen Weitergabe in der Lage sind. Einige andere Theoretiker haben in ihre Definition kultureller Evolution alle Formen sozialen Lernens eingeschlossen. Ihre mathematischen Modelle mögen sich vielleicht mit Gewinn auf all diese Formen anwenden lassen, ich meine jedoch, dass es besser für die Memetik ist, sich an die ursprüngliche Definition von Memen zu halten. Der Grund ist, dass die anderen Formen des sozialen Lernens kein Replikationssystem mit echter Vererbung aufrechterhalten können, denn das Verhalten wird nicht wirklich kopiert.

Wir können uns die ganze Sache so vorstellen: Beim sozialen Lernen erfindet ein Tier im Rahmen eines individuellen Lernprozesses ein neues Verhalten; auf irgendeine Weise bringt es dann ein zweites Tier in eine Situation, die bewirkt, dass dieses dasselbe neue Verhalten lernt – oder das erste Tier verhält sich in einer Weise, die die Wahrscheinlichkeit erhöht, dass das zweite Tier dasselbe (oder ein ähnliches) neues Verhalten lernt. Das Ergebnis sieht wie Kopieren aus, ist es aber nicht, weil das Verhalten vom zweiten Lernenden ebenfalls erfunden werden muss. Die soziale Situation und das Verhalten des anderen Tieres spielen eine Rolle, doch die Details des ersten Verhaltens werden nicht weitergegeben; darum kann auch nicht auf ihnen aufgebaut werden, und sie können nicht durch weiteres selektives

Kopieren verfeinert werden. In diesem Sinne gibt es daher keine echte Vererbung, was bedeutet, dass es weder einen neuen Replikator noch eine echte Evolution gibt, und aus diesem Grund sollte man den Prozess auch nicht als memetisch ansehen.

Im Gegensatz dazu hat unsere umfassende Imitationsfähigkeit zur Folge, dass Menschen neue Verhaltensweisen von fast unbegrenzter Vielfalt erfinden und durch Kopieren an andere Menschen weitergeben können. Wenn wir Meme als Einheiten definieren, die durch Imitation weitergegeben werden, dann ist alles, was durch diesen Kopierprozess weitergegeben wird, ein Mem. Meme erfüllen die Rolle von Replikatoren, weil sie alle notwendigen Bedingungen erfüllen, das heißt Vererbung (Form und Details des Verhaltens werden kopiert) und Selektion (nur einige Verhaltensweisen werden erfolgreich kopiert). Das ist ein echter Evolutionsprozess.

Wir haben nun festgestellt, dass Imitation selten und etwas Besonderes ist, aber was genau wird als unveräußerliches Gut in einem Akt der Imitation vererbt? Es gibt zahlreiche Forschungsarbeiten über Imitation bei Säuglingen und Kindern; einige Untersuchungen beschäftigen sich auch mit der Rolle der Imitation beim Sport, bei sozialer Anpassung und bei Fragen, ob gewalttätige Fernsehfilme zu Nachahmungstaten führen und ob sich Selbstmordversuche, Autounfälle oder sogar Mordanschläge per Imitation ausbreiten können. Man findet jedoch kaum etwas über die Mechanismen, die der Imitation zugrundeliegen; daher muss ich ein wenig spekulieren.

Wir könnten den Prozess mit der gezielten Zerlegung vergleichen, wie sie in der modernen Industrie häufig angewandt wird, um Ideen zu stehlen. Wenn ein skrupelloser Hersteller eine Billigversion des neuesten High-Tech-CD-Players produzieren möchte, dann nehmen speziell geschulte Ingenieure das Original Stück für Stück auseinander und versuchen herauszufinden, wozu all die Teile dienen und wie man sie herstellt. Mit etwas Glück können sie dann ihre eigene, ebenso leistungsfähige Version bauen – ohne Lizenzgebühren zu zahlen. Aber das ist nicht leicht.

Nun stellen Sie sich vor, Sie sollten eine einfache Handlung kopieren. Nehmen wir an, ich legte meine Hände wie einen Trichter an den Mund, richtete sie nach oben und summte „di-dum-di-dum“. Ich möchte wetten, dass Sie keine Schwierigkeiten hätten, mich zu kopieren, und dass Leute, die uns zuschauten, kein Problem hätten zu entscheiden, ob Ihnen das gut gelingt oder nicht. Was ist daran so schwierig?

Alles. Erstens müssen Sie (oder vielmehr irgendwelche unbewussten Gehirnmechanismen) entscheiden, welche Aspekte der Handlung kopiert werden sollen – spielt der Winkel Ihrer Beine eine Rolle oder die Stellung Ihrer Füße? Ist es wichtiger, dass Ihre Hände wie ein

Was ist eigentlich ...

Transformation, motorische, die Bestimmung der räumlichen Position eines Körpergliedes, z. B. der Fingerspitze, durch die Gelenkwinkel, diese wiederum durch Muskelkräfte, diese wiederum durch die Muskelinnervation. Diese mechanisch und physiologisch vorgebenene Transformation muss invertiert (umgekehrt) werden, wenn Gelenkwinkel, Muskelkräfte und Muskelinnervation so ausgewählt werden sollen, dass eine gewünschte Position des Körpergliedes erreicht wird. Die Invertierung ist ein zentrales Problem der Bewegungssteuerung. Ein formal gleichartiges Problem findet sich, wenn die eigene Bewegung durch ein Werkzeug oder eine Maschine zusätzlich transformiert wird. – Die Invertierung der Transformation, die für eine erfolgreiche Bewegungssteuerung erforderlich ist, ist ein nichttriviales Problem. Wir können z. B. viele Kombinationen von Muskelkräften oder Gelenkwinkeln nutzen, um mit der Fingerspitze einen bestimmten Punkt im Raum zu erreichen. Und für eine eindeutige Bestimmung z. B. der erforderlichen Muskelkräfte müssen neben der gewünschten Fingerposition zusätzliche Kriterien, etwa der Bewegungsökonomie, herangezogen werden.

Trichter aussehen oder dass ihre exakte Position meiner Version eines Trichters so nahe wie möglich kommt? Muss Ihr Summen dieselbe Tonlage haben wie meines oder nur derselben Melodie folgen? Ich bin sicher, Sie können weitere Fragen erfinden. Sobald Sie darüber entschieden haben, welche Aspekte wichtig sind und kopiert werden müssen, müssen Sie einen sehr schwierigen Transformationsprozess durchführen. Sie haben mich beispielsweise von der Seite gesehen. Nichts, was Sie mich haben tun sehen, stimmt mit der Perspektive überein, die Sie einnehmen, wenn Sie diese Handlungen selbst ausführen. Sie sehen nur Ihre Hände am „Ausgang“ des Trichters. Irgendwie muss Ihr Gehirn eine Transformation meiner Handlung durchführen, die es in die Lage versetzt, Ihre Muskeln zu instruieren, das zu tun, was sie tun müssen, damit Ihre Handlung für jemand anderen wie meine Handlung aussieht. Nun beginnt es, kompliziert zu klingen.

Es klingt kompliziert, weil es kompliziert ist. Imitation erfordert notwendigerweise a) Entscheidungen darüber, was imitiert werden soll, oder was als „dasselbe“ beziehungsweise als „ähnlich“ gilt, b) komplexe Transformationen aus der einen in eine andere Perspektive und c) das Auslösen passender Körperbewegungen.

Wenn Sie sich einmal klargemacht haben, wie kompliziert diese so natürlich erscheinende Art von Handlung ist, könnte man versucht sein zu denken, dass wir so etwas gar nicht tun können – obwohl wir es offensichtlich ständig tun. Oder dass eine Wissenschaft der Memetik nicht auf etwas so Sonderbarem basieren kann. Wir kopieren einander ständig, und wir unterschätzen seine Schwierigkeit, weil uns Imitation so leichtfällt. Wenn wir einander kopieren, wird jedoch etwas Nichtfassbares weitergegeben. Dieses Etwas ist das Mem. Und die Memperspektive einzunehmen, ist die Grundlage der Memetik.

Grundtext aus: Susan Blackmore *Die Macht der Meme. Die Evolution von Kultur und Geist*; Spektrum Akademischer Verlag (englische Originalausgabe: *The Meme Machine*, Oxford University Press; übersetzt von Monika Niehaus-Osterloh).

Das geheime Wissen der Erbsenzähler

Sie sind seelisch krank und doch genial: Die „idiot savants". Ihre außerordentlichen Fähigkeiten schlummern in uns allen, glauben Neurowissenschaftler

Till Hein

Howard Potter isst für sein Leben gern. Und Kartoffelbrei mit Erbsen liebt er besonders. „Duncan hat zwei Erbsen mehr bekommen!", beschwerte er sich einmal als Kind beim Mittagessen, nachdem er einen Blick auf den Erbsenberg seines Bruders geworfen hatte. Die irritierten Eltern zählten nach. Howard hatte sich nicht getäuscht.

Heute ist Howard 37. Er lebt noch immer bei seinen Eltern in Bournemouth an der Südküste Englands. Ein freundlicher Zeitgenosse mit einem erstaunlichen Gefühl für Zahlen: Wurzel aus 73? „8,544", murmelt Howard. Was ist der 2. März 20100 für ein Wochentag? „Ein Donnerstag." Und der 1. September 30000? „Ein Freitag."

Als Baby schlief Howard kaum, erinnern sich die Eltern. Schon früh war er von Kalendern fasziniert. Er blickte niemandem direkt ins Gesicht und nahm keine Beziehung zu anderen Menschen auf. Howard ist Autist. In der Grundschule war er überfordert. Beim Intelligenztest erreicht er einen Wert von knapp über 90 – unterer Durchschnitt. Einen Beruf hat er nie ausgeübt. Bis heute ist er ganz auf seine Eltern angewiesen. Dabei hat Howard viel gelernt in den vergangenen Jahren: andere Menschen anzulächeln oder im Laden an der Ecke eine Tafel Schokolade zu kaufen. Doch es kann passieren, dass er beim Überqueren der Straße plötzlich mitten im Verkehrstreiben gedankenverloren stehen bleibt.

Es ist nicht einfach, mit Howard ins Gespräch zu kommen. Es sei denn, man stellt ihm konkrete Fragen: Wann hat die Schweiz zum letzten Mal an einer Fußball-Weltmeisterschaft teilgenommen? „1994", kommt es wie aus der Pistole geschossen. Und nach einer Weile: „Davor 1962 und 1966. Da haben die Schweizer alle Spiele verloren." Auch die Pop-Musik erfasst Howard genauer als jedes Statistikamt: Welcher Song war in der ersten Februarwoche 1999 auf Platz eins der englischen Hitparade? „*Maria* von der Gruppe Blondie."

Dann steht Howard plötzlich auf, nimmt seine Brille von der Nase und beginnt damit am Wohnzimmerschrank zu kratzen. Er wirkt wie in Trance, als ob er in eine andere Welt eingetaucht wäre. „Einer seiner Ticks", sagt seine Mutter etwas ratlos. „Howard hat mir mal erklärt, dass er in solchen Phasen den Staub umherschiebe."

Weltweit sind nur etwa 50 Savants bekannt

Menschen wie Howard geben auch der Wissenschaft Rätsel auf: Faszinierende Einzelfähigkeiten – so genannte Inselbegabungen – stehen bei ihnen in krassem Widerspruch zu einer durchschnittlichen oder schwachen allgemeinen Intelligenz. Savants werden sie genannt. Früher sprach man von „idiot savants".

Lediglich etwa 50 Savants sind weltweit bekannt: Christopher Taylor aus England hat sich selbst Hindi, Finnisch, Polnisch und unzählige weitere Sprachen beigebracht. Der Amerikaner Leslie Lemke ist blind und hatte nie Klavierunterricht – doch als Teenager spielte er plötzlich das Klavierkonzert Nummer 1 von Tschaikowsky, das er im Radio gehört hatte, fehlerfrei nach. Und der Engländer Joshua Whitehouse zeichnete als Neunjähriger brillante, naturgetreue Ansichten der Skyline von New York, die er lediglich aus dem Fernsehen kennt.

Wie schaffen Savants das? Und warum erreichen sie auf allen anderen Gebieten bei Weitem kein vergleichbares Niveau? Solche Fragen bringen die Köpfe von Psychologen und Neurowissenschaftlern zum Rauchen. Einige behaupten gar, dass wir alle verkappte Savants sind: Das absolute Gehör, zeichnerische Begabung und eine gigantische Rechenfähigkeit würden auch in unseren Gehirnen schlummern. Tatsache ist, dass die meisten bisher bekannten Savants Autisten sind. Ein besseres Verständnis von Autismus scheint also ein wichtiger Schlüssel zum geheimnisvollen Savant-Syndrom zu sein.

Beate Hermelin, emeritierte Professorin für Psychologie an der University of London, ist die Grand Old Lady der Autismus- und Savant-Forschung. Mittlerweile 85 Jahre alt, ist sie noch immer wissenschaftlich tätig. Eine quirlige Person mit neugierigen Augen. „Als Kind habe ich mal auf Sigmund Freuds Schoß gesessen", erzählt sie. Ein Verwandter von ihr war mit dem Begründer der Psychoanalyse befreundet. Bis heute verehrt sie Freud als Theoretiker und Visionär. Doch in ihrem Fachgebiet hat die Tiefenpsychologie zu Irrwegen geführt: „Autismus hat seine Wurzeln nicht in frühkindlichen Traumata", korrigiert Hermelin alte Theorien. Eine Aufarbeitung negativer Erfahrungen mit psychoanalytischen Methoden hilft Autisten also nicht.

Die Diagnose Autismus geht ursprünglich auf den amerikanischen Kinderpsychiater Leo Kanner zurück. Er beschrieb die Störung in den 1940er-Jahren in erster Linie als „Unfähigkeit, eine Beziehung zu den Mitmenschen aufzunehmen". Autisten würden andere Menschen wie Dinge wahrnehmen und behandeln. Es falle ihnen äußerst schwer, sich in ihre Gedanken und Gefühle hineinzuversetzen. Weitere Kennzeichen sind: eingeengtes Interessenspektrum, sprachliche Defizite sowie das zwanghafte Festhalten an ritualisierten Abläufen. Hermelin geht davon aus, dass Autisten die Welt als ein „bedrohliches, unkontrollierbares Chaos" erleben. Dem setzen sie Rituale entgegen, die eine beruhigende Wirkung haben. Möglich, dass Howard aus diesem Grund so gern mit der Brille am Schrank kratzt.

Sie lieben klare Strukturen und eintönige Tätigkeiten

Die klaren Strukturen des Kalenders faszinieren viele Autisten, sagt Hermelin. Und eintönige Beschäftigungen, die andere Menschen langweilen würden, geben Autisten Befriedigung – eine wichtige Voraussetzung für ihre phänomenalen Gedächtnisleistungen. „Doch stures Auswendiglernen und Üben sind nicht der alleinige Grund für ihre Meisterschaft", betont Hermelin. Sie konnte nachweisen, dass Howard Potter sich beim Errechnen von Wochentagen auf komplizierte mathematische Formeln stützt, die er selbst entwickelt haben muss.

In einem ihrer ersten Experimente untersuchte die Forscherin die Merkfähigkeit von Autisten und Nichtautisten mit demselben Intelligenzquotienten: Die beiden Gruppen sollten sinnvolle Sätze wie „Lustige Kinder spielen fröhlich" und sinnlose wie „Sanfte Rahmen essen wütend" im Gedächtnis behalten. Nichtautisten erinnerten sich an die sinnvollen Sätze – wie erwartet – bei weitem besser. Für die Autisten spielte dieses Kriterium keine Rolle. „Sie richten ihre Aufmerksamkeit offensichtlich nicht auf das Integrieren von Wahrnehmung, Kognition und Gedächtnis, sondern auf Teilinformationen und Details", sagt Hermelin.

Durch ihre Pionierarbeit erlangte Hermelin in Expertenkreisen bald Weltruhm. Und eines Morgens stand die Limousine des Schauspielers Dustin Hoffman vor der Tür.

Er bereitete sich gerade auf seine Rolle im Hollywood-Film *Rain Man* vor. „Herr Hoffman war sehr höflich und erkundigte sich nach den mathematischen Fähigkeiten autistischer Savants", erzählt Hermelin. Ein Teil der Forschungsergebnisse Hermelins ist in seine Figur, den Autisten Raimund, eingeflossen. Unter anderem die Gabe, mit einem Blick die Anzahl von Zündhölzern zu bestimmen, die aus einer Packung gefallen sind – ähnlich wie Howard Potter es bei Erbsen beherrscht.

Die Stärken der Savants scheinen gleichzeitig auch ihre Schwächen zu sein, sagt Hermelin: „Auch begabte Autisten sehen den Wald oft vor lauter Bäumen nicht." Sie setzen immer bei den Details an und vernachlässigen den Kontext. Einem autistischen Mädchen wurde das Bild eines Bettes gezeigt. „Das ist eine Decke, und das ist ein Leintuch", erklärte es sofort. Doch als die Forscherin auf das Kissen mit Rüschen deutete, sagte das Mädchen: „Das ist ein Ravioli." In der Tat hatte das Kissen die Form von Ravioli.

Während Hermelin das Denken von Autisten und Savants besser verstehen möchte, sind führende Neurowissenschaftler an einer konkreten Verwertbarkeit ihrer Ergebnisse interessiert. Können wir von den Savants lernen?, lautet eine ihrer zentralen Fragen. Um sie zu beantworten, müssen sie analysieren, was in deren Gehirnen abläuft.

„Höhere Bereiche im Gehirn werden beim autistischen Denken nicht zugeschaltet", sagt Allan Snyder, Leiter des Centre for the Mind der Australian National University in Canberra. Daher fehle bei ihnen das konzeptionelle Denken. Sie verfügten also gleichsam über eine „ungefilterte Art der Informationsverarbeitung", die große Vorteile biete. „Man muss sich das ähnlich wie beim Sehvorgang vorstellen", sagt Snyder. „Wenn ein visueller Reiz auf die Netzhaut fällt, dauert es etwa eine Viertelsekunde, bis er als bewusste Wahrnehmung erscheint. Von diesem Moment an wird jeder einzelne Bestandteil dieses Bildes – etwa Farbe, Form, Lage im Raum und Bewegung – einzeln von verschiedenen, spezialisierten Regionen im Gehirn verarbeitet." Diese einzelnen Eindrücke müssen dann „erst zu einem Muster vereinigt werden, welches wiederum mit Arealen verschaltet wird, die es mit Bedeutung verbinden", sagt Snyder. Lediglich das Endprodukt dringt in unser Bewusstsein. „Bei Savants gelangen hingegen alle Zwischenschritte ungefiltert ins Bewusstsein, und sie können das Bild gleichsam in allen seinen Details sehen. Wie einzelne Pixel einer Fotografie", sagt Snyder.

Kompensiert die rechte Hirnhälfte die Defizite der linken?

Er geht von zwei unterschiedlichen neuronalen Netzwerken für Gedächtnisvorgänge aus: ein weitverzweigtes für das semantische und kognitive Gedächtnis und ein simpleres für das automatisierte Gedächtnis, das nicht mit höheren Denkvorgängen verknüpft ist. Bei der Normalbevölkerung, so meint Snyder, werde die elektrische Aktivität im simpleren Netzwerk von derjenigen im komplexeren überlagert. Savants hingegen würden überwiegend auf den simpleren Kanal zurückgreifen. Nur, warum?

Auch zur Beantwortung dieser Frage gibt es bereits erste Hinweise: Mitte der 1970er-Jahre nahmen Neurobiologen in einer Pilotstudie die Gehirne von Autisten unter die Lupe. Bei 15 der 17 untersuchten Autisten entdeckten sie eine Schädigung im Bereich der linken Gehirnhälfte. Vier dieser 15 Autisten waren Savants.

Die Inselbegabungen fast aller Savants liegen im mathematisch-abstrakten, musikalischen oder zeichnerischen Bereich: lauter Fähigkeiten also, die von der rechten Hirnhemisphäre gesteuert werden. Führende Neurobiologen gehen daher davon aus, dass die rechte Gehirnhälfte bei Savants Defizite im Bereich der linken Hirnhälfte kompensiert. Man vermutet, dass in vielen Fällen eine Testosteron-Vergiftung während der Embryonalentwicklung der Grund sein könnte: Die Entwicklung der linken Gehirnhälfte dauert in der Regel länger als diejenige der rechten. Sie ist während dieser hochsensiblen Phase daher länger vorgeburtlichen Einflüssen ausgesetzt. Im männlichen Fötus kann das zirkulierende Hormon Testosteron die neuronale Funktionsweise der linken Hemisphäre schwächen. Und aus diesem Grund würde die rechte Gehirnhälfte bei Männern als Kompensation oft größer ausgebildet und dominant.

In der Tat sind Männer von Autismus und dem Savant-Syndrom viel häufiger betroffen als Frauen. Experten wie der amerikanische Psychiater und Savant-Forscher Darold Treffert aus Fond du Lac (Wisconsin) nehmen an, dass Hirnschädigungen im linkshemisphärischen Bereich höhere kognitive Prozesse unterbinden oder schwächen. Aus diesem Grund seien Savants möglicherweise gezwungen, auf das primitivere Netzwerk zurückzugreifen.

Die Fähigkeiten Christopher Taylors können die Wissenschaftler über die Gehirnhemisphären-Theorie allerdings nicht erklären. Seine Inselbegabung ist sprachlicher Natur. Und das Sprachzentrum verorten Hirnforscher (bei Rechtshändern wie Christopher) in der linken Gehirnhälfte. Christopher ist Anfang 40 und ein weltweites Unikum, selbst unter den Savants. Er hat sich mittlerweile über 20 Sprachen angeeignet – neben Dänisch, Finnisch, Französisch, Griechisch, Hindi, Italienisch, Norwegisch und Portugiesisch auch Russisch, Schwedisch, Türkisch und die Berber-Sprache der Tuareg. „Christopher setzt dabei typische kognitive Strategien von Autisten ein", erklärt Beate Hermelin. Er erschließt sich die Sprachen über ihre einzelnen Elemente, etwa Worte oder Silben. Die grammatikalischen oder semantischen Aspekte vernachlässigt Christopher hingegen. So übersetzt er „Who can speak German?" mit „Wer kann sprechen Deutsch?" Dennoch sind seine Leistungen phänomenal: Bei einem Wortschatztest in Französisch konnte er neulich mit einem Professor für französische Philologie der University of London, der zweisprachig aufgewachsen ist, locker mithalten.

Manche Hirnforscher sind mittlerweile überzeugt, dass – zumindest theoretisch – alle Menschen zu solchen Spitzenleistungen fähig sind. Der australische Hirnforscher Allan Snyder behauptet etwa, dass savantartiges Denken auch in unseren Gehirnen unbewusst abliefe und lediglich durch höhere kognitive Prozesse überlagert werde. Wir alle könnten daher ohne Weiteres lernen, wie geniale Autisten zu denken.

Ein Unfall mit dramatischen Folgen

Es gibt Menschen, die dieses Ziel bereits erreicht haben, wenn auch unfreiwillig: Neurowissenschaftler vom Crafton Hills College in Yucaipa (Kalifornien) haben einen neunjährigen Jungen untersucht, dem eine Gewehrkugel in die linke Schläfe gedrungen war. Der Unfall hat ihn zum Schwerbehinderten gemacht. Unter anderem wurde er taubstumm, auch seine geistige Leistungsfähigkeit hat gelitten. Gleichzeitig erlangte der Knabe durch die Gehirnverletzung aber erstaunliche Fähigkeiten. Er konnte plötzlich Rennräder reparieren oder technische Geräte konstruieren.

Bruce Miller von der University of California in San Francisco wiederum hat zwölf ältere Patienten untersucht, die an frontotemporaler Demenz (FTD) litten, einer alzheimerartigen, degenerativen Gehirnerkrankung. Die zwölf Patienten entwickelten zu Beginn der Krankheit schlagartig eine Inselbegabung. Einige von ihnen konnten plötzlich hervorragend zeichnen, andere erlangten das absolute Gehör. Bei allen zwölf Patienten war die Gehirnschädigung in der linken Gehirnhälfte lokalisiert. Miller verglich die Gehirnaktivität dieser Patienten später mit der eines neunjährigen Savants und stellte weitgehende Parallelen fest.

Wenn eine Hirnverletzung Normalmenschen zu Savants machen kann, müsste auch eine gezielte Stimulation der einschlägigen Areale diesen Effekt haben, vermuten die Wissenschaftler. Robyn Young von der Flinders University in Adelaide (Südaustralien) kann bereits erste, wenn auch bescheidene Erfolge vorweisen: Mithilfe der sogenannten repetitiven transcranialen magnetischen Stimulation (rTMS) reizte er jenes Areal im linken Schläfenlappen, das bei Millers Demenz-Patienten beeinträchtigt war: 17 Studenten hielt er eine Metallspule an die Kopfhaut und erzeugte ein Magnetfeld im Gehirn, das den Fluss elektrischer Ströme anregt. Immerhin fünf der Versuchspersonen erlangten durch die Stimulation vorübergehend eine savant-artige Fähigkeit. Mehrere wurden kurzzeitig zu Kalender-Rechnern. Und einer konnte plötzlich hervorragend Tiere zeichnen – sobald Young die Apparatur ausschaltete, brachte er allerdings nur wieder hilflose Kritzeleien zustande.

Warum aber reagierten mehr als zwei Drittel der Versuchspersonen gar nicht auf die Stimulation? Young vermutet, dass genetische Anlagen eine Rolle spielen könnten: „Ich denke, wir bringen alle die biologischen Voraussetzungen mit. Aber es eignet sich ja bekanntlich auch nicht jeder Mensch gleich gut für eine Karriere als Spitzenfußballer."

Niels Birbaumer, Professor für Neurobiologie an der Universität Tübingen, glaubt hingegen, die genialischen Fähigkeiten seien nur eine Frage des richtigen Trainings. Dass viele Experten das für völlig unrealistisch halten, entmutigt den Neurowissenschaftler nicht: Momentan zeichnet er die Gehirnströme zahlreicher Savants auf. Schon bald will er erste Studenten dazu anleiten, ähnliche Erregungspotenziale wie diese im Gehirn zu produzieren. „Jeder ist ein Savant", glaubt Birbaumer. „Wir müssen den *Rain Man* in uns nur trainieren."

Aus: DIE ZEIT Nr. 30, 17. Juli 2003

Wenn Töne Farben haben oder geometrische Formen nach etwas schmecken, dann ist Synästhesie am Werk. Manche Menschen können in ihrem Gehirn ganz offenbar die Sinneseindrücke mischen: Bilder mit Tönen, Geschmacksempfindungen mit Bildern, Zahlen mit Farben.

Lange Zeit wurde dieses Phänomen von den wenigen, die es kannten, romantisiert. Neurowissenschaftler nahmen es nicht wirklich ernst, Synästhesie galt oft als Gabe von Künstlern und Lebenskünstlern. In den 1990er-Jahren, erinnert sich **John Harrison**, habe sich ihm erstmals die Gelegenheit geboten, über Synästhesie zu forschen. „Oft musste man erst einmal erklären, was Synästhesie überhaupt ist." Das, sagt Harrison, habe sich inzwischen sehr gründlich geändert, auch und vor allem dank der Medien, die das romantische Phänomen allzugern zum Gegenstand ihrer Berichterstattung machen.

Wenn das Verhältnis von Wissenschaftlern und Journalisten auch nicht immer einfach ist, beim Thema Synästhesie geriet der Journalismus zum Segen der Forschung. „Die Medienpräsenz hat viele Menschen angeregt, uns zu kontaktieren und an unseren Studien mitzuwirken", sagt John Harrison. Die Erforschung der Synästhesie zeigt fast paradigmatisch einen klassischen Zugang der modernen Hirnforschung: Sie lernt durch das Studium von Anormalitäten sehr viel über die Normalität des Geschehens im Gehirn: Warum erscheint unsere Wahrnehmung eigentlich modular?

Und noch etwas lehrt die Lektüre des folgenden Beitrags: Wir Menschen nehmen unsere Umwelt sehr unterschiedlich wahr. Das gilt nicht nur für Synästhetiker und Nichtsynästhetiker, sondern für jeden von uns. So verstanden ist Synästhesie gar keine anormale Sinneswahrnehmung, sondern einfach eine reichere. In den meisten Fällen wollen synästhetische Menschen ihre besondere Fähigkeit nicht missen.

John Harrison hat an den Universitäten von London und Cambridge geforscht und schließlich eine eigene Beraterfirma gegründet. Cambridge Psychometric Consultants heißt das Unternehmen, das unter anderem kognitive Tests für Pharmafirmen entwickelt und sie bei der Anwendung psychometrischer Verfahren unterstützt. Auch hier ist die wissenschaftliche Frage hinter den Testverfahren eine ganz ähnliche wie in der Synästhesieforschung: Was ist eigentlich normal?

John Harrison

Bekenntnisse eines Physikalisten oder Was ist Synästhesie?

Von John Harrison

Ein Festmahl zum Tasten

Für die meisten von uns trennt sich die Wahrnehmung säuberlich in fünf Sinne: Tasten, Sehen, Hören, Schmecken und Riechen. In der Kunst hat es dagegen vielfältige Ansätze gegeben, diese Sinneswahrnehmungen zusammenzuführen. Wassily Kandinsky (1866–1944) zum Beispiel versuchte seine Gemälde mit Klängen zu füllen, und Komponisten wie Alexander Scrjabin (1872–1915) wollten mit ihrer Musik visuelle Bilder erzeugen. Ein gutes Beispiel ist vielleicht Richard Wagners (1813–1883) Versuch, in der Ouvertüre zu *Das Rheingold* beim Hörer ein Bild des Rheins entstehen zu lassen. Die charakteristischen 135 Takte in Es-Dur waren allem Anschein nach von der rollenden Bewegung des Wassers inspiriert. Der Komponist erwachte angeblich aus einem Traum mit der fertigen Melodie im Kopf und brauchte sie nur noch zu Papier zu bringen. Darüber hinaus wurden amüsante, fantastische und exotische Methoden beschrieben, mit denen sich verschiedene Sinne gleichzeitig anregen lassen. Der italienische Futurist Filippo T. Marinetti (1876–1944) etwa schlug das folgende „Festmahl zum Tasten" vor: Die Gäste sollten in Pyjamas erscheinen, deren Oberfläche aus „sich verschieden anfühlenden Materialien wie Schwamm, Kork, Sandpapier, Filz usw." bestehen sollte. Im Laufe des Mahls wurde den Gästen ein „taktiler Gemüsegarten" angeboten. Man aß ihn ohne Zuhilfenahme der Hände, indem man das Gesicht im Teller vergrub, um sich auf diese Weise zu echtem Schmecken inspirieren zu lassen. Dabei sollten die Aromen unmittelbar zusammen mit der Berührung der grünen Blätter auf Haut und Lippen wahrgenommen werden. Jedes Mal, wenn die Speisenden den Kopf aus dem Teller hoben, um zu kauen, besprühten Kellner ihr Gesicht mit Lavendelwasser und Eau de Cologne. Und da das Mahl ganz dem taktilen Genuss gewidmet war, sollten sich die Gäste zwischen den Gängen damit unterhalten, mit den Fingerspitzen die Pyjamas ihres Tischnachbarn zu befühlen.

Zu Marinettis literarischen Vorbildern gehörten die französischen Dichter Charles Baudelaire (1821–1867) und Arthur Rimbaud (1854–1891), so schildert es seine Übersetzerin Lesley Chamberlain in der Einleitung zur *Futuristischen Küche (La Cucina Futuristica)*.

Wie langer Hall und Widerhall, die fern vernommen
In eine finstere und tiefe Einheit schmelzen,
Weit wie die Nacht und wie die Helle,
Antworten die Düfte, Farben und Töne einander.
(Charles Baudelaire *Les Fleurs du Mal* 1857)

Was ist eigentlich ...

Synästhesie [von griech. *syn* = zusammen, *aisthesis* = Wahrnehmung], abnorme Mit- oder Begleitempfindung eines anderen Sinnesgebiets als das des tatsächlich erregten Sinnesorgans: Ein Reiz dient also nicht nur als adäquater Reiz für „sein" Sinnesorgan, sondern löst auch als inadäquater Reiz eine sensorische Reaktion auf einem anderen Sinnesgebiet aus. So können akustische oder mechanische Reize von optischen Erscheinungen begleitet werden: Z. B. sehen Synästhetiker Töne als Farben oder assoziieren sie unweigerlich mit einem bestimmten Geschmack. Dies geschieht auch, wenn sie sich z. B. lediglich an eine Farbe oder einen Ton erinnern. Diese Assoziationen ereignen sich ohne willentliche Beeinflussung und sind relativ starr, automatisch und konsistent. Die Ursache der Synästhesie besteht wohl darin, dass neben der für ein Sinnesorgan zuständigen Hirnrindenregion gleichzeitig andere sensorische und assoziative Cortex-Areale aktiviert werden. Positron-Emissions-Tomographie-Studien und Wahrnehmungstests haben dies bestätigt. Bei Neugeborenen ist dieser Vorgang vielleicht sogar die Regel, verliert sich aber mit der Zeit gewöhnlich. Bis zu einem gewissen Grad ist Synästhesie allgemein verbreitet: Viele haben schon das Geräusch „gefühlt", das entsteht, wenn Fingernägel über eine Tafel kratzen. Da Synästhesie familiär gehäuft vorkommt, gibt es dafür vermutlich eine genetische Komponente.

Zum Weiterlesen

Richard E. Cytowic *Farben hören, Töne schmecken* (München 1996)

Beide hatten als Symbolisten in ihren Werken die Gesamtheit der Sinneseindrücke im Blick. Synästhesie hatte als das Ideal einer Einheit von Sinneseindrücken um die Jahrhundertwende einen recht großen Einfluss auf die Kunst.

Marinetti wollte auf direktem Weg alle fünf Sinne gleichzeitig anregen, um Sinneseindrücke zu mischen. Was hätte er wohl von einer Person gehalten, die behauptet, einen solchen Kunstgriff nicht nötig zu haben, da für sie Geschmack von Natur aus mit einer Tastempfindung einhergehe? Genau davon berichtet der amerikanische Neurologe Richard Cytowic in seinem Buch *The Man Who Tasted Shapes*. Darin beschreibt Cytowic eine Begebenheit, bei der sein Gastgeber Michael, nachdem er die Sauce zum Geflügel probiert hat, verkündet, es seien nicht genug „Spitzen" am Huhn. Cytowic reagiert auf diese ungewöhnliche Bemerkung in höflicher Weise und erklärt Michael, dass er Synästhetiker sei.

Warm und süß oder kühl und sauer?

An dieser Stelle ist es erwähnenswert, dass die Barrieren zwischen unseren Sinnen nicht so unumstößlich sind, wie wir im Allgemeinen annehmen. Das Wissenschaftsmagazin *Nature* berichtete vor einiger Zeit von einer faszinierenden Studie, bei der zwei Forscher Geschmacksempfindungen durch Temperaturänderungen auf der Zunge induzieren konnten. Das Erwärmen der Zungenspitze auf Temperaturen zwischen 20 und 35 Grad führte bei mehreren Versuchspersonen zu einer leichten, aber eindeutig süßen Geschmacksempfindung. Umgekehrt wurde bei Abkühlung der Zungenspitze ein saurer oder salziger Geschmack wahrgenommen. In diesem Fall konnten also bei Menschen mit normaler Sinneswahrnehmung Geschmacksempfindungen durch Temperaturänderungen hervorgerufen werden; ganz offensichtlich besteht jedoch zu dem Erleben, das Cytowic bei Michael untersuchte, ein qualitativer Unterschied. Dieser qualitative Unterschied trägt den Namen Synästhesie.

Die Griechen haben ein Wort dafür

Was ist Synästhesie? Das Wort ist eine Verschmelzung der griechischen Wörter für „Wahrnehmen, Empfinden" *(aisthesis)* und „zusammen" oder „Einheit" *(syn)* und bedeutet demnach das Erleben zweier oder mehrerer zusammen auftretender Sinneseindrücke. An dieser Stelle sollte ich darauf hinweisen, dass es sich unserer Erfahrung nach bei synästhetischen Menschen in fast allen Fällen um eine visuelle Wahrnehmung handelt, die durch einen akustischen Reiz hervorgerufen wird – in der Regel sind es Farben, die mit bestimm-

Montag ist blau Sinne der Mond schmeckt sahnig verstehen 7 ist gelb Zimt riecht grün

Bauchschmerzen sind hellblau Anna hat eine rote Aura Wörter schmecken ein Handy klingelt grün

Wahrnehmung betrachten Angst ist rot Assoziation Schmerzen sehen Mozart klingt orange

Salz schmeckt blau Synästhesie Dezember ist rosa erleben vermischte Sinne Töne sehen

ein Handschlag ist orange Farbstruktur die Türklingel riecht nach Mango Sommerhitze ist dunkelgrün

Foyer ein Baum klingt wie eine Bassgitarre Museumsshop die Mona-Lisa riecht nach Veilchen

das Jahr ist eine Spirale Bach schmeckt nach Lakritz Empfinden Gelb riecht nach Rosen

Eingangstext zur Virtuellen Ausstellung „Synästhesie" von Helena Bergmann und Melanie Voerman.

ten Wörtern oder Klängen einhergehen (Farb-Klang-Synästhesie). Diese Beobachtung stimmt weitestgehend mit der historischen Literatur überein und spiegelt sich auch in anderen gebräuchlichen Bezeichnungen für das Phänomen der Synästhesie wider, wie etwa „Farbenhören" im Deutschen oder *audition colorée* im Französischen. Es treten jedoch, wie schon aus Cytowics Bericht hervorgeht, auch andere Arten synästhetischer Wahrnehmung auf.

Die Bezeichnung Synästhesie ist ein sehr weitgefasster Begriff, der für eine Vielzahl von Ereignissen und Verhaltensweisen verwendet wird. Im engeren Sinne ist Synästhesie eine spezifische, exakt definierte Form der Wahrnehmung. Ich werde diese Art von Synästhesie, die der Gegenstand unserer – Simon Baron-Cohen und meiner – Untersuchungen war, als „idiopathische" (anlagebedingte) Synästhesie bezeichnen, um sie von anderen Phänomenen zu unterscheiden.

In der Regel hielt ich meine Vorträge zum Thema Synästhesie entweder vor interessierten Laien oder Leuten mit einem speziellen Interesse an Kunst, Literatur oder Filmkunst, manchmal sogar vor Wissenschaftlern. Die Gelegenheit, vor solch verschiedenen Personengruppen zu sprechen, hat mein Bewusstsein dafür geschärft, dass viele Nicht-Wissenschaftler eine völlig andere Auffassung von der Welt der Psyche haben als die meisten Wissenschaftler. Im Wesentlichen geht es um die Frage, wie viele Arten von geistiger „Substanz" möglicherweise existieren. Lassen Sie uns mit diesem Problem beginnen.

Körperliche, seelische und geistige Substanz

Der lateinische Ausdruck für „Leser" ist *lector*. Das wussten Sie vielleicht, aber lassen Sie uns zu Diskussionszwecken annehmen, Sie hätten diese Tatsache eben erst herausgefunden und wären nun davon fasziniert, dass Thomas Harris seinen Serienkiller in *Das Schweigen der Lämmer* auf den Namen Hannibal „Leser" getauft haben soll. Wenn Sie sich nun an diese Tatsache erinnern, dann hat eine Ergän-

Porträt

Descartes, *René*, französischer Philosoph, Mathematiker und Naturwissenschaftler, * 31.3.1596 La Haye, † 11.2.1650 Stockholm; studierte Jura, Literatur, Mathematik und Philosophie in Paris und Poitiers; lebte seit 1629 in freiwilliger Einsamkeit in den Niederlanden, ab Herbst 1649 Lehrer des Königshauses in Stockholm, wo er aber schon wenige Monate später starb. Descartes entwickelte eine philosophische Auffassung, die zunächst von einem völligen Zweifel an der Wahrheit, besonders im naturwissenschaftlichen Bereich, ausgeht, die Tatsache des Zweifelns aber wiederum als Beweis für die Existenz des Individuums betrachtet: *Cogito, ergo sum* („Ich denke, also bin ich"). Er vertrat einen strengen Dualismus von Geist und Materie und betrachtete den menschlichen Körper als eine irdische Maschine mit eigenen mechanischen Gesetzmäßigkeiten. Danach bewohnt die von Gott geschaffene Seele diese Maschine, ohne mit den körperlichen Funktionen außer bei Willkürbewegungen etwas zu tun zu haben. Descartes untersuchte auch die Funktion der Sinnesorgane und nahm an, dass die aus ihnen und aus dem Blut einströmenden Teilchen in der Epiphyse zusammenfließen. Die Epiphyse sei zugleich der Sitz der Seele, der Vorstellung und der Empfindung.

zung Ihres Gedächtnisses stattgefunden. Im alltäglichen Sprachgebrauch wird dies als ein geistiges oder mentales Ereignis beschrieben, Ihr Geistesleben ist um eine neue Information bereichert worden. Nehmen Sie sich einen Moment Zeit, darüber nachzudenken und fragen Sie sich dann, wo dieses Nachdenken stattgefunden hat. Ihr erster Gedanke ist möglicherweise, dass Denken in einer geistigen „Substanz" stattfindet, aber vielleicht stellen Sie sich auch vor, dass Gedanken in dem Gewebe existieren, aus dem unser zentrales Nervensystem besteht? Die übliche Sichtweise der Neurowissenschaft ist, dass Ihr Gehirn sich physisch, also organisch verändert, um eine neue Information unterzubringen. Man ist nicht sicher, wie das genau geschieht, aber man ist sicher, dass irgendetwas auf der physischen Ebene passiert ist. Worin aber besteht die Verbindung zwischen den zwei Ereignissen? Eine Überlegung ist, dass es zwei Arten von „Substanz" gibt, die psychische, geistige Substanz, in der die Gedanken existieren, und die physische, materielle Substanz, worin das Gedächtnis gespeichert ist.

Dieser Ansicht war der einflussreiche französische Philosoph René Descartes. Er entwickelte die Theorie, dass das Universum aus der materiellen Welt *(res extensa)* und der Welt des Geistes *(res cogitans)* besteht. Leider lässt man, indem man die Existenz zweier Arten von „Substanz" postuliert, ein Problem ungelöst – wie beeinflussen sich die beiden Substanzen gegenseitig? Das ist eine gute Frage. Descartes' Vorschlag, dass die Epiphyse (Zirbeldrüse im Gehirn) der Ort sei, an dem die Wechselwirkung der zwei Substanzen stattfindet, war nicht sehr überzeugend.

Eine andere Interpretation stammt von dem Physiologen und Nobelpreisträger Sir John Eccles. Seiner Theorie zufolge findet die Wechselwirkung zwischen dem Materiellen und dem Geistigen auf Quantenebene statt. Damit könnte er Recht haben.

Die meisten Neurowissenschaftler aber vertreten einen anderen Standpunkt: Sie gehen davon aus, dass wir uns, wenn wir einerseits von geistigen und andererseits von materiellen oder körperlichen Ereignissen sprechen, einfach verschiedener Begriffe bedienen, um zu beschreiben, was grundsätzlich ein und dasselbe ist. Dieser Vorstellung zufolge ist es möglich, sämtliche psychologischen Ereignisse auch zu erklären, indem man das Vokabular anderer Disziplinen der Neurowissenschaft verwendet. Dabei nimmt man an, dass die verschiedenen Disziplinen eine Art Hierarchie bilden, innerhalb derer es möglich ist, jedes Phänomen auch in der Sprache der jeweils darunterliegenden Disziplinen zu erklären, also ein psychologisches Problem in der Sprache der Psychologie, der Physiologie, der Anatomie, der Biologie, der Biochemie und der Physik. Diese Rangfolge verdeutlicht die Annahme, dass jedem psychologischen Phänomen ein physiologisches zugrunde liegt, jedem physiologischen Problem ein anatomisches usw., aber nicht umgekehrt.

Wer hat nun Recht? Das lässt sich nicht entscheiden, aber alle Überzeugungen halten sich hartnäckig; und es ist wichtig, sich bewusst zu machen, dass jede dieser Ansichten eine intellektuell respektable Perspektive darstellt. Lassen Sie uns auch die Möglichkeit eines Seelenlebens in Betracht ziehen – ist dies ein Bestandteil des Geistes oder wiederum qualitativ davon verschieden und somit eine dritte Art von Substanz? Selbstverständlich kann ich diese Frage nicht beantworten, und eine erschöpfende Diskussion ist auch nicht Aufgabe dieses Beitrages. Trotzdem möchte ich es uns Wissenschaftlern nicht zu bequem machen und darauf hinweisen, dass nicht einmal Physikalisten notwendigerweise einer Meinung sind.

Lassen sich mich also meine Weltanschauung verkünden: Ich bin ein strikter Physikalist; in meiner Welt gibt es nämlich nur eine, und zwar die materielle, physische Substanz. Schlimmer noch: Ich glau-

Porträt

Eccles, *Sir John Carew*, australischer Physiologe, * 27.1. 1903 Melbourne, † 2.5. 1997 Locarno; ab 1944 an der University of Otago (Neuseeland); ab 1951 Professor für Physiologie in Canberra (Australien), ab 1966 am Institute for Biomedical Research in Chicago, später in Buffalo (N.Y.). Eccles untersuchte die Erregungsleitung im Nervensystem (Funktion und Arbeitsweise der Synapsen), entdeckte die erregenden und hemmenden postsynaptischen Membranpotenziale und wies mit ultrafeinen Mikropipetten die chemische Natur der zentralen synaptischen Übertragung nach. Eingehend untersuchte er die Übertragungsmechanismen in Kleinhirn, Großhirnrinde, Thalamus und Hippocampus. Er vertrat bis zuletzt eine dualistische Auffassung über das Leib-Seele-Problem. 1963 erhielt er zusammen mit Alan Lloyd Hodgkin und Andrew Fielding Huxley den Nobelpreis für Medizin.

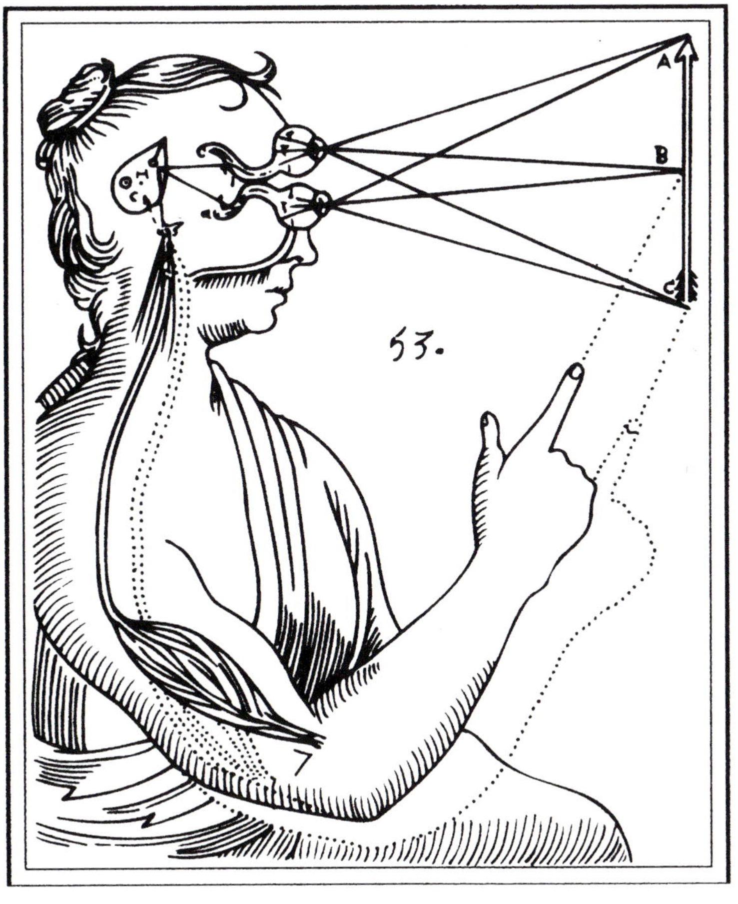

Descartes' Skizze der Epiphyse (Zirbeldrüse). Dieser Holzschnitt aus Descarte'- *Prinzipien der Philosophie* (1644) illustriert seine Theorie des Sehens und die angenommene Wechselwirkung zwischen Gehirn und Epiphyse. Descartes glaubte, dass feine Partikel aus Lichtstrahlen ein Bild in die Augen einprägen. Das Bild werde dann an die Epiphyse übermittelt, die als Verbindung zwischen Körper und Geist diene. In dieser Skizze wird der externe Reiz von der Epiphyse in einen Willensakt verwandelt, in diesem Fall „den Finger heben".

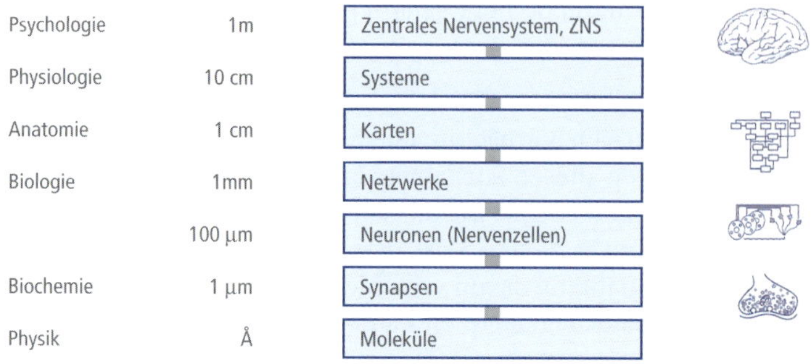

Die Hierarchie der Neurowissenschaft. Diese Abbildung veranschaulicht eine theoretische Hierarchie von Disziplinen, die sich mit neurowissenschaftlicher Forschung befassen und gibt an, auf welcher Ebene in diesen Disziplinen üblicherweise gearbeitet wird. Die Stellung der Psychologie an der Spitze der Hierarchie sollte nicht überinterpretiert werden.

be außerdem, wir sollten, falls sich einige psychologische Konzepte schwer auf anderen Ebenen der Wissenschaft wiederfinden lassen, ernsthaft erwägen, diese über Bord zu werfen – demnach kann ich mich wahrscheinlich als einen Anhänger des „eliminativen Physikalismus“ bezeichnen. Ich gehe grundsätzlich davon aus, dass einige der psychologischen Konzepte, an deren Wahrhaftigkeit wir zurzeit glauben, sich als „Epiphänomene“ herausstellen, d. h., dass sie zwar eine Ursache, aber selbst keine Auswirkung haben. Ich bin jedoch nicht in der Lage, einen kategorischen Beweis für meine Annahmen zu erbringen und muss daher auch die Möglichkeit in Betracht ziehen, dass ich genauso gut komplett falschliegen könnte.

Was ist eigentlich ...

Physikalismus, Materialismus, Position, derzufolge alle mentalen Eigenschaften ausschließlich Eigenschaften materieller Träger sind. Innerhalb des materialistischen Paradigmas konkurrieren verschiedene Auffassungen miteinander: Den einen Pol bildet der *eliminative Physikalismus/Materialismus*, der die Existenz mentaler Zustände leugnet und das alltagspsychologische Vokabular am liebsten durch ein kognitionswissenschaftliches ersetzt sähe. Die anderen Spielarten des Physikalismus erkennen grundsätzlich die Existenz mentaler Zustände an. Während die *Identitätstheorie* (*reduktiver Physikalismus*) mentale Zustände mit Gehirnzuständen identifiziert, berücksichtigt die *Realisierungstheorie* die Multirealisierbarkeit mentaler Eigenschaften. Sie behauptet, dass jede mentale Eigenschaft reduktiv erklärt werden kann. Nach Ansicht des *Emergentismus*, der den anderen Pol bildet, können jedoch nicht alle mentalen Eigenschaften reduktiv erklärt werden.

Willkommen zum GVK

Synästhesie lässt sich – gemäß der Hierarchie der Neurowissenschaft – auf unterschiedliche Weise erklären. Einige Psychologen, die Behavioristen, beschränken sich darauf, von beobachtbarem Verhalten zu sprechen. Andere benutzen Begriffe, die sich auf Verhalten und Kognition, d. h. Denkprozesse, beziehen. Wieder andere erlauben sich, über die biologische Grundlage des Verhaltens, das „Gehirn“, zu sprechen. Im Rahmen dieses Beitrages werde ich mir den Luxus gönnen, von Gehirn, Verhalten und Kognition zu sprechen, oder, wie ich es nennen werde, vom „GVK“. Bevor wir mit der Erklärung der Synästhesie fortfahren, lassen Sie uns diesen Dreier-Komplex etwas näher betrachten.

Die Erklärung für eine beliebige menschliche Handlung kann auf jeder Ebene des GVK formuliert werden. Um dies zu veranschaulichen, lassen Sie uns die obige Bemerkung über den *lector* betrachten. Wenn Sie jetzt vor mir sitzen würden, könnte ich Sie fragen: „Was heißt *lector* auf Deutsch?“, und Sie würden hoffentlich antworten: „Leser“. Indem ich Ihre Antwort zur Kenntnis nehme, würde ich Ihr Verhalten bewerten, und auf der Grundlage des beobachteten Verhaltens würde ich darauf schließen, dass die Erinnerung an jene In-

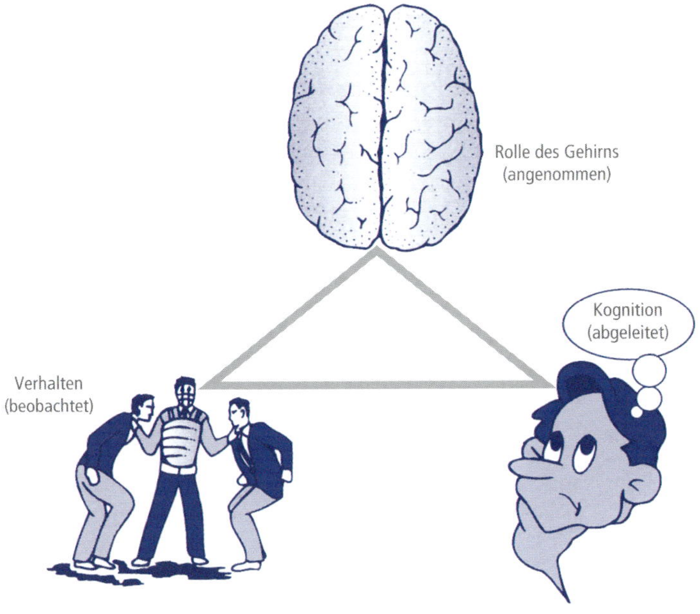

Gehirn, Verhalten und Kognition. Die Grundannahme der Neurowissenschaft besteht darin, dass unser Verhalten vom Gehirn kontrolliert wird. Man geht daher davon aus, dass beobachtetes Verhalten mit bestimmten Ereignissen im Gehirn korreliert ist. Unser heutiges Verständnis von der Arbeitsweise des Gehirns reicht jedoch nicht aus, um auf funktioneller Ebene zu beschreiben, was passiert. Stattdessen steht ein Vokabular umgangssprachlicher Begriffe wie „Denken", „Gedächtnis", „Konzentration", „Lernen", „Aufmerksamkeit" usw. zur Verfügung, um Ereignisse im Gehirn zu beschreiben. Die Gesamtheit dieser mentalen Prozesse bezeichnet man als Kognition. Sie lassen sich zwar nicht beobachten, aber wir erfassen sie intuitiv und schließen daher auf ihre Existenz.

formation erwiesenermaßen eine Spur in Ihrem Gedächtnis hinterlassen hat. Schließlich würde ich als Physikalist annehmen, dass dazu irgendeine physische Veränderung in Ihrem Gehirn stattgefunden haben muss. Verhalten lässt sich offensichtlich gut beurteilen; ich kann einfach prüfen, ob Sie tatsächlich die korrekte Übersetzung von *lector* kennen. Die Sache mit dem Gehirn ist etwas schwieriger; aber es stehen heute in zunehmendem Maß Techniken zur Verfügung, die es mir gestatten, Veränderungen in Ihrem Gehirn festzustellen, wenn Sie etwas Neues lernen. Auf Kognition, auf mentale Prozesse, kann hingegen nur geschlossen werden; so ist beispielsweise der Apparat oder der Prozess, den wir als Gedächtnis kennen, etwas, von dem wir einfach annehmen müssen, dass es existiert.

„Das Gedächtnis ist der Schatzmeister und Hüter aller Dinge." (Cicero, 106–43 v. Chr.)

Mit dem Phänomen der Synästhesie verhält es sich ganz ähnlich. Ich kann die Fähigkeit eines synästhetischen Menschen beurteilen, seine Farbwahrnehmung für spezifische Klänge genau zu beschreiben. Mithilfe bildgebender Verfahren kann ich außerdem zeigen, dass sich die Gehirnaktivität eines Synästhetikers während seiner synästhetischen Wahrnehmung von der eines Nicht-Synästhetikers unterscheidet. Was ich nicht „sehen" kann, sind die mentalen Prozesse, die das Gehirn mit menschlichem Verhalten verknüpfen. Ein vollständiges Verständnis von Synästhesie erfordert jedoch eine Erklärung, die auf jeder Ebene der GVK-Pyramide formuliert werden kann. Simon Baron-Cohen und ich haben eine Theorie skizziert, die eine zusammenhängende Erklärung auf verschiedenen Darstellungsebenen versucht. Diese Theorie ist im folgenden Abschnitt wiedergegeben.

Wer gewarnt ist, ist gewappnet

Bei einem Experiment zur Gedächtnisleistung, das 1972 von Bransford und Johnson durchgeführt wurde, legte man einer Gruppe von Versuchspersonen den folgenden Text vor:

> Die Prozedur ist eigentlich ganz einfach. Erst ordnen Sie die Sachen in verschiedene Gruppen. Natürlich kann ein Haufen genügen, je nachdem wie viel zu tun ist. Wenn Sie woanders hingehen müssen, weil Ihnen die Einrichtungen fehlen, ist das der nächste Schritt, ansonsten sind Sie eigentlich gut vorbereitet. Es ist wichtig, die Dinge nicht zu übertreiben. Das heißt, es ist besser, zu wenig auf einmal zu erledigen als zu viel. Auf den ersten Blick mag das unwichtig erscheinen, aber es können leicht Komplikationen auftreten. Und ein Fehler kann Sie teuer zu stehen kommen. Zunächst wird die ganze Prozedur kompliziert erscheinen. Bald jedoch wird es einfach ein weiterer Aspekt Ihres Lebens sein. Was die Notwendigkeit dieser Aufgabe betrifft, ist es schwierig, für die nächste Zukunft ein Ende abzusehen, aber man kann nie wissen. Nachdem die Prozedur abgeschlossen ist, räumt man die Utensilien an ihren Platz zurück. Schließlich werden sie wieder gebraucht, und der ganze Zyklus wird wiederholt werden müssen.

Wenn Sie diesen Text für unverständlich halten, sind Sie in guter Gesellschaft – so ging es den Versuchspersonen auch. Wenn ich Ihnen jedoch von vornherein gesagt hätte, der Titel dieses Schriftstücks sei „Wäsche waschen", hätten sie ihn vielleicht besser verstanden. Diejenigen Teilnehmer des Experiments, denen der Titel bekannt war, bewerteten den Text als leicht verständlich und erinnerten sich an mehr Einzelheiten als die erste Gruppe.

Eine Theorie der Synästhesie

Es sind, wie gesagt, diverse Theorien aufgestellt worden, um das Phänomen der Synästhesie zu erklären. Die folgende Theorie haben Simon Baron-Cohen und ich schon in unserem Buch *Synaesthesia: Classic and Contemporary Readings* (etwa: Synästhesie: Klassisches und zeitgenössisches Verständnis) skizziert, das wir natürlich dem interessierten Leser wärmstens empfehlen.

Die meisten Psychologen gehen davon aus, dass wir alle unter infantiler Amnesie leiden; das heißt, dass wir äußert selten eine Erinnerung an Ereignisse aus der Zeit vor unserem dritten oder vierten Lebensjahr haben. Einige von Ihnen werden da vielleicht widersprechen. In meinem Bekanntenkreis gibt es in der Tat eine Reihe von Leuten, die darauf bestehen, dass sie sich an Ereignisse aus ihrer frühesten Kindheit erinnern können. Natürlich könnte es sein, dass die

Was ist eigentlich …

infantile Amnesie, frühkindliche Amnesie, kindliche Amnesie, Unfähigkeit, sich an die eigenen frühkindlichen Erlebnisse zu erinnern (ungefähr die ersten beiden Lebensjahre). Ursache dafür könnte die relativ lange Reifungsdauer des Hippocampus sein, d. h. das Auswachsen und die Verknüpfung seiner Zellen. Unklar ist, ob und ab wann sich ein frühes Trauma später noch zu manifestieren vermag.

Ereignisse, an die sich diese Personen erinnern, „Erinnerungen" sind, die sie unbewusst aus Erzählungen Dritter rekonstruiert haben. Es gibt umfangreiche Beweise, die nahelegen, dass unsere Erinnerungen nicht „wahrheitsgetreu" sind, das heißt keine perfekte, filmgleiche Aufzeichnung der Vergangenheit darstellen, sondern rekonstruktiv sind, d. h. eine Rekonstruktion von dem sind, was geschehen ist, oder wovon wir dachten, dass es geschehen sei. Wenn wir jemanden fragen, wie lange er schon synästhetische Wahrnehmungen habe, sagt er typischerweise: „solange ich denken kann", und wir notieren, mindestens seit dem Alter von drei oder vier Jahren. Es ist natürlich durchaus möglich, dass Menschen, die wir als Synästhetiker diagnostizieren, dies von Geburt an waren und vielleicht sogar schon davor. Ich erwähne das, weil unsere Theorie besagt, dass wir alle für die ersten zwei bis drei Monate unseres Daseins Synästhetiker sind, zu einer Zeit also, an die wir uns später nicht erinnern können.

Im Folgenden gebe ich unsere Theorie der Synästhesie jeweils in der Sprache verschiedener Wissenschaftszweige wieder. Dabei verwende ich das erwähnte Hierarchie-Modell der Neurowissenschaft als eine Art Leitfaden.

Die Erklärung auf anatomischer Ebene

Das menschliche Gehirn ist allem Anschein nach in eine Anzahl spezialisierter Regionen gegliedert. Das ausführliche Studium der Okzipital- oder Hinterhauptslappen hat gezeigt, dass in dieser Region die vom Auge kommende visuelle Information verarbeitet wird. Wir wissen auch, dass akustische Information, die mit dem Ohr aufgenommen wird, zum größten Teil im Bereich der Temporal- oder Schläfenlappen verarbeitet wird. Man geht im Allgemeinen davon aus, dass keine Zelle des Gehirns weiter als über sieben Verbindungen von jeder anderen entfernt ist; demzufolge sind in gewissem Sinne alle Zellen miteinander verbunden. Andererseits neigen wir nicht dazu, visuelle und akustische Informationen zu verwechseln, daher sollte man annehmen, dass es eine hinreichende Abgrenzung zwischen diesen beiden funktionell spezialisierten Hirnregionen gibt. Das ist bei Erwachsenen auch prinzipiell der Fall; wie aber sieht es bei Kindern aus?

Es scheint schon bei Neugeborenen eine gewisse funktionelle Spezialisierung zu geben, die zumindest eine elementare Verarbeitung von Sehreizen ermöglicht. Dafür spricht die Tatsache, dass Neugeborene in der Lage sind, grobe visuelle Unterscheidungen vorzunehmen. Außerdem sind die Nervenzellen des primären visuellen Cortex, der sogenannten Sehrinde, im Gegensatz zu anderen Bereichen des Gehirns von Geburt an relativ gut voneinander isoliert. Die von den Nervenzellen, den Neuronen, übertragene Information ist elektrochemischer Natur; daher ist es wichtig, dass der elektrische „Funke“ nicht auf benachbarte Neurone überspringt. Um dies zu verhindern, werden Nervenzellen von Schichten eines fettreichen Gewebes umgeben, das sehr effektiv ein Neuron vom anderen isoliert. Dieses fettreiche Gewebe, auch als Myelinscheide bezeichnet, wächst in konzentrischen Schichten um die langen Ausläufer der Nervenzellen, die Axone. Es scheint, dass die Myelinscheide in einigen Hirnregionen erst während der Pubertät und im frühen Erwachsenenalter ihre endgültige Stärke erreicht. Dies betrifft insbesondere den Präfrontal- oder Stirnlappen, jene Hirnregion, von der viele annehmen, dass sie den Sitz der sogenannten „höheren kognitiven Fähigkeiten“ wie Planen, abstraktes Denken und Kontrolle des Verhaltens darstellt. Demnach beruht die Impulsivität der Jugend womöglich auf nichts weiter als einem Mangel an Fett um die Nervenzellen.

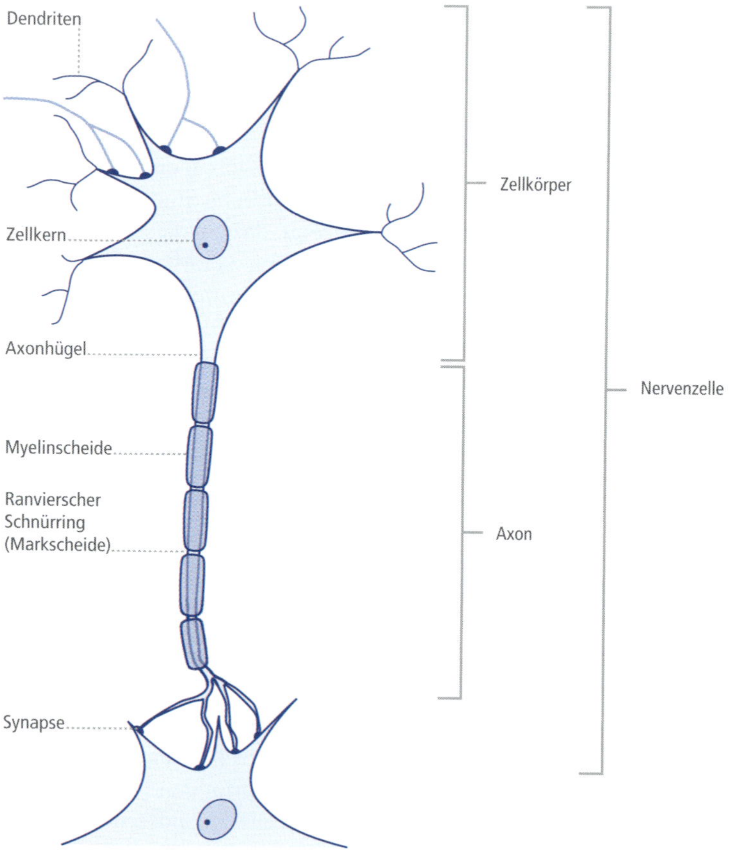

Aufbau eines Neurons. Die obere Bildhälfte (Zellkörper) stellt die „Eingangsseite“ des Neurons dar, wo Informationen aufgenommen werden. Die untere Bildhälfte (Axon) ist die „Ausgangsseite“, die Informationen zu anderen Nerven- oder Muskelzellen fortleitet.

Die Erklärung auf physiologischer Ebene

Das zunehmende Verständnis der funktionellen Anatomie des Gehirns hat zu der Erkenntnis geführt, dass die Regionen, die Hörreize verarbeiten, von den Bereichen, die Sehreize verarbeiten, klar abgrenzbar sind. Bei den meisten von uns scheint die Aktivität dieser Regionen ausreichend isoliert zu sein, sodass akustische Informationen nicht die visuelle Wahrnehmung stören; aber vielleicht ist dies für synästhetische Menschen gar nicht oder zumindest in geringerem Umfang der Fall? Man könnte mir vorwerfen, mich mit dieser Bemerkung zu weit vorzuwagen. Leider hat man zurzeit keinen direkten Beweis dafür, dass bei Synästhetikern aktive Nervenbahnen zwischen den Hör- und Sehzentren des Gehirns existieren. Das liegt selbstverständlich größtenteils daran, dass die Art von Experimenten, die wir durchführen müssten, um diese empirische Unterstützung zu finden, unethisch wäre. Folglich müssen wir für die Plausibilität unserer Theorie sogenannte „konvergente", d. h. übereinstimmende Beweise heranziehen. Glücklicherweise lassen sich eine Reihe konvergenter Beweise anführen, über die ich im Folgenden einen Überblick geben werde.

Vor einiger Zeit machte uns Daphne Maurer von der McMaster-Universität in Toronto auf einige aufschlussreiche Beobachtungen aufmerksam, die man bei verschiedenen Spezies bezüglich der Reaktion auf Sinnesreize gemacht hat. Es gibt offenbar Hinweise auf direkte Verbindungen zwischen Hör- und Sehzentren im Hirn von Rhesusaffen und Katzen. Folgende Einschränkung sollte allerdings gemacht werden: Es scheint, dass diese Nervenbahnen kurzlebig sind und typischerweise etwa im dritten Entwicklungsmonat nach der Geburt verschwinden. Man hat zwar keine direkten Beweise für die Existenz derartiger Verbindungen im menschlichen Gehirn; aber die Annahme, dass wir ein ähnliches Entwicklungsstadium durchmachen, scheint berechtigt, wenn man bedenkt, dass bestimmte Stadien der Individualentwicklung frühere Stadien der evolutionären Entwicklung widerspiegeln. In der Tat gibt es dafür einige indirekte Beweise.

Welche Implikationen hätte der Nachweis von ähnlichen, vorübergehend existierenden Nervenbahnen im Menschen? Die erste und vielleicht bedeutendste Implikation wäre, dass damit die Theorie, dass wir alle bis etwa zu unserem dritten Lebensmonat Synästhetiker sind, glaubhaft erschiene. Worin also bestehen die Beweise, die diese Annahme stützen?

Was ist eigentlich ...

Empirismus, tradierte Lehrmeinung, wonach als einzige Erkenntnisquelle („wahre" Erkenntnisse über die Natur) die Sinneserfahrung und die Beobachtung (sowie das Experiment) gelten. Die Welt bildet sich in der sinnlichen Wahrnehmung direkt ab (Sensualismus); die Sinneserfahrung sei somit die bevorzugte wissenschaftliche Erkenntnisquelle. Der wahrnehmende Mensch hat durch seine Sinne einen unmittelbaren Zugang zu der „wirklichen" Welt und erlangt so Gewissheit über Objekte und Vorgänge der Umwelt.

Nativismus, erkenntnistheoretischer Ansatz, wonach Raum-Zeit-Vorstellungen, Raum- und Zeitwahrnehmung, Sprache und Begriffe sowie Grundeinsichten angeboren und nicht durch Erfahrung erworben sind; Gegensatz zu Empirismus.

Ein heilloses Durcheinander?

Eine Debatte, die gewissermaßen die gesamte Psychologie durchzieht, ist jene um die relative Bedeutung von Erbanlagen, den Genen, und Erfahrung oder Erziehung, oder allgemein gesagt, Umwelteinflüssen. Das Thema „Gene kontra Umwelteinflüsse" war Gegenstand einer umfangreichen Diskussion bezüglich der Frage, wie gut Neugeborene für ein Verständnis ihrer Umwelt gerüstet sind. Dazu haben sich zwei Lehrmeinungen etabliert: die des Empirismus, eine Tradition, die bis zu den Schriften des Philosophen John Locke (1632–1704) zurückverfolgt werden kann, und die des Nativismus. Locke behauptete, dass unser Geist zum Zeitpunkt der Geburt eine *Tabula rasa* (wörtlich eine „leere Tafel"), ein unbeschriebenes Blatt, darstelle, das sich nach und nach mit Erfahrungen fülle. Anhänger des Nativismus hingegen neigen zu der Ansicht, dass menschliche Neugeborene von Geburt an in der Lage sind, ihre Umwelt zu verstehen. Die zeitgenössische Psychologie tendiert zu der versöhnlichen Ansicht, dass sowohl Gene als auch Umwelteinflüsse eine entscheidende Rolle spielen. Tatsächlich werden Neugeborene von Geburt an von bestimmten Reizkonstellationen, wie Gesichtern, besonders angezogen; andererseits beeinflussen Erfahrungen in der Regel die Art und Weise, in der sie ihre Umwelt wahrnehmen. Woher wissen wir das? Schließlich kann man Neugeborenen nicht die Art von Fragen

Neugeborene in der Entwicklungspsychologie

Neugeborene wurden noch bis in die 1960er-Jahre hinein von Entwicklungspsychologen unterschiedlicher theoretischer Richtungen (psychoanalytisch, nativistisch und empiristisch) als reine „Reflexbündel" angesehen. Man nahm an, dass Neugeborene nur undifferenzierte Sinneseindrücke wahrnehmen könnten, keine Schmerzen empfänden und weitgehend taub und blind seien. Einige empirische Ergebnisse der neueren Säuglingsforschung, die sowohl die visuellen und akustischen Wahrnehmungsfähigkeiten von Neugeborenen und ihre Imitations- und Lernfähigkeit als auch ihre sozialen und kommunikativen Kompetenzen in beeindruckender Weise belegten, haben diese Sichtweise grundlegend revidiert. Mit speziellen Untersuchungstechniken wie der Präferenztechnik und dem Habituations-Dishabituations-Verfahren konnte gezeigt werden, dass Neugeborene bereits Gesichter erkennen und zwischen einfachen Formen unterscheiden können. Sie können auf eine Entfernung von ca. 20–25 cm bei mittlerer Helligkeit einigermaßen scharf sehen und bevorzugen dabei sich bewegende Muster mit deutlichen Konturen. Ferner sind sie in der Lage, ihnen vorgemachte einfache Handlungen wie Mundbewegungen (z. B. Zunge rausstrecken), aber auch Gesichtsausdrücke wie Trauer, Glück und Überraschung nachzuahmen und so auf die Mimik eines anderen zu reagieren. Schon in der Neugeborenenphase können also einfache soziale Interaktionsprozesse stattfinden. Auch haben Untersuchungen im Mutterleib gezeigt, dass der Geruchs- und der Geschmackssinn ebenso wie das taktile System und das Gehör bereits vor der Geburt voll entwickelt sind. Reize im Bereich dieser Sinnessysteme können deshalb auch schon von Neugeborenen gut unterschieden und wiedererkannt werden (z. B. der Herzschlag der Mutter, ihr Geruch oder der Geschmack der Muttermilch). Bei akustischen Reizen wird menschliche Sprache vor anderen Klangreizen bevorzugt. Neugeborene besitzen auch bereits die Fähigkeit, die Stimme ihrer Mutter von anderen zu unterscheiden, und sie können auf Streicheln und auf Schmerzreize reagieren.

stellen, die man an einen Erwachsenen richten kann. Glücklicherweise sind Entwicklungspsychologen mittlerweile sehr geschickt darin, elegante Experimente zu entwerfen, um bestimmte Reaktionen und Verhaltensweisen zu erfassen, anhand derer man auf kognitive Aktivität schließen kann. Eine Methode besteht darin, direkte Messungen der elektrischen Gehirnaktivität vorzunehmen. Bevor wir uns näher mit der Reaktion Neugeborener auf bestimmte Reize befassen, stelle ich einige der Techniken vor, die in der Neurowissenschaft angewandt werden, um elektrische Aktivität des Gehirns zu messen.

EEGs und evozierte Potenziale

Eine traditionelle Methode zur Untersuchung der elektrischen Aktivität des Gehirns ist die Technik der Elektroencephalographie, kurz EEG. Diese Technik wurde zuerst von dem Liverpooler Arzt Richard Caton (1842–1926) bei Tieren angewandt, um Veränderungen der Gehirnaktivität aufzuzeichnen, die mit Bewegungen einhergehen. Caton maß die Aktivität ursprünglich direkt an der Oberfläche des Gehirns, entdeckte aber später, dass die Signale auch durch Aufzeichnungen an der Schädeloberfläche erfasst werden konnten. Mithilfe der EEG lässt sich mittlerweile sehr genau feststellen, wo im Gehirn elektrische Änderungen stattfinden. Von besonderem klinischem Nutzen ist dies bei der Diagnose und Überwachung von Epilepsie, einer neurologischen Erkrankung, die von dem Auftreten anormaler elektrischer Entladungen im Gehirn gekennzeichnet ist.

In einer beeindruckenden Demonstration der Technik zeigte Caton einen deutlichen Anstieg der elektrischen Aktivität, wenn Licht in die Augen der Versuchsperson fiel. Dies war vielleicht die erste Demonstration eines typischen Aktivitätsmusters, das unter der Bezeichnung „evozierte Potenziale" bekannt geworden ist.

Mithilfe dieses Verfahrens lässt sich zeigen, dass es möglich ist, einzelne sensorische Systeme gezielt zu reizen und Aktivität in denjenigen Hirnregionen festzustellen, die für die Verarbeitung der entsprechenden Information zuständig sind. Wenn man beispielsweise nach visuell evozierten Potenzialen (VEPs) sucht, beobachtet man typischerweise Veränderungen in der Aktivität der visuellen Regionen des okzipitalen Cortex, der Sehrinde im Hinterhaupt. Entsprechend führen akustisch evozierte Potenziale (AEPs) typischerweise zu Veränderungen der elektrischen Signale des Hörzentrums im Bereich der Schläfenlappen. Diese Korrelationsmuster von Reizung und elektrischer Aktivität beobachtet man bei normalen erwachsenen Versuchspersonen und Kleinkindern, nicht aber bei Neugeborenen vor dem dritten Monat. Wenn man ein Neugeborenes mit einem Hörreiz konfrontiert, beobachtet man stattdessen erstaunlicherweise ein

Was ist eigentlich ...

evozierte Potenziale, Reizpotenziale, Abk. EP, durch sensorische Stimuli (akustisch, elektrisch, taktil, visuell, olfaktorisch, gustatorisch) hervorgerufene, zeitsynchron auftretende elektrische Hirnaktivität, die aus dem Elektroencephalogramm mithilfe der Mittelung vieler Messwerte extrahiert werden kann. Klinisch gebräuchlich sind die akustisch evozierten Potenziale (AEP), somatosensorisch evozierten Potenziale (SEP) und visuell evozierten Potenziale (VEP). Während die frühen Anteile der evozierten Potenziale abhängig von den Eigenschaften (z. B. Lautstärke, Helligkeit) der Reize schwanken und anatomischen Strukturen zugeordnet werden können, sind die späten Anteile (ereigniskorrelierte Potenziale) durch kognitive Vorgänge (Aufmerksamkeit, Gedächtnis) beeinflussbar.

Elektroencephalographie (EEG). Was im Gehirn passiert, lässt sich schon bei Kleinkindern messen.

Signal, das aus der Sehrinde stammt. Es gibt darüber hinaus Berichte von interessanten Effekten bei der Untersuchung somatosensorisch evozierter Potenziale (SEPs) in Neugeborenen. Berührungsreize führen normalerweise zu einer Zunahme der Amplitude, der Schwingungsweite dieser Potenziale. Bei Neugeborenen wurde eine derartige Zunahme der SEP-Amplitude auch nach einem akustischen Reiz beobachtet, nämlich wenn man ihnen „weißes Rauschen“ vorspielte (Rauschen, das sich aus allen hörbaren Frequenzen zusammensetzt).

Es gibt, wie gesagt, zwar keinen direkten, aber viele indirekte Hinweise darauf, dass bei Neugeborenen temporäre Nervenbahnen vorhanden sind, über die akustische Informationen in visuelle Hirnregionen gelangen. Diese Nervenbahnen, so unsere Hypothese, bleiben bei Menschen mit synästhetischer Wahrnehmung bis ins Erwachsenenalter erhalten, während die meisten Menschen die Fähigkeit zu synästhetischer Wahrnehmung irgendwann um den dritten Lebensmonat herum verlieren. Dann nämlich setzen Veränderungen in Aufbau und Vernetzung des Gehirns ein, die es uns schließlich ermöglichen, zwischen verschiedenen Sinneseindrücken zu unterscheiden. Für diese Theorie spricht, dass dabei nicht das Wachstum einer neuartigen, anormalen Nervenverbindung angenommen wird, sondern stattdessen lediglich die Möglichkeit zugelassen wird, dass eine Nervenbahn über den üblichen Zeitrahmen hinaus intakt bleibt. Wir waren also möglicherweise alle einmal Synästhetiker. Diese Vorstellung findet sich auch in der philosophischen Literatur. So vertritt zum Beispiel der französische Existenzialist Maurice Merleau-Ponty (1908–1961) in seiner *Phänomenologie der Wahrnehmung* (1966) die Ansicht, dass synästhetische Wahrnehmung die Regel ist, und wir uns dessen nur deshalb nicht bewusst sind, weil wissenschaftliche Kenntnisse den Schwerpunkt unseres Erlebens verschieben, sodass wir verlernen zu sehen, zu hören und, allgemein gesagt, zu fühlen. Eine interessante Auffassung, aber als Wissenschaftler hat man nicht die Freiheit, so einfach eine Behauptung über das Wesen der menschlichen Wahrnehmung aufzustellen; man sollte schon einige Beweise aufweisen können. Doch zurück zu unserer Theorie. Wir gehen also davon aus, dass synästhetische Wahrnehmungen auftreten, wenn Hörreize ihren Weg ins Sehzentrum finden, und zwar über Nervenbahnen, die aus dem Säuglingsalter erhalten geblieben sind. Was aber führt dazu, dass diese Bahnen bei einigen Menschen erhalten bleiben? Einige mögliche Mechanismen werden im nächsten Abschnitt betrachtet.

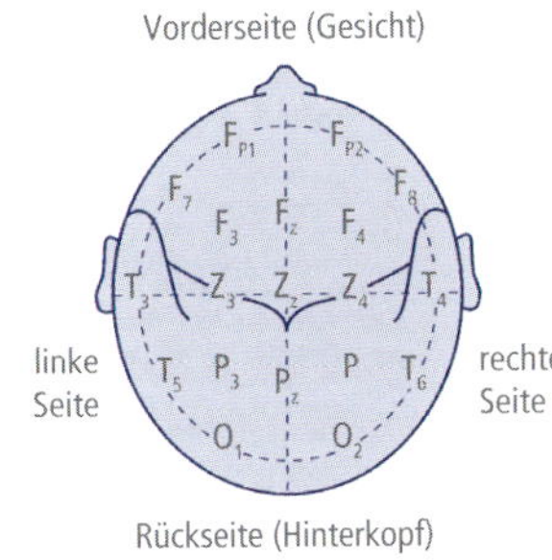

Standard-Elektrodenpositionen bei der Elektroencephalographie (EEG). Jede Stelle ist mit einem Buchstaben versehen, der den Schädellappen kennzeichnet, und einer Nummer oder einem weiteren Buchstaben, der die Position innerhalb der Hirnhemisphäre angibt. Die Buchstaben F, T, P, O und Z stehen jeweils für Frontal-(Stirn-), Temporal-(Schläfen-), Parietal-(Scheitel-) und Okzipitallappen (Hinterhauptslappen) sowie Zentrum (es gibt keinen „Zentrallappen"). Gerade Ziffern beziehen sich auf die rechte Hirnhemisphäre, ungerade auf die linke. Je kleiner die Ziffer, desto geringer ist der Abstand der Elektrode zur Mittellinie. Der Index z kennzeichnet eine Elektrode direkt auf der Mittellinie.

Die Erklärung auf molekularbiologischer Ebene

Synästhesie beruht auf einer Verbindung zwischen Hör- und Sehzentren im Gehirn, darin stimmen die physiologische und die anatomische Darstellung überein. Wie aber kommen die Verbindungen zwischen visuellen und auditiven Hirnregionen überhaupt zustande? Und warum wird, wenn unsere Theorie stimmt, diese Verbindung nur bei einigen Menschen beibehalten? Wenn die Entwicklung des Gehirns abgeschlossen ist, wachsen leider in der Regel keine weiteren Neuronen nach. Im Gegenteil, der durchschnittliche Erwachsene verliert sogar einige Hundert Nervenzellen pro Tag. Zum Glück hat man zu Beginn unvorstellbar viele Neuronen, im gesunden Gehirn sogar viel mehr als man braucht. Wir verfügen also über eine Menge Ersatz, in Form von „überflüssigen" Gehirnzellen. Dadurch kann die krankhafte Degeneration einzelner Hirnregionen eine Zeitlang kompensiert werden. Bei der Parkinson-Krankheit, die durch den Verlust von Neuronen der sogenannten Substantia nigra verursacht wird, treten daher die Leitsymptome, wie Zittern, Versteifung, Bewegungsarmut und unsicheres Stehen erst auf, wenn bereits etwa 80 Prozent der Nervenzellen in dieser Region verloren gegangen sind.

Was ist eigentlich ...

Substantia nigra [latein., = schwarze Substanz], im Mittelhirn (Mesencephalon) gelegenes Kerngebiet, das wegen seiner Färbung in mikroskopischen Feinschnitten schwarze Substanz heißt; Schaltzentrum, das unwillkürliche Bewegungen der Augen, des Kopfes und des Rumpfes auf die Eindrücke von Augen und Ohren abstimmt.

Anscheinend ist es notwendig, dass Nervenzellen im Überfluss vorhanden sind, damit trotz des erwähnten beständigen Verlusts an Gehirnzellen eine normale Gehirnfunktion aufrechterhalten werden kann. Sie haben gewiss von der Behauptung gehört, dass wir nur etwa zehn Prozent unseres Gehirns nutzen. Das legt den Schluss nahe, dass wir dieses offensichtlich brachliegende Gewebe nur irgendwie aktivieren müssten, um unglaublich intelligent zu werden. Diese hoffnungsvolle Theorie setzt allerdings voraus, dass es überhaupt möglich ist, dieses Gewebe zu aktivieren. Eine andere, vielleicht weniger romantische Annahme ist, dass all dieses Gewebe existiert, damit wir auch nach lebenslangem Verlust von Gehirnzellen noch im Vollbesitz unserer geistigen Kräfte sind.

In einer frühen Phase der Gehirnentwicklung, die während der ersten Monate nach der Geburt stattfindet, sterben Nervenzellen in besonders großer Zahl ab. Es erscheint paradox, dass so viele Gehirnzellen während der Embryonalentwicklung produziert werden, wenn sie dann zu einem großen Teil noch während des ersten Lebensjahres automatisch zerstört werden. Nach der gegenwärtigen Lehrmeinung hat dieses Ereignis ebenfalls mit Redundanz zu tun. Das perinatale Absterben von Gehirnzellen ist am besten als eine Art „umsichtiges Zurechtstutzen" zu betrachten. Es scheint, dass dieser Prozess dazu dient, das Gehirn eines Einzelnen so gut wie möglich auf ein Überleben in seiner Umwelt vorzubereiten. Man nimmt an, dass dieser Prozess, der als Apoptose bezeichnet wird, sowohl von Umweltfaktoren als auch von individuellen Erbanlagen gesteuert wird. Wahrscheinlich schafft die Verschlankung des Gehirns ein effizienteres Organ, das von Erfahrungen und genetischen Faktoren „geformt" ist und dadurch optimal an seine Umwelt angepasst ist. Was kann dieser Prozess nun zu unserem mechanistischen Verständnis der Synästhesie beitragen?

Die Erklärung auf der neuroanatomischen Ebene setzt voraus, dass separate Strukturen für die Verarbeitung von Hör- und Sehreizen existieren. Auf physiologischer Ebene lässt sich erklären, wie diese zwei Hirnzentren miteinander verbunden werden und auf welchem Weg eingehende Nervenreize visuelle Regionen aktivieren können. Aber warum sollte das nur bei einigen wenigen Menschen tatsächlich geschehen?

Es gibt einige Hinweise darauf, dass Synästhesie eine vererbte Begabung ist. In diesem Fall ließe sich das Auftreten von Synästhesie folgendermaßen erklären: Zum Zeitpunkt der Geburt sind bei allen Menschen noch Nervenbahnen zwischen den Hör- und Sehzentren im Gehirn vorhanden. Bei nicht synästhetisch veranlagten Menschen sorgt der Prozess der Apoptose dafür, dass diese Nervenbahnen gekappt werden. Bei genetisch prädisponierten Personen, das heißt bei Menschen, die genetisch für Synästhesie „programmiert" sind, blei-

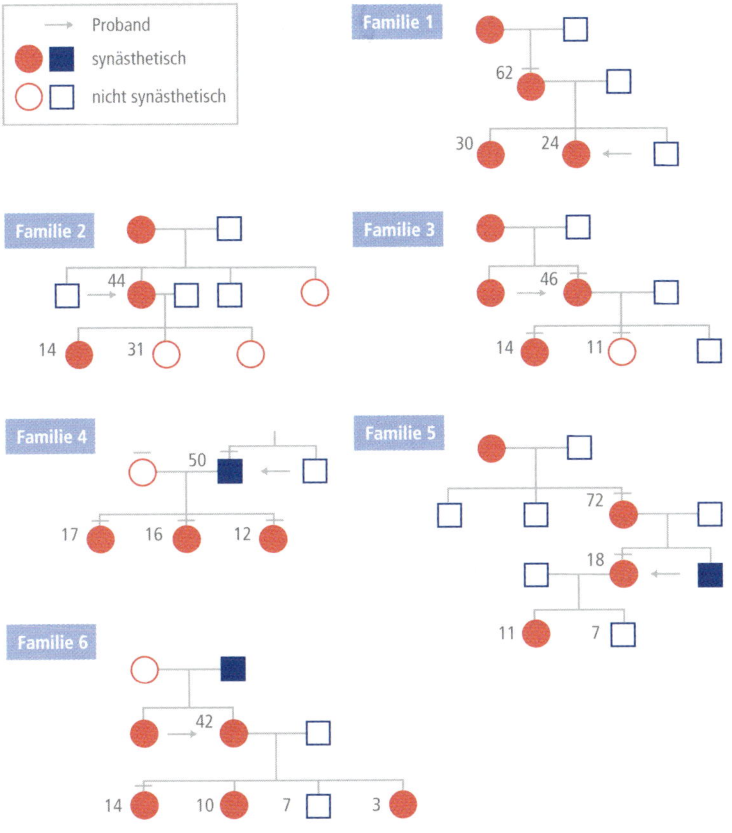

Stammbäume von sechs synästhetisch veranlagten Individuen. Quadrate repräsentieren männliche, Kreise weibliche Familienangehörige. Waagerechte Linien weisen darauf hin, dass die entsprechende Person auf Synästhesie getestet wurde, alle anderen Informationen beruhen auf Aussagen der getesteten Familienmitglieder. Ziffern neben den Symbolen geben das Alter der Person an.

ben diese Nervenbahnen erhalten. Das Schöne an dieser Theorie ist, wie gesagt, dass man zur Erklärung des Phänomens keine außergewöhnliche, neuartige Verbindung zwischen Hör- und Sehzentrum im Gehirn von synästhetischen Menschen heranziehen muss. Theoretisch besteht natürlich die Möglichkeit, dass spontan eine derartige Neuverschaltung auftritt.

Zu guter Letzt eine psychologische Theorie

Ich habe mich bemüht, das Phänomen der Synästhesie in der Sprache verschiedener Naturwissenschaften, namentlich Anatomie, Physiologie und Molekularbiologie, zu beschreiben. Doch welche Konsequenzen hat die von mir vorausgesetzte Nervenverbindung für das Erleben eines synästhetisch veranlagten Menschen? Um diese Frage zu beantworten, kann man die anatomische Vorstellung von einem modularen Aufbau des Gehirns übernehmen und versuchen, eine psychologische Erklärung in „modularen" Begriffen abzufassen. Um erkennen zu können, ob wir etwas sehen, hören oder riechen, tasten oder schmecken, muss unser Gehirn zunächst eine Methode entwickeln, Informationen einem der Sinne zuzuordnen. Unsere Wahrnehmung ist demnach wahrscheinlich so organisiert, dass eine separate Erkennung von visuellen, akustischen, olfaktorischen und anderen Reizen und deren spezifische Zuordnung zu einem sensorischen System möglich ist. Die Theorie eines solchen modularen Aufbaus ist unter Psychologen weit verbreitet, aber nicht unangefochten. An dieser Stelle genügt es, festzuhalten, dass die modulare Theorie Synästhesie wie folgt erklärt: Während bei Nicht-Synästhetikern Hören und Sehen funktionell getrennt sind, hat bei Synästhetikern eine Auflösung der modularen Struktur stattgefunden. Im Fall einer Farb-Klang-Synästhesie, dem sogenannten Farbenhören, führt das dazu, dass Klänge optische Eigenschaften haben.

Wie lässt sich die Theorie beweisen?

Eine Möglichkeit wäre, die Gehirne von Synästhetikern zu untersuchen, um festzustellen, ob die entsprechenden Nervenbahnen vorhanden sind. Die modernen bildgebenden Verfahren sind leider noch nicht empfindlich genug, um solche Nervenbahnen aufzuspüren, aber die neuesten Entwicklungen auf dem Gebiet der Magnetresonanztomographie (MRT) sind sehr vielversprechend. Eine andere Methode, anormale Gehirnstrukturen festzustellen, besteht darin, das Gehirn *post mortem* zu untersuchen. So lässt sich beispielsweise – wenn nach dem Ableben des Besitzers nicht zu viel Zeit verstrichen ist – sogar der neurochemische Zustand des Gehirns bestimmen. Unterschiede in der globalen Anatomie, Anzahl und Struktur der Zellen können ebenfalls recht einfach analysiert werden; aber Nervenbahnen nach dem Tode zu verfolgen, stellt noch eine zu große Herausforderung dar. Um Nervenzellen zu markieren und sichtbar zu machen, sind mittlerweile sogenannte *tracer*-Moleküle entwickelt worden, die auch *post mortem* eingesetzt werden können, aber sie eignen sich nicht für myelinhaltiges Gewebe, wie es im Gehirn vorliegt. Wir werden wohl weitere Neuerungen im technischen Repertoire von Neuroanatomen und Physiologen abwarten müssen.

Grundtext aus: John Harrison *Wenn Töne Farben haben. Synästhesie in Wissenschaft und Kunst* (englische Originalausgabe: *Synaesthesia – The Strangest Thing*; übersetzt von Anja Masselli).

Die Symphonie der Sinne

Reizende Zeiten: Farben schreien, Gerüche stechen, es wispert aus dem Nichts. Sind wir noch bei Sinnen?

Andreas Sentker

Michael Watson zieht das Hähnchen aus der Bratröhre und kostet. Der amerikanische Maler verzieht enttäuscht das Gesicht: „Da sind zuwenig Spitzen dran." Watson ist Synästhetiker. Geschmack nimmt für ihn Form an. Schmeckt er Minze, spürt er kühle gläserne Säulen, die er mit seinen Händen umfassen kann. Wenn er kocht, ist er beständig auf der Suche nach griffigen Empfindungen – jeder Gang ein Vortasten und Nachfühlen. Das Menü für seine Gäste ist ihm heute zu rund geraten.

Wie weit das Phänomen Synästhesie verbreitet ist, darüber streiten die Experten. Zehn von einer Million Menschen haben derart eigensinnige Erfahrungen, schätzt der amerikanische Neurologe Richard E. Cytowic. Er hat Michael Watson eher zufällig kennengelernt. Der Maler zog in die Nachbarschaft und lud zum Gastmahl. Das Hähnchen ohne Spitzen begründete eine Freundschaft und eine Jahre währende Forschungsgeschichte.

Cytowic' deutscher Kollege Hinderk Emrich leitet an der Medizinischen Hochschule Hannover die bislang einzige deutsche Studiengruppe zum Thema Synästhesie. Er glaubt an eine deutlich weitere Verbreitung synästhetischen Erlebens. Zwei von tausend Menschen, schätzt der Hannoveraner, hören Farben oder schmecken Töne. Synästhesie ist bei Frauen etwa siebenmal häufiger als bei Männern. Da das Phänomen in einigen Familien gehäuft auftritt, scheint es auch eine genetische Veranlagung zu geben. Synästhesie als Krankheit? Emrich widerspricht: „Synästhetiker erleben ihre gegenüber der üblichen Alltagserfahrung erweiterte Sinneswahrnehmung als positiv und erhöhte Lebensqualität."

Werden wir alle als Synästhetiker geboren?

In den meisten Fällen von multipler Sinnlichkeit ist das akustische mit dem visuellen System gekoppelt. Die Menschen hören Farben. In ihrem Kopf scheint es ein regelrechtes Lexikon zu geben. Bestimmte Töne etwa sind fest mit bestimmten Farbempfindungen verbunden. Minze lässt Michael Watson immer Glas spüren, niemals Holz. Das unterscheidet sein Erleben von den Synästhesien des Alltags, etwa vom Weintrinker, der zum Duft des Weines vielleicht das Fass assoziiert. Die seltsame Vermischung der Sinne ist Medizinern seit etwa dreihundert Jahren bekannt. Doch noch immer und allen theoretischen Ansätzen zum Trotz ist das Rätsel des „Gemeinsinns" längst nicht gelöst.

Richard Cytowic vermutet, dass jeder von uns mit synästhetischen Fähigkeiten zur Welt kommt. Da es von der Umwelt nicht gefördert werde, glaubt der Amerikaner, bilde sich das neurologische Amalgam der Sinne bald zurück.

Doch nur selten treten unsere Sinne vereinzelt in Aktion. In gewisser Weise sind (oder bleiben) wir alle Synästhetiker. Ein Duft oder Geschmack weckt Erinnerungen – meist in Form von Bildern. Auch Töne können den Projektor im Kopf in Gang setzen, „Casablanca" im inneren Kino: Spiel's noch mal, Sam, spiel unser Lied.

Mag das neurologische Phänomen Synästhesie, wie Cytowic mutmaßt, auch verlorengehen, gerade der moderne Alltag befördert das Zusammenspiel der Sinne. Die Zunge reagiert auf Würze wie auf die Konsistenz der Speise, sie schmeckt die soeben aufgerauchte Zigarette der Geliebten und wird zärtlich umschmeichelt. An kaum einer anderen Körperstelle wird die alltägliche Einheit von Berühren und Verführen so sinnfällig, beim Essen wie beim Küssen.

Tasten und Schmecken galten schon dem Griechen Aristoteles als die Nahsinne. Wer dem Philosophen folgt, dem muss die Zunge als das Organ der Nähe par excellence erscheinen. Nur selten müssen wir uns körperlich derart intensiv auf das einlassen, was wir wahrnehmen. Was wir schmecken wollen, müssen wir in den Mund nehmen. Dass Geschmack nicht nur Würze, sondern zugleich subjektives Werturteil bezeichnet, kann da kaum verwundern. Ästhetik, Stilgefühl, Kultiviertheit, all das scheint uns auf der Zunge zu liegen.

Food-Designer nutzen das Amalgam der Sinne

Doch aller Nähe zum Trotz droht nun der Betrug. Wo einst Süße lebensnotwendige Energie verhieß, sollen heute Zuckerersatzstoffe der modernen Gesellschaft ihr makellos schlankes Profil verleihen. Food-Designer haben der Natur zugunsten von Tiefkühlfach und Mikrowelle den Kampf angesagt. Haben wir unseren guten Geschmack verloren? Drohen unsere Sinne zu verarmen?

Im Gegenteil: Auch und gerade beim Food-Design sorgen die Hersteller dafür, dass die Synästhesie nicht zu kurz kommt. Das sinnliche Erleben beginnt schon beim Kauf. Wie fühlt sich die Packung an, wie sieht sie aus? Raschelt der Inhalt verheißungsvoll? Manches Produkt erscheint uns erst dann frisch, wenn beim Öffnen der Packung zischend das Vakuum entweicht. Sound-Designer wiederum spüren dem optimalen Klang von Kühlschranktüren und Automotoren nach.

Unsere Ohren sind auf Zivilisation geeicht. Und sie müssen immer neu justiert werden. Konnten wir Käfer und Ente noch am Klang ihres Motors erkennen, so schnurrt die moderne Limousine von Audi oder Mercedes im anonymen Gleichklang vorbei. Dem Krach wurde der Kampf erklärt, mehr und mehr wird er zum dezenten Rauschen verdammt. Weißen Lärm nennen die Forscher die undefinierbaren Geräuschsphären.

Allen Unkenrufen zum Trotz: Der Lärm der Metropolen ist abgeebbt. Doch paradoxerweise gibt es auch weniger Ruhe. Beim Einkauf wie beim Essen, beim Zahnarzt wie beim Friseur, aus allen Ecken dringt Musik an unser Ohr. Synästhesie wird zum Werbemittel: Beschwingte Klänge sollen uns den Griff zum Sonderangebot erleichtern. Mozart im Hintergrund lässt das Geräusch des Bohrers erträglicher erscheinen. Zu diesem Zahnarzt werden wir bald wieder gehen – wenn es denn sein muss.

Nur zu gern lassen wir uns täuschen

Die Verarmung der Sinne vor der Flut der Sinnlichkeit ist zum geläufigen Topos der Kultur- und Zivilisationskritik geworden. Allein, die These stimmt so nicht. Unsere Sinne sind nicht verarmt, sie sind korrumpierbar. Nur zu gern lassen wir uns täuschen und verführen. Und nichts lässt sich so effektiv verwirren wie unser scheinbar zuverlässigster Sinn, das Auge. Die Trugschlüsse des Sehens machen deutlich, dass alles Betrachten ein Konstruieren bedeutet. Das Bild der Welt entsteht im Kopf.

Doch wer nun behauptet, die Vielfalt der Bilder gehe paradoxerweise einher mit einem Verlust von Sichtbarkeit und Anschaulichkeit, hat in den vergangenen Jahren nicht genau hingesehen. Das neuzeitlichnaturwissenschaftliche Weltbild vereinte Wahrnehmung und Wahrheit. Dieser Zusammenhang drohte zu Beginn unseres Jahrhunderts verlorenzugehen. Die Wissenschaft agierte plötzlich auf atomarer und subatomarer Ebene. Die entscheidenden Prozesse im Reagenzglas wie im Kernreaktor blieben den Augen verborgen. Doch heute kehren die Bilder zurück, und sie sind anschaulicher denn je zuvor.

Die Medizintechnik eröffnet den Blick in das lebende Gehirn. Die Physik macht die Atome sichtbar. Auf Bildschirmen flackern die Neuronen. Dass unsere Sinne Hilfe brauchen, um die Welt jenseits des Erfahrbaren zu begreifen, sagt noch nichts über ihre Verarmung und ebenso wenig über die Beschaffenheit der Wirklichkeit. Die bleibt auch den unbewaffneten Sinnen verborgen.

Wer in den Sinnesfluten der Gegenwart Orientierung sucht, ist gut beraten, sich nicht nur auf einen Sinn zu verlassen. Synästhetiker haben anderen Menschen nicht nur ihre verknotete Sinneswelt voraus. Sie haben darüberhinaus ein exzellentes Gedächtnis. Ein Satz oder Wort erscheint ihnen als Panoptikum der Eindrücke. Telefonnummern spüren sie auf der Zungenspitze. Sein phänomenales Gedächtnis, erklärte ein berühmter Patient des russischen Psychologen Alexander Lurija, sei für ihn „keine Frage des Sehens oder Hörens, sondern eines allumfassenden Sinnes". Verstanden habe er eine Sache erst dann, wenn ihr Eindruck durch alle seine Sinne gedrungen war.

„Die Erforschung des faszinierenden Phänomens könnte neues Licht in das nach wie vor ungelöste Rätsel menschlichen Bewusstseins, der Erinnerung und der Kreativität bringen", glaubt Hinderk Emrich. Kann man Synästhesie lernen? „Im eigentlichen neurobiologischen Sinn sicherlich nicht", bedauert der Forscher, „im weiteren Sinn aber, als verstärkte innere Wachheit, kann man sie sich dagegen durchaus aneignen."

Die klassische Synästhesie lehrt uns Alltagssynästhetiker vor allem eines: Die immer wieder geforderte neue Kultur der Sinne wird erst im Plural sinnvoll. Nur der Gemeinsinn macht es uns möglich, die Dinge in der Welt als Einheit zu begreifen. Das wichtigste Sinnesorgan haben wir im Kopf. Es ist unser Gehirn.

Aus: DIE ZEIT Nr. 16, 11. April 1997

Sina **Kühnel** kennt das Kardinalproblem der menschlichen Selbsteinschätzung: „Wir vertrauen unserem Gedächtnis häufig mehr als handfesten Beweisen." Doch woran liegt es, dass wir immer wieder hartnäckig auf unserer Erinnerung beharren? „Die meisten Menschen sind der Meinung, ihr Gehirn funktioniere ähnlich wie ein Computer. Das heißt sie glauben, dass wenn sie sich an ein Erlebnis erinnern, in ihrem Kopf eine Art Film abläuft, der während des Erlebnisses ‚aufgezeichnet' wurde und dieses wirklichkeitsgetreu wiedergibt. Es fällt ihnen schwer zu verstehen, dass Erinnerungen nicht unveränderlich in unser Gehirn eingraviert werden, sondern mit jedem neuen Tag und durch jede neue Erfahrung, die wir machen, modifiziert werden können."

Gemeinsam mit dem Bielefelder Gedächtnisforscher **Hans J. Markowitsch** hat die Biologin Sina Kühnel die Physiologie des falschen Gedächtnisses erforscht (und dafür ihren Doktortitel erhalten): „Informationen werden über Sinnesorgane aufgenommen und anschließend im Gehirn verarbeitet, abgespeichert, gefestigt und abgerufen. Dabei wirkt sich die jeweilige Situation, in der man sich befindet, auf die Wiedererinnerung und das darauffolgende wiederholte Abspeichern aus. Da die neuen Informationen modifizierend wirksam werden können, muss die erneut abgespeicherte Erinnerung nicht mehr unbedingt der ursprünglichen Erinnerung entsprechen", erklärt sie, warum wir uns nicht auf die Objektivität unseres Erinnerns verlassen können.

Ihr Doktorvater und Co-Autor Hans J. Markowitsch ist einer der weltweit erfolgreichsten Gedächtnisforscher. Nach dem Studium der Psychologie an der Universität Konstanz lehrte Markowitsch zunächst an der Ruhr-Universität Bochum, bevor er 1991 den Lehrstuhl für Physiologische Psychologie an der Universität Bielefeld übernahm, wo er eine Gedächtnisambulanz leitet und über Gedächtnisstörungen, Bewusstsein und Emotion forscht (unter anderem mit dem Essener Sozialpsychologen Harald Welzer).

Die wichtigste Botschaft von Kühnel und Markowitsch ist: Die im internationalen Fachjargon als *false memories* bezeichneten Irrtümer des Erinnerns beruhen nicht auf Fehlfunktionen, sondern sind „ein Beiprodukt des normalen Funktionierens unseres Gedächtnisses".

Sina Kühnel

Hans J. Markowitsch

Falsche Erinnerungen

Von Sina Kühnel und Hans J. Markowitsch

> „Es gibt im Allgemeinen keine Garantie
> für die Richtigkeit unseres Gedächtnisses;
> und doch überlassen wir uns weit häufiger dem Anspruch,
> dass wir seinen Informationen Glauben schenken können,
> als es objektiv gerechtfertigt wäre."
>
> Sigmund Freud, 1901

Diese Aussage Sigmund Freuds (1856–1939) bereits zu Beginn des letzten Jahrhunderts zeigt deutlich, dass er, wie auch andere Wissenschaftler seiner Zeit, sehr wohl ein Bewusstsein für die Tücken unseres Gedächtnisses hatte. Die uns selber so wahrhaftig erscheinenden Erinnerungen können durchaus trügerisch sein. Unsere Erinnerungen vermitteln uns selbst das Gefühl feststehender Wahrheiten, jedoch sind sie alles andere als statisch. Sie verändern sich im Laufe der Zeit. Diese stetigen Veränderungen können durchaus zu einer vielfachen Abwandlung der tatsächlich erlebten Geschehnisse führen, ohne dass wir uns dabei dieser Abweichungen bewusst sind. Anders als wir es gerne hätten und glauben möchten, funktioniert unser Gedächtnis nicht genauso wie die Festplatte eines Computers. Es entwickelt sich vielmehr aus einer Fülle von Informationen aus unserer Umwelt, und jede neue Wahrnehmung wirkt auf bereits eingespeichertes Wissen ein. Alltagspsychologisch lässt sich eine Erinnerung mit der Zubereitung eines Kuchens vergleichen. Wir können die Anfangszutaten nehmen und daraus einen schlichten Kuchen zubereiten. Im Laufe der Zeit verändern wir aber das Rezept und passen es unserem eigenen Geschmack an, nehmen etwas mehr Zucker, fügen neue Zutaten dazu. Nach einigen Jahren entsteht so eine Abwandlung des ursprünglichen Kuchens, ohne dass wir irgendwann tatsächlich die Entscheidung dazu getroffen hätten.

Das Phänomen der falschen Erinnerungen, das im privaten Bereich immer wieder zu Unmut und Missstimmungen führt, fasziniert die Wissenschaftler schon seit vielen Jahrzehnten. Sir Frederic C. Bartlett kann als Gründervater der Forschung zu falschen Erinnerungen angesehen werden. In der Zeit zwischen dem Ersten und dem Zweiten Weltkrieg war Bartlett einer der einflussreichsten Forscher der Experimentellen Psychologie. Er war nicht nur der erste Professor für Psychologie an der Universität von Cambridge, er ist auch einer der am häufigsten zitierten Persönlichkeiten in der Fachliteratur der

Porträt

Bartlett, *Sir Frederic Charles,* * 20.10.1886, † 30.9.1969, britischer Kognitionspsychologe, entwickelte 1932 eines der ersten Gedächtnismodelle. Das Gedächtnis sei zwar nicht in der Lage, die Erinnerung aller Details eines Erlebnisses zu bewerkstelligen, könne aber das Wesentliche der Situation rekonstruieren und eine codierende Zusammenfassung des Erlebnisses in Form eines Schemas speichern (Schematheorie). Seine Untersuchungen erfolgten meist unter möglichst realitätsnahen Bedingungen. So erzählte er seinen Probanden Kurzgeschichten und ließ sie nach unterschiedlich langen Zeiträumen von ihnen rekonstruieren. Die mit zunehmender verstrichener Zeit infolge des Vergessens spezifischer Inhalte immer kürzer ausfallenden Berichte wurden von den Versuchspersonen ausgeschmückt.

Porträt

Ebbinghaus, *Hermann*, * 24.1.1850 Barmen, † 26.2.1909 Breslau, einflussreicher Psychologe und Mitbegründer der Experimentellen Psychologie. Nach seinen Studien der Geschichte, Philologie und Philosophie in Bonn, Halle und Berlin promovierte Ebbinghaus 1873 und habilitierte sich 1880 „Über das Gedächtnis". Sein vornehmliches Interesse galt Lern- bzw. Vergessensvorgängen, die er u. a. im Selbstversuch erforschte (Ebbinghaus-Vergessenskurve, Ebbinghaus-Gesetz). Er entwickelte die ersten quantitativen Gedächtnisstudien (sog. „sinnlose Silben").

Was ist eigentlich ...

Falsche Erinnerungen, Gedächtnistäuschungen, bei denen man von vergangenen Ereignissen zu wissen glaubt, die entweder gar nicht oder zumindest nicht auf die erinnerte Weise geschehen sind. Falsche Erinnerungen können durch unterbewusste oder vergessene Interpretations- oder Zensurvorgänge zustandekommen, durch Fehlinformation oder durch Suggestion, z. B. bei Verhören oder sogar psychotherapeutischen Sitzungen. Besonders problematisch ist dies z. B. bei Zeugenaussagen, die von Berichten in den Medien beeinflusst wurden. Das Gedächtnis ist kein objektiver, statischer Speicher, sondern Erinnerungen können verdrängt, repariert, überlagert, neu-, um- und überbewertet werden (retrospektive Verzerrungen).

modernen Gedächtnisforschung. Nach den frühen Forschungen des deutschen Philosophen Hermann Ebbinghaus, der das Gedächtnis unter rigoros kontrollierten Bedingungen untersuchte, war es Bartlett, der eine zweite Richtung der Gedächtnisforschung einschlug. Er lenkte den Schwerpunkt auf die Gesamtleistung unseres Erinnerungsvermögens. Im Gegensatz zu den Versuchen von Ebbinghaus, bei denen man sich lange Folgen von sinnentleerten Silben einprägen musste, suchte Bartlett nach einer Möglichkeit, die Komplexität des menschlichen Gedächtnisses auszuloten.

Was sind falsche Erinnerungen?

Falsche Erinnerungen. Allein die Verbindung dieser beiden Worte führt zu einiger Verwirrung. Wie können unsere Erinnerungen falsch sein? Erinnern wir uns an Vergangenes, so haben wir die Situationen oft detailliert, sozusagen „in Farbe", vor unserem inneren Auge. Manche Gespräche hören wir scheinbar wieder in unserem Ohr, wenn wir an sie denken. Wir schauen im Geiste zurück und sehen uns selbst, wie wir agieren und reagieren. Die Vorstellung, dass wir hierbei an Ereignisse denken, die sich nicht zugetragen haben, bringt unser Bild von uns selbst ins Wanken.

Falsche Erinnerungen werden als das Erinnern an ein Ereignis definiert, das entweder nie oder auf eine andere Art und Weise erlebt wurde. Beispiele hierfür gibt es viele. Wer kennt nicht Gespräche mit Freunden oder der Familie über gemeinsam erlebte Feiern oder den vergangenen Urlaub, bei denen es zu heftigen Diskussionen kommt. Obwohl etwas gemeinsam erlebt wurde, gehen die Erinnerungen bei bestimmten Punkten weit auseinander. Man selbst erinnert sich deutlich und lebhaft daran, wie gemeinsam im Urlaub eine Fischplatte verspeist wurde, auf der kleine Tintenfische lagen. Doch Bruder und Schwester können sich an keine solche Situation erinnern und streiten diese ab. Wer hat Recht und wer hat Unrecht? Wessen Erinnerung stimmt, und woran können wir das festmachen? Gerade aus unserer Kindheit gibt es oft zahlreiche Erinnerungen, die sich nie oder zumindest anders zugetragen haben, an die wir uns aber als Erwachsene sehr deutlich zu erinnern meinen. Die bekannte Psychologin Elisabeth F. Loftus hat verschiedenste Studien zu diesem Punkt durchgeführt. Eine ihrer bekanntesten und aufsehenerregendsten Untersuchung hatte zum Ziel, eine falsche Erinnerung in die eigene Kindheit einzufügen. Hierfür wurden Kindern, Jugendlichen und auch Erwachsenen von einem Familienmitglied ein Kindheitserlebnis glaubwürdig erzählt. Die verwendete Geschichte hatte immer vier Kernelemente. Die Person hatte im Alter von fünf Jahren ihre Mutter, Eltern oder gesamte Familie in einem größeren Einkaufszentrum verloren. Alleine begann er oder sie zu weinen. Daraufhin nahm sich eine ältere Dame des Kindes an und tröstete es. Schließlich wurde die Person dank der Dame wieder mit der Familie vereint. Wiederholt konnte Loftus zeigen, dass es bei Personen der verschiedensten Altersgruppen gelang, diese erfundene Kindheitserinnerung einzupflanzen. Ein ganz entscheidender Punkt war bei allen Fällen, dass die Geschichte von einem Elternteil oder einem älteren Geschwister erzählt wurde. Selbst als Erwachsene beeinflussen uns demnach ältere Familienmitglieder, denen wir unbewusst eine höhere Autorität bei diesen frühen Erfahrungen zusprechen. Gespräche mit Eltern, Geschwistern, Bekannten oder auch Freunden wirken, meist ohne dass wir uns dessen bewusst sind, auf unsere Sichtweise von Ereignissen ein und können diese verändern. Ein weiteres prominentes Beispiel für falsche Erinnerungen stellen Schilderungen von Entführungen durch Außerirdische dar. Diese Berichte können äußerst detailliert und auch emotional besetzt sein. Beides sind wichtige Kriterien, die ursprünglich für das Erinnern wahrer Gegebenheiten reserviert zu sein schienen.

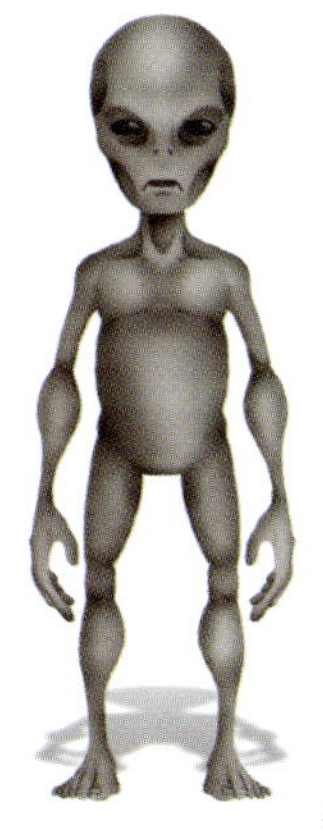

Stereotypes Bild eines Außerirdischen.

In den nächsten Abschnitten wird auf drei verschiedene Formen von falschen Erinnerungen genauer eingegangen, die in der Literatur oft behandelt werden: Konfabulationen, Intrusionen und falsche Rekognitionen.

Konfabulationen

Das Wort Konfabulation tauchte erstmals im 15. Jahrhundert auf und stammt aus dem Spätlateinischen (*confabulatio* = Gespräch, Unterredung). Der Neuropsychiater Sergej Sergejewitsch Korsakow (1854–1900) beschrieb 1880 als Erster das Phänomen der Konfabulationen im Zusammenhang mit Gedächtnis. Korsakow behandelte Patienten, die seit vielen Jahren alkoholabhängig waren und unter

Was ist eigentlich ...

Konfabulation, Erfindung vollständiger Episoden aus Erinnerungsbruchstücken; Vortäuschung von Erlebnissen, die nicht stattgefunden haben; Verwechslung zeitlicher und kausaler Zusammenhänge. Eine Konfabulation klingt auf Anhieb plausibel, ist aber oft auch unglaubwürdig, teilweise sogar unlogisch. Sie ist im Gegensatz zur Lüge nicht bewusst geplant, soll andere nicht irreführen, sondern ist eine unbewusste Selbsttäuschung. Sie ist ein Symptom u. a. des Korsakow-Syndroms. Vermutlich gibt es zwei distinkte Formen der Konfabulation, eine spontane und eine, die durch Fragen ausgelöst wird (provozierte Konfabulation).

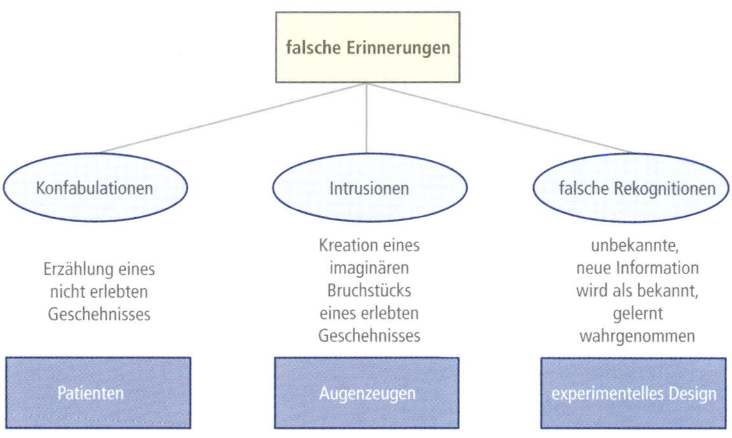

Darstellung der drei am häufigsten untersuchten Formen von falschen Erinnerungen.

Was ist eigentlich …

Korsakow-Syndrom [benannt nach S. S. Korsakow], amnestisches Syndrom, bei dem die Merkfähigkeit für neue Informationen stark beeinträchtigt ist (anterograde Amnesie). Auch das Altgedächtnis kann geschädigt sein (retrograde Amnesie). Weitere Symptome sind örtliche und zeitliche Desorientiertheit, inhaltsleere Konversation, Apathie und Konfabulationen. Das Syndrom ist in den allermeisten Fällen die Folge von chronischem Alkoholismus, der zu einem Mangel an Thiamin (= Vitamin B1) führt. Die Gabe hoher Dosen von Thiamin kann den progressiven Verlauf der Krankheit stoppen, eine Heilung ist jedoch nicht möglich.

Gedächtnisstörungen (Amnesien) litten. Nach ihm wurde das durch übermäßigen Alkoholkonsum ausgelöste Korsakow-Syndrom benannt, bei dem das Erinnern an Vergangenes und das Behalten gegenwärtiger Ereignisse beeinträchtigt sind. Des Weiteren fühlen sich die Betroffenen öfters desorientiert, und sie berichten häufig von Ereignissen, die sich in der Realität objektiv nicht zugetragen haben.

Konfabulationen wurden ursprünglich als Verfälschungen von tatsächlich erlebten Ereignissen definiert, die bei vollem Bewusstsein erzeugt werden und immer mit einer durch organische Hirnschädigung ausgelösten Gedächtnisstörung der betroffenen Person einhergingen. Diese Definition bezog sich vor allem auf Patienten mit Hirnschädigungen, die spontane Konfabulationen als ein Merkmal ihrer Erkrankung aufzeigten. Langjähriger Missbrauch von Alkohol führt zu schädlichen Veränderungen unter anderem innerhalb des Stirnhirns (Frontallappens). Heute ist bekannt, dass Konfabulationen ebenfalls ein Symptom bei Gehirnverletzungen durch äußere Umstände, Alzheimer wie auch Hirntumoren sein kann. Die Verletzung liegt dabei immer im Stirnhirn; dies gilt sowohl für den Fall der äußeren Verletzung als auch für die Auswirkungen von Hirntumoren im Stirnhirn. Eine Schädigung beziehungsweise ein Riss der Arteria communicans anterior, einer der wichtigsten Versorgungsarterien für diesen frontalen Hirnbereich, kann eine primäre Ursache für Konfabulationen sein. Bei Alzheimer führt im fortgeschrittenen Stadium die Gewebeveränderung im gesamten Cortex – und damit auch im Stirnhirn – zu vergleichbaren Beeinträchtigungen des Gedächtnisses.

Was ist eigentlich …

Anamnese, (Rück-)Erinnerung, sorgfältige Erfassung der Vorgeschichte einer aktuellen Symptomatik. Eine Anamnese kann bestehen aus allgemeiner Anamnese (biografische, soziale, medizinische Daten), spezieller Krankheitsanamnese (Entwicklung des jetzigen Krankheitsbildes, Verlauf), Familienanamnese (soziale und medizinische Daten, erbliche Belastung), Eigenanamnese (vom Patienten selbst erhobene Daten) sowie Fremdanamnese (von Angehörigen, Bekannten, Kollegen, usw.).

In der Literatur gibt es viele Beschreibungen von spontanen Konfabulationen: Eine 59-jährige Frau, die der festen Überzeugung war, dass sie sofort die Klinik verlassen und nach Hause zu ihrem kleinen Kind fahren müsse, ein ehemaliger Arzt, der behauptete, er müsse jetzt wirklich gehen und sich um seine Patienten kümmern. Ein Außenstehender, der die Krankheitsanamnese dieser Leute nicht kennt, würde in den Aussagen nichts Verwunderliches feststellen können. Vermutlich würde man sich sogar darum bemühen, der berichtenden Person zu helfen. In dem obigen Beispiel wurde die Frau in ein Krankenhaus eingewiesen, da bei ihr eine Schädigung im Stirnhirn durch ein geplatztes Aneurysma (eine Vergrößerung oder Auswölbung einer Arterie) an der Arteria communicans anterior aufgetreten war. Diese Verletzung führte dazu, dass sie den zeitlichen Bezug ihrer Erinnerungen nicht mehr herstellen konnte. Die Patientin hatte tatsächlich ein Kind, allerdings war dieses zu dem Zeitpunkt, als sie sich im Krankenhaus aufhielt, bereits über 30 Jahre alt und bedurfte nicht mehr ihrer mütterlichen Fürsorge. Aufgrund der Verletzung in ihrem Gehirn konnte die Patientin die Information, dass ihr Kind bereits erwachsen war, nicht mehr in den aktuellen Kontext übertragen.

Das verbindende Merkmal spontaner Konfabulationen ist, dass diese ohne einen äußeren Auslöser produziert werden. Die betroffenen Personen sind nicht mehr in der Lage, die zeitliche Reihenfolge von Ereignissen herzustellen oder selbst erlebte Erfahrungen von imaginären auseinanderzuhalten. Dies resultiert in einer Vermischung von verschiedenen Erinnerungen, persönlich erlebten als auch aus anderer Quelle erfahrenen, die nicht miteinander in einem Zusammenhang stehen müssen.

Der Schwerpunkt wissenschaftlicher Untersuchungen liegt zwar bei spontanen Konfabulationen von Patienten mit Hirnschädigungen, aber es gibt auch Fälle, in denen Konfabulationen auch ohne eine strukturelle Schädigung des Gehirns auftreten. Wie bereits erwähnt, gibt es Personen, die der festen Überzeugung sind, dass sie von Außerirdischen entführt wurden. So weltfremd und unglaubwürdig sich eine solche Äußerung für die meisten anhört, so real und gefestigt sind diese Erinnerungen im Gedächtnis der Betroffenen verankert. Bei einer Suche im Internet nach dem englischen Begriff *alien abduction* – Entführung durch Außerirdische – tauchen über eine Million Seiten auf. Es gibt wissenschaftliche Bücher zu diesem Thema, Symposien und vor allem viele Menschen, die einen derartigen Vorfall als persönliches Erlebnis berichten und solche Erfahrungen für sehr wahrscheinlich halten. Man kann davon ausgehen, dass diese Personen nicht unter den Folgen von strukturellen Schädigungen ihres Gehirns leiden, zumindest hat noch keine wissenschaftliche Studie hier einen Zusammenhang gefunden. Demnach muss es eine andere Ursache für die teilweise sehr ausführlichen Berichte geben.

Das Bild *The Nightmare* – „Der Albtraum" von Henry Fuseli (1781) stellt eine Schlafparalyse dar, die mit der Wahrnehmung eines dämonischen Besuches einhergeht.

Was ist eigentlich ...

REM-Schlaf [Abk. für *rapid eye movement* = rasche Augenbewegung], paradoxer Schlaf, aktivierter Schlaf, REM-Phase, durch rasche Augenbewegungen, muskuläre Atonie und ein aktiviertes Elektroencephalogramm (EEG) gekennzeichnete Schlafphase, die sich zyklisch mit dem non-REM-Schlaf abwechselt; die Weckschwelle ist vergleichsweise hoch. Besonderheit dieses Schlafstadiums ist die Instabilität vegetativer Funktionen, wie Herzfrequenz, Atmung und Blutdruck. Im REM-Schlaf wird die intensivste psychische Aktivität nachgewiesen, die sich in visuell und motorisch geprägten Erlebnisprozessen darstellt, z. T. in bizarrer Ausformung, wobei Einsicht, Urteilskraft und Kontrolle typischerweise dabei fehlen (Träume). Man vermutet eine entscheidende Rolle des REM-Schlafs bei der Konsolidierung von erlernten Informationen. Mit zunehmender Lebensdauer nimmt der absolute und relative Anteil des REM-Schlafs am Gesamtschlaf ab.

Was ist eigentlich ...

hypnagoge/hypnopompe Halluzination, visuelle, auditorische oder taktile Täuschungen mit oft traumähnlichem Charakter, die beim Einschlafen (hypnagoge Halluzination) bzw. Aufwachen (hypnopompe Halluzination) entstehen, auch bei Schlaflähmung, und flüchtig-affektionslos bis furchterregend sein können; häufig ist man dabei wach und gerade deshalb so verwirrt, weil sich reale und imaginäre Wahrnehmungen vermischen.

(Hierbei ist anzumerken, dass erst nachdem Berichte über angebliche Außerirdische publik wurden, Personen angaben, mit derartigen „Wesen" Kontakt gehabt zu haben.). Verschiedene Hinweise hierzu gibt es. So zeigen viele der „Entführten" große Verhaltensparallelen zu einer Schlafanomalie, die bei ca. 15 Prozent der Bevölkerung auftritt: der Schlafparalyse (Schlaflähmung).

Die Schlafparalyse beschreibt einen häufig beängstigenden Zustand der bewussten Lähmung, der vorwiegend kurz vor dem Einschlafen oder dem endgültigen Erwachen auftreten kann. In dieser Phase kann die Person weder sprechen noch sich bewegen, der Körper ist, vergleichbar mit seinem Zustand im REM-Schlaf, wie gelähmt. Allerdings ist sich die Person ihres Zustands während einer Schlafparalyse durchaus bewusst. Zusätzlich treten in diesem Stadium zwischen Schlafen und Wachen Phänomene auf, die als hypnopompe (kurz vor dem Erwachen) oder hypnagoge (kurz vor dem Einschlafen) Halluzinationen bezeichnet werden, und zu albtraumähnlichen Zuständen führen. Diese Sinnestäuschungen treten in vielfältigen Varianten auf, beispielsweise hat man das Gefühl zu schweben, den Eindruck eines elektrischen Kribbelns am ganzen Körper, lauter summender Töne, greller Lichtblitze oder sogar in der Nähe des Bettes schwebender Gestalten. Auch wenn diese Sinneseindrücke meist nicht länger als ein paar Sekunden dauern, hinterlassen sie dennoch einen bleibenden Eindruck bei den Betroffenen. Im Bemühen, diese Erfahrungen in eine für sie greifbare, verständliche Deutung umzuformen, erklären viele Betroffene das Erlebte durch einen Eingriff von Außerirdischen in ihr Leben. Andere suchen Unterstützung und Hilfe bei Hypnosetherapeuten, um dieses scheinbar übersinnliche Erlebnis besser verstehen zu können. Fatalerweise kann auf diesem Wege sogar der Eindruck einer Entführung verstärkt und gefestigt werden. So bilden Menschen, die sich lebhaft an eine solche Entführung durch Außerirdische erinnern, unter kontrollierten Forschungsbedingungen mit einer höheren Wahrscheinlichkeit falsche Erinnerungen aus als Personen, die zwar durchaus glauben, entführt worden zu sein, aber keine wirklichen, fassbaren Erinnerungen daran besitzen.

Diese Untersuchungen zeigen, dass spontane Konfabulationen auch durch weitere Faktoren als nur durch eine direkte organische Verletzung des Gehirns entstehen können. Scheinbar reale Erlebnisse, wie zum Beispiel Halluzinationen während einer Schlafparalyse, die außerhalb unseres Erfahrungsbereiches liegen, können zu Konfabulationen führen, die als Erklärung und zum Schutz des Selbstbildes erzeugt werden. Hierbei werden wir stark durch unser Vorwissen, also uns bekannte Geschichten und Legenden, beeinflusst, die uns zu einer subjektiv greifbaren Erklärung führen, wie zum Beispiel eine Entführung durch Außerirdische.

Der Glaube an Außerirdische und ihren Eingriff in unser Leben zeigt, dass spontane und die im nächsten Abschnitt beschriebenen provozierten Konfabulationen fließend ineinander übergehen können. Wurde zum Beispiel durch Eindrücke bei einer Schlafparalyse im Gedächtnis bereits eine Entführungsepisode ausgebildet, so kann diese durch Hypnose, Gespräche und Nachfragen immer weiter verstärkt und ausgebaut werden.

In einem solchen Fall spricht man auch von provozierten Konfabulationen, die die zweite Variante dieser Form von falschen Erinnerungen darstellen. Durch gezielte, spezifische Befragungen, Suggestionen oder auch durch glaubhafte Vermittlung von Fehlinformationen können Konfabulationen forciert werden.

Bisher ist nicht geklärt, welche Hirnregionen für provozierte Formen von Konfabulationen verantwortlich sind. Es kann allerdings festgehalten werden, dass durch Beeinflussungen wie Suggestion, wiederholtes Nachhaken, bestätigende oder verneinende Reaktionen sowie der gewollten oder ungewollten Vermittlung von Fehlinformationen die Erinnerung eines Menschen deutlich verändert werden kann. Hierbei können sogar ganze Handlungsstränge, die sowohl tatsächlich erlebte Informationen als auch von außen zugeführte Fehlinformationen beinhalten, zu einer logisch nachvollziehbaren Erinnerung verknüpft werden. Dies kann im Extremfall so weit gehen, dass eine Unterscheidung zwischen Realität und Imagination nicht mehr möglich ist.

Eine große und manchmal sogar fatale Auswirkung haben provozierte Konfabulationen vor allem bei der polizeilichen Befragung von Augenzeugen. Hier können Ermittler durch leitende Fragen die Aussage eines Zeugen in eine bestimmte Richtung lenken. Die Ausführungen zu den provozierten Konfabulationen verdeutlichen die potenziellen Gefahren für Ermittlungsverfahren: Dauern die Befragungen des Augenzeugen länger an, kann sich die Erinnerung an den Vorfall irreversibel verändern. Hierbei müssen sich die Ermittler ihrer Lenkung noch nicht einmal bewusst sein. Es sind vor allem diese unbewussten und unreflektierten Lenkungen des Ermittlers, die zu provozierten Konfabulationen und somit falschen Erinnerungen bei einer Rekonstruktion des tatsächlichen Tathergangs oder Geschehens führen.

Beispiele für die Auslösung provozierter Konfabulationen

Befragung	Suggestion	Vermittlung von Fehlinformation
Wie sah der Außerirdische genau aus?	Kann es sein, dass Sie ein großes, graues Wesen gesehen haben, das nicht ganz menschlich war?	Ein Nachbar hat berichtet, dass er durch ein Fenster eine seltsame große Gestalt bei Ihnen gesehen hat.

Aussagepsychologie – suggestive Befragungen

Suggestive Fragetechniken führen zur Verfälschung von Erinnerung und Aussagen; Suggestivfragen spielen eine verhängnisvolle Rolle bei den Aufdeckungsgesprächen mit Kindern über mutmaßliche sexuelle Missbrauchserfahrungen und führen durch die Anwendung suggestiver Frage- und Untersuchungstechniken in der Regel zur Bestätigung bereits vorgefasster Meinungen. Zu den Fragen mit hohem Suggestivpotenzial gehören die sogenannten Vorhaltfragen, bei denen dem Zeugen eine Information gegeben wird, über die er bisher nicht gesprochen hat (Beispiel: „Haben Sie gesehen, mit welchem Auto der Täter sich vom Tatort entfernt hat?", bevor der Zeuge ein Auto in seiner Aussage erwähnt hat). Solche Informationen können auch durch die Formulierung der Frage mitgeteilt werden: So wurde in einem bekannten Experiment bei der Frage nach der Schätzung der Geschwindigkeit eines Fahrzeugs beim Aufprall das Wort „Zusammenstoßen" durch das Wort „Zusammenkrachen" ersetzt, was erhebliche Auswirkungen auf die Schätzung der Geschwindigkeit des Fahrzeuges hatte.

Für Kinder haben sogenannte Ja-Nein-Fragen eine hohe Suggestivwirkung, wobei insbesondere jüngere Kinder motiviert sind, auf Fragen eines Erwachsenen bejahend zu reagieren (Ja-Sage-Tendenz). Durch suggestive Fragen einerseits und durch die Bereitschaft des Kindes, den Erwachsenen „zufriedenzustellen", kann es zu sogenannten „suggerierten Überzeugungen" kommen. Sehr effizient im Sinne der Verfälschung von Erinnerungsleistungen und Aussagen ist z. B. auch die Vermittlung eines Negativ-Bildes (Stereotype) eines Beschuldigten. Es führt dazu, dass Wahrnehmungen und Erinnerungen im Zusammenhang mit dem Beschuldigten die Tendenz haben, mehr und mehr mit dem Negativ-Bild von ihm übereinzustimmen, und es kann so zu einer wirklichkeitsfernen Häufung belastender Aussagen kommen.

Wiederholte Befragungen und Fragewiederholungen erwecken besonders bei Kindern den Eindruck, beim ersten Mal nicht die „richtige" Antwort gegeben zu haben, und führen zu der Tendenz, jene Antwort zu geben, von der sie glauben, dass sie die richtige ist und der Erwachsene sie hören will. Besonders groß ist der suggestive Einfluss nachträglich irreführender Informationen über den fraglichen Sachverhalt. Risiko und Wahrscheinlichkeit der Verfälschung der Aussage sind deswegen besonders hoch, weil es leicht zu Unsicherheiten über die Zuordnung der Informationen zu ihren richtigen Quellen kommen kann. Das heißt, der Aussagende kann nicht mehr zuverlässig zwischen Selbsterlebtem und nachträglich erhaltenen Informationen unterscheiden. Auch die Verstärkung (Bestätigung, Lob oder Anerkennung) bestimmter Aussagen oder Aussagerichtungen können zu einer Verzerrung und Verfälschung von Erinnerungsleistungen führen. Das Gleiche gilt für den sogenannten Konformitätsdruck, der dadurch entsteht, dass einem Zeugen die Aussagen anderer Personen mitgeteilt werden und er bewusst oder unbewusst eine Bereitschaft entwickelt, seine Aussagen an die der anderen anzugleichen.

Das Faszinierende und Bedeutende bei Konfabulationen – spontaner wie auch provozierter Natur – ist, dass die betreffende Person davon überzeugt ist, die Wahrheit zu sagen. Sie ist sich also der eigenen Falschaussage in keiner Form bewusst und reagiert somit irritiert und abweisend, wenn ihr diese als falsch oder erfunden unterstellt wird. Vor allem die Tatsache, dass Konfabulationen, insbesondere spontane, überwiegend auf Erinnerungen aus der eigenen Biografie aufgebaut sind, macht sie zu einer der schwerwiegenderen Formen von falschen Erinnerungen für den betroffenen Menschen. Ebenso können aber auch Erinnerungen von Entführungen durch Außerirdische die eigene Weltanschauung maßgeblich beeinflussen.

Unsere Selbsteinschätzung, unser Verständnis davon, wie etwas funktioniert, die Art und Weise, wie wir handeln und reagieren, all das basiert auf unseren als real empfundenen Erinnerungen. Konfabulationen verändern unser Gedächtnis und können dadurch auch weitreichende Folgen auf unser zukünftiges Verhalten und unsere Lebensführung haben.

Intrusionen

Im Gegensatz zu Konfabulationen, die ganze Ereignisabläufe beschreiben, betreffen Intrusionen nur Teile von tatsächlich erlebten Ereignissen. Der Begriff der Intrusion ist vor allem aus dem Bereich der Traumapsychologie bekannt. Erst in neuerer Zeit wurde dieser Begriff auch für eine Form der falschen Erinnerungen benutzt.

Intrusionen nach einer traumatischen Erfahrung

In der Traumapsychologie definieren Intrusionen das lebhafte Wiedererleben von traumatischen Erfahrungen, die plötzlich in den Alltag einbrechen. Einen besonders schweren Fall von Intrusionen stellen die sogenannten Flashbacks dar. Betroffene erleben hierbei für einige Sekunden bis hin zu wenigen Minuten die traumatische Erfahrung noch einmal so, wie sie sie damals erlebt hatten. Auslöser für solch intensive Flashbacks können verschiedenster Natur sein. Besonders Düfte, bestimmte Geräusche, aber auch andere Sinneswahrnehmungen können solche spontanen Intrusionen in Form von Flashbacks auslösen.

Intrusionen gehören daher auch zu den charakteristischen Merkmalen der posttraumatischen Belastungsstörung (PTBS). In den letzten Jahrzehnten ist diese Störung in der Bevölkerung vor allem durch Berichte von amerikanischen Soldaten der 1970er-Jahre bekannt geworden. Die Soldaten zeigten nach ihrer Rückkehr aus Vietnam schwerwiegende Verhaltensänderungen, die auf das Erleben von traumatischen Situationen zurückzuführen waren (Post-Vietnam-Syndrom). Das Standardwerk *Diagnostisches und Statistisches Handbuch psychischer Störungen* charakterisiert ein traumatisches Erlebnis als eines, das den tatsächlichen oder drohenden Tod oder ernsthafte Verletzung oder eine Gefahr der körperlichen Unversehrtheit der eigenen Person oder anderer Personen beinhaltet. Beispiele hierfür gibt es leider viele, unter anderem Krieg, Kindesmisshandlung, Folter, Unfall, Katastrophen, sexueller Missbrauch, aber auch schwere Krankheiten. Während dieser Erlebnisse werden Gefühle wie Hilflosigkeit, intensive Furcht und Entsetzen wahrgenommen.

Beispiele für traumatische Erfahrungen. a) zeigt den Test eines Flugzeugabsturzes, b) das Auftreffen des Tsunamis von 2004 auf die Küste Thailands.

Was ist eigentlich ...

Intrusionen, aufdringliche, lästige Gedanken, die vorwiegend um tabuisierte und angstauslösende Themen kreisen, wie Sexualität, Aggressivität, Verlustereignisse, Gefährdungen, Ansteckung vor Krankheiten. Intrusionen können „normale" Reminiszenzen von unvollständiger emotionaler Verarbeitung bei intensiven, aufwühlenden, unangenehmen Erinnerungen sein, die sich nur schwer kontrollieren lassen – eine vielen Menschen vertraute, wenngleich unangenehme Erfahrung. Anders verhält es sich bei Intrusionen als Folge von traumatischen Ereignissen, unter denen Überlebende von Katastrophen oder Folter zu leiden hatten. Findet deren Verarbeitung nicht oder nur unvollständig statt, kehren emotionale Reaktionen immer wieder (in Form von Flashbacks) zurück, manchmal zur Überraschung der Betroffenen viele Jahre später und in einem anderen Kontext als ursprünglich.

Intrusionen beschreiben im Kontext der falschen Erinnerungen die Ausbildung von Teilerinnerungen beziehungsweise -informationen, die nicht zu einem früheren Zeitpunkt präsentiert oder gelernt wurden. Eine häufig angewandte Methode, um die Anfälligkeit für und Häufigkeit von Intrusionen zu untersuchen, ist der Einsatz von Wortlisten. Den Probanden werden dazu verschiedene Listen mit Wörtern zum Lernen vorgegeben. Anschließend werden sie gebeten, all jene Wörter frei wiederzugeben (freier Abruf), an die sie sich noch erinnern können. In der folgenden Tabelle werden Beispiele für zwei verschiedene Varianten von derartigen Wortlisten gezeigt. Bereits bei der ersten Variante, bei der die einzelnen zu lernenden Wörter inhaltlich in keinem Zusammenhang zueinander stehen, konnten Intrusionen beim freien Abruf festgestellt werden. So könnte beispielsweise „Schmuck“ anstelle von „Diamant“ oder „Buche“ anstelle von „Eiche“ genannt werden. Wurden den Testpersonen jedoch Listen mit inhaltlich verknüpften Wörtern vorgegeben, erhöhte sich die Anzahl der korrekt wiedergegebenen Worte. Parallel hierzu wurden allerdings auch mehr Intrusionen gebildet.

Beispiele für Wortlisten, die zur Provokation von semantischen Intrusionen genutzt werden können

Liste	Wörter
ohne Bezug	Haus, Eiche, Katze, Himmel, Witz, Kabel, Papier, Adresse, Radio, Gefühl, Kissen, Diamant, Spiegel, Uhr, Video
inhaltlich verknüpft	Pferd, Maus, Schwein, Wolf, Hirsch, Stuhl, Schrank, Kommode, Hocker, Vitrine, Grün, Violett, Gelb, Blau, Braun

Es kann hierbei vorkommen, dass die Testpersonen beispielsweise auch „Hund“ oder „Tisch“ sagen (falscher Abruf), obwohl diese beiden Begriffe während der Lernphase nicht präsentiert wurden. Jedoch überschritten solche in Studien induzierten semantischen (inhaltlich verknüpften) Intrusionen selten die Fünf-Prozent-Marke. Diese Rate konnte aber erhöht werden, wenn der Abruf zeitlich verzögert wurde oder die Probanden zwischen der Lernphase und dem freien Abruf eine kurze, inhaltlich von der Lernaufgabe unabhängige Tätigkeit ausübten. Die Bildung semantischer Intrusionen scheint dadurch verursacht zu werden, dass unbewusst Kategorien oder Oberbegriffe, zum Beispiel „Tiere“ oder „Möbelstücke“, für die einzelnen Wörter gebildet werden. Dies ist sinnvoll, da es die Einspeicherung längerer Wortlisten erleichtert und der Oberbegriff außerdem als ein nützlicher Hinweisreiz für den späteren Abruf dienen kann.

Auch im Alltag ist ein solches Verhalten äußerst effektiv, da es uns erlaubt, große Mengen an Informationen sortiert in Kategorien abzuspeichern. Es gibt eine einfache Möglichkeit, diese Erklärung selbst

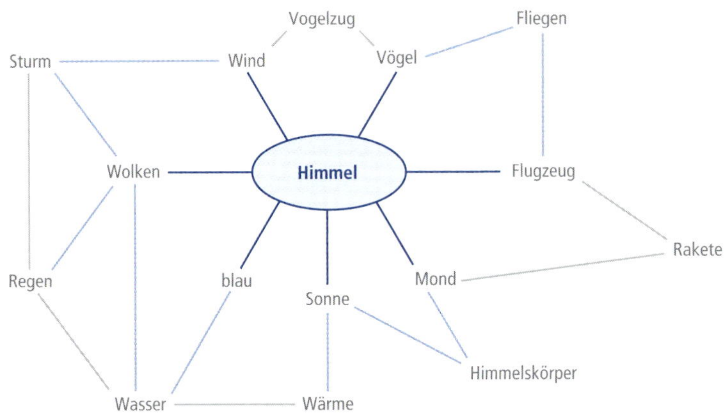

Ausgehend von dem Begriff „Himmel" sind verschiedene weitere Begriffe/Konzepte mit diesem verknüpft und können bewusst oder auch unbewusst aktiviert und abgerufen werden.

nachzuprüfen. Nehmen wir zum Beispiel das Wort „Himmel". Legen Sie jetzt dieses Buch zur Seite und schreiben Sie alle Wörter auf, die Ihnen spontan in den Sinn kommen. Vermutlich sind auf Ihrer Liste unter anderem die Wörter „blau", „Wolke", „Sonne", „Regen".

Das Wort Himmel führt dazu, dass weitere Wörter, die wir inhaltlich mit diesem verknüpft haben, aktiviert werden. Diese Verknüpfung inhaltlich miteinander verwandter Begriffe macht einen derart gesteuerten Abruf relativ einfach.

Die Wortlisten-Methode stellt somit eine leicht durchführbare Vorgehensweise dar, die zu klaren und nachvollziehbaren Ergebnissen führt. Sie wurde daher in den letzten Jahrzehnten häufig für Untersuchungen zur Entstehung von falschen Erinnerungen verwendet.

Intrusionen und Konfabulationen beschreiben zwei sehr ähnliche Varianten von falschen Erinnerungen. Während Konfabulationen einen erzählerischen Charakter haben und sehr komplexe Geschichten beinhalten können, beschreiben Intrusionen den zusätzlichen Abruf von nichtgelernten Informationen zusammen mit gelernten.

Falsche Rekognitionen

Eine Rekognition beschreibt das Wiedererkennen eines vorab gelernten Reizes. Erkennt eine Person den in einem vorab gezeigten Filmausschnitt spielenden Schauspieler unter zehn Fotos von Schauspielern wieder, so spricht man von einer Rekognition. Im Gegensatz zu Intrusionen, die beim freien Abruf von gelernten Wörtern zusätzlich unbewusst gebildet werden, entstehen falsche Rekognitionen dadurch, dass ein vorab nichtgelernter Stimulus als gelernt bewertet wird. Eine häufig angewandte Methode, um falsche Rekognitionen zu untersuchen, sind die schon vorab erwähnten Wortlisten.

Wie schon bei den Untersuchungen zu Intrusionen erwies sich diese Methode als äußerst effektiv, um falsche Rekognitionen zu provozieren. Allerdings hat sie für diese Form der falschen Erinnerungen auch ihre Nachteile. So müssen den Testpersonen große Mengen von Wörtern während der Lernphase dargeboten werden, um eine verhältnismäßig kleine Anzahl von Schlüsselwörtern zu testen. Des Weiteren ist das Lernen von Wörterlisten unserem Alltag sehr fern, und es erhob sich die Frage, inwiefern derartige Ergebnisse auf Befunde von falschen Rekognitionen im Rahmen von beispielsweise Augenzeugenaussagen angewendet werden können.

Als eine Alternative wurde eine auf dem Prinzip der Wortlisten beruhende Methode entwickelt, bei der anstelle von Wortlisten Bilder als Stimulusmaterial verwendet wurden. Die Probanden bekamen komplexe, thematisch stereotype Bilder, wie beispielsweise eine Lehrerin neben dem Lehrerpult vor der Tafel oder eine Strandszene, gezeigt. Nach einer halbstündigen Pause las man den Probanden eine Liste von 72 Gegenständen vor, und bat sie, sich bei jedem Gegenstand zu entscheiden, ob sie ihn in den Bildern gesehen hatten oder nicht. Hierbei ließen sich zwei Kategorien unterscheiden. Zum einen wurden in den Bildern zu sehende sowie von den Bildern inhaltlich unabhängige Objekte genannt. Zum anderen wurden aber auch Objekte genannt, die nicht in den Bildern zu sehen waren, aber inhaltlich darin hätten vorkommen können, sogenannte entscheidende Stimuli. Ein entscheidender Stimulus für die Strandszene wäre beispielsweise ein großer Wasserball. Die Ergebnisse eines Wortlisten-Tests, der mit denselben Probanden durchgeführt wurde, zeigten, dass die Anzahl falscher Rekognitionen bei beiden Paradigmen vergleichbar war.

Die Verwendung von Bildern kommt unserem Alltag zwar schon um einiges näher als die Wortlisten, dennoch erreicht diese Methode bei Weitem nicht die Mannigfaltigkeit an Informationen, wie wir sie fortwährend erleben. Bilder zeigen, wenn man es genau betrachtet, den zeitlichen Ausschnitt eines Bruchteils einer Sekunde unserer erlebten Realität. Wir nehmen aber kontinuierlich große Mengen an Informationen wahr, und jede dieser Informationen ist anfällig für die Ausbildung von falschen Erinnerungen.

In einer weiteren Studie wurde daher ein Film-Paradigma entwickelt, das genau diese Schwachstelle abdecken sollte. Den Probanden wurde zu Beginn ein Film mit alltäglichen Szenen gezeigt. Sie sahen beispielsweise einen Mann morgens aufstehen und eine durchaus alltägliche Routine durchführen: aufstehen, sich strecken, Zähne putzen, sich waschen. In anderen Szenen wurde eine Frau gezeigt, unter anderem wie sie beim Einkaufen in eine Parfümerie geht und dort einen Duft ausprobiert. Im Anschluss an die Filmvorführung absolvierten die Probanden einen Rekognitionstest. Hierbei wurden ihnen Bilder aus drei verschiedenen Kategorien gezeigt.

Alle drei Bilder wurden innerhalb des Rekognitionstests verwendet. a) zeigt ein Originalbild aus dem Film, b) ein auf dieser Basis verändertes Ähnliches und c) die inhaltliche Lücke aus dem Film in Form eines Unbekannten.

Die erste Kategorie (Originale) beinhaltet Bilder, die direkt aus den gezeigten Filmszenen stammen. Die zweite Kategorie (Ähnliche) umfasst Bilder, die dieselbe Handlung wie die Originale zeigen, allerdings mit Veränderungen. So zeigt das Original aus der Parfümerieszene, wie die Frau ein Parfüm auf ihrem rechten Handgelenk riecht. Das entsprechende Bild der Kategorie Ähnliche zeigt dieselbe Handlung, nur riecht sie hier an ihrem linken Handgelenk. Die dritte Kategorie (Unbekannte) schließlich enthält Bilder, welche fehlende Handlungen zeigen, die zwar nicht in dem Film gezeigt werden, aber der Logik folgend stattgefunden haben müssen. Für eine eindeutigere Erklärung der Kategorien wird die genannte Szene genauer beschrieben. Im Film wird gezeigt, wie die Frau das Parfüm aus dem Regal nimmt, wie sie es öffnet, an ihrem rechten Handgelenk riecht, die Flasche wieder ins Regal zurückstellt und den Laden verlässt. Ungesehen bleibt der Teil, in dem sie das Parfüm tatsächlich auf ihr rechtes Handgelenk sprüht. Die Ergebnisse der Studie waren eindeutig. Fast die Hälfte der gezeigten Bilder aus den Kategorien Ähnliche und Unbekannte wurden fälschlicherweise als gesehen wiedererkannt. So waren die Testpersonen unter anderem davon überzeugt, dass sie im Film gesehen hatten, wie die Frau sich das Parfüm auf ihr Handgelenk sprühte. Ohne dass es den Probanden bewusst war, hatten sie die fehlenden Teile der Szene den präsentierten Abschnitten hinzugefügt und dadurch schließlich eine durchgängige Szene mit einem vollständigen Handlungsablauf abgespeichert.

Diese Studie zeigte deutlich, dass es möglich ist, unter kontrollierten, wissenschaftlichen Bedingungen falsche Rekognitionen unter alltagsnahen Bedingungen zu erzeugen. Dies war möglich, ohne dass die Probanden durch spezifische Anweisungen oder manipulierende Fragen beeinflusst wurden. Die ausgelösten falschen Rekognitionen waren demnach nicht provoziert. Hieraus lässt sich folgern, dass falsche Rekognitionen sehr häufig bei polizeilichen Untersuchungen vorkommen können.

Alle drei vorgestellten Formen falscher Erinnerungen – Konfabulationen, Intrusionen und falsche Rekognitionen – sind miteinander verwoben. Es kann durchaus in einigen Fällen zu Problemen kommen, wenn sie scharf voneinander abgegrenzt werden sollen. Konfabulationen sind mit ihren teilweise sehr umfangreichen falschen Erlebnisberichten für den Betroffenen die wohl schwerwiegendste Ausprägung der falschen Erinnerungen. Intrusionen und falsche Rekognitionen können zumindest im Ansatz als eine Art Vorstufe zu Konfabulationen gesehen werden. Intrusionen, die meistens spontan ohne direkte äußere Einflüsse gebildet werden, sind im Ursprung spontanen Konfabulationen ähnlich. Des Weiteren zeigt die Bildung von falschen Rekognitionen, die durch Hinweisreize (zum Beispiel Wörter oder Bilder) beim Abrufprozess ausgelöst werden, Ähnlichkeiten zu provozierten Konfabulationen. Natürlich deuten falsche Rekognitionen, die im Rahmen einer wissenschaftlichen Untersuchung ausgelöst wurden, noch lange nicht darauf hin, dass jemand demnächst anfängt zu konfabulieren. Diese Ähnlichkeiten verdeutlichen jedoch, dass wir alle zu einem gewissen Grad und unter bestimmten Voraussetzungen anfällig für die Ausbildung von falschen Erinnerungen sind.

Entstehung falscher Erinnerungen

Wenn wir verstehen wollen, wie falsche Erinnerungen entstehen, müssen wir die Prozesse betrachten, die unserer Gedächtnisbildung zugrunde liegen. Im vorangegangen Abschnitt wurden die verschiedenen Formen falscher Erinnerungen vorgestellt. Gibt es für die Ausbildung einer Erinnerung an eine Entführung durch Außerirdische, für die Ausschmückung eines Ereignisses durch Intrusionen, eine falsche Zeugenaussage und den falschen Abruf oder das falsche Wiedererkennen nichtgelernter Stimuli (Bilder oder Wörter) eine gemeinsame Erklärung? Bisher hat niemand für alle Phänomene eine einzige gemeinsame Basis gefunden.

Die Quelle einer Erinnerung

Jede Erinnerung hat ihren Ursprung, ihren eigenen Zusammenhang, in dem wir sie gelernt und eingespeichert haben und mit dem wir sie auch wieder abrufen. Wenn wir uns beim Klassentreffen an einen Vorfall von vor sechs Jahren erinnern, tun wir das, indem wir unsere Erinnerung an ihre Quelle zurückverfolgen und abrufen. Wir erinnern uns deutlich daran, dass während einer Klassenfahrt beim Servieren des Essens ein Tablett mit vollen Puddingschüsseln einem Klassenkameraden aus der Hand rutschte und alles mit einem lauten Krach auf dem Boden landete. Für die richtige Erinnerung dieses Erlebnisses ist die vollständige Einspeicherung genauso wichtig wie sein vollständiger Abruf. Wir müssen dafür den Ursprung der Erinnerung förmlich überwachen.

Der Prozess der Quellen-Überwachung läuft eigentlich immer ab, wenn wir uns an etwas erinnern. Jede Information, die wir lernen, ist aufgrund ihrer Einzelkomponenten in ihrem Ursprung einzigartig. Nehmen wir den Vorfall während der Klassenfahrt vor vielen Jahren. Es gibt hier einen zeitlichen, räumlichen und sozialen Rahmen, in dem sich der Vorfall ereignet hat. Des Weiteren gibt es noch das Medium, das Kommunikationsmittel, über das wir den Vorfall wahrgenommen haben, in diesem Fall waren wir selbst anwesend. Andere haben es nur erzählt bekommen oder haben es auf einem Foto gese-

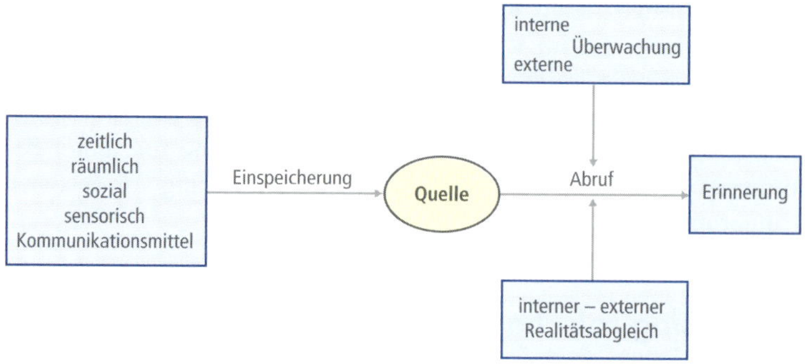

Vereinfachte Darstellung der Theorie der Quellen-Überwachung bei der Einspeicherung und beim Abruf.

hen. Und natürlich haben unsere Sinneswahrnehmungen einen großen Einfluss auf eine erfolgreiche Quellen-Überwachung.

Die Quellen-Überwachung ermöglicht es uns, unsere eigenen Erinnerungen, unser Wissen und manchmal sogar auch unsere Einstellung zu speziellen Themen zu ihrem Ursprung zurückzuverfolgen. Probanden, die nach einer Lernphase die gelernten von den nichtgelernten Stimuli unterscheiden sollen, müssen sich hierzu an die Quelle der einzelnen Stimuli erinnern. Haben sie diese tatsächlich gesehen oder gehört, oder haben sie sie selber gebildet aufgrund einer thematischen Ähnlichkeit? In einer alltäglichen Situation unterhalten wir uns mit Bekannten über die globale Erwärmung und erwähnen, dass wir gehört haben, dass die Welttemperatur bereits um mehrere Grad Celsius gestiegen ist. Woher haben wir diese Information? Haben wir sie aus einem wissenschaftlichen Artikel, in dem Forscher aus diesem Fachgebiet zu Wort kamen, oder haben wir in der U-Bahn die Überschrift einer Boulevardzeitung gelesen? Die Quelle der Information entscheidet hier sowohl über ihre eigene, aber auch im entscheidenden Maße über unsere Glaubwürdigkeit.

Es gibt verschiedene Elemente, die wir als Informationsquelle abspeichern können. Wir unterhalten uns in dem Gespräch weiter über die voranschreitende globale Erwärmung, und unser Gegenüber erwähnt dabei, dass die Population der Eisbären bereits über die Hälfte geschrumpft ist. Es gibt verschiedene Teilinformationen dieses Gesprächs, an die wir uns später erinnern können. Dieses Phänomen kennen die meisten aus ihrem Alltag. So kann es sein, dass wir uns genau an das Gespräch, die Person, mit der wir es geführt haben, und auch diese spezielle Information erinnern können. In dem Fall hätten wir tatsächlich die Quelle unseres Wissens über den Bestand der Eisbären vollständig gelernt und können sie später auch ebenso vollständig abrufen. Es kann aber auch sein, dass wir uns nur an einen Teil des Gesamtereignisses erinnern und den Rest nicht abrufen können. Wir erinnern uns an die Eisbären und ihre schrumpfende Population, können aber nicht sagen, woher wir diese Information haben. Oder wir erinnern uns, dass wir uns mit dieser bestimmten Person unterhalten haben, aber das Thema fällt uns nicht mehr ein. Oder wir erinnern uns daran, dass wir uns unterhalten haben, ohne zu wissen, mit wem oder worüber. In allen Fällen haben wir ein Problem mit der Überwachung der Quelle dieses speziellen Wissens.

Allerdings kann es nicht nur bei der Einspeicherung einer Information zu Fehlern in der Quellen-Überwachung kommen. Aufgrund der vergangenen Zeit zwischen den beiden Prozessen ist der Abruf ebenfalls anfällig für Überwachungsfehler, vielleicht sogar stärker als der Prozess der Einspeicherung. Beim Abruf müssen wir vor allem drei Faktoren auf ihren Wahrheitsgehalt überprüfen: Erstens muss die äußere Quelle der abgerufenen Information richtig zugeordnet werden (externe Quellen-Überwachung). Das bedeutet, wir müssen entscheiden, ob wir von Person A oder von Person B gehört haben, dass die Eisbären vom Aussterben bedroht sind. Zweitens müssen wir unsere eigenen, stillen Gedanken bei dem Gespräch von dem trennen, was wir tatsächlich zu diesem Thema geäußert haben (interne Quellen-Überwachung). Drittens, und das ist vielleicht der wichtigste Punkt, müssen wir in der Lage sein zu unterscheiden, welche Information wir tatsächlich gehört haben und welche Gedanken wir uns dazu während des Gesprächs, aber vor allem auch in der darauffolgenden Zeit, gemacht haben (Überwachung der Realität).

Was ist eigentlich ...

Abruf, Vorgang des Sich-Erinnerns, Reaktivierung von gespeicherten Informationen aus dem Langzeitgedächtnis im Kontext der momentanen Situation. Es können zwei Arten unterschieden werden: 1) der assoziative Abruf, ein automatischer Erinnerungsprozess nach externen Hinweisreizen, an dem vor allem der Hippocampus und andere Strukturen im mittleren Schläfenlappen beteiligt sind, 2) der zielgerichtete oder strategische Abruf, der eine langsame, vorsätzliche Suche nach einer Erinnerung voraussetzt, woran insbesondere der (rechte) präfrontale Cortex (Teil des Stirnhirns) beteiligt ist. Beim freien Abruf werden Erinnerungen ohne Hinweisreize aktiviert, was älteren Menschen bei neu gelerntem Material zunehmend schwerer fällt.

Es kann demnach auf zwei verschiedene Weisen zu Quellen-Überwachungsfehlern kommen. Zum einen kann es passieren, dass wir eine Quelle vielleicht durch geteilte Aufmerksamkeit gar nicht richtig wahrnehmen und abspeichern. Zum anderen kann es beim Abruf zu Fehlern kommen, indem wir abgerufene Informationen falsch zuordnen. Besonders gravierend zeigen sich Fehler der Quellen-Überwachung wieder einmal bei der Befragung von Augenzeugen. Hierbei werden häufig Fragen formuliert, die die Antworten der Zeugen in bestimmte Richtungen lenken sollen.

Die Vorstellung, wie etwas sein soll

Erinnerungen beeinflussen sich gegenseitig. Wissen, das wir aus Zeitungen, den Nachrichten im Fernsehen oder aus Gesprächen mit Freunden erhalten, wirkt sich auf unsere Erinnerungen aus. Wir erinnern uns an einen guten Krimi, den wir vor Jahren gelesen haben. Beim erneuten Lesen stellen wir fest, dass wir einige wichtige Fakten, die zur Auflösung des Mordes führten, vergessen haben. Andere Details haben sich in unserer Erinnerung verschoben und sich unserem Weltbild, unserer Einstellung und unserem Vorwissen angepasst. Zusammengefasst wird all dies unter dem Begriff der Schematheorie. Ein Schema beschreibt eine durch Vorkenntnisse erworbene Erwartungshaltung, wie gewisse Situationen abzulaufen haben. So gehen wir beispielsweise von einem ganz bestimmten Ablauf aus, wenn wir ins Kino gehen. Zuerst gehen wir an die Kasse und kaufen uns dort die Karte für den ausgewählten Film. Anschließend begeben wir uns ins Foyer, zeigen unsere Karten vor, kaufen vielleicht noch Erfrischungen und setzen uns dann in den Kinosaal. Hier in Deutschland sind wir auch daran gewöhnt, dass nach einer langen Werbeeinheit der Vorhang geschlossen wird, das Licht wieder angeht und Eisverkäufer den Saal betreten. Jeder, der schon einmal mit einem Bekannten aus dem Ausland hier ins Kino gegangen ist, sieht dessen Erstaunen, da ein solcher Vorgang außerhalb Deutschlands nicht automatisch zu jedem Kinobesuch gehört. Uns hingegen überrascht es, wenn diese in unserem Schema existierende Unterbrechung eines Kinobesuchs ausfällt, selbst dann, wenn wir überhaupt kein Eis kaufen wollen.

Wir entwickeln Schemen oder Muster für verschiedene Situationen, Tätigkeiten, aber auch für Ansichten, Einstellungen und sogar Verhaltensweisen. Die Schematheorie ist in vier grundsätzliche, aufeinander aufbauende Prinzipien unterteilt: Selektion, Abstraktion, Interpretation und Integration. So wird von jedem beliebigen Erlebnis nur ein geringer Teil der wahrgenommenen Informationen selektiv eingespeichert (Selektion). Nur die für uns notwendigen Fakten eines Ereignisses werden wirklich eingespeichert, denn eine Fülle von Einzelheiten für ein allgemein gültigeres Schema einzuspeichern, wäre nicht effektiv. Während der Einspeicherung werden diese Informationen weiter verallgemeinert (Abstraktion), sodass beispielsweise ein neuer Blumenstauß nicht in seiner Komplexität (welche Blumen, welche Farben, wie gesteckt), sondern nur die Tatsache – es steht ein neuer Blumenstrauß auf dem Tisch – abgespeichert wird. Das folgende dritte Prinzip, die Interpretation, ist das fehleranfälligste. Hierbei wird die neue Information mit schon älteren, abgespeicherten Erinnerungen verglichen und entsprechend interpretiert. Das ist auch der Grund, warum wir ab einem gewissen Alter nicht mehr mit kindlicher Naivität auf neue Situationen reagieren. Auch wenn Sie vielleicht noch nie in der Oper waren, so würden Sie doch automatisch diese neue Erfahrung mit älteren Besuchen in Theatern und Konzerten vergleichen und dementsprechend interpretieren. Durch diesen Prozess sind wir in der Lage, innerhalb kurzer Zeit neue Situationen einzuschätzen und angemessen auf sie zu reagieren. Das vierte Prinzip, die Integration, beschreibt schließlich den Vorgang, bei welchem neue Information mit älteren, ähnlichen Erfahrungen zusammengefasst abgespeichert wird. Bei diesem Schritt ist die Gefahr am größten, dass reell Erlebtes zusammen mit falschen Informationen in einer ganzheitlichen Erinnerung abgespeichert wird.

Inhaltliche Fehler

Viele der Fehlzuordnungen (englisch *misattribution*), wie sie unter anderem bei einer falschen Rekognition vorkommen, lassen sich auch folgendermaßen erklären. Beim Lernen von Wortlisten aktivieren wir auch Begriffe, die mit den präsentierten Worten inhaltlich verknüpft sind. Wir lernen verschiedene Begriffe, einer davon ist das Wort „Himmel“. Später erinnern wir uns aber auch daran, den Begriff „Regen“ gelernt zu haben. Bei der Einspeicherung des Wortes „Himmel“ wurde dieses Wort ebenfalls aktiviert, und aufgrund einer schnellen Abfolge der zu lernenden Wörter hatten wir keine Möglichkeit, die zusätzliche Aktivierung zu überwachen und zu unterdrücken. Dies bedeutet, dass vermutlich jeder beliebige Begriff ein semantisch verknüpftes Netz aktiviert und sich diese Aktivierung im Netz ausbreitet. Verhindern können wir dies nur, indem wir uns selber kontrollieren. Diese Überwachung benötigt allerdings Zeit, weshalb es daher besonders unter Zeitdruck, Stress oder anderen Einflüssen zu Fehlern kommen kann.

Es kann aber auch zu Fehlzuordnungen kommen, die weiterreichende Folgen haben. Kryptomnesia, auch unbewusstes Plagiat genannt, tritt auf, wenn jemand eine Idee als seine eigene ausgibt, obwohl sie in Wirklichkeit von jemand anderem stammt. Das Wort Plagiat (abgeleitet von dem lateinischen Wort *plagium* – Menschenraub) beschreibt die widerrechtliche Nutzung geistigen Eigentums. Übernehmen wir bewusst die Melodie eines bekanntes Liedes und schreiben dazu einen eigenen Text, machen wir uns des Plagiats schuldig. Kryptomnesia entsteht allerdings unbewusst, und die jeweilige Person ist der festen Überzeugung, dass er die Idee für einen Roman oder eine Melodie selber entwickelt hat. Ob es sich um Kryptomnesia oder doch um bewusstes Plagiat handelt, ist schwer zu prüfen. Ein berühmtes Beispiel für eine solche Fehlzuordnung konnte dem Ex-Beatle George Harrison mit seinem Lied *My Sweet Lord* nachgewiesen werden, das auf dem Lied *He's so fine* von „The Chiffons“ basiert.

Eine weitere Form der Fehlzuordnung findet statt, wenn Eigenschaften oder Attribute unbewusst von einer Person auf eine andere übertragen werden. So konnten in einem Versuch Testpersonen dazu gebracht werden, unbekannten Namen eine gewisse Berühmtheit zuzusprechen. Dies gelang, indem die unbekannten Namen vorab zusammen mit denen von Berühmtheiten, beispielsweise Ronald Reagan, präsentiert wurden. Einen Tag später assoziierten die Probanden die Berühmtheit Ronald Reagans auch mit den unbekannten Namen. Im Alltag kennen wir diese Art der Fehlzuordnungen ebenfalls. So steigt das Ansehen einer Person alleine dadurch, dass sie zusammen mit einer berühmten Person fotografiert wurde. Demnach stützen wir uns nicht nur bewusst auf das Wissen anderer, sondern nehmen auch vieles unbewusst wahr und verarbeiten es als eigenes Gedankengut weiter.

Neben den Fehlzuordnungen gibt es auch noch die Fehlinformationen. Fehlinformationen sind Informationen, die wir erhalten, nachdem wir etwas erlebt haben, und die unsere Erinnerung an das ursprüngliche Erlebnis verändern. In einer frühen Studie zu diesem Thema wurde Probanden ein Film eines Autounfalls gezeigt. Anschließend wurde ein Teil der Gruppe mit irreführenden Informationen „gefüttert", beispielsweise, dass anstelle des im Film gezeigten Stoppschildes tatsächlich ein Vorfahrtsschild an einer Kreuzung gestanden habe. Später wurden alle Probanden gebeten, den Unfall zu beschreiben. Die beeinflussten Testpersonen tendierten eher dazu, den Unfallablauf zu verändern, indem sie bei der Schilderung davon ausgingen, dass an der Kreuzung wirklich ein Vorfahrts- und kein Stoppschild stand. Generell waren die Beschreibungen der Probanden, die nicht beeinflusst wurden, akkurater als die der Personen, die die Fehlinformationen erhalten hatten.

War es ein Stopp- oder ein Vorfahrtsschild?

Was ist eigentlich ...

Interferenz, bezeichnet ursprünglich die Überlagerung von zwei oder mehr Wellen am gleichen Ort, was sich z. B. beim Radioempfang in Form von Störungen auswirkt. Im Zusammenhang mit dem Gedächtnis treten analoge Störungen auf, wenn mehrere verschiedene Items mit demselben Hinweisreiz assoziiert werden. Falls in einem solchen Fall versucht wird, mithilfe dieses Hinweisreizes eines der Items (das Ziel-Item) abzurufen, kann auch das andere Item aktiviert werden und den Gedächtnisabruf des Ziel-Items stören.

Was genau den Fehlinformationseffekt auslöst, ist nicht endgültig geklärt. Einige Wissenschaftler gehen davon aus, dass die irreführende Information die ursprünglich wahrgenommene überschreibt und damit auslöscht. Andere sehen hier eher das Problem der Interferenz (Überlagerung), indem die Fehlinformation sich mit der eigentlichen Information überschneidet und deren Abruf verhindert. Des Weiteren ist es auch von Bedeutung, von wem wir die Fehlinformation erhalten. Der soziale Status sowie das Alter spielen hierbei eine große Rolle.

Alle diese Studien bestätigen, was die meisten von uns bereits aus eigener Erfahrung wissen: Wir erinnern uns an etwas, sind aber doch leicht zu verunsichern, wenn vertraute und angesehene Personen unsere Erinnerung komplett oder auch nur stellenweise in Zweifel ziehen. Vor allem ältere Familienmitglieder haben in solchen Situationen einen großen Einfluss auf uns und damit auch auf unsere Erinnerungen an bestimmte Begebenheiten und Erlebnisse.

Handeln, ohne zu denken

Schon nach wenigen Minuten können wir uns an viele Tätigkeiten nicht mehr erinnern. Die Suche nach dem Autoschlüssel, der scheinbar per Geisterhand an den unwahrscheinlichsten Orten auftaucht, ist ein typisches Beispiel hierfür. Mit den Gedanken schon bei einer anderen Aufgabe, landet der Schlüssel einfach irgendwo. Wir sind im Geiste schon bei der nächsten Aufgabe, beispielsweise beim Abendessen, was genau wir auftischen wollen, ob wir noch schnell einmal Einkaufen fahren müssen oder nicht. Der Schlüssel ist in dieser Situation belanglos, zumindest so lange, bis wir wieder aus dem Haus gehen wollen und ihn suchen müssen, natürlich häufig unter Zeitdruck, was die Rekonstruktion der ursprünglichen Handlung zusätzlich erschwert.

Geistesabwesenheit entsteht durch fehlende Aufmerksamkeit, sowohl während der Einspeicherung als auch beim Abruf von Informationen, und resultiert leider allzu oft in Problemen. Wir wissen, dass unsere Aufmerksamkeit und Konzentration wichtig für die Einspeicherung von Informationen ist und vor allem deren Verarbeitungstiefe beeinflusst. Vergesslichkeiten wie oben beschrieben entstehen allerdings nicht nur dadurch, dass unsere Aufmerksamkeit aufgrund gleichzeitig ablaufender Aufgaben geteilt wird. Betrachten wir zwei weitere Beispiele.

Wir fahren von zuhause mit dem Auto zur Arbeit. Dort angekommen, bemerken wir mit einem Mal, dass wir uns nicht mehr daran erinnern

Aufmerksamkeit

Aufmerksamkeit umschreibt unsere Fähigkeit, aus dem vielfältigen Reizangebot der Umwelt einzelne Reize oder Reizaspekte auszuwählen und bevorzugt zu betrachten, andere dagegen zu übergehen und zu unterdrücken. Würden vom Organismus alle Reize mit der gleichen Priorität verarbeitet, wäre aufgrund eines sensorischen Reizüberangebots ein geordnetes Handeln unmöglich. Innerhalb der Psychologie der Informationsverarbeitung betrachtet man daher Aufmerksamkeit vorrangig unter dem Gesichtspunkt der Selektion (selektive Aufmerksamkeit) – man widmet sich also den Mechanismen, die eine mehr oder weniger große Einengung des Reizangebots nach sich ziehen. Daneben wird in anderen Bereichen der Psychologie der Aufmerksamkeitsbegriff bisweilen auch als allgemeine Zustandsbeschreibung verwendet. So unterliegt das Aktivationsniveau mit seinen beiden Extremen Wachen und Schlafen zeitlichen Aufmerksamkeitsschwankungen und erfasst unsere generelle Wahrnehmungsbereitschaft. In diesem Zusammenhang ist der Begriff der Vigilanz (Wachsamkeit) zu nennen, der die Fähigkeit zur genauen Wahrnehmung und zur Reaktionsbereitschaft auf bestimmte Reize, insbesondere über längere Zeiträume hinweg, erfasst (Daueraufmerksamkeit, Konzentration).

können, dass wir durch einen bestimmten Kreisverkehr gefahren sind. Gleichzeitig wissen wir aber, dass wir dort entlanggekommen sein müssen, da er direkt auf der Strecke liegt. Da wir den Weg täglich zweimal fahren, kennen wir ihn so gut, dass ein großer Teil unserer Aufmerksamkeit mit anderen Aufgaben beschäftigt ist. Ohne es zu merken, fahren wir praktisch so lange auf Autopilot, bis eine ungewöhnliche Situation unsere Aufmerksamkeit zurück auf den Straßenverkehr lenkt. In diesem Beispiel haben wir keine Erinnerung an die eben gefahrene Strecke und sind auch nicht in der Lage, durch intensives Nachdenken diese Information doch noch abzurufen.

Ein anderes Beispiel ist, wenn wir zuhause mit der Gießkanne in die Küche gehen, um dort frisches Wasser zu holen. In der Küche angekommen, sehen wir die noch vollen Einkaufstüten stehen und beginnen damit, sie auszupacken. Anschließend gehen wir ins Wohnzimmer und sehen dort, dass unsere Pflanzen Wasser benötigen. Jetzt erinnern wir uns, dass wir bereits die Gießkanne in die Küche getragen hatten, um Wasser zum Gießen zu holen. Der Spruch „Was man nicht im Kopf hat, hat man in den Beinen“ bringt diese Situation auf den Punkt. Wir wissen in diesem Fall, was wir vorher gemacht haben, die Erinnerung daran haben wir aber für eine gewisse Zeit vergessen, da andere Aufgaben uns in Anspruch genommen haben. Die Gemeinsamkeit beider Beispiele ist, dass es sich bei den Handlungen um Routinetätigkeiten handelt. Wir fahren täglich zur Arbeit, und wir gießen auch mehrmals in der Woche unsere Pflanzen. Solche automatisierten Tätigkeiten fördern unsere Vergesslichkeit für einen gewissen Zeitraum oder führen sogar dazu, dass wir gar keine Erinnerung für jeden dieser Handlungsabläufe ausbilden.

Problematische Vorstellungsgabe

Erinnern wir uns an etwas, gehen wir im Geiste wieder zurück zu dem Erlebnis. Planen wir etwas, stellen wir uns die Zukunft vor. Diese dem Menschen vorbehaltene Fähigkeit gibt uns die Möglichkeit, aus unseren Erfahrungen nicht nur nach dem Ausschlussprinzip zu lernen, sondern auch weitere mögliche Szenarien durchzuspielen. Allerdings führt unsere Vorstellungsgabe auch zu Problemen. Wir können uns beispielsweise vorstellen, wie wir durch Paris laufen, den Eiffelturm bewundern und die Champs Élysées entlangschlendern, ohne dass wir tatsächlich jemals dort gewesen sein müssen. Wir haben Fotos und Filme gesehen, haben mit Freunden gesprochen, die schon einmal dort waren. Auf diesen Informationen aufbauend, stellen wir uns wiederholt vor, wie es wohl sei, dort zu sein.

Natürlich würde jeder von uns zunächst einmal behaupten, dass wir auch dann, wenn wir uns vorstellen würden, in Paris zu sein, doch

Waren wir tatsächlich schon einmal in Paris, oder haben wir uns den Spaziergang durch die Stadt nur lebhaft ausgemalt?

immer wüssten, dass dies nicht der Fall war. Es gibt aber Fälle, wo genau das nicht der Fall ist.

Tatsächlich ist es auch unter kontrollierten Bedingungen möglich, Probanden Erinnerungen an nie erlebte Erlebnisse einzugeben, alleine dadurch, dass sie sich diese wiederholt vorstellen. Auch haben andere Studien gezeigt, dass wir ein fiktives Ereignis eher als erlebt empfinden, wenn wir es uns lebhaft vorstellen. Es sei hier erwähnt, dass alle uns bekannten Studien Erlebnisse wählten, die angeblich in der frühen Kindheit der Probanden geschehen sein sollen. Dies zeigt allerdings, dass es geradezu erschreckend einfach zu sein scheint, gerade diesen Abschnitt unserer Biografie von außen zu beeinflussen und – auch ungewollt – zu verändern.

Als wichtig bleibt festzuhalten, dass unsere Vorstellungsgabe uns auch in die Irre führen kann. Meist sind es kleinere Details, die wir vertauschen. Kleine Erlebnisse werden in einen falschen Zusammenhang gesetzt, sodass wir am Ende der Meinung sind, wir hätten bei einem Tauchgang in einem See einen Tintenfisch gesehen. Erst später erfahren wir in einem Gespräch, dass dies nicht passiert sein kann, da diese Tiere nur im Meer leben. Alleine dadurch, dass wir uns selbst sehr intensiv mit diesem Tauchgang auseinandergesetzt haben, oder auch durch Gespräche und Fragen kann es zur Ausbildung einer solchen falschen Erinnerung kommen. Manchmal merken wir vielleicht sogar, während wir zum ersten Mal die falsch erinnerte Geschichte erzählen, dass irgendetwas an ihr nicht stimmt. Da aber keine Einwände erhoben werden, denken wir uns nichts dabei. Beim nächsten Mal kommt uns die Geschichte schon leichter über die Lippen, und am Ende sind wir der festen Überzeugung, dass sie den Tatsachen entspricht.

Anatomische Grundlagen von falschen Erinnerungen

Zeitgleich mit der Entwicklung bildgebender Verfahren wurden Studien entwickelt, die die anatomische Basis für falsche Erinnerungen in unserem Gehirn finden sollten. Dabei lassen sich prinzipiell zwei Herangehensweisen unterscheiden. Entweder wurde den Probanden während der Lernphase mit bildgebenden Verfahren ins Gehirn „geschaut" oder später während des Abrufs. Daher wird auch erst auf die Erkenntnisse zur Einspeicherung eingegangen und dann auf jene, die beim Abruf von falschen Erinnerungen gewonnen wurden.

Eine Form von falschen Erinnerungen, die Fehlzuordnungen, bilden wir, indem wir eine Begebenheit an sich richtig erinnern, sie aber in einen falschen Zusammenhang stellen. Verhindert wird dies, indem wir die präsentierten Informationen stärker verinnerlichen. Eine Studie zeigte, dass, wenn die für die Gedächtnisbildung wichtigen linksseitigen Hirnregionen des Hippocampus und des Stirnhirns während des Lernvorgangs eine erhöhte Aktivität aufwiesen, bei einem späteren Abruf keine Fehlzuordnungen auftraten. Ein ähnliches Ergebnis wurde hinsichtlich der Ausbildung von Fehlinformationen gefunden. Man stellte fest, dass eine stärkere Aktivierung im linken Hippocampus und im linken perirhinalen Cortex eine erfolgreiche Einspeicherung von Bildinformationen anzeigte.

Was ist eigentlich ...

parahippocampaler Gyrus, Gyrus parahippocampalis, an der Oberfläche der Hirnbasis (bzw. Unterfläche des Schläfenlappens) gelegene Großhirnwindung, die zum limbischen System gehört.

Des Weiteren stellte sich heraus, dass höhere Aktivierungen während der Einspeicherung von Informationen im Hippocampus, dem parahippocampalen Gyrus und in Teilen des Stirnhirns ein späteres richtiges Erinnern voraussagen können.

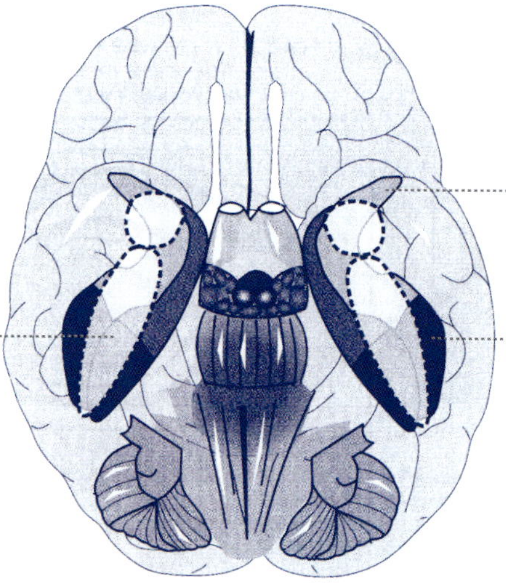

Dargestellt ist unser Gehirn mit Sicht von unten, sodass die Lage der hippocampalen Formation sowie der angrenzenden Gebiete deutlich wird.

Die verschiedenen Studien zeigen deutlich, dass eine mangelhafte Informationsspeicherung verantwortlich für falsche Erinnerungen sein kann.

Die meisten Studien untersuchten falsche Erinnerungen während einer Abrufsituation. Gerade im Hinblick auf Gerichtsverfahren ist es interessant zu untersuchen, ob tatsächlich Gehirnregionen identifizierbar sind, die spezifisch mit der Erzeugung falscher Erinnerungen in Verbindung gebracht werden können.

Ergebnisse beim Abruf von falschen Erinnerungen zeigen, ebenso wie schon bei deren Einspeicherungen, eine verminderte Aktivität vor allem in den linken Hirnbereichen des Schläfenlappens. Es handelt sich hierbei um einen Umkehrschluss, da Studien eine erhöhte Aktivität in diesen Regionen beim richtigen Abruf von bestimmten semantischen Informationen beschrieben haben. Andere Studien haben sich ganz bewusst auf die Quellen-Überwachungsfehler konzentriert. Sie fanden, dass Verletzungen vor allem des Hippocampus oder eines Bereichs im Stirnhirn (präfrontaler Cortex) zu einer Häufung dieser fehlerhaften Verknüpfung von Informationen führen. Das Stirnhirn wird mit dem Auslösen eines Abrufs, der Überwachung desselben sowie der Unterdrückung nichtrelevanter Erinnerungen in Verbindung gebracht.

Eine Region, die tatsächlich mit der Produktion von falschen Erinnerungen zusammenzuhängen scheint, ist der rechte anteriore (vordere) cinguläre Cortex. Diese Region scheint unter anderem für die Suche nach Gedächtnisinhalten verantwortlich zu sein. Wenn uns eine Frage zu einem Thema gestellt wird und wir antworten müssen, aber uns unserer Antwort nicht sicher sind, strengen wir uns mehr an, die geforderte Information zu finden. Es ist bekannt, dass der anteriore cinguläre Cortex an Überwachungsprozessen bei Konfliktsituationen beteiligt ist. Es kann davon ausgegangen werden, dass das Bedürfnis,

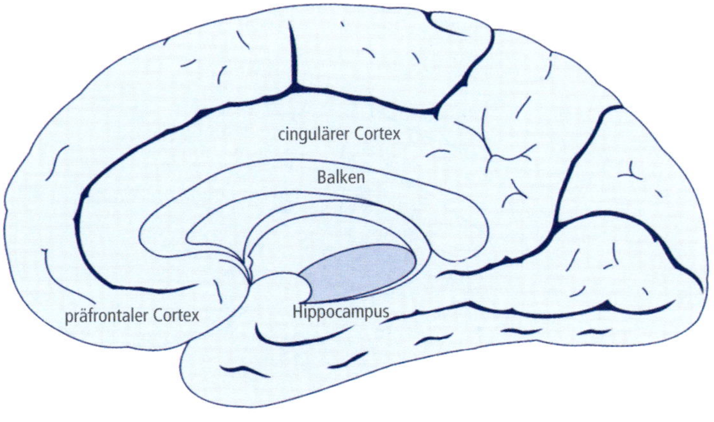

Die Lage des präfrontalen Cortex innerhalb des Stirnhirns sowie des cingulären Cortex und des Hippocampus.

etwas zu erinnern – vor allem, wenn es dazu führt, dass wir eine falsche Erinnerung bilden –, einen erheblichen inneren Konflikt darstellen kann.

In Untersuchungen mit dem Filmparadigma wurde gefunden, dass in der rechten Hirnhälfte eine höhere Aktivität im posterioren (hinteren) cingulären Cortex mit falschen Rekognitionen einherging. Ein ähnliches Ergebnis wurde in einer aktuellen Untersuchung beschrieben. Hier war es vor allem ein Bereich im posterioren rechten Hippocampus, der bei falschen Rekognitionen stärker aktiviert war als bei richtigen Rekognitionen oder bei bewusstem Lügen. Diese beiden Regionen liegen dicht beieinander, was darauf hindeutet, dass sich hier ein für die Ausprägung von falschen Erinnerungen wichtiger Hirnbereich befindet.

Es gibt in unserem Gehirn offensichtlich Regionen – der cinguläre Cortex und der Hippocampus –, die die Bildung einer falschen Erinnerung bestätigen können. Es fehlen aber noch viele weitere Studien, bevor unter alleiniger Zuhilfenahme von bildgebenden Methoden mit Sicherheit gesagt werden kann, ob jemand unbewusst eine falsche Erinnerung ausgebildet hat. Es bleibt eine äußerst interessante Frage, ob wir in den kommenden Jahren tatsächlich in der Lage sein werden, nur aufgrund der Aktivitätsbilder eines Gehirns einer Person sagen zu können, wann eine richtige und wann eine falsche Erinnerung gebildet wurde.

Grundtext aus: Sina Kühnel, Hans J. Markowitsch *Falsche Erinnerungen. Die Sünden des Gedächtnisses*; Spektrum Akademischer Verlag (erscheint Anfang 2009).

Alles schon mal da gewesen

Zwei von drei Menschen kennen das Gefühl, eine unbekannte Situation bereits einmal erlebt zu haben. Neurowissenschaftler vermuten, dass dabei die Chemie im Gehirn verrückt spielt

Sara Mously

Arthur Funkhousers merkwürdigster Fall beginnt mit der E-Mail einer Unbekannten. Am 15. Februar 2003 schreibt ihm Diana E. Zimmerman* aus New Mexico: „Was Sie da sagen, wie Sie es beschreiben, das erlebe ich jeden Tag."

Kurz zuvor hatte Funkhouser einen Fachartikel über Déjà-vus veröffentlicht, über das Gefühl also, eine Situation schon einmal erlebt zu haben oder eine fremde Person zu kennen, in der Gewissheit, dass das nicht sein kann. „In jedem einzelnen Moment empfinde ich genau das!", schreibt ihm Diana Zimmerman, 53 Jahre alt. Seit 34 Jahren lebt sie in einer Art Endlosschleife.

Funkhouser hat in seiner Laufbahn als Psychotherapeut einiges behandelt: Persönlichkeitsstörungen und Depressionen, Schizophrenie, Neurosen, Psychosen. Aber ein Mensch mit Dauer-Déjà-vu ist ihm in seinen 22 Jahren Berufserfahrung noch nicht begegnet.

Ein halbes Jahr nach Dianas erster E-Mail trifft sich Funkhouser mit ihr. „Dianas Mail hatte mich neugierig gemacht", sagt er heute. „Ich wollte wissen: Wie fühlen sich ständige Déjà-vus an? Und wie lebt es sich damit?"

Über ihre Erfahrungen korrespondiert Zimmerman mit Außenstehenden nur anonym, per Mail. „Angefangen hat es, kurz bevor ich 19 wurde", schreibt sie. „Davor erlebte ich ganz normale Déjà-vus, gelegentlich, flüchtig, so wie die meisten anderen Menschen auch. Mit einem Mal wurde das Déjà-vu dauerhaft, unausweichlich." Alles, was sie denke, sehe und höre, scheint seitdem eine Wiederholung zu sein, „wie ein alter Film, der immer wieder abläuft." Sie arbeitet für eine Umweltorganisation. Besonders eindrücklich, schreibt sie, erlebte sie es bei der Geburt ihrer Tochter. Selbst diese Ausnahmesituation schien ihr gespenstisch vertraut.

Zwei von drei Erwachsenen berichten, schon mindestens ein Déjà-vu erlebt zu haben, viele haben das seltsame Gefühl häufiger, wenn auch nicht am laufenden Band wie Diana Zimmerman. Im Schnitt kommt es etwa einmal im Jahr vor und dauert normalerweise höchstens wenige Sekunden.

Über die Ursachen wird fleißig spekuliert. Sigmund Freud betrachtete Déjà-vus – wie so vieles – als Spiegel frühkindlicher Erinnerungen und Traumata. Esoteriker vermuten dahinter Erinnerungen an ein früheres Leben. Neurologen glauben an eine Fehlschaltung im Gehirn. Und auch Hollywood macht sich so seine Gedanken. Die Filmhelden der „Matrix", die über das Rückenmark an eine Fantasiewelt angedockt sind, erleben immer dann ein Déjà-vu, wenn die Programmierer der Fantasiewelt etwas verändern. Und in dem Film „Déjà-vu-Wettlauf gegen die Zeit" enthalten Déjà-vus Warnungen aus der Vergangenheit und Hinweise auf die Zukunft. Das Drehbuch stützt sich auf nichts Geringeres als die physikalische Annahme, dass es eine unendliche Zahl von Paralleluniversen gibt. Laut dieser Theorie treten Déjà-vus immer dann auf, wenn die

* Name geändert

Raumzeit durcheinandergerät und sich Paralleluniversen dadurch überkreuzen.

Das klingt fantastisch. Doch wer seriöse Wissenschaftler nach der Ursache von Déjà-vus fragt, muss feststellen: Viel besser wissen die es auch nicht.

Es gibt zum Déjà-vu so viele Erklärungen wie Forscher

Alan Brown, Psychologieprofessor an der Southern Methodist University in Dallas und einer der wenigen, die sich derzeit hauptberuflich mit dem Phänomen auseinandersetzen, hat in den vergangenen Jahren zahlreiche Studien seiner Kollegen miteinander verglichen. Sein Fazit ist deprimierend: Erklärungen scheint es so viele zu geben wie Wissenschaftler, die sich daran versuchen. Brown nimmt es sportlich: „Ich finde es gut, dass so viele kreative und intelligente Menschen an diesem Thema arbeiten. Es ist eine komplexe Materie."

Immerhin lassen sich die Forscher grob zwei Lagern zuordnen. Die einen nehmen an, dass einem Déjà-vu eine ganz reale Erinnerung zugrunde liegt. Demnach haben wir die vermeintlich vertraute Situation tatsächlich schon einmal erlebt, aber nur unbewusst gespeichert. Die anderen betrachten Déjà-vus als Resultat von kurzzeitigen Störungen oder Mini-Anfällen im Gehirn. Ihnen zufolge haben Déjà-vus genauso wie Halluzinationen nichts mit der Wirklichkeit zu tun.

Folgt man den Anhängern der Störungstheorie, so entsteht das Déjà-vu, weil eine bestimmte Hirnwindung spontan ein Vertrautheitsgefühl auslöst. Normalerweise geschieht dies im Schläfenlappen, dem Zentrum des bewussten Erinnerns. Dort ordnet der Hippocampus, eine seepferdchenförmige Struktur, jeden Sinneseindruck als bekannt oder unbekannt ein. Ist der Sinneseindruck bekannt, feuern die Neuronen in einem anderen Teil des Schläfenlappens, dem parahippocampalen Gyrus, und rufen das Gefühl der Vertrautheit hervor. Bei einem Déjà-vu, so lautet die Annahme, feuern die Neuronen im parahippocampalen Gyrus jedoch, ohne dass zuvor etwas tatsächlich Bekanntes wahrgenommen wurde. Das Hirn täuscht uns, das Gefühl der Vertrautheit trügt. Einem solchen Ausrutscher könnte Müdigkeit zugrunde liegen oder eine kurzzeitige Panne im Hirnstoffwechsel.

Argumente für die Störungstheorie liefern Epilepsiepatienten, deren Anfallsherd im Schläfenlappen liegt. Sie erleben besonders häufig Déjà-vus. Klaus Göcke aus Berlin zum Beispiel. 1980 wurde ihm ein Hirntumor entfernt. Zwei Monate später erlebte er Seltsames: „In der U-Bahn hatte ich das Gefühl, jeden Menschen zu kennen." Er fragte im Krankenhaus nach: „Was ist los mit mir? Das ist doch nicht normal!" In seinem Kopf hatte sich nach der Operation eine Epilepsie entwickelt. Vor jedem Anfall kamen die Déjà-vus, viele Male hintereinander an einem einzigen Tag. Ob im Restaurant, in der Oper oder bei einer Kunstausstellung, plötzlich kamen Göcke alle Anwesenden vertraut vor. „Zuerst war das merkwürdig. Später fand ich es ganz unterhaltsam", sagt Göcke heute.

Der Erinnnerungssprung kann per Knopfdruck ausgelöst werden

Neurologen können den Zustand sogar per Knopfdruck auslösen, indem sie den parahippocampalen Gyrus mit elektrischen Signalen stimulieren. Anschließend berichten die Patienten von entsprechenden Erlebnissen. Auch Medikamente beeinflussen die Erfahrung. Klaus Göcke erlebt keine extremen Déjà-vus mehr, seitdem er Carbamazepin gegen seine Epilepsie nimmt. „Ich habe die Dosis Stück für Stück gesenkt", sagt er. „Bei 600 Milligramm ist Schluss. Sobald ich es mit weniger probiere, kommen die

Déjà-vus und die Anfälle wieder." Umgekehrt können Medikamente das Erinnerungsphänomen erst hervorrufen. Ein finnisches Forscherteam berichtete 2001 von einem Mann, der gleichzeitig ein Parkinson-Medikament und einen Appetitzügler einnahm und daraufhin intensive Déjà-vus erlebte.

Solche Fälle liefern starke Indizien dafür, dass sie durch Fehlschaltungen im Kopf ausgelöst werden. Doch auch die Gegenseite hat gute Argumente.

Alan Brown sucht nach Beweisen für die Erinnerungstheorien. Was uns bekannt vorkommt, haben wir demnach entweder vor langer Zeit so ähnlich schon einmal gesehen und wieder vergessen. Oder wir glauben, eine Situation zu kennen, weil wir sie wenige Millisekunden zuvor unterschwellig mitbekommen haben.

Tatsächlich nehmen wir ständig viel mehr Eindrücke wahr, als uns bewusst wird. Das Gehirn entscheidet, welche Informationen unsere Aufmerksamkeit verdienen und welche wir vernachlässigen können. Wenn wir ein Kind den Bürgersteig entlanglaufen sehen und dabei plötzlich ein Déjà-vu erleben, kann es sein, dass wir kurz zuvor den Blick haben schweifen lassen und das Kind zunächst nicht beachtet haben.

Déjà-vus können demnach, siehe Hollywoods Interpretation, tatsächlich Botschaften aus der Vergangenheit sein, wenn auch ihr Ursprung vielleicht nur wenige Sekunden oder Minuten zurückliegt.

Schuld an den Filmrissen könnte die Art und Weise sein, wie unser Gehirn Informationen speichert. Ein Eindruck aus der Außenwelt nimmt unterschiedliche Wege durchs Gehirn. Erst in den hierarchisch höheren Hirnzentren werden die Teilinformationen zu einem Ganzen zusammengesetzt. Möglicherweise blitzt ein Déjà-vu auf, wenn eine Teilinformation leicht verspätet ihr Ziel erreicht. So mag der Eindruck entstehen, die Information sei bereits bekannt, irgendwie aber auch nicht.

Déjà-vus sind viel schwieriger zu erforschen als etwa Depressionen oder Epilepsien. Denn man sieht einer Person nicht an, ob sie gerade ein Déjà-vu erlebt, sondern muss sich auf ihre Ehrlichkeit und Fähigkeit zur Selbstwahrnehmung verlassen. Und während Psychologen in Testlabors ihre Versuchspersonen mit einfachen Mitteln frustrieren, sexuell erregen oder zum Lachen bringen können, entstehen Déjà-vus spontan, ohne Vorwarnung und in der Regel äußerst selten.

Männer und Frauen sind gleichermaßen betroffen

Die einfachste Möglichkeit, Daten zu sammeln, sind Fragebögen, die an möglichst viele und repräsentativ ausgewählte Menschen verteilt werden. Aus solchen Studien scheinen immerhin ein paar Fakten gesichert: Von Déjà-vus sind Männer wie Frauen gleichermaßen betroffen, Menschen mit Abitur häufiger als Menschen mit Hauptschulabschluss. Die Häufigkeit von Déjà-vu-Erlebnissen steigt mit dem Einkommen, der Häufigkeit von Reisen und mit der Fähigkeit, sich an Träume zu erinnern. Es gibt außerdem Hinweise darauf, dass Menschen mit einem Hang zur Esoterik besonders viele Déjà-vus erleben – oder zumindest davon berichten.

Auch war man sich lange Zeit darüber einig, dass sie am häufigsten im frühen Erwachsenenalter auftreten und mit dem Alter weniger werden. Es fällt aber auf, dass die Frequenz nicht nur bei jedem Einzelnen mit der Zeit abnimmt, sondern dass auch mehr jüngere als ältere Menschen angeben, überhaupt jemals ein Déjà-vu erlebt zu haben. Geraten die Déjà-vus mit der Zeit in Vergessenheit? Befürchten ältere Menschen, als verrückt abgestempelt zu werden? Oder dichten die Jüngeren gern eine aufregende Erfahrung hinzu?

Weil Fragebögen immer nur so zuverlässig sind wie das Erinnerungsvermögen und die Kooperationsbereitschaft der Befragten, versuchen manche Forscher, die Erinnerungstäuschungen im Labor experimentell zu erzeugen und daraus Rückschlüsse auf ihre Ursache zu ziehen. Alan Brown suchte auf diese Weise Belege dafür, dass einem Déjà-vu eine reale Wahrnehmung vorausgeht. Er zeigte 135 Probanden Fotos von Orten, an denen sie noch nie gewesen waren. Unter dem Vorwand eines Wahrnehmungstests sollten sie kleine Kreuzchen finden, die auf den Bildern versteckt waren. Wenn die Probanden nach einer Woche dieselben Fotos gezeigt bekamen, gaben sie fälschlicherweise an, die Orte schon einmal besucht zu haben. Und etwa die Hälfte der Probanden berichtete später, während der Versuchsreihe mindestens ein Déjà-vu erlebt zu haben. Doch war das wirklich eines oder nur eine falsche Erinnerung? Letztere ist reine Illusion, während wir im Déjà-vu Gewissheit fühlen und gleichzeitig spüren, dass diese Gewissheit eine Täuschung sein muss.

Dauer-Déjà-vus könnten die Forschung weiterbringen, hofft nun der Psychologe Arthur Funkhouser. Dass die Endlosschleife im Kopf von Diana Zimmerman womöglich kein Einzelfall ist, dämmerte ihm, als er mittels Fragebögen im Internet nach Déjà-vu-Fällen fahndete. Sechs Prozent der insgesamt 1 055 Befragten gaben dabei an, mindestens einmal täglich ein Déjà-vu zu erleben.

Manche leben in einer permanenten Wiederholungsschleife

Der Psychologe Christopher Moulin von der Universität Leeds hat rund ein Dutzend Menschen ausfindig gemacht, die in einer permanenten Wiederholungsschleife leben. Unter ihnen ist der 80-jährige „AKP", der es nicht erträgt fernzusehen und dann immer schimpft: „Das haben die doch alles schon gezeigt!" Auf Spaziergängen langweilt er sich: Jedes Auto ist schon einmal an ihm vorbeigefahren, jeder Vogel, den er hört, hat schon gesungen, jeder Baum sich schon genau so im Wind bewegt. Auch weigerte er sich zunächst, in die Klinik zu kommen. Nicht weil er die Untersuchungen scheute, sondern weil er der festen Überzeugung war, schon da gewesen zu sein. Moulins Patientin „Case 3", eine 65-jährige Dame, küsste eine Mitarbeiterin Moulins bei ihrem ersten Zusammentreffen herzlich auf die Wange. Sie war der Meinung, eine alte Bekannte vor sich zu haben, die sie schon Hunderte Male getroffen hatte.

Woher stammt das Gefühl falscher Vertrautheit?

Moulins Patienten mit Dauer-Déjà-vu sind dement oder leiden an schweren Epilepsien. Dennoch, so hofft Moulin, können sie uns auf die Spur jener Erinnerungsblitze führen, die auch gesunde Menschen hin und wieder haben. „Meine Patienten erleben eine extremere Form als wir", sagt Moulin. „Aber das neurologische Muster der Entstehung ist bei uns allen dasselbe." Es sei unerheblich, ob das Déjà-vu nur gelegentlich oder aber chronisch auftrete. In allen Fällen schlage der parahippocampale Gyrus Alarm und rufe das Gefühl falscher Vertrautheit hervor.

Vielleicht aber ist der Versuch, eine alles erklärende Ursache zu finden, zum Scheitern verurteilt. Der Neurologe Vernon Neppe vom Pacific Neuropsychiatric Institute in Seattle zählt allein 27 Varianten des „Déjà-vu-Erlebens" und leitet daraus vier mögliche Vorkommensweisen ab: gewöhnliche, epileptische, psychotische und paranormale. Letztere in Verbindung mit vermeintlichen hellseherischen Fähigkeiten. Moulins Patienten würden je nach ursprünglicher Diagnose in die Kategorien „epileptisch" oder „psychotisch" fallen.

Dauer-Déjà-vus hält Neppe für psychotisch. Sein Kollege Arthur Funkhouser würde dagegen gern eine fünfte Schublade einrichten: „Kontinuierliches Déjà-vu-Erleben, ohne dass eine psychische oder neurologische Störung vorliegt." In diese Kategorie falle Diana, glaubt er. Doch die hat sich noch nie psychologisch untersuchen lassen.

Wozu auch? „Ich führe ein ganz normales Leben", schreibt Diana. „Die Schwierigkeiten, die ich habe, sind die, die fast jeder erwachsene Mensch kennt: arbeiten, Verantwortung tragen, ein Kind großziehen." Und: „Andere Menschen verstehen."

Aus: ZEIT Wissen 01/2007

Das Spiel des Klarinettisten wurde plötzlich unpräzise. „Die Finger der rechten Hand bewegten sich unkontrolliert, millionenfach geübte Bewegungsabläufe gerieten ins Stocken. Vergebens suchte der Musiker Hilfe bei Orthopäden, Handchirurgen und einem Heilpraktiker. Vor kurzem war der dreißig Jahre alte Mann noch Erster Klarinettist des Sinfonieorchesters einer deutschen Großstadt, nun schien seine glanzvolle Karriere gefährdet." So schildert die Journalistin Jutta Hartmann in der ZEIT einen Patienten des Neurologen **Eckart Altenmüller**. Altenmüller leitet das Institut für Musiker-Medizin an der Hochschule für Musik und Theater in Hannover. Das Schicksal des Klarinettisten ist für den Forscher eine alltägliche Krankengeschichte. Fokale Dystonie heißt das Leiden, eine „auf bestimmte Muskelgruppen beschränkte Fehlanspannung" neurologischen Ursprungs.

Musiker sprechen kaum über diese Berufskrankheit, um ihren Arbeitsplatz nicht zu verlieren. Deshalb können auch die meisten Ärzte nichts mit dem Begriff anfangen.

Eckart Altenmüller, 1955 in Rottweil geboren, ist dagegen gleich in zweifacher Hinsicht Spezialist für Musikerkrankheiten. Denn er ist tatsächlich Mediziner und Musiker, ein Multitalent, das seine unterschiedlichen Fähigkeiten in einem Beruf vereint hat. In Tübingen, Paris und Freiburg studiert er Medizin, an der Musikhochschule Freiburg Musik (Hauptfach Querflöte). Nachdem er das Musikstudium mit der künstlerischen Reifeprüfung abgeschlossen hat, absolviert er seine sechsjährige Facharztausbildung an der Neurologischen Universitätsklinik Tübingen. 1992 habilitiert er sich für das Fach Neurologie.

Seit Oktober 1994 ist Eckart Altenmüller Professor für Musikphysiologie und Musikermedizin an der Hochschule für Musik und Theater Hannover (HMTH) und baut dort sehr erfolgreich eine überregionale Spezialambulanz für Musikerkrankheiten auf. Er lehrt im Bereich der Prävention und Behandlung und forscht auf den Gebieten der Bewegungssteuerung, der zentralnervösen Verarbeitung von Musik und des musikalischen Lernens. 2005 ist er zum Präsidenten der Deutschen Gesellschaft für Musikphysiologie und Musikermedizin (DGfMM) gewählt worden.

Eckart Altenmüller

Musik hören – Musik entsteht im Kopf

Von Eckart Altenmüller

Bei nüchterner Betrachtung ist Musik nichts anderes als ein auf Schwingungen beruhendes physikalisches Phänomen. In unserer Wahrnehmung spricht Musik aber ganz besondere Dimensionen unseres Bewusstseins und Empfindens an: Wir fühlen uns bewegt vom Nacheinander und Miteinander der einzelnen Strukturelemente, vom Verzahnen und Verknüpfen der Klänge und Melodien, von der Nuancierung der Klangfarben, vom Neuentdecken und Wiedererkennen der Motive und Themen und von der unendlichen Vielfalt all dieser Erscheinungen.

„Musik ist ein Teil des schwingenden Weltalls." (Ferruccio B. Busoni, 1866–1924)

Musik ist Gedächtniskunst

Musik entfaltet sich in der Zeit. Daher ist das Gedächtnis die wichtigste Voraussetzung, um Musik zu verstehen. Die einzelnen Klänge werden erst durch das Gedächtnis in unserem Gehirn zu kurzen Melodiebruchstücken zusammengefügt. Daraus baut das Gedächtnis Themen, aus verschiedenen Themen entstehen die Sätze einer Sonate oder Symphonie, und aus den Sätzen werden ganze Symphonien. Jede Musik spielt mit dem Gedächtnis. Schon ein einfaches Kinderlied, etwa *Hänschen klein*, lebt von der Wiederholung des ersten Motivs, das die erste Hälfte – den Vordersatz – des Eingangsthemas bildet. Das Lied ist nach dem Liedschema zusammengefügt und besteht aus dem Thema A, das wiederholt wird, aus einem Mittelteil B, in dem ein neuer musikalischer Gedanke auftaucht, und aus der Wiederholung des Themas A, das dann den Schluss bildet. Derartige einfache und daher eingängige Melodien sind auch für Kinder, die ja noch wenig Hörerfahrung besitzen, leicht zu erlernen. Unterstützt wird die Bildung des musikalischen Gedächtnisses durch die vielen Wiederholungen der Liedthemen. An *Hänschen klein* lässt sich eine der wichtigsten Funktionen des Gedächtnisses zeigen: Ordnungsbildung und Reduktion von Komplexität. Nur durch das Gedächtnis sind wir in der Lage, uns im Chaos der einströmenden Hörerfahrungen zu orientieren. Wahrscheinlich sind Kinderlieder auch darum so beliebt, weil man ihre Melodien und Themen wiedererkennt. Das Gehirn belohnt die Erfahrung der Ordnungsbildung mit positiven Emotionen, denn das Erkennen von Ähnlichkeiten ist ein Weg zum

„Doch bei einer etwas komplizierteren Musik, die man das erste Mal hört, hört man zunächst nichts. ... Was das erste Mal fehlt, ist nicht das Verständnis, sondern das Gedächtnis. Dieses bildet sich nach und nach; und mit Werken, die man zwei- oder dreimal gehört hat, geht es einem wie dem Schüler, der vor dem Einschlafen mehrmals eine Lektion durchgelesen hat, die er nicht zu können meinte und die er am nächsten Morgen auswendig hersagen kann." (Marcel Proust, 1871–1922)

Verstehen der Welt und eine wichtige Voraussetzung, um sich in ständig veränderten Lebensbedingungen zurechtzufinden.

So eröffnet sich uns eine mögliche Funktion der Musik: Musikhören und Musikmachen trainiert auf spielerische Weise das Gedächtnis für akustische Informationen. Dies ist nützlich, denn für die Menschen war es immer von großer Bedeutung, Klänge und Geräusche zu erkennen und richtig einzuordnen.

Interessant sind die Vorgänge, die der musikalischen Gedächtnisbildung zugrundeliegen. Schon vor der Geburt beginnt das Gehirn des Fötus, Klangfarben, Rhythmen und Melodien einzuspeichern. Allerdings sind die Eindrücke im Mutterleib noch recht flüchtig. An den Gesang oder das Cellospiel der Mutter wird sich der Säugling schon 14 Tage nach der Geburt nicht mehr erinnern – es sei denn, er wird weiter musikalisch stimuliert. Das liegt daran, dass die zentralnervösen Strukturen, die das Gedächtnis repräsentieren, im Säuglingsalter noch nicht ausgereift sind; dies ist übrigens auch der Grund, warum wir uns (glücklicherweise) nicht mehr an unsere eigene Geburt erinnern. In allen Kulturen entwickeln sich dann ähnliche Hörbiografien: Zuerst kommen Wiegenlieder, also einfach strukturierte, gut zu singende, getragene Melodien, darauf folgen Kinderlieder, deren Tonumfang schon größer ist und die auch mit einem höheren Tempo vorgetragen werden können. Kinder sind in der Lage, anhand dieser Musik unbewusst Regeln zu bilden, die Rhythmen, Tonhöhenverhältnisse und Harmonien betreffen. Während Kindheit und Jugend gelingt es dann, zunehmend komplizierte akustische Strukturen einzuspeichern und beim Hören derartige Muster wiederzuerkennen. So formt sich das musikalische Gedächtnis stetig durch die musikalische Erfahrung und ermöglicht eine zunehmend differenzierte Wahrnehmung. Dabei erzeugen die musikalischen Gestalten im Gedächtnis Schemata, die die Orientierung beim Hören unbekannter Musik erleichtern und das Wiedererkennen und Einordnen ermöglichen. Die zunehmende Verfeinerung der Wahrnehmung und die Anhäufung von Gedächtnissen für musikalische Gestalten scheinen sich auch in den wechselnden Musikvorlieben während der Kindheit und Jugend widerzuspiegeln. Bei Kindern und Jugendlichen, die mit klassischer Musik aufwachsen, lässt sich im Allgemeinen beobachten, dass der Musikgeschmack die Musikgeschichte im Schnelldurchlauf wiederholt und sich Vorlieben für zunehmend komplexe Strukturen entwickeln. Zehnjährige mögen eher Mozart und Barockmusik, Pubertierende entdecken ein Faible für Schumann und Brahms und 17-Jährige für Debussy und Ravel. Damit kommen wir zu dem Problem der hyperkomplexen neuen Musik. Hier sind die musikalischen Gestalten so kompliziert, dass es für Laien sehr schwer ist, Schemata zu entwickeln. Eine Zwölftonmelodie von Anton Webern (1883–1945) wird schon im Original nur schwer im Ge-

Was ist eigentlich …

Musik, durch Instrumente oder Stimme erzeugte Klänge, die nach Regeln melodisch, harmonisch und rhythmisch kombiniert werden. Musik ist ein hörbarer Träger von meist nicht-zeichenhafter bzw. definierter Bedeutung und somit eine spezifische Form der nonverbalen sozialen Kommunikation des Menschen. Ihre Ausbildung ist in den angeborenen Ordnungsprinzipien vorprogrammiert, und ihre akustische Rezeption beginnt sich in Ansätzen bereits im Mutterleib zu entwickeln. Von Geburt an wird sie zusammen mit dem körperlichen Kontakt und der visuellen Kommunikation über Körpergesten und Mimik zu einem beständigen Bestandteil der nonverbalen sozialen Kommunikation des heranwachsenden Kindes. Die Elemente der Musik bestehen aus Tönen, Akkorden, Klangfarben usw., die in Motiven, Melodien, Rhythmusfolgen und formalen Bausteinen eine hierarchische Strukturierung erfahren. Das Verstehen und Nachempfinden des musikalischen Ausdrucks ist ebenso ein kognitiver Vorgang wie die Sprache. Bei ihrer Erzeugung spielen das Kurzzeitgedächtnis und die Erwartungshaltung eine ebenso große Rolle. Grundfaktor ist bei allen bekannten Musiksystemen die Oktave. Die Ausbildung der unterschiedlichen Musiksysteme beginnt wie die der Sprache im zweiten Lebensjahr, und ihre Vollkommenheit ist von der Intensität und Qualität der Ausbildung abhängig. Die Informationsaufnahme, -verarbeitung und -speicherung von Musik erfolgt normalerweise im rechten und linken Schläfenlappen.

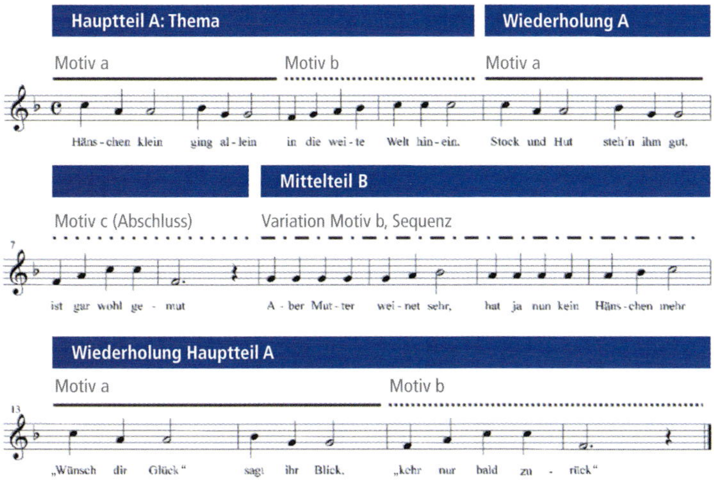

An dem Kinderlied *Hänschen klein* lässt sich die Rolle des musikalischen Gedächtnisses sehr gut darstellen. Das erste aus nur drei Tönen bestehende Motiv a wird zunächst wiederholt; dann wird ein zweiter musikalischer Gedanke als Motiv b eingeführt, der zusammen mit a das Thema A bildet. Dieses Thema wird wiederholt und prägt sich auf diese Weise sehr gut ein. Im Mittelteil B wird eine Variation des Motivs b eingeführt und in zwei verschiedenen Tonhöhen (im Fachterminus als „Sequenz“) gesungen. Zum Schluss wird das Thema A wiederholt.

dächtnis behalten. Noch schwieriger ist es dann, Variationen dieser Melodie, etwa durch Veränderungen des Rhythmus, zu erkennen. Zur Beruhigung für die Leser: Auch Zwölftonspezialisten taten sich noch im Jahr 1990 sehr schwer, derartige Strukturen in einem Stück zu entdecken. Die Wiedererkennensrate steigt allerdings bei häufigerem Hören der Musik – ein Hinweis darauf, dass auch solche ungewohnten und komplizierten Strukturen irgendwann als Schema im Gedächtnis verankert werden können. Die Konsequenz ist eigentlich klar: Man müsste mehr neue Musik spielen – dann würde diese im Lauf der Zeit auch eine allgemeine Akzeptanz erfahren.

Die Mechanismen der musikalischen Gedächtnisbildung sind erst in den Grundzügen aufgeklärt. Wird eine Serie von Klängen nacheinander gespielt, werden sie zunächst im Ultrakurzzeitgedächtnis gespeichert. Das Ultrakurzzeitgedächtnis wird häufig auch als „echoisches“ oder „sensorisches“ Gedächtnis bezeichnet und hält für wenige Sekunden das gerade Gehörte noch abrufbereit. Wir kennen den Effekt des echoischen Gedächtnisses aus Partysituationen. Man hört konzentriert einem Gesprächspartner zu und wird gleichzeitig von einem anderen Partygast etwas gefragt, ohne dass man auf den Inhalt dieser Frage achtet. Ist der Satz, den wir hören wollten, zu Ende, zaubern wir die Frage der dritten Person aus dem Ultrakurzzeitgedächtnis hervor, drehen uns zu ihr um und beantworten die Frage – sofern wir höfliche Menschen sind. Das heißt, das kurzfristige Bereithalten der auditiven Muster im Ultrakurzzeitgedächtnis wird durch die Entscheidung, die Aufmerksamkeit auf die Frage zu lenken, in das Kurzzeitgedächtnis verlagert und steht dann für weitere Verarbeitungsschritte zur Verfügung.

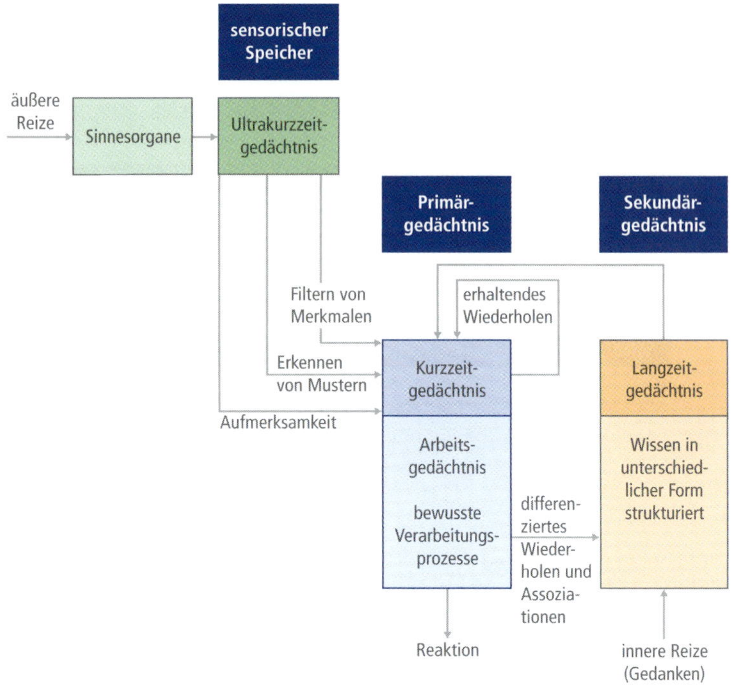

Modell der Gedächtnisbildung.

Das Kurzzeitgedächtnis ist der Engpass unseres Gedächtnisses, denn es kann nur eine begrenzte Anzahl von Informationen abspeichern und auch nur über wenige Sekunden behalten. Allgemein geht man davon aus, dass sieben bis acht Gedächtnis-Items im Kurzzeitgedächtnis gespeichert werden können. Eine typische Alltagsaufgabe für das Kurzzeitgedächtnis ist das Behalten einer Telefonnummer (mit Vorwahl) auf dem Weg vom Telefon zum Schreibtisch, auf dem der Notizblock mit dem Stift liegt. Die Behaltenszeit können wir verlängern, wenn wir uns die Nummer immer wieder vorsagen, etwa weil gerade kein Stift zur Hand ist. Dann kreist der Gedächtnisinhalt in einem Kreislauf zwischen Sprechen und Hören – dem sogenannten Aural-oral-loop. Ein derartiger Aural-oral-loop wird übrigens auch verdächtigt, an der Entstehung von Ohrwürmern beteiligt zu sein. Die Menge der im Kurzzeitgedächtnis abgelegten Informationseinheiten lässt sich beträchtlich erhöhen, wenn wir mit den Gedächtnisinhalten weiterarbeiten wollen, das heißt, aktiv die Aufmerksamkeit auf das Wahrgenommene lenken. Aus dem passiven Kurzzeitgedächtnis wird dann das aktive Arbeitsgedächtnis. Hier hilft die sinnvolle Gruppierung von einzelnen Gedächtnisinhalten; diesen Vorgang nennt man Chunking, von dem englischen Wort *chunk*, das „Brocken“ oder „Klumpen“ bedeutet.

Chunking findet auch in der Musik statt. So enthält unsere schon recht strapazierte Melodie *Hänschen klein* zweimal den Kuckucksruf, den wir unter anderem aus dem Lied *Kuckuck, Kuckuck ruft's aus dem Wald* kennen. Und der zweite Teil des *Hänschen klein*-Themas ist nichts weiter als ein Durtonleiter-Chunk, der in zahlreichen Kinderliedern auftaucht – etwa in *Alle meine Entchen* oder *Fuchs, du hast die Gans gestohlen*. Chunks und Schemata haben vieles gemeinsam und werden gelegentlich auch gleichbedeutend benutzt. Allerdings erfolgt Chunking eher automatisch, während das Einordnen und Vergleichen von eingehenden Reizen mit den im Gehirn gespeicherten Schemata einen aktiven und anstrengenden Prozess erfordert.

Je mehr Erfahrungen wir mit den musikalischen Figuren der jeweiligen Tonsprache haben, desto leichter fällt uns das Chunking, weil wir das Gehörte dann in bereits bekannte Strukturen (Kuckuck, Durtonleiter) einordnen können. Die Fähigkeit, Musikausschnitte im Arbeitsgedächtnis zu speichern und von dort in das Langzeitgedächtnis zu übernehmen, wird somit durch das Hören von Musik geübt. Bei uns selten gehörte Musikformen, etwa balinesische Gamelanmusik, sind schwieriger in Chunks zu unterteilen und bleiben daher nur schwer im Gedächtnis haften. Das musikalische Gedächtnis ist demnach von Natur aus eher konservativ – ein Effekt, der sich auch in der psychologischen Bewertung niederschlägt, denn uns gefällt das besser, was wir kennen.

Das musikalische Langzeitgedächtnis ist die Musikbibliothek im Kopf. Wie viele Stücke ein Mensch im Kopf hat, ist bislang nicht geklärt, aber bei Musikliebhabern werden es sicher viele Tausende sein. Oft genügen schon wenige Klänge eines Motivs, etwa ein „Ta-Ta-Ta-Taaam", um ein Musikstück, hier Beethovens fünfte Symphonie, zu erkennen. Das Erkennen beschränkt sich dabei häufig nicht allein auf die Klänge; oft werden auch frühere Hörsituationen, die damals dabei empfundenen Emotionen, möglicherweise das ganze Lebensgefühl einer Lebensepoche mit aus dem Gedächtnis hervorgeholt. Diesen Effekt nennt man in der Musikpsychologie auch den *Play it again Sam*-Effekt – nach dem Film *Casablanca*, in dem ein bestimmter Song für eine vergangene glückliche Zeit und eine intensive Liebesbeziehung steht. Solche starken emotionalen Färbungen vieler Musikstücke tragen zweifellos dazu bei, dass das Langzeitgedächtnis für Musik sehr stabil ist, denn wir wissen, dass Emotionen für die Gedächtnisbildung von größter Bedeutung sind. Selbst Menschen mit weit fortgeschrittener Alzheimer-Demenz erinnern sich häufig noch an Melodien, während andere Gedächtnisinhalte, wie Wörter, Namen von Angehörigen oder Alltagsfertigkeiten, schon längst verblasst sind.

Was ist eigentlich ...

Chunk, Muster, Bezeichnung für eine Einheit bzw. einen Teil der hierarchisch geordneten Wissensrepräsentation oder visuellen, räumlichen Vorstellung; Integration elementarer Einheiten zu Mustern oder Einheiten höherer Ordnung im Verlauf des Lernens.

Was ist eigentlich ...

Musikpsychologie, breit gefächertes, interdisziplinäres Forschungsfeld, das sich mit Musik als ein kulturell geformtes, ästhetisches Phänomen ebenso beschäftigt wie mit individuellen und subkultur-spezifischen Formen musikalischen Ausdrucks, musikalischer Präferenzen und musikalischen Verstehens. Hinzu kommen Fragen der musikalischen Begabung, Entwicklung und Förderung sowie Fragen nach der Verwendung und Funktion von Musik, z. B. in Film, Werbung und Therapie. Entsprechend vielfältig sind die theoretischen Ansätze und die Forschungsmethoden, mit denen musikpsychologische Fragestellungen bearbeitet werden. Die Forschungsmethoden reichen von psychophysiologischen Experimenten (z. B. zur akustischen Wahrnehmung), standardisierten Testverfahren (z. B. Musikalitätstests) und Befragungen (z. B. zu alters- und schichtspezifischen Musikpräferenzen) über verschiedene qualitative Verfahren, mit denen z. B. emotionale Erlebnisqualitäten erhoben werden, bis zu kulturpsychologischen Milieustudien.

Musik im Ohr – die anatomischen Grundlagen der Musikwahrnehmung

„Die Ohren sind Straße und Kanal, durch die die Stimme zum Herzen komme." (Chrétien de Troyes, etwa 1140–1190)

Was ist eigentlich ...

Perilymphe [von griech. *peri* = um ... herum und latein. *lympha* = klares Wasser], Flüssigkeit im Gleichgewichtsorgan und Gehörorgan der Wirbeltiere und des Menschen, die vermutlich ein Ultrafiltrat des Bluts darstellt und in ihrer chemischen Zusammensetzung weitgehend der extrazellulären Flüssigkeit gleicht. Die Perilymphe umgibt die eigentlichen Sinnesorgane (Bogengänge im Gleichgewichtsorgan, Scala media in der Cochlea), die alle mit Endolymphe gefüllt sind. Perilymphräume haben im Gegensatz zu den Endolymphräumen Verbindung zum Subarachnoidalraum (Hirnhäute), was für die Ausbreitung von Erregern bei einer Mittelohrvereiterung bedeutsam ist (Gefahr einer Meningitis).

Musikhören erfordert ein funktionierendes Gehör. Die Schallwellen werden über das Trommelfell und die Mittelohrknöchelchen an das Innenohr weitergegeben.

Im Innenohr liegt das eigentliche Sinnesorgan des Hörens, das Corti-Organ. Es befindet sich in der Schnecke im Felsenbein des Schädelknochens. Die knöcherne Hörschnecke enthält die *Cochlea*, die aus zwei mit Perilymphflüssigkeit gefüllten bindegewebigen Kanälen besteht, welche sich der knöchernen Schnecke anschmiegen. Der obere Kanal (Scala vestibuli) wird durch eine sehr dünne Membran, die Basilarmembran, vom unteren Kanal (Scala tympani) getrennt. Auf der Basilarmembran sitzen die eigentlichen Sinneszellen, die Haarzellen. Pro Ohr besitzen wir jeweils etwa 3 500 innere und 12 000 äußere Haarzellen. Das Innenohr empfängt das Schallsignal als Vibration des Steigbügels an dem ovalen Fenster der Scala vestibuli. Dadurch werden in der Perilymphflüssigkeit des Innenohres Wanderwellen ausgelöst, die die Basilarmembran in Schwingung versetzen. Das Besondere an diesen Wanderwellen ist, dass die maximale Auslenkung der Basilarmembran frequenzabhängig ist. Aufgrund von mechanischen Eigenschaften der Cochlea erfolgen die größten Schwingungen der Basilarmembran bei hohen Frequenzen in der Nähe des Steigbügels, bei tiefen Frequenzen in der Nähe der Schneckenspitze. Durch die Auslenkung der Basilarmembran werden die auf ihr sitzenden inneren Haarzellen leicht geknickt, was wiederum in den Haarzellen einen elektrischen Impuls erzeugt. Diesen Vorgang nennt man mechano-elektrische Koppelung. Auf diese Weise wird der Schall in die Universalsprache unseres Nervensys-

Was ist eigentlich ...

Corti-Organ [benannt nach dem italienischen Anatomen Alfonso G. G. de Corti (1822–1876)], Cortisches Organ, Organum spirale, Teil des Gehörorgans in der Schnecke (Cochlea) im Innenohr der Wirbeltiere. Das Corti-Organ besteht aus der Basilarmembran, den daraufliegenden Sinnes- und Stützzellen sowie der Tektorialmembran (Deckmembran) und ist ein äußerst raffiniert ausgebildeter biomechanischer Apparat. Ein akustischer Reiz versetzt die Basilarmembran in Schwingung, wodurch sie sich gegen die Tektorialmembran verschiebt und es zur Auslenkung der Stereocilien auf den Haarzellen kommt. Infolge dieser Auslenkung erfolgt die Umwandlung akustischer Reize in zelluläre elektrische Signale, die über die afferente Innervierung der Haarzellen durch Neuronen des Spiralganglions dem auditorischen Hirnstamm zugeführt werden (auditorisches System). Man unterscheidet äußere und innere Haarzellen, die in ihrem Aufbau recht ähnlich, von ihrer Funktion her jedoch sehr verschieden sind. Dienen die in einer Reihe angeordneten inneren Haarzellen (etwa 3 500 beim Menschen) vor allem der Leitung sensorischer Information in das Gehirn, so haben die viel zahlreicheren, in 3 Reihen angeordneten äußeren Haarzellen (12 000 beim Menschen) hauptsächlich die Aufgabe, leisen Schall mechanisch zu verstärken und damit eine sensitive Hörwahrnehmung zu ermöglichen.

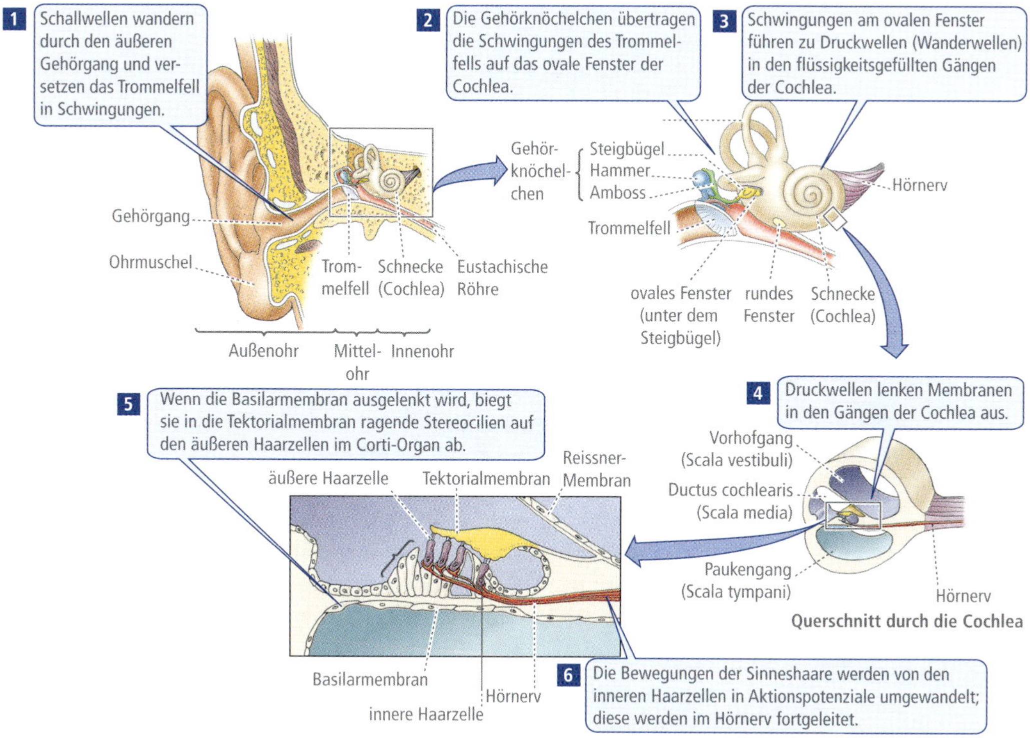

Das menschliche Gehör.

tems, in Nervenaktionspotenziale, übersetzt, die über den Hörnerven dann zum Gehirn gelangen.

Entscheidend ist nun, dass jeder dieser Haarzellen ein bestimmter Schwingungsbereich zugeordnet ist. Am Steigbügel sind die hohen Frequenzen repräsentiert, an der Schneckenspitze die tiefen. Im Innenohr wird also die Tonhöheninformation in Ortsinformation umgewandelt – ein Phänomen, das Tonotopie genannt wird. Das Prinzip der Tonotopie erinnert an ein Klavier, wo ja auch die räumliche Anordnung der Tasten die Tonhöhe bestimmt. Die räumliche Anordnung der für die Tonhöhenanalyse zuständigen neuronalen Elemente bleibt in der gesamten Hörbahn erhalten und lässt sich auch in der Hörrinde des Großhirns (im auditorischen Cortex) nachweisen. Während die inneren Haarzellen des Innenohres als eigentliche Frequenzmelder fungieren, sind die äußeren Haarzellen aktive, wie Muskelzellen zur Kontraktion fähige Elemente, die vom Zentralnervensystem gesteuert werden und über die absteigende Hörbahn Schwingungen der Basilarmembran örtlich umschrieben gezielt verstärken und dämpfen können und damit die Trennschärfe bei der Schallanalyse erhöhen.

Nach Erregung der inneren Haarzellen wird die Information über den Hörnerven zunächst an den Hirnstamm weitergeleitet und dort in mindestens vier Schaltstationen zur gleichen Seite, aber auch zur Gegenseite umgeschaltet. Die Umschaltstationen dienen der Mustererkennung, der Filterung und der Berechnung von Laufzeitdifferenzen des Schalls zwischen beiden Ohren. Durch die Auswertung derartiger Laufzeitunterschiede sind wir in der Lage, die Richtung zu orten, aus der der Schall ertönt. Im Bereich der Umschaltstation des Thalamus besteht die Möglichkeit, gezielt Informationen zum Cortex durchzustellen oder zu unterdrücken. Dieser als „Gating-Effekt" bekannte Mechanismus ermöglicht unter anderem die selektive Aufmerksamkeitssteuerung, die wir zum Beispiel beim Heraushören eines bestimmten Instruments aus dem Orchesterklang nutzen. Nach Passage durch den Thalamus, der auch als Tor zur Großhirnrinde bezeichnet wird, gelangt die Hörinformation in die Hörrinde des Schläfenlappens. Wichtig ist, dass etwa 90 Prozent der Informationen des linken Ohres zur rechten Hirnstamm- und Großhirnseite projizieren und nur 10 Prozent der Verbindungen auf derselben Seite – also ipsilateral – bleiben. Die Datenübertragung von der linken zur rechten Hörrinde benötigt nur weniger als 10 ms.

Was ist eigentlich ...

Thalamus [von griech. *thalamos* = Bett, Lager], Thalamus opticus, Teil des Diencephalons (Zwischenhirns). Der Thalamus ist eine wichtige Schalt- und Integrationszentrale für Sensorik und Motorik. Er besteht aus spezifischen sensorischen Kernen (Thalamuskernen), die somatosensorische, auditorische und visuelle Eingänge erhalten und zu den spezifischen, primären Rindenregionen weiterleiten. Daneben dient ein motorischer Anteil des Thalamus der Verknüpfung von Basalganglien und Kleinhirn mit den motorischen und prämotorischen Rindenfeldern. Schließlich wirkt der Thalamus mit bei autonomen Reaktionen und der Steuerung von Aufmerksamkeit und Bewusstsein.

Entlang der aufsteigenden Hörbahn werden in den oben genannten Umschaltstationen zunehmend komplizierte Analysen der vom Innenohr kommenden Informationen vorgenommen. Bereits in der ersten Umschaltstation im Hirnstamm, dem Zellkerngebiet des Nucleus cochlearis, findet auditorische Mustererkennung statt. So reagieren manche Neuronen in dieser Umschaltstation nur auf Beginn und Ende eines akustischen Reizes, andere nur auf Frequenzveränderungen oder nur auf breitbandige akustische Stimuli. Diese Zellen verhalten sich technisch gesehen wie Filter, die veränderte Informationen an die nächste Umschaltstation weitergeben. Allerdings ist die Sachlage nicht ganz so einfach, denn manche Neuronen geben die Impulse unverändert an andere Neuronen in den folgenden Umschaltstationen weiter und verteilen somit die gleiche Information an verschiedene Stellen im Gehirn. Dies führt dazu, dass verschiedene neuronale Schaltstellen die gleichen Informationen zur selben Zeit unter unterschiedlichen Gesichtspunkten bearbeiten. Dieses Prinzip wird als *parallele Verarbeitung* bezeichnet.

Die Endstation der Hörbahn ist die primäre Hörrinde auf der oberen Windung des Schläfen- oder Temporallappens, die Heschlsche Querwindung. Dort reagieren viele Nervenzellen nicht nur auf reine Sinustöne, sondern auch auf komplexe Hörreize wie etwa Mehrklänge und Klangfarben. Bereits auf dieser Stufe unterscheiden sich die beiden Hirnhälften. So verarbeitet die primäre Hörrinde auf der linken Seite eher zeitlich sehr rasch ablaufende Informationen, auf der rechten dagegen vorwiegend Tonfrequenzspektren und Klangfarben.

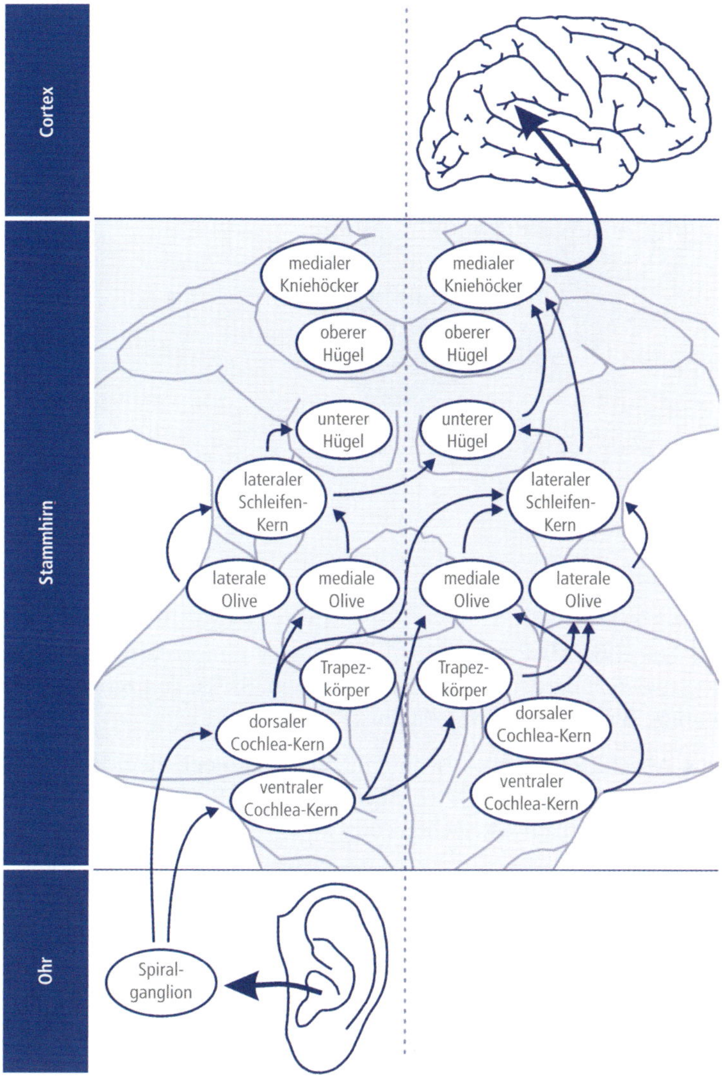

Die aufsteigende Hörbahn.

Wird die Heschlsche Querwindung auf beiden Seiten zerstört, verursacht dies zwar keine vollständige Taubheit; die Fähigkeit, Laute zeitlich zu unterscheiden, ist jedoch drastisch reduziert. Sprachverständnis und Musikverständnis sind dann nicht mehr möglich. Die primäre Hörrinde ist halbkreisförmig von den sekundären Hörarealen umgeben. Hier erfolgen weitere Musteranalysen; zum Beispiel werden Lautstärkeverläufe und Klangverhältnisse verarbeitet. Vor und hinter diesen sekundären Hörarealen finden sich in der oberen Schläfenwindung die auditiven Assoziationsareale, die unter anderem an der Verknüpfung von gehörter und gesehener Information beteiligt sind. In der linken Hirnhälfte befindet sich bei Rechtshändern

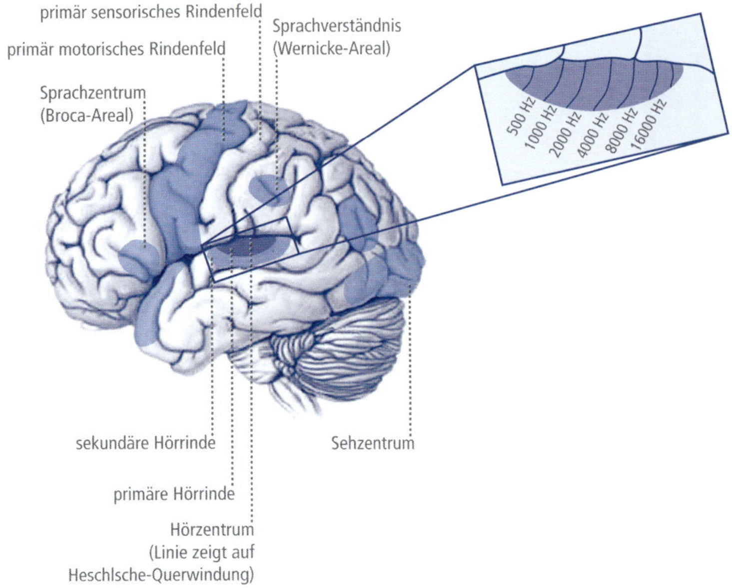

Primäre sensorische und motorische Rindenfelder. Rindenfelder sind Areale auf der Hirnrinde, in denen Verbände von Neuronen mit ähnlicher Funktion zusammenliegen, und zwar getrennt nach Motorik und Sensorik. Der vergrößerte Bereich zeigt die Repräsentation der Tonhöhe in der primären Hörrinde (Tonotopie).

und bei etwa 80 Prozent der Linkshänder hinter den sekundären Hörarealen außerdem die Wernicke-Region. Sie ist von zentraler Bedeutung für das Sprachverständnis.

Zum Abschluss dieses Abschnitts möchte ich noch zwei Besonderheiten des Hörsystems hervorheben, die dieses Sinnessystem von allen anderen Sinnen unterscheiden:

1. Der Hörsinn verfügt wohl von allen Sinnen über die größte Lernfähigkeit, er hat die größte Plastizität. Dies mag mit den komplizierten Analysevorgängen zu tun haben, die für den sinnlichen Höreindruck notwendig sind. Eine günstige Voraussetzung für Lernprozesse besteht in den oben geschilderten zahlreichen synaptischen Umschaltstationen. Zum einen kann die Stärke und Stabilität synaptischer Verbindungen durch Lernvorgänge in wenigen Sekunden verändert werden, zum anderen erfährt das Hörsystem aber auch über Jahre erfolgende plastische Anpassungen. Unser Gehör lernt also in Sekundenschnelle und zugleich über viele Jahre hinweg. Ein aus dem Alltag von Musikern herausgegriffenes Beispiel für die kurzfristige Lernfähigkeit unseres Ohres ist das „Einhören" in eine veränderte Akustik im vollbesetzten Konzertsaal. Auf langfristigen Lernvorgängen beruht beispielsweise das feine Gehör eines Geigers in Bezug auf kleinste Tonhöhendifferenzen beim Einstimmen.
2. Das Ohr ist das Sinnesorgan mit den wenigsten Sinneszellen. Den in beiden Innenohren zusammen etwa 7 000 inneren Haarzellen stehen im zentralen Nervensystem 100 Milliarden zentraler Neu-

ronen gegenüber. Das bedeutet, dass pro Sinneszelle auf der Basilarmembran des Innenohres etwa 14 Millionen Nervenzellen zur weiteren Verarbeitung zur Verfügung stehen. Wie Gerhard Roth in seinem Buch *Das Gehirn und seine Wirklichkeit* ausführt, „muss das menschliche Gehirn einen ungeheuren Aufwand treiben, um aus der extrem spärlichen Information, die vom Innenohr kommt, all die ungeheuren Details der auditorischen Wahrnehmung zu erzeugen, die etwa beim Sprachverstehen oder bei der Musikwahrnehmung vorliegen. Je „dürftiger" aber ein von der Peripherie kommendes Signal ist, desto mehr Aufwand müssen die Gehirnzentren treiben, um diesen Signalen eine eindeutige Bedeutung zuzuweisen. Diese Bedeutungszuweisung ist dann hochgradig erfahrungsabhängig."

Zum Weiterlesen

Gerhard Roth *Das Gehirn und seine Wirklichkeit. Kognitive Neurobiologie und ihre philosophischen Konsequenzen* (Frankfurt 2000)

Musik im Kopf – die Neuroanatomie der Musikwahrnehmung

Hier irrt der Maestro. Bernd Weikl, einer der bedeutendsten Sänger unserer Zeit, vertritt die weitverbreitete Anschauung, in den Hirnhälften liege eine Spezialisierung mit linksseitiger Sprachverarbeitung und rechtsseitiger Musikverarbeitung vor. Diese Anschauung entsprach bis in die 1980er-Jahre medizinischem Lehrbuchwissen und ist auch noch heute sehr gängig. Allerdings spricht die weit überwiegende Mehrzahl der wissenschaftlichen Belege gegen eine derartig vereinfachende Auffassung. Die Suche nach dem „Musikzentrum", nach Großhirnarealen, in denen Musik verarbeitet wird, begann bereits im 19. Jahrhundert. Als einzige Forschungsmethode für solche Fragen stand zu jener Zeit das neuropsychologische Verfahren der Läsionsstudie zur Verfügung: Man beobachtete das Verhalten von Patienten nach Hirnschädigungen und schloss aus den Leistungseinbußen, etwa einer Störung des Musikerkennens, dass das „Musikzentrum" am Ort der Läsion saß. Lagen Störungen musikalischer Fertigkeiten vor, so sprach man von einer Amusie, bei Sprachstörungen von einer Aphasie.

„Das Wernicke-Sprachzentrum hat seinen Sitz in unserem linken Hirn. Das ‚Musikzentrum' sitzt rechts."
(Bernd Weikl)

Was ist eigentlich …

Amusie [von griech. *amousos* = von Musik nichts verstehend], Unfähigkeit, Melodien (Rhythmen, Töne, Tempi, Harmonien) aufzufassen (sensorische Amusie), zu singen oder ein Musikinstrument zu spielen (motorische Amusie) oder Noten zu lesen bzw. zu verstehen (musikalische Alexie, Notenblindheit). Amusie ist oft, aber nicht notwendigerweise, Begleiterscheinung einer Aphasie. Da für das Verständnis und die Produktion von Musik viele Gehirnregionen (Areale) und beide Großhirnhemisphären notwendig sind, ist Amusie keine spezifische Ausfallerscheinung. Selbst die nützliche Unterscheidung zwischen rezeptiver und expressiver Amusie, die das Hören bzw. die Produktion von Musik betrifft, definiert keine eindeutig bestimmbare Schädigung. Ursache einer Amusie sind z. B. Läsionen im Schläfenlappen.

Während die hirnphysiologischen Grundlagen der Sprachverarbeitung bereits im 19. Jahrhundert mit Läsionsstudien recht gut aufgeklärt wurden und insbesondere die linkshirnige Dominanz der

Auf der Suche nach dem Liederzentrum im Gehirn

Läsionsstudien sind die älteste Methode der Neurowissenschaften. Seit der Entdeckung des motorischen Sprachzentrums im linken Stirnlappen durch den französischen Anthropologen und Chirurgen Paul Broca (1824–1880) gehören sie zum unverzichtbaren Repertoire der Neurowissenschaften. Vor allem im ausgehenden 19. Jahrhundert wurde von zahlreichen Fällen berichtet, bei denen dem Ausfall von musikalischen Fertigkeiten ohne Sprachstörungen oder umgekehrt dem Ausfall von sprachlichen Fertigkeiten ohne musikalische Störungen große Bedeutung beigemessen wurde. Adrian Proust, der Vater des Dichters Marcel Proust (1871–1922), war ein angesehener Arzt in Paris. Er berichtete 1866 über einen Komponisten, der nach einem Schlaganfall die Fähigkeit verlor, Noten zu lesen, aber die normale Schrift noch lesen konnte. Ludwig Mann behandelte 1898 einen Sänger, der nach einem Schlaganfall in der rechten Stirnhirnregion nicht mehr in der Lage war zu singen, aber noch ganz normal sprechen konnte. Diese isolierten Ausfälle musikalischer Fertigkeiten untermauerten die Theorie der „Lokalisationisten"; diese besagte, dass bestimmte Fertigkeiten in unserem Gehirn säuberlich getrennt in einzelnen Schubläden lokalisiert sind. Dieses Konzept fand später in der Modultheorie der modernen Neuropsychologie seine Fortsetzung.

Läsionsstudien sind aber nur bedingt aussagefähig.

Je präziser untersucht wird, desto genauer sind die Aussagen, die Läsionsstudien erlauben. Zur Illustration sei der Fall des Ingenieurs K. W. geschildert, der sich mit einer eigenartigen Störung in unserer Sprechstunde vorstellte: Er war ein begeisterter Musikliebhaber, ohne jemals selbst ein Instrument erlernt zu haben, und besuchte regelmäßig Konzerte, vor allem mit klassischer Musik. Als ihm eines Morgens beim Rasieren ein leichtes Hängen des linken Mundwinkels und eine Ungeschicklichkeit der linken Hand auffiel, suchte er den Hausarzt auf, der ihn sofort in die neurologische Klinik einwies. Dort klangen die motorischen Störungen im Laufe des Tages ab, und nachdem alle Untersuchungen zunächst ohne krankhafte Befunde waren, wurde er am folgenden Tag entlassen. Zwei Tage nach der Entlassung besuchte er mit seiner Frau ein Konzert, bei dem das von ihm besonderes geschätzte Trompetenkonzert von Joseph Haydn gespielt wurde. Doch seltsamerweise ließ ihn das Konzert dieses Mal völlig kalt. Die Musik kam ihm flach und ohne Aussage vor. Er hatte den Eindruck, als seien die Klänge der verschiedenen Instrumente zu einem Brei vermischt – eine unerfreuliche Erfahrung. Am darauffolgenden Tag suchte er den Ohrenarzt auf, der jedoch keinen krankhaften Befund erhob und sogar eine überdurchschnittliche Hörfähigkeit attestierte.

K. W. stellte sich dann in unserem Institut vor. Wir untersuchten seine Fähigkeit, Tonhöhen, Intervalle, Melodiekonturen, Rhythmen und Metren zu unterscheiden. Die Ergebnisse all dieser Tests zeigten keine Einbußen. Außerdem wurde das musikalische Langzeitgedächtnis überprüft: Wir baten ihn, Musikstücke aus seiner CD-Sammlung mitzubringen, und testeten seine Erkennensleistung. Auch diese Testwerte zeigten keine Auffälligkeiten. Da er jedoch seine Schwierigkeiten so glaubhaft schilderte, entwickelten wir in den folgenden Tagen einen Test, in dem nur die Unterscheidung von Klangfarben gefordert war. Dazu wurde immer der gleiche Ton mit der gleichen Dauer von einer Sekunde in den Klangfarben unterschiedlicher Orchesterinstrumente gespielt. Dieser Test brachte dann die Erklärung der Symptome. Es zeigte sich, dass bei K. W. nur die Klangfarbenerkennung beeinträchtigt war. Eine daraufhin durchgeführte Kernspintomographie ergab den Befund einer etwa 3 cm kleinen Durchblutungsstörung im vorderen Anteil des rechten Schläfenlappens.

Dieser Fall ist in mehrfacher Hinsicht lehrreich. Er zeigt, dass es bestimmte Hirnregionen gibt, die nur einen Aspekt der Musik verarbeiten, und er zeigt, dass oft spezielle Tests entwickelt werden müssen, um genau diese Aspekte einzeln zu überprüfen. Besonders eindrucksvoll an der Geschichte von K. W. ist aber, dass das emotionale Erleben der Musik offensichtlich ganz wesentlich von der Wahrnehmung der Klangfarben abhing. Übrigens erholte sich K. W. von dieser Störung und nach einem Jahr waren keinerlei Störungen der Musikwahrnehmung mehr nachzuweisen.

Sprachleistungen bei Rechtshändern rasch gesichert war, blieben die Befunde zur Lokalisation musikalischer Fähigkeiten widersprüchlich. So zeigen Läsionsstudien Ausfälle musikalischer Leistungen nach links-, aber auch nach rechtshemisphärischen Hirnschädigungen.

Dabei ist die Lokalisation keineswegs nur auf die Hörregionen des Schläfenlappens beschränkt, sondern kann Stirnhirn und Scheitelregionen einbeziehen. Auch die Zuordnung bestimmter musikalischer Teilbereiche zu links- oder rechtshemisphärischen Funktionen lässt sich nicht eindeutig treffen. Sorgfältige Untersuchungen ergaben zum Beispiel, dass Zeit- und Melodiestruktur nicht genau von den gleichen neuronalen Netzwerken verarbeitet werden müssen. Ein besonderes Charakteristikum der neuropsychologischen Befunde zur Musikverarbeitung ist ihre starke Variabilität. Anders als bei Sprachverarbeitung mit recht einheitlicher Linksdominanz semantischer und grammatikalischer Fertigkeiten und Rechtsdominanz der emotional betonten Sprachmelodie zeigen musikalische Leistungen sehr uneinheitliche und verwirrende Hirnlokalisationen.

Die Vielfalt der Befunde zur Lokalisation musikalischer Leistungen entsteht auch durch die Vielgestaltigkeit der komplexen auditiven Gestalt „Musik", denn die verschiedenen Teilaspekte des akustischen Stimulus „Musik" werden in unterschiedlichen, teilweise überlappenden neuronalen Netzwerken verarbeitet. Andererseits sind die neuronalen Netzwerke individuell geprägt und damit stark erfahrungsabhängig. So ist zum Beispiel seit längerem bekannt, dass der Grad der musikalischen Ausbildung die Großhirnlateralisation beim Musikhören beeinflusst – Berufsmusiker zeigen bei analytischen Musikaufgaben stärkere linkshemisphärische, Laien stärkere rechtshemisphärische Aktivierung. Als Faustregel gilt, dass frühe und grundlegende Verarbeitungsstufen der Musikwahrnehmung, wie Tonhöhen- und Lautstärkeunterscheidung, bei den allermeisten

Was ist eigentlich ...

Großhirnhemisphäre, Großhirnhälfte, Hemisphaerium cerebralis. Die beiden Hemisphären werden durch einen Spalt, die Fissura longitudinalis cerebralis, getrennt und durch die Faserverbindung des Corpus callosum miteinander verbunden. Jede Hemisphäre steht mit dem Hirnstamm über eine Capsula interna in Verbindung. Bei großen Hirntumoren, die auf die nichtdominante Hemisphäre beschränkt sind, kann diese Großhirnhälfte entfernt werden. Bei Kindern unter dem zweiten Lebensjahr ist es in der Regel möglich, dass die nicht-dominante Hemisphäre die Funktionen der dominanten Hälfte übernimmt, wenn diese entfernt werden muss. Auch im höheren Lebensalter ist für manche Funktionen eine Verlagerung noch möglich, z. B. der Sprachregionen.

Was ist eigentlich ...

Lateralisation [von latein. *lateralis* = seitlich], Lateralisierung, funktionelle Asymmetrie, die Spezialisierung der Großhirnhemisphären auf bestimmte Funktionen (Asymmetrie des Gehirns).

Allgemeine Ziele der neuropsychologischen Diagnostik

1) Beurteilung, ob ein Hirnschaden oder eine Hirnfehlfunktion vorliegt
2) Lokalisation des Hirnschadens bzw. der Hirnfehlfunktion
3) Erleichterung und Optimierung von Pflege und Rehabilitation des Patienten
4) Feststellung durch wiederholtes Testen, ob und wie schnell sich der Patient erholt
5) Abschätzung der Rehabilitationschancen und Wissen um die Defizite; auch, um den Patienten und seine Angehörigen zu informieren und ihnen eine Grundlage für eine realistische Lebensführung zu geben
6) Nachweis leichter Störungen, wo andere Testverfahren versagen oder zweideutige Ergebnisse liefern, z. B. bei Schädel-Hirn-Traumen oder ersten Auswirkungen einer degenerativen Erkrankung
7) Identifikation ungewöhnlicher Lokalisationen, z. B. bei manchen Linkshändern, bei Entwicklungsabweichungen nach kindlichen Hirnschädigungen oder nach chirurgischen Eingriffen; dies ist auch wichtig, um bei Operationen ggf. wichtige Hirnareale wie das primäre Sprachzentrum nicht zu zerstören

Menschen recht konstant in primären und sekundären auditiven Arealen der Heschlschen-Querwindung und der oberen Schläfenwindung beider Hemisphären erfolgen. Spätere Verarbeitungsstufen und komplexere Mustererkennungsprozesse, wie die Wahrnehmung von Melodien und von Zeitstrukturen, sind aber nicht mehr auf interindividuell konstante, eng umgrenzte neuronale Netzwerke zurückzuführen.

In der aktuellen Diskussion um die hirnphysiologischen Grundlagen der Musikwahrnehmung begegnet man einem 80 Jahre alten Streit der Neurowissenschaftler. Die eine Gruppe geht davon aus, dass eine bestimmte Wahrnehmungsleistung, wie das Melodiehören, in einem räumlich klar umgrenzten Hirnrindengebiet lokalisiert ist, die andere Gruppe spricht von weit verteilten, individuell angelegten neuronalen Netzwerken, die eine bestimmte Wahrnehmungsleistung ermöglichen. Erstere bezeichnete man früher als „Lokalisationisten", letztere als „Holisten", die das Gehirn als ganzheitlich arbeitendes Organ verstehen. Statt von Lokalisationisten spricht man heute eher von Anhängern der Modularisierung. Unter einem Modul versteht man nach dem amerikanischen Philosophen und Kognitionswissenschaftler Jerry Fodor eine Verarbeitungseinheit im Gehirn, die eine biologisch wichtige Funktion erfüllt. Fodor orientierte sich dabei an der Vorstellung elektronischer Karten, die man für bestimmte Funktionen in einen Computer einschiebt. Für die Modultheorie spricht, dass nach kleineren Schlaganfällen in seltenen Fällen selektive Ausfallerscheinungen auftreten, die häufig eine Wahrnehmungsdimension der Musik betreffen, wie zum Beispiel die Verarbeitung von Klangfarben. Die derzeit prominenteste Vertreterin dieser Richtung, die kanadische Wissenschaftlerin Isabelle Peretz, hat in zahlreichen neuropsychologischen Studien an Schlaganfallpatienten viele derartige isolierte Musikwahrnehmungsstörungen beschrieben.

Für die konnektivistische Theorie, die von individuell angelegten und weitverzweigten neuronalen Netzwerken als Grundlage der Musikwahrnehmung ausgeht, sprechen ebenfalls an Schlaganfallpatienten erhobene Befunde. Untersucht man nämlich diese Patienten genau, dann finden sich nach Schädigungen in einer bestimmten Großhirnregion zumeist eben keine isolierten Ausfälle einer Wahrnehmungsdimension der Musik, sondern Kombinationen von unterschiedlich stark ausgeprägten Defiziten in der Verarbeitung von Melodien, Konturen, Metren und Rhythmen. Gegen eine zu eng gefasste Modultheorie spricht auch, dass diese Defizite nach Läsionen in ganz unterschiedlichen Hirnregionen auftreten können. Vermutlich sind an der Musikwahrnehmung sowohl Module als auch weitverzweigte Netzwerke beteiligt. Denkbar ist, dass gewisse Grundqualitäten, wie Tonhöhe, Klangfarbe oder einfache Tonhöhenverhältnisse, in Modulen verarbeitet werden, die überwiegend in den Schlä-

Was ist eigentlich ...

Konnektionismus [von latein. *conectere* = verknüpfen], Verbindungslehre, auch: neuronales Modell, Forschungsansatz der Kognitiven Psychologie, der sich mit der Konnektion (der Verknüpfung) neuronaler Elemente und mit der Art und Weise befasst, wie sich dadurch höhere Kognitionen darstellen und erklären lassen. In konnektionistischen Modellen wird Information durch nervenzellenartige Elemente verarbeitet, die Aktivierungen ansammeln und erregende sowie hemmende Einflüsse auf andere Einheiten ausüben. D. h. Information wird als Aktivationsmuster neuronaler Elemente repräsentiert. Dadurch sollen sich höhere Kognitionen darstellen und erklären lassen.

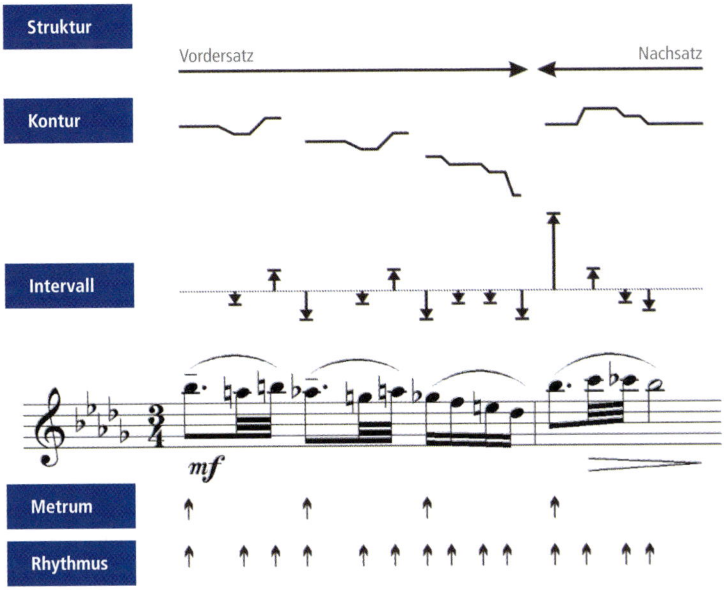

Verschiedene Elemente einer Melodie.

fenlappen lokalisiert sind. Sobald musikalische Ereignisse über eine längere Zeit gespeichert und integriert werden müssen und Melodien, komplexe rhythmische Verhältnisse oder in der Zeit wechselnde harmonische Beziehungen analysiert werden, kommen individuelle Nervenzellvernetzungen zum Einsatz, die auf Erfahrungen beruhen.

Gehörbildung formt neuronale Netzwerke

Brendels Bemerkungen sind aus dem Alltag von Musikern herausgegriffene Beispiele für die Fähigkeit unseres Ohres zu lernen, aber auch zu verlernen. Das Einhören in eine veränderte Akustik im vollbesetzten Konzertsaal, die Gehörbildung an den Musikhochschulen, das „scharfe Ohr" am Morgen und das „müde Ohr" am Abend (welches übrigens dem Interpreten zugute kommt, der beim abendlichen Konzert nicht mehr ganz so streng beurteilt wird) – diese Begriffe dokumentieren die Veränderbarkeit der Musikwahrnehmung durch Anpassung und Übung. Die Plastizität der Musikwahrnehmung lässt sich nach wenigen Stunden Training auch mit objektiven Methoden nachweisen. Christo Pantev vom Institut für Biomagnetismus und Biosignalanalyse der Universität Münster und seine Mitarbeiter haben gezeigt, dass sich durch Herausfiltern eines bestimmten Frequenzbandes die neuronale Antwort des primären und sekundären auditorischen Cortex selektiv in diesem Frequenzbereich beim Musikhören schon nach drei Stunden verringerte. In diesem Experiment

„Ich darf nicht verschweigen, dass wir Pianisten nicht immer gleichmäßig funktionieren. Ich meine damit nicht nur die Geöltheit unseres Spielapparates ... ich meine damit auch die Qualität des Hörens, die sich unter dem Einfluss von Frische und Ermüdung, Entspanntheit oder Angst verändern kann. Viel wird davon abhängen, von welchem Instrument und Raum der Pianist gerade herkommt, ob er vertraute Verhältnisse vorfindet oder sich völlig umstellen muss. In diesem Fall wird das Einspielen und Einhören vor dem Konzert auch den Zweck haben, die jüngsten Hör- und Spielgewohnheiten möglichst gründlich aus dem Gedächtnis zu tilgen."
(Alfred Brendel)

hörten die Probanden über drei Stunden ihre Lieblingsmusik, bei der jedoch die Frequenzen zwischen 750 und 1 250 Hz stark abgedämpft waren. Obwohl diese Musik zunächst eigenartig klang, gewöhnten sich die hörgesunden Versuchspersonen sehr schnell daran. Unmittelbar im Anschluss an die Musik wurden Geräusche vorgespielt, die genau die herausgefilterten Frequenzen zwischen 750 und 1 250 Hz enthielten, und die Gehirnreaktionen in Form ereigniskorrelierter Magnetfelder mit dem Magnetoencephalogramm abgeleitet. Diese Geräusche erzeugten gegenüber Kontrollgeräuschen mit Frequenzen zwischen 350 und 650 Hz um 10 Prozent kleinere Signale. Glücklicherweise war der Effekt nur vorübergehend und klang nach einem Tag ab.

Was ist eigentlich ...

Magnetoencephalogramm, Abk. MEG, Aufzeichnung schwacher Magnetfelder im Gehirn, die durch die Bewegung elektrischer Ladungen entstehen. Die Messung erfolgt mit hochempfindlichen, mit flüssigem Helium gekühlten Detektoren. Das MEG bietet gegenüber dem Elektroencephalogramm den Vorteil einer besseren räumlichen Auflösung der Entstehungsorte corticaler Aktivität. Das sehr aufwendige Verfahren wird bislang nur zu Forschungszwecken eingesetzt.

Umgekehrt konnten Pantev und Kollegen auch positive Trainingseffekte nachweisen. Sie präsentierten Versuchspersonen einzelne Geigen- und Trompetentöne und beobachteten die magnetischen Feldreaktionen der primären Hörrinde. Die entstehenden magnetischen Feldstärken sind bei Nichtmusikern vergleichbar und hängen nicht von der klanglichen Charakteristik des Reizes ab. So führen Geigen- und Trompetentöne zur gleichen Reaktion wie ein sinusförmiger Stimulus. Bei trainierten Musikern hingegen sind die Antworten auf Instrumentaltöne gegenüber denen auf Sinustöne um etwa 25 Prozent erhöht – sie sind für genau diejenige Klangfarbe besonders ausgeprägt, die dem erlernten Instrument des jeweiligen Musikers entspricht.

Aber auch das Erfassen komplexer musikalischer Strukturen wird durch Übung verbessert. Nur aus diesem Grund wird an den Musikhochschulen ein Fach mit der Bezeichnung „Gehörbildung“ angeboten. Die Veränderungen der neuronalen Netzwerke durch Gehörbildung und Musikunterricht waren Gegenstand mehrerer Längsschnittstudien in unserem Institut.

Was ist eigentlich ...

Längsschnittstudie, ein Forschungsdesign der empirischen Forschung zur Untersuchung von sozialen und individuellen Wandlungsprozessen. Bei einer Längsschnittstudie wird dieselbe empirische Studie zu mehreren Zeitpunkten durchgeführt und die Ergebnisse der einzelnen Untersuchungszeiträume miteinander verglichen.

In einer ersten Studie wurden in enger Zusammenarbeit mit dem Freiburger Musikpädagogen Wilfried Gruhn Schüler über sechs Wochen trainiert, musikalische Phrasen als „geschlossen“ oder „offen“ zu beurteilen. Dabei handelt es sich um ein musikalisches Merkmal, das man etwa so umschreiben könnte: Eine geschlossene Melodie klingt rund und in sich ruhend, eine offene Melodie klingt so, als ob noch etwas fehlt. Sie hinterlässt meist einen unbefriedigenden Eindruck. Würde man beispielsweise die Melodie von *Hänschen klein* nach „ging allein“ abbrechen, entstünde genau solch ein Eindruck. Musiktheoretisch lassen sich offene und geschlossene Melodien durch bestimmte harmonische und melodische Regeln und durch Symmetriegesetze beschreiben. Eine geschlossene Melodie enthält einen Vordersatz und einen Nachsatz, die ungefähr gleich lang sind. Im Vordersatz endet die Melodie meist in einer anderen Tonart, im Nachsatz kehrt sie dann zur Ausgangstonart zurück.

Vor Beginn des Unterrichts wurde die Hirnaktivität während der Bearbeitung der Höraufgabe mit dem Gleichspannungs-EEG gemessen. Dabei registrieren 32 auf der Kopfhaut anliegende Messfühler minimale Spannungsänderungen an der Schädeloberfläche. Aus den Änderungen der Spannungsverteilung der Kopfhaut lässt sich auf den Aktivitätszustand der darunterliegenden Hirnrindenareale schließen.

Nach der ersten EEG-Messung wurden die Schüler zum Training in drei Gruppen aufgeteilt. Gruppe A erhielt verbal ausgerichteten Unterricht, der deklaratives Wissen *über* Musik vermittelte. Hier lernten die Schüler die Regeln kennen, die offene von geschlossenen Melodien unterscheiden. Sie wurden in Harmonielehre unterrichtet und erfuhren etwas zum Aufbau von Vordersatz und Nachsatz. Es wurde erklärt, theoretisch geübt und abgeprüft. Gruppe B erhielt musikalische Unterweisung, ohne dass gesprochen wurde. Bei den Schülern wurde durch improvisatorisches Musizieren, durch Tanz und Bewegung ein „Bauchgefühl“ für geschlossene oder offene Melodien erzeugt. Sie erwarben also eher prozedurale Hörfertigkeiten oder, anders ausgedrückt, Wissen *von* Musik. Eine dritte Schülergruppe C erhielt keinen Unterricht, sondern bekam Musikvideos gezeigt. Diese Gruppe wurde in dem Experiment als Kontrolle mitgeführt. Nach den sechs Wochen hatten beide Trainingsgruppen gleich gut gelernt, die musikalischen Phrasen zu beurteilen. Die Hirnaktivierungsmuster unterschieden sich jedoch deutlich.

Was ist eigentlich …

deklaratives Wissen, in der Wissensrepräsentation eine Form der Darstellung von Wissen, welches ein Verständnis seiner Bedeutung (eine Interpretation) ohne Kenntnis seiner Verwendung und Verarbeitung erlaubt.

Die folgende Abbildung zeigt die Aktivierungsmuster der drei Gruppen vor (oben) und nach (unten) dem Unterricht. Während die Aktivierungsmuster in den drei Gruppen vor dem Unterricht recht ähnlich waren, kam es nach der Gehörbildung zu deutlichen Unterschieden. Etwas vereinfacht gesagt, erzeugte der verbal ausgerichtete Unterricht der Gruppe A eher eine Mehraktivierung der linken Stirnhirn- und Schläfenregion, während der musikbetonte Unterricht der Gruppe B eher die rechte Stirnhirnregion und beide Scheitelregionen ansprach. Offensichtlich wurde nach dem Unterricht automatisch die gelernte Strategie zum Lösen der Aufgaben herangezogen. Die Schüler der Gruppe A vergegenwärtigten sich die gesprochenen Erklärungen als „inneres Mitsprechen“, ohne laut zu sprechen. Dies führte zu einer Aktivierung der Sprachregionen in der linken Stirnhirn- und Schläfenregion. Die Gruppe B hatte die Aufgabe nicht verbal, sondern eher ganzheitlich durch Tanz und Bewegen gelernt. Die ganzheitliche Auffassung der Melodien führte zur Aktivierung der rechten Stirnhirnregion. Die Scheitelregionen sind wichtige Zentren, in denen räumliche Verarbeitung stattfindet. Hier werden Tanz und ganz allgemein Bewegungen im Raum codiert. Daher ist diese Aktivierung ebenfalls plausibel, zumal man Melodien ja auch als räumliche Gebilde, sei es als Notenbild oder als Auf und Ab von Tönen und

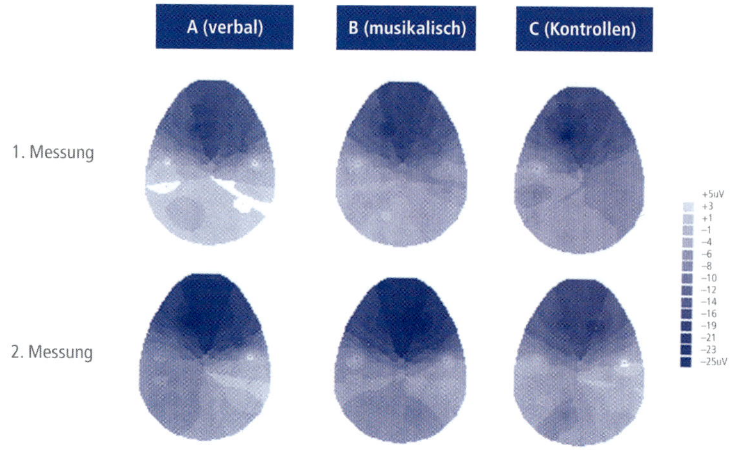

Erlernen der Beurteilung musikalischer Phrasen. Aktivierungsmuster der drei Gruppen vor (oben) und nach (unten) dem Unterricht. Die Kopfdiagramme sind als Ansichten von oben auf das Gehirn zu verstehen. Die Stirnregion ist dabei nach oben, die Hinterhauptsregion nach unten gerichtet. Die linke Hirnhälfte ist jeweils links, die rechte rechts abgebildet. Intensive Hirnaktivität ist dunkelblau, wenig aktive Bereiche sind grau.

Konturen, verstehen kann. Die Kontrollgruppe C zeigte eine leichte Abnahme der Hirnaktivierung ohne Änderung des Musters. Dieses Ergebnis bedeutet nicht, dass durch das Betrachten der Videos eine „Verdummung" mit geringerer Hirnaktivierung eingetreten ist; vielmehr ist dies ein typischer Effekt der Wiederholung der Messung, die beim zweiten Mal als weniger „spannend" empfunden wird.

Darüberhinaus liefert der Versuch eine weitere Erklärung, warum bei Berufsmusikern das Hören von Musik häufig mit einer überwiegenden Aktivierung der linken Hirnhälfte verbunden ist. Berufsmusiker neigen nicht nur dazu, Musik eher analytisch, lokal, auf Details bedacht zu hören, sondern verfügen auch über ein reiches Faktenwissen. Dies ermöglicht ihnen, beim Musikhören – meist unbewusst – in einen inneren Monolog zu verfallen, der die linke Stirnhirn- und Schläfenregion aktiviert. Was könnte ein solcher innerer Monolog beim Hören von Musik enthalten? Nun – beispielsweise die Namen der gespielten Intervalle, die Benennung der Klangfarben von Instrumenten oder auch blitzschnell erfolgende wertende Kommentare, wie „zu hoch", „zu tief", „zu spät", „zu früh", „auseinander", „gut zusammen" oder „toller Ton".

Musikerziehung und Gehörbildung beeinflussen somit die Hirnaktivierung beim Lösen der gestellten musikalischen Aufgabe. Die Art und Weise des Lernens beeinflusst dabei die Ausprägung und die räumliche Verteilung des an der Hörleistung beteiligten neuronalen Netzwerkes. Außerdem zeigt der Versuch, dass sich mit unterschiedlichen Nervenzellverschaltungen gleich gute Leistungen erbringen lassen. Eigentlich ist dieses Ergebnis nicht erstaunlich, denn Unterschiede im Wahrnehmen und Denken beruhen immer auch auf unterschiedlichen neuronalen Korrelaten.

Wie schnell derartige Anpassungen des Zentralnervensystems vor sich gehen, konnten wir in einem weiteren Experiment zeigen, das ganz ähnlich wie das vorige aufgebaut war. Gundhild Liebert untersuchte in unserem EEG-Labor in Zusammenarbeit mit Wilfried Gruhn an einer Gruppe von Musikstudenten die Auswirkungen eines etwa halbstündigen Gehörtrainings auf die Hörleistung und deren hirnphysiologische Korrelate. Insgesamt 32 rechtshändige junge Musikerinnen und Musiker sollten 140 gemischt dargebotene Dur-, Moll-, verminderte oder übermäßige Akkorde hören und identifizieren. Während der jeweils zwei Sekunden dauernden Präsentation dieser Akkorde und einer anschließenden zwei Sekunden dauernden Phase des inneren Nachhörens wurden mit dem Gleichspannungs-EEG (DC-EEG) die Hirnaktivierungsmuster registriert. Nach der ersten Messung erhielt eine Gruppe der Versuchspersonen über eine Lernkassette standardisierten Gehörbildungsunterricht mit dem Lernziel, eine Verbesserung der Erkennungsleistung für verminderte oder übermäßige Akkorde herbeizuführen. Eine Kontrollgruppe las eine Kurzgeschichte. Nach der Lernphase wurden dieselben Akkorde in veränderter Reihenfolge präsentiert und wieder die Aktivierungsmuster mit DC-EEG gemessen.

Vor dem Training ging das Hören der Akkorde mit einer ausgedehnten beidseitigen Aktivierung der Stirn- und Schläfenregionen einher, ohne dass eine Hirnhälfte dominierte. In der zweiten Messung wies die Kontrollgruppe nach dem Lesen der Kurzgeschichte eine generelle Abnahme der Aktivierung auf, die auf einen unspezifischen Gewöhnungseffekt zurückzuführen ist. Natürlich hatte sich diese Gruppe auch nicht im Lösen der Aufgabe verbessert. In der Trainingsgruppe dagegen kam es nach dem Unterricht zu einer deutlichen Verbesserung der Erkennensleistung in den Zielparametern. Dies ging mit einer Aktivitätszunahme vor allem während der Phase des inneren Hörens, also nach Erklingen des Akkords, einher. Diese Mehraktivierung betraf schwerpunktmäßig die zentral gelegenen sensomotorischen Areale. Womit konnte dies zusammenhängen? Die Versuchspersonen wurden gefragt, ob sie eine bestimmte Hörstrategie angewandt hätten. Dabei stellte sich heraus, dass sich einige Teilnehmer nach dem Training die Akkorde als Griffe am Klavier vorgestellt hatten und dass nahezu alle Probanden ihr harmonisches Gehör zu Hause am Klavier schulten. Offenbar wurden durch den halbstündigen Gehörbildungsunterricht die sensomotorischen Repräsentationen der Griffbilder in den Handregionen aktualisiert und dann in der Phase des inneren, abstrakten Hörens gewissermaßen als Hilfsmittel aktiviert.

Die wesentliche Schlussfolgerung aus beiden Gehörbildungsexperimenten lautet: Die cerebrale Organisation der Musikwahrnehmung spiegelt die individuelle Hörbiografie wider, also die Art und Weise, wie Hören gelernt wird. Langjähriges Training dieser Fertigkeiten kann dann auch bei Berufsmusikern zu einer Veränderung der Großhirnstruktur führen.

Hören formt das Gehirn – von Berufsmusikern und Absoluthörern

„Die Bildung des Gehörs ist das Wichtigste. Bemühe dich frühzeitig, Tonart und Ton zu erkennen. Die Glocke, die Fensterscheibe, der Kuckuck – forsche nach, welche Töne sie angeben." (Robert Schumann, 1810–1856, *Musikalische Haus- und Lebensregeln)*

In der ersten der 68 *Musikalischen Haus- und Lebensregeln* legt Robert Schumann besonderes Gewicht auf die Gehörbildung. Wir haben bereits gesehen, dass Gehörbildung und die Anpassung an akustische Bedingungen die auditiven neuronalen Netzwerke schon nach sehr kurzer Zeit verändern können. Besonders nachhaltige Auswirkungen auf das Gehirn hat aber die jahrelange intensive Beschäftigung mit den Klängen und mit einem Musikinstrument. Hier finden sich sogar Anpassungen der mit dem bloßen Auge sichtbaren Gehirnstruktur. Diese Erkenntnisse haben erst die modernen bildgebenden Verfahren, insbesondere die Kernspintomographie, ermöglicht. Noch vor 20 Jahren wäre ein Neurowissenschaftler ausgelacht worden, wenn er behauptet hätte, dass sich die Größe von Hirnwindungen in Abhängigkeit von spezialisierten Hirnfunktionen, zum Beispiel von Hörfertigkeiten, verändern. Jedenfalls sind Berufsmusiker die idealen Versuchspersonen, um solche Effekte der Neuroplastizität zu erforschen, da sie in dieser Berufsgruppe besonders deutlich zutage treten. Dies liegt daran, dass Musiker mit dem Training ihrer Spezialfertigkeit in früher Jugend beginnen, intensiv üben und in der Regel mit großem emotionalem Engagement bei der Sache sind.

Was ist eigentlich ...

Neuroplastizität, neuronale Plastizität, bezeichnet die Veränderbarkeit neuronaler Verbindungen im Nervensystem. Das Konzept neuronaler Plastizität steht damit für die Erkenntnis, dass die neuronalen Verbindungen nicht starr und invariabel sind, sondern aufgrund bestimmter funktioneller Geschehen (z. B. bei Lernprozessen) oder nach Verlust von Nervenzellen oder Axonen Veränderungen unterliegen können. Das Netzwerk neuronaler Verbindungen unterscheidet sich damit grundsätzlich von der Verschaltung eines elektronischen Computerchips, die unveränderbar festliegt. Eine mögliche und häufig vorgenommene Einteilung der plastischen Vorgänge im Nervensystem ist diejenige in funktionelle und strukturelle Plastizität.

Einen sehr eindrucksvollen Beleg für die Anpassungen der Hörregionen von Musikern an die Spezialanforderungen erbrachten Peter Schneider und seine Kollegen aus Heidelberg. Sie zeigten, dass die Ausdehnung der primären Hörrinde in der Heschlschen Querwindung der oberen Schläfenwindung bei Berufsmusikern mehr als doppelt so groß ist wie bei Nichtmusikern. Dabei erschöpfen sich die Anzeichen für eine Spezialisierung der Hörregionen nicht in anatomischen Unterschieden. Zusätzlich konnten Schneider und Kollegen mit dem Magnetoencephalogramm die Reaktionspotenziale der primären auditiven Regionen auf einfache akustische Reize, wie etwa auf Sinustöne, messen. Dabei traten bei Musikern doppelt so hohe Aktivierungsamplituden wie bei Nichtmusikern auf, was wiederum einer Aktivierung von etwa doppelt so vielen auditiven Neuronen entspricht. Die absolute Größe der primären Hörrinde korrelierte sehr gut mit Hörfertigkeiten. So war die Größe der Heschlschen Querwindung mit dem Abschneiden im Advanced Measures of Audiation-Test (AMMA) von Edwin Gordon hochgradig positiv korreliert. Dieser Test prüft vor allem die Fähigkeit, melodisches Material im Arbeitsgedächtnis zu behalten und mental zu bearbeiten, wie zum

Beispiel die Variation einer gehörten Melodie zu erkennen – eine Fertigkeit, die zum Genuss von Musik unabdingbar ist. Bemerkenswert an der Studie ist, dass hier der erste Nachweis für den Zusammenhang zwischen vergrößerter Hirnstruktur, erhöhter neuronaler Aktivität und verbesserter auditiv-musikalischer Leistung erbracht wurde. Ein großer Schläfenlappen ist wirklich von Nutzen!

Richard Wagner (1813–1883).

Einige Berufsmusiker besitzen eine besondere Hörfertigkeit – das absolute Gehör. Darunter versteht man die Fähigkeit, Tonhöhen ohne einen zuvor gehörten und benannten Vergleichston korrekt zu benennen. Diese kategoriale Zuordnung der Tonhöhe erfolgt sehr rasch, gelingt bei den typischen Absoluthörern auch bei Sinustönen und wird nur bei extrem hohen oder tiefen Tönen unsicher. Manche Absoluthörer neigen allenfalls dazu, die Oktavposition von Tönen zu verwechseln, was dann als Oktav- oder Chromafehler bezeichnet wird. Das absolute Gehör gilt in vielen Kulturen als Zeichen einer besonders hohen Musikalität und wird in seiner Bedeutung oft überschätzt. So versetzt es zwar den Besitzer in die Lage, die einzelnen Töne in einem komplizierten Mehrklang zu benennen oder bei einem Notendiktat auch mehrere Stimmen auf Anhieb richtig zuzuordnen und zu notieren; diese Fertigkeiten sind jedoch vor allem im Tonsatz- und Gehörbildungsunterricht an einer Musikhochschule von Vorteil und im sonstigen Musikerdasein eher irrelevant. Zahlreiche herausragende Musiker besaßen kein absolutes Gehör, so die Komponisten Richard Wagner und Robert Schumann.

Robert Schumann (1810–1856).

Dem absoluten Gehör gegenüber steht das relative Gehör, ohne das kein Musiker existieren kann. Unter einem relativen Gehör versteht man die Fähigkeit, die relativen Tonhöhenunterschiede zu benennen. Ein relativer Tonsprung (Intervall) von einem Ton auf der Tonleiter wird als Sekunde, von zwei Tönen als Terz bezeichnet. Die ersten beiden Töne von *Hänschen klein* bilden eine Terz. Mit ein wenig Übung wird jeder Leser diesen Tonsprung bald auch in anderen Melodien erkennen und benennen können und hat damit den ersten Schritt zum relativen Gehör getan.

Versuche, im Erwachsenenalter durch Training ein absolutes Gehör zu erwerben, sind in der Regel vergeblich. Die dafür angebotenen teuren Kurse trainieren meist das relative Gehör, ohne dass schließlich bestimmten Tonhöhen zuverlässig die entsprechenden Notennamen zugewiesen werden können.

Die neurobiologischen Grundlagen des absoluten Gehörs sind immer noch umstritten. Drei Theorien werden diskutiert: Die genetische Theorie geht davon aus, dass das absolute Gehör vererbt wird, die Prägungstheorie besagt, dass es durch frühe musikalische Prägung erworben wird, und die Verlerntheorie beruft sich auf Befunde, die dafür sprechen, dass viele Säuglinge über ein absolutes Gehör verfügen, diese Fähigkeit aber im Laufe der Kindheit verlieren.

Für die Vererbungstheorie sprechen Studien, die eine Übereinstimmung von absolutem Gehör bei Geschwistern zwischen 8 Prozent und 15 Prozent festgestellt haben, auch wenn sie getrennt aufwachsen. Für die genetische Komponente spricht auch, dass absolutes Gehör in Japan, China, Korea und Vietnam weitaus häufiger auftritt als bei kaukasischen Volksgruppen. Dabei ist es nur von untergeordneter Bedeutung, ob es sich bei den Landessprachen um Tonsprachen handelt, bei denen Tonhöhen Wortbedeutungen codieren, wie es im Chinesischen der Fall ist.

Was ist eigentlich ...

Tonsprache, tonale Sprache, eine Sprache, bei der mit einer Änderung der Tonhöhe oder des Tonverlaufs in einer Silbe in der Regel auch eine Änderung der Bedeutung des entsprechenden Wortes einhergeht. Die meisten der heute gesprochenen Sprachen sind Tonsprachen, sie umfassen allerdings nicht die Mehrheit aller Sprecher. Zu den tonalen Sprachen gehören u. a. sino-tibetische Sprachen (z. B. Hochchinesisch oder Kantonesisch), austro-asiatische Sprachen (z. B. Vietnamesisch) und in geringem Maße auch indoeuropäische Sprachen wie Altgriechisch, Norwegisch oder Schwedisch.

So sind Japanisch und Koreanisch keine Tonsprachen, und auch bei englischsprachig aufgewachsenen Chinesen findet sich ein höherer Anteil von Absoluthörern. Ganz offensichtlich ist der ererbte Anteil aber nur eine Komponente, denn eine weitere wichtige Voraussetzung scheint frühes musikalisches Training zu sein. Die Prägungsperiode liegt zwischen dem Kleinkindalter und etwa neun Jahren. Ab einem Alter von zwölf Jahren kann das absolute Gehör meist nicht mehr erworben werden.

Großes Aufsehen erregte eine Untersuchung, die im Jahr 2001 von Jenny R. Saffran und G. J. Griepentrog durchgeführt wurde. Sie berichteten über acht Monate alte Kinder, die in einem Test auf eine Tonhöhenverschiebung bekannter Dreitonmelodien so reagierten, als handele es sich um vollkommen neue Melodien. Dieses Ergebnis stützt die Verlernhypothese, denn nur Absoluthörer hätten wahrnehmen können, dass die Tonhöhen verschoben waren.

Absoluthörer weisen auch neuroanatomische Besonderheiten auf. So ist im oberen Anteil ihres Schläfenlappens eine verstärkte Asymmetrie zu beobachten. Auf der linken Hirnhälfte ist der Bezirk hinter dem Heschl-Gyrus in der oberen Temporalhirnrinde relativ größer, auf der rechten Hirnhälfte kleiner. Diese Region wird Planum temporale genannt. Die verstärkte Asymmetrie wird wie die oben aufgeführte Vergrößerung der Heschl-Region auf eine Strukturanpassung des Nervensystems aufgrund frühen Trainings zurückgeführt. Passend dazu fand sich in neurophysiologischen Messungen im Bereich der linken oberen Temporalhirnwindung bei Absoluthörern im Vergleich zu Relativhörern eine Verlagerung der für die Analyse komplexer Töne und Geräusche zuständigen Neuronen nach hinten. In funktionellen Aktivierungsstudien mit dem PET-Verfahren zeigten Absoluthörer bei der Identifikation von Tonhöhen ein Aktivitätsmaximum in der hinteren linken seitlichen Stirnhirnregion, das bei Relativhörern fehlte. Wurden Relativhörer aber trainiert, bestimmte Klänge mit willkürlich ausgesuchten Ziffern zu assoziieren, dann zeigte sich bei ihnen genau das gleiche Aktivitätsmaximum. Dies

Was ist eigentlich ...

Positronen-Emissions-Tomographie, Abk. PET, bildgebendes Verfahren zur Visualisierung von Vorgängen im lebenden, aktiven Gehirn. Die Technik kombiniert die Vorteile tomographischer Schichtaufnahmen mit der selektiven Darstellung physiologischer Stoffwechselfunktionen. Bei der PET werden Radionuclide eingesetzt, die bei ihrem Zerfall Positronen freisetzen.

spricht dafür, dass die gelernte Assoziation eines Klanges mit einem Namen in dieser Region erfolgt.

Insgesamt ergibt sich damit folgendes Bild: Wahrscheinlich besitzen die meisten Menschen bei der Geburt ein Potenzial zum Absoluthören, das je nach Vererbung unterschiedlich stabil sein kann und sich in der Regel in der Kindheit verliert. Bei intensiver musikalischer Unterweisung stabilisiert sich das absolute Gehör im Gedächtnis. Dieser Vorgang ist von plastischen Anpassungen der Struktur und Funktion vor allem des linken Schläfenlappens begleitet und schließt neuronale Netzwerke der linken Stirnhirnregion mit ein.

Zusammenfassung

An der Verarbeitung von Musik sind mehrere Regionen beider Hirnhälften beteiligt. Die frühen Verarbeitungsstufen einfacher Klänge und Rhythmen finden im Bereich der oberen Schläfenwindungen statt. Dabei zeigt sich schon hier eine Spezialisierung der beiden Hirnhälften. Die linke Schläfenregion ist auf die schnelle Analyse von Rhythmen spezialisiert, während die rechte Hirnhälfte eher Klangfarben und Tonhöhen verarbeitet. Bei musikalischen Laien beruhen Tonhöhen- und Melodiewahrnehmung grundsätzlich auf neuronalen Netzwerken, zu denen die Schläfen- und Stirnhirnregion beider Hirnhälften gehören, wobei die rechte Hirnhälfte stärker repräsentiert ist. Die Verarbeitung von Rhythmen aktiviert zusätzlich zu den Schläfenregionen Hirnregionen, die für die Bewegungskoordination wichtig sind. Für das Hören von Rhythmen sind auch motorische Regionen des Stirnhirns und das Kleinhirn von Bedeutung.

Die an der Verarbeitung von Musik beteiligten neuronalen Netzwerke sind sehr variabel, da sie durch Übungseffekte beeinflusst werden. Dabei ist die Art und Weise entscheidend, wie musikalisches Wissen erworben wird. So beruht überwiegend prozedurales musikalisches Handlungslernen durch Musizieren ohne verbale Unterweisung eher auf rechtsseitigen Aktivierungen der Stirnhirn- und Scheitelregion, während der Erwerb von explizitem Faktenwissen über Musik eher die linke Stirnhirn- und Schläfenregion aktiviert. Dies erklärt auch, warum professionelle Musiker beim Musikhören im Vergleich zu Laien andere und eher linkshirnige Aktivierungen aufweisen.

Wird seit der frühen Kindheit intensiv musiziert, so bewirkt dieses jahrelange Training plastische Anpassungen der für das Hören zuständigen Hirnregionen. Berufsmusiker verfügen über ein größeres Hörareal in beiden oberen Schläfenlappen, und Musiker mit absolutem Gehör zeigen gegenüber Laien eine relativ größere Ausdehnung der linken Hörregion.

Die Quintessenz dieses Beitrags lautet: Musikhören ist ein aktiver, konstruktiver Prozess, der auf Vorerfahrungen beruht und durch Lernen verändert werden kann. Die am Musikhören beteiligten neuronalen Netzwerke sind individuell unterschiedlich und spiegeln vor allem die persönliche Hörbiografie wider.

Grundtext aus: Eckart Altenmüller *Vom Neandertal in die Philharmonie* (noch nicht erschienen); Spektrum Akademischer Verlag.

Warum wir alle Musikgenies sind

Ein musikalisches Denkstück in drei Fragen und drei Anworten

Christoph Drösser

Käsekuchen. Auditiver Käsekuchen sei Musik, hat der Linguist Steven Pinker einmal gesagt. „Sie kitzelt ein paar wichtige Teile des Gehirns auf sehr angenehme Weise, so wie Käsekuchen den Gaumen kitzelt." Sie erfülle keinen Zweck, und wenn man sie sich wegdenken würde, bliebe der Rest unseres Lebens praktisch unbeeinflusst.

Eine Welt ohne Musik? Die Verdienste Pinkers für die Sprachforschung in allen Ehren – aber eine Menschheit, die nicht musiziert, ist undenkbar. Und das nicht nur, weil ein Spaßfaktor wegfiele. Ohne Musik hätten wir wahrscheinlich keine Sprache (siehe Frage 3), und Pinker hätte nichts zu erforschen. Musik ermöglicht uns, Gefühle zu äußern und die Gefühle anderer wahrzunehmen (siehe Frage 2). Und wenn das Gehirn sich im Alter in der Alzheimerkrankheit auflöst und eine Funktion nach der anderen ausfällt, bleibt als letzter Zugang zu den Dementen die Erinnerung an die Lieder der Kindheit.

Während die Hirnforschung sich mit Sprache bereits seit 1861 beschäftigt, als Paul Broca das Sprachzentrum in unserem Kopf entdeckte, wurde die Musik bis vor wenigen Jahren vernachlässigt. Musikalische Hirnuntersuchungen mittels EEG oder Kernspin-Scanner sind auch ungleich schwieriger, weil bei der Verarbeitung von Musik nicht nur isolierte Teile des Gehirns aktiviert werden, wie man früher dachte, sondern gleichsam der gesamte Kopf der Probanden aufleuchtet. Schon das Gehirn von Neugeborenen interessiert sich brennend für Musik, das zeigen Versuche mit Babys im Kernspin. Kein Wunder, denn Musik aktiviert das Belohnungssystem im Zwischenhirn, den Nucleus accumbens, der das Glückshormon Dopamin ausschüttet.

Dabei ist das Hirn eigentlich nicht empfänglich für Musik – genauer betrachtet, erzeugt es sie erst. Mehr als bei allen anderen Sinnen ist das, was wir beim Hören empfinden, eine Konstruktion des Gehirns. Die Augen haben eine zweidimensionale Fläche, die Netzhaut, auf die eine Projektion der Außenwelt fällt. Vereinfacht gesagt, erfassen die Sehzellen dieses Bild wie die Pixel einer Videokamera und leiten es ins Gehirn weiter. Der Input unserer Ohren dagegen ist streng eindimensional: Schall ist nichts anderes als eine Schwankung des Luftdrucks über die Zeit. Auch wenn zwei oder mehr Geräuschquellen vorhanden sind, so überlagern sie sich doch zu einer einzigen, komplexen Schwingung, die unser Trommelfell erreicht. Trotzdem schaffen wir es, die Signale wieder voneinander zu trennen: Wir hören im Stimmengewirr einer Party, wie am anderen Ende des Raums jemand unseren Namen sagt, wir trennen ohne Probleme die einzelnen Instrumentengruppen eines Sinfonieorchesters, ja wir hören sogar, wenn der Geiger vorne links sich verspielt. Diese „Entmischung" des Klangbreis schafft bis heute kein Computerprogramm.

Ist das nackte Signal entschlüsselt, muss das Gehirn Musik von anderen Geräuschen trennen. Das übernehmen spezialisierte Hirnpartien, die Parameter wie Klangfarbe, Tempo, Rhythmus, Melodie und Harmonie aus dem Tonsignal extrahieren und mit Bekanntem vergleichen. Ein Großteil unseres Musikverständnisses ist erlernt und abhängig vom kulturellen Umfeld, nur wenige universelle Konstanten haben die Musikwissenschaftler gefunden: Einen feurigen oder sanften Rhythmus, eine traurige oder fröhliche Melodie scheinen Menschen aller Kulturkreise identifizieren zu können. Den Gegensatz von Dur und Moll dagegen gibt es nur in der westlichen Musik.

Am Musikerhirn kann man regelrecht beobachten, wie Musik das Denkorgan verändert: Schon ein paar Musikstunden reichen aus, um neue Nervenverbindungen zwischen dem auditiven und dem motorischen Cortex wachsen zu lassen. Pathologen können einem toten Hirn ansehen, ob es von einem Musiker stammt – Menschen, die vom Kindesalter an musiziert haben, verfügen zum Beispiel über einen größeren Balken, der für den Informationsaustausch zwischen den beiden Hirnhälften sorgt.

Es gibt keine menschliche Kultur, in der nicht Musik gemacht wird. Allerdings prägt sich Musik überall anders aus. Unsere Tonleiter, die wie *Alle meine Entchen* beginnt und uns so natürlich erscheint, ist keinesfalls gottgegeben. Andere Kulturen haben aber nicht nur andere Tonskalen, sie erleben Musik auch ganz anders. Dass wir in unserer westlichen Zivilisation die Menschen in Musiker und Nichtmusiker, in aktiv Musizierende und passiv Zuhörende, einteilen, ist für andere Völker völlig unverständlich. Als ein Mitarbeiter des Max-Planck-Instituts für Kognitions- und Neurowissenschaften für Feldstudien nach Kamerun fuhr, musste er feststellen, dass seine Gesprächspartner kein Wort für „Musiker" hatten, einfach weil dort jeder ein Musiker ist. Und als Eingeborene in Lesotho den Anthropologen Jim Ferguson aufforderten, mit ihnen zu singen, und er darauf antwortete, er singe nicht – da kam die Frage zurück: „Wie, du singst nicht? Du sprichst doch!" In der Sprache Sesotho gibt es nur ein Verb für „singen" und „tanzen".

Die Trennung zwischen wenigen, besonders begnadeten Musikern und der passiv lauschenden Masse ist auch bei uns erst wenige Jahrhunderte alt. Versuche mit Menschen, die sich selbst als „unmusikalisch" bezeichnen, zeigen, dass jeder Mensch über erstaunlich differenzierte musikalische Fähigkeiten verfügt (siehe Frage 1).

In allen Umfragen unter Jugendlichen landet bei der Frage nach ihrer liebsten Freizeitbeschäftigung „Musik hören" ganz oben. Gleichzeitig steht das Schulfach Musik ganz unten auf der Beliebtheitsskala. Der Schulunterricht wird immer noch geprägt durch die abstrakte Analyse des *Freischütz* oder anderer Musikwerke der Vergangenheit, mit denen Jugendliche heute nichts mehr anfangen können. Die meisten Lehrer sind nicht in der Lage, einfach mit ihren Schülern zu musizieren, sobald man ihnen das Notenblatt wegnimmt.

Es gibt eine weitere Barriere: Die „Schamkultur", von der der hannoverische Musikwissenschaftler Eckart Altenmüller spricht (siehe Frage 2), bezieht sich nicht nur darauf, Gefühle in der Öffentlichkeit zu zeigen – auch das Musizieren ist hochgradig mit Scham und Angst besetzt. Der Laie misst sich an den TV-Idolen von *Deutschland sucht den Superstar,* der Profimusiker fürchtet sich vor dem Versagen im gnadenlosen Musikbusiness. „Angst ist die dominierende Emotion bei Profimusikern", sagt Altenmüller.

Zum Glück gibt es seit ein paar Jahren Ansätze, die künstlichen Barrieren niederzureißen, die vor der Musik aufgebaut werden. „Jedem Kind ein Instrument" heißt eine Initiative in Nordrhein-Westfalen, und auch in anderen Bundesländern lernen Kinder schon in der Grundschule, ein Instrument zu spielen.

Musik als Gemeinschaftserlebnis – das klingt in Deutschland noch für viele nach Marschliedern, Gleichschritt, Braunhemden. Während wir die Sängerstars im Fernsehen anhimmeln, geht die Kultur des Selbersingens verloren. Eltern singen nicht mehr mit ihren Kindern, weil sie sich für unmusikalisch halten. Dabei ist es unumstritten, dass gemeinsames Musizieren auch soziale Fähigkeiten fördert. „Musik gegeneinander zu machen, das ergibt überhaupt keinen Sinn, selbst bei Rappern nicht", sagt Stefan Koelsch vom Max-Planck-Institut für Kognitions- und Neurowissenschaften in Leipzig. Es gebe sogar Kulturen, die ihre Rechtsstreitigkeiten mit Gesang austragen. „Wahrscheinlich deswegen, weil die Leute beim Singen viel weniger lügen können, als wenn sie sprechen", sagt Koelsch.

Frage 1: Ist jeder Mensch musikalisch?

Wer erfolgreich musizieren will, muss begabt sein, glauben viele. Musikforscher widersprechen.

„Der Mythos vom Talent", sagt John Sloboda, sei eine irrige Vorstellung der „Volkspsychologie." Sloboda ist Direktor des Instituts zur Erforschung von Musikalität und musischer Entwicklung an der britischen Keele University und ein Star seines Fachs. Früher provozierten seine Thesen regelmäßig die Kollegen, heute werden sie von den meisten geteilt: Ein musikalischer Virtuose, sagt Sloboda, unterscheide sich von anderen Musikern dadurch, dass er mehr geprobt habe. Etwa 10 000 Stunden Übung braucht es, um ein Spitzengeiger oder -pianist zu werden. Und man fängt am besten früh damit an.

Steckt das Geheimnis von Mozarts Genie also vor allem darin, dass sein unerbittlicher Vater schon den kleinen Wolfgang Amadeus zum Üben zwang?

Ja, sagt auch Stefan Koelsch vom Max-Planck-Institut für Kognitions- und Neurowissenschaften in Leipzig. Natürlich gebe es Unterschiede in den individuellen Fähigkeiten, aber „diejenigen, die es besonders weit gebracht haben, sind diejenigen, die besonders von sich selber überzeugt waren, unbeirrbar waren oder die eben auch in einem Umfeld groß geworden sind, in dem nicht diskutiert wurde, ob jetzt drei Stunden geübt wird oder nicht."

Selbst wer kein Instrument gelernt hat, ist – auch wenn ihm das die Mitmenschen immer wieder einreden – kein musikalischer Analphabet. Die moderne Hirnforschung bestätigt, dass auch Menschen, die sich selbst für völlig unmusikalisch halten, über eine sehr differenzierte musikalische Wahrnehmung verfügen. Koelsch und seine Kollegen am Max-Planck-Institut spielten Probanden harmonische Wendungen mit sehr feinen „Ungereimtheiten" vor. Am Ausschlag der EEG-Kurven war zu erkennen, dass das Gehirn der Testpersonen prompt reagierte. Bewusst war es ihnen nicht. Als sie nach dem Experiment erfuhren, dass es um Musikverarbeitung ging, entschuldigten sie sich: Bei ihnen sei im Gehirn ganz gewiss nichts zu sehen gewesen.

Wie erstaunlich musikalisch Laien sind, bestätigten auch Versuche von Daniel Levitin von der kanadischen McGill University. Er ließ Probanden ohne musikalische Vorbildung ihre Lieblingssongs aus der Hitparade ins Mikrofon singen. Wieder sagten viele, sie seien wohl bei einem Musikexperiment fehl am Platz. Das erstaunliche Ergebnis: Die Laien trafen nicht nur das Tempo der Lieder fast exakt, sondern auch den Ton – man konnte Original und Kopie meist problemlos übereinanderlegen.

Ein Teilnehmer von Koelschs Versuchen war von seiner verborgenen Musikalität so begeistert, dass er begann, Saxofonstunden zu nehmen. „Ich habe ihn neulich mit seiner Band im Konzert gehört", erzählt Koelsch. „Der hat richtig gut gespielt – und hatte einen irren Spaß dabei."

Frage 2: Wie löst Musik Gefühle aus?

Musik ist eng mit Emotionen verknüpft. Aber die ultimative Gänsehautmusik gibt es nicht. Eckart Altenmüller von der Hochschule für Musik und Theater in Hannover begann vor einigen Jahren mit seinem Team, Gänsehauterlebnisse bei Musikhörern gezielt zu erzeugen und die Hirnströme per EEG zu messen. Bei manchen Probanden klappte das bis zu 70-mal innerhalb von zwei Stunden. „Unser Traum war: Wir finden die ultimative Gänsehautmusik, die in Neuguinea und in Thule den gleichen Effekt hat", erzählt Altenmüller.

Aber die Ergebnisse enttäuschten die Erwartung. Bei den meisten Probanden ließen sich Gänsehauteffekte nur mit Musik auslösen, die sie mit einem emotional aufwühlenden Erlebnis verbanden, etwa dem ersten Verliebtsein („Schatz, sie spielen unser Lied!"). Die musikalischen Charakteristika, die all diese Lieder gemeinsam hatten, waren sehr allgemein: Gänsehaut entsteht, wenn die Musik lauter wird, wenn eine menschliche Stimme sich in die hohen Register schraubt, wenn sich die Struktur eines Stückes wandelt. Der Rest ist individuell unterschiedlich.

Der Psychologe Jaak Panksepp von der Washington State University glaubt, dass die Gänsehaut bei unseren Vorfahren einen körperlichen Sinn hatte: Wenn man bei manchen Primatenarten Mutter und Kind voneinander trennt, stößt die Mutter sogenannte *separation calls* aus, Rufe, die dazu führen, dass sich beim Baby die Haare aufstellen und der Körper sich erwärmt.

Musik scheint also eine ausgeprägte soziale Funktion zu haben. Allerdings genießen zumindest die westlichen Menschen von heute emotionale Erlebnisse mit Musik lieber allein: In Gruppen zeigen sie weniger Gefühl. „Wir leben in einer Schamkultur", sagt Altenmüller, „das Gänsehauterleben ist so intim, dass die Anwesenheit der anderen das eher hemmt." Dazu passt auch seine Hypothese, dass in solchen Momenten die frontalen Hirnareale synchron zu schwingen beginnen – ein Zeichen dafür, dass sich das Denken ausschaltet und man sich dem Moment hingibt. Bei einem Orgasmus passiert dasselbe.

Auch wenn die Suche der Forscher nach der idealen Gefühlsmusik vergeblich ist – in der Praxis gibt es Profis, denen es gelingt, Emotionen bei Millionen Menschen unterschiedlicher Kulturen auszulösen: die Filmmusikkomponisten. Die bedienen sich vor allem aus dem Repertoire klassischer Musik des 19. und 20. Jahrhunderts – und es funktioniert. „Das sind die wahren empirischen Emotionsforscher", sagt Altenmüller anerkennend.

Frage 3: Was ist zuerst da: die Musik oder die Sprache?

Babys verstehen Musik lange vor der Sprache – und in der Menschheitsgeschichte war es wohl genauso. „Wie wollen Sie denn ohne Musik sprechen? Das geht doch gar nicht", sagt Stefan Koelsch vom Leipziger Max-Planck-Institut für Kognitions- und Neurowissenschaften. Seine Forschungsgruppe hat sich intensiv mit dem Zusammenhang von Sprache und Musik beschäftigt, und Koelsch behauptet: Wie die Sprache, so verfügt auch die Musik über eine Grammatik, die in unserem Gehirn bereits „vorverdrahtet" ist, wenn wir zur Welt kommen.

Ohne Musik zu sprechen funktioniert zwar – wie bei einer schnarrenden Computerstimme. Aber dabei geht viel von der Information verloren, die wir sonst mit der Sprachmelodie übermitteln.

Diese Melodie verstehen Babys vom ersten Tag an. Die Wörter, die sie von den Eltern hören, sagen ihnen nichts, aber das Kind merkt, ob es liebevoll angesprochen wird, ernst oder drohend. In vielen asiatischen Sprachen sind heute noch unterschiedliche Tonhöhen bedeutungstragend, während bei uns die Melodien weitgehend abgeflacht sind.

Auch „richtige" Musik können Babys von ihrer Geburt an (wenn nicht sogar schon früher) empfinden. Die Leipziger Forscher haben Neugeborene in den Hirnscanner geschoben. Wenn man ihnen zunächst Musik auf den weißen Tasten eines Klaviers vorspielt und dann auf die (harmonisch weit entfernten) schwarzen wechselt, gibt es eine deutliche Reaktion im Gehirn – das Denkorgan merkt, dass sich etwas in der Musik verändert hat.

Während solche radikalen Wechsel des Tonraums selbst von Versuchsratten bemerkt werden, zeigt sich bei Kindern im Alter von etwa zweieinhalb Jahren ein weiterer Entwicklungsschritt: Zu diesem Zeitpunkt haben sie die musikalische Grammatik unseres Kulturkreises erlernt. Spielt man ihnen Musik vor, in der Akkorde vorkommen, die nicht den Tonraum verlassen, aber in unserer Musik eher selten sind, zum Beispiel sogenannte Trugschlüsse, reagiert das Gehirn. Koelsch erklärt das so, dass wir durch viele Hörerlebnisse eine statistische Erwartung entwickeln, wie ein Musikstück weitergeht. Und wenn diese Erwartung enttäuscht wird, reagieren wir überrascht. Dabei messen die Forscher ähnliche Hirnreaktionen, wie wenn uns formal korrekte, aber inhaltlich ungewöhnliche Sätze präsentiert werden wie „Er beschmierte sein Brot mit Socken." Sprache ist eine Art Musik – und Musik ist eine Sprache.

Aus: ZEIT Wissen 4/2008

Eigentlich müsste man bei jeder Begegnung mit ihm Angst haben, ertappt zu werden. Der amerikanische Anthropologe und Psychologe **Paul Ekman** gilt als der weltbeste Kenner menschlicher Gefühlsausdrücke. „Niemand in dieser Welt hat Gesichtsausdrücke so intensiv untersucht wie Paul", schreibt sein Kollege Oliver Sacks über ihn.

Ekman wird 1934 in Washington D. C. als Sohn eines Kinderarztes geboren und wächst in Newark, New Jersey, Washington, Oregon und Südkalifornien auf. „Mein Vater liebte es zu arbeiten", meint Ekman zurückschauend. „Er ist sein ganzes Leben lang Student geblieben. Ich erinnere mich, dass er oft noch spät in der Nacht in der Küche saß und die jüngsten medizinischen Fachjournale las. Das Beste, was ich von ihm geerbt habe, ist diese Leidenschaft für die Wissenschaft."

Ekman studiert an der University of Chicago. Durch die Lektüre von Sigmund Freud in einem Einführungsseminar entdeckt er die Psyche als Thema: „Freud hat diesen wunderbaren Schreibstil", schwärmt Ekman. „Er ahnt jede Frage genau in dem Augenblick voraus, in dem sie dem Leser in den Sinn kommt." Ekman wechselt von Chicago an die New York University und promoviert 1958 an der New Yorker Adelphi University. Von 1958 bis 1960 arbeitet er als Chefpsychologe für die U.S. Army in Fort Dix (New Jersey). Von 1972 bis zu seiner Emeritierung im Jahr 2004 lehrt Ekman Psychologie an der University of California in San Francisco.

Gemeinsam mit seinem Kollegen Wallace V. Friesen stellt Ekman 1976 eine Klassifikation der emotionalen Gesichtsausdrücke auf, das Facial Action Coding System. Dabei versieht er bestimmte Regungen des Gesichts mit Code-Nummern, die eine genaue Beschreibung des Ausdrucks möglich machen: Die Zahl 1 steht dabei etwa für das Heben der inneren Augenbraue, 2 für das Heben der äußeren Braue, 9 für das Rümpfen der Nase, 33 für das Aufblasen der Wangen. Er unterscheidet sieben Basisemotionen, die kulturübergreifend bei allen Menschen in gleicher Weise erkannt und ausgedrückt werden: Fröhlichkeit, Wut, Ekel, Furcht, Verachtung, Traurigkeit und Überraschung.

Der Spezialist für Physiognomie arbeitet mit dem Dalai Lama ebenso zusammen wie mit dem FBI. Für das Dalai Lama Center for Peace and Education organisiert er Forschung zum Einfluss von Meditationstechniken auf das Gefühlsleben von Menschen. Das FBI und die Polizei berät er, wenn es darum geht, Lügner zu entlarven.

Paul Ekman

Können wir beeinflussen, was uns emotional werden lässt?

Von Paul Ekman

Am Rande eines Steilhanges entlangzugehen, kann einen mit Angst erfüllen, auch wenn man noch so deutlich sieht, dass ein Zaun einen Absturz verhindern wird. Es spielt keine Rolle, dass der Weg nicht rutschig und der Zaun nicht morsch ist, das Herz schlägt trotzdem rascher, und die Handflächen werden feucht. Das Wissen darum, dass die Angst unbegründet ist, nimmt die Furcht nicht. Obwohl die meisten Menschen ihr Tun kontrollieren können und auf dem Weg bleiben, werden sie womöglich höchstens einen raschen Blick auf die wunderbare Aussicht riskieren. Es wird eine Gefahr empfunden, obwohl diese objektiv nicht existiert.

Der Gang am Rande des Steilhanges zeigt, dass unser Wissen nicht immer die Einschätzung der automatischen Bewertungsmechanismen zu überstimmen vermag, durch die unsere Gefühle ausgelöst werden. Ist unsere emotionale Reaktion einmal in Gang gesetzt, realisieren wir möglicherweise in unserem Bewusstsein, dass es eigentlich gar keinen Grund für diese Reaktion gibt, und dennoch bleibt das Gefühl bestehen. Ich behaupte, dass dies in erster Linie dann geschieht, wenn der Auslöser ein in der Evolution entstandenes Thema ist oder aber ein erlernter Auslöser, der diesem Thema stark ähnelt. Ist ein solcher erlernter Auslöser mit dem Thema weniger eng verwandt, mag unser bewusstes Wissen eher in der Lage sein, die emotionale Erfahrung abzustellen. Anders ausgedrückt: Stehen unsere Befürchtungen einem Emotionsthema nicht übermäßig nahe, haben wir die Möglichkeit, sie aus freiem Willen zu unterdrücken.

Was ist eigentlich ...

Auslöser, Reize oder Reizkombinationen, die eine bestimmte Verhaltensweise in Gang setzen; ein Begriff, der aus der Instinktlehre stammt (Ethologie). Äußere Auslöser wirken allerdings nicht immer, sondern setzen eine innere Stimmung voraus. Je „stärker" die Stimmung ist, umso schwächer kann der Auslöser sein – und trotzdem erfolgt das reaktive Verhalten. Man spricht von einem angeborenen auslösenden Mechanismus (Abk. AAM). Der erlernte Auslösemechanismus (Abk. EAM) ist eine durch Lernerfahrung neu entstehende Reiz-Reaktions-Verknüpfung, bei der der auslösende Schlüsselreiz keine angeborenen Signaleigenschaften aufweist und daher völlig neu erlernt werden muss. Auch ein AAM kann zu einem EAM werden, wenn der natürliche Schlüsselreiz durch einen neuen, erlernten Reiz ersetzt wird. Vielfach spielen sensible Phasen in der frühen Individualentwicklung bei der Entstehung von EAM eine wichtige Rolle.

Der Emotionsprozess

Es gibt noch eine weitere und schwerer wiegende Möglichkeit, wie Emotionen unser Wissen in den Hintergrund drängen können. Emotionen können uns den Zugriff auf all das verwehren, was wir wissen, auf Informationen, die wir sonst sofort abrufbereit hätten, die uns aber unzugänglich bleiben, solange das Gefühl besteht. Wenn uns ein unangebrachtes Gefühl beherrscht, deuten wir das Geschehen so, dass es mit diesem Gefühl im Einklang steht, und ignorieren unser Wissen, das nicht mit ihm übereinstimmt.

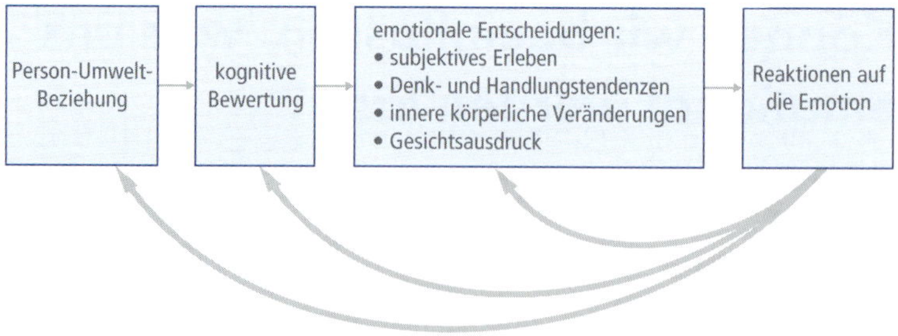

Schema des Emotionsprozesses.

Emotionen ändern unsere Sicht der Welt und unsere Interpretation des Handelns anderer. Wir versuchen nicht infrage zu stellen, warum wir ein bestimmtes Gefühl empfinden, vielmehr bemühen wir uns, es zu bestätigen. Wir bewerten das Geschehen in einer Weise, die mit dem bestehenden Gefühl konsistent ist; so rechtfertigen und erhalten wir es. In vielen Situationen kann uns das helfen, unsere Aufmerksamkeit zu fokussieren und die Entscheidung zu steuern, wie wir auf das anstehende Problem reagieren und wie wir bewerten sollen, was auf dem Spiel steht. Aber es kann uns auch in Schwierigkeiten bringen, weil wir, wenn wir von einem Gefühl überwältigt sind, bereits erworbenes Wissen, das unser Gefühl ins Wanken bringen könnte, vergessen oder missachten und neue Informationen aus unserer Umwelt, die nicht zu unserer augenblicklichen Gefühlslage passen, ignorieren. Mit anderen Worten: Derselbe Mechanismus, der unsere Aufmerksamkeit lenkt und zentriert, kann unsere Fähigkeit untergraben, mit neuen Informationen einerseits und mit bereits in unserem Gehirn gespeichertem Wissen andererseits angemessen umzugehen.

Angenommen, jemand schäumt vor Wut, weil sein Gegenüber ihn in aller Öffentlichkeit erniedrigt hat. In seinem Zorn wird es ihm nicht leichtfallen zu beurteilen, ob das, was gesagt wurde, tatsächlich als

Was ist eigentlich ...

Zorn, aggressive reaktive Emotion, die auf Kränkung, Enttäuschung oder Versagung zurückzuführen ist; resultiert aus physischer oder psychischer Beeinträchtigung oder aus Beeinträchtigung zielgerichteter Aktivität (Bedrohung der Freiheit) und dient in mäßiger Ausprägung dem Schutz des Selbstwerts und der persönlichen Integrität.

Komponenten des Emotionsprozesses

kognitive Bewertung	die Einschätzung der persönlichen Bedeutung der jeweiligen Umstände für die betreffende Person
subjektives Erleben	der affektive Zustand oder Gefühlston des individuellen Erlebens
Denk- und Handlungstendenzen	der Drang, in bestimmter Weise zu denken oder zu handeln
innere körperliche Veränderungen	physiologische Reaktionen, insbesondere des autonomen Nervensystems (z. B. Änderungen der Herzfrequenz und der Schweißdrüsenaktivität)
Gesichtsausdruck	Muskelkontraktionen zur Bewegung markanter Teile des Gesichts – Wangen, Lippen, Nase, Augenbrauen – in bestimmte Richtungen und Positionen
Reaktionen auf die Emotion	die Art und Weise, wie man das eigene Gefühl oder die auslösenden Situationen steuert oder bewältigt und darauf reagiert

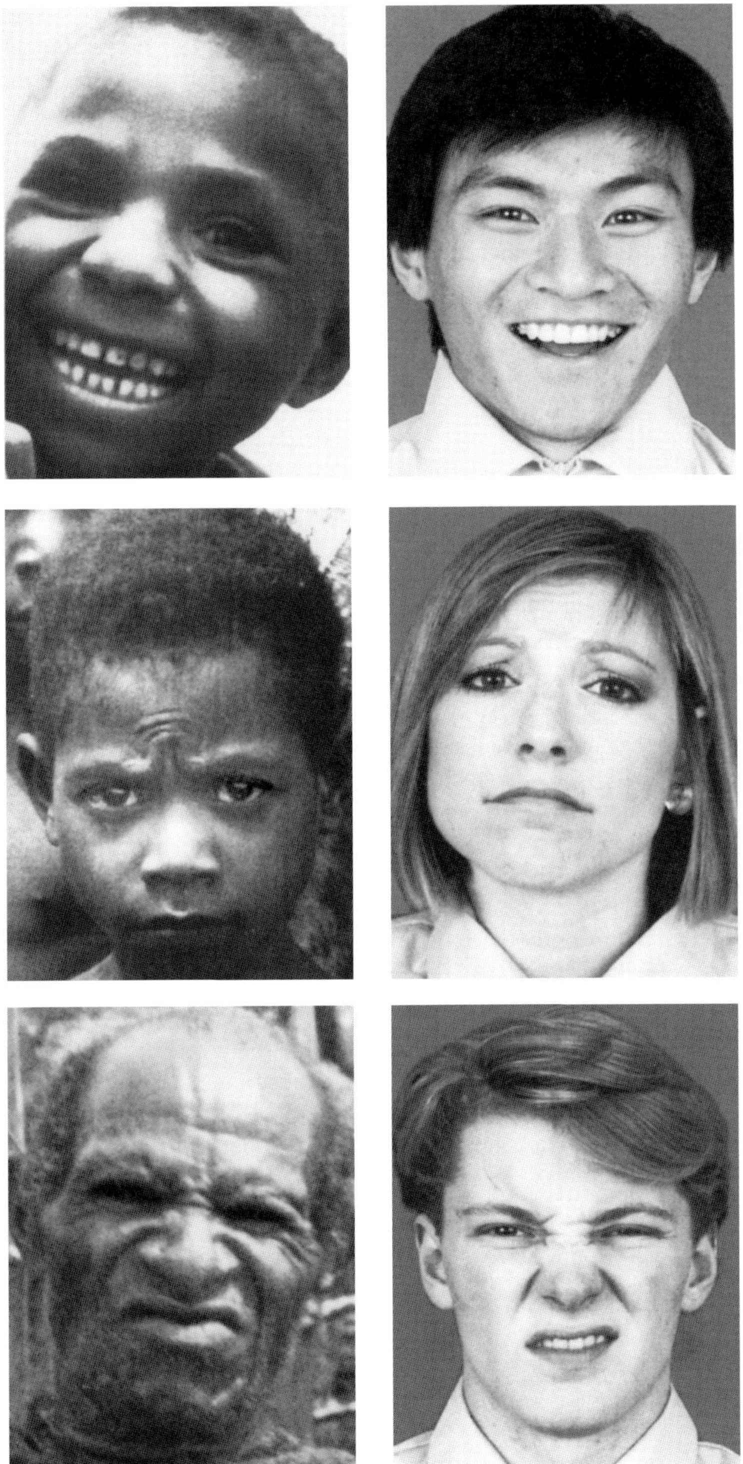

Gesichtsausdrücke sind hinsichtlich der Gefühle, die sie zum Ausdruck bringen, universell. Fotografien von Menschen aus Neuguinea und den USA zeigen, dass spezifische Emotionen durch jeweils denselben Gesichtsausdruck kommuniziert werden. Von oben nach unten sind hier Freude, Traurigkeit und Ekel gezeigt.

Angriff gemeint war. Bereits vorhandenes Wissen über jene Person und über die Natur verbaler Verletzungen wird nur eingeschränkt verfügbar sein; nur der Teil des Wissens wird erinnert, der den Zorn nährt, nicht der, der ihn besänftigen könnte. Versucht der andere, sich zu erklären oder zu entschuldigen, wird der Angegriffene dies vielleicht nicht sofort in seinem Verhalten berücksichtigen.

Wenn wir zornig sind, befinden wir uns eine Zeitlang in einer Art *Refraktärzustand,* einer Phase, in der unser Denken keine Informationen verarbeiten kann, die zu dem uns beherrschenden Gefühl nicht passen, es nicht nähren und rechtfertigen. Oft nützt diese Refraktärphase mehr als dass sie schadet, dann nämlich, wenn sie kurz ausfällt und nur eine oder zwei Sekunden andauert. In dieser kurzen Zeitspanne konzentriert sie unsere Aufmerksamkeit auf das anstehende Problem und zieht das Wichtigste an Wissen heran, um unser erstes Handeln zu lenken und den Grundstein für weitere Aktionen zu legen. Schwierigkeiten kann es geben, wenn die Refraktärzeit sehr viel länger dauert, nämlich Minuten oder sogar Stunden; dann kann unser emotionales Agieren unangemessen ausfallen. Wir sehen die Welt und uns selbst nur mehr aus einem verengten Blickwinkel.

Was ist eigentlich ...

Refraktärzeit [von latein. *refractarius* = widerspenstig, halsstarrig], bezeichnet in den Neurowissenschaften den Zeitraum nach Auslösung eines Aktionspotenzials, in dem die auslösende Nervenzelle nicht erneut auf einen Reiz reagieren kann. In der Medizin bezeichnet der Begriff die Zeit, in der ein reizbares Gewebe (Muskel-, Nervenfaser) entweder vollständig unerregbar oder nur schwer erregbar ist. Analog dazu verwendet der Psychologe Paul Ekman den Begriff. Demzufolge befinden wir uns zu Beginn einer auftretenden Emotion in einer Refraktärphase, in der nur solche Informationen verarbeitet werden können, die die jeweilige Emotion fördern. Nach Ekman dient dies der Verstärkung und der Konzentration auf die Emotion. Die Dauer der Refraktärzeit beträgt im Normalfall wenige Sekunden, kann aber auch Minuten oder sogar Stunden anhalten, was oft zu unangemessenem emotionalem Verhalten führt.

Nach einem Beinahezusammenstoß mit einem anderen Auto verharren wir, sobald wir dem anderen Wagen ausgewichen sind, nicht lange im Zustand der Angst. Wir realisieren sehr rasch, dass die Gefahr vorüber ist, und warten darauf, dass sich Atmung und Herzschlag normalisieren, was binnen fünf bis fünfzehn Sekunden erfolgt. Manchmal aber betrifft die Angst etwas, das sich nicht so unmittelbar und dramatisch widerlegen lässt. Angenommen jemand befürchtet, der Schmerz, den er in seinem Rücken spürt, könne das Symptom eines Leberkarzinoms sein. Während der Refraktärzeit wird er gegenteiligen Informationen nicht zugänglich sein und vergessen, dass er am Tag vorher seinem Freund beim Umzug geholfen hat und dies wahrscheinlich der Grund für seine Rückenschmerzen ist.

Nehmen wir eine geläufige Familiensituation: Am Morgen, bevor beide zur Arbeit gehen, teilt Jim seiner Frau Helen mit, dass ihm leider etwas dazwischen gekommen sei und er ihre Tochter nicht von der Schule abholen könne. Helen werde das übernehmen müssen, erklärt er. Helen antwortet mit leichter Schärfe in der Stimme und einem Ausdruck des Unmuts: „Warum hast Du mir nicht früher Bescheid gesagt? Ich habe um diese Zeit einen Supervisionstermin mit einem meiner Leute angesetzt!“ Helen hat über ihre Reaktion nicht bewusst nachgedacht. Sie hat nicht beschlossen, ärgerlich zu reagieren. Es ist passiert, weil ihre automatischen Bewertungsmechanismen die Aussage ihres Ehemanns als rücksichtslose Störung ihrer eigenen Ziele interpretierten (ein häufiges Zornthema).

Jim, dem Stimme und Gesichtsausdruck ihren Ärger vermitteln, ist der Ansicht, dass sie kein Recht hat, so zu reagieren. Ihn packt nun seinerseits Ärger auf Helen, so wie Zorn häufig Zorn hervorbringt. „Warum wirst Du deshalb so sauer? Ich hätte es Dir nicht eher sagen können, weil mein Chef erst vor ein paar Minuten angerufen und mir von der Krisensitzung in meiner Abteilung berichtet hat, an der ich unbedingt teilnehmen muss." Helen weiß jetzt, dass Jim nicht rücksichtslos gehandelt hat und dass es keinen Grund gibt, wegen dieser unvermeidlichen, unbeabsichtigten Enttäuschung zornig zu sein, aber wenn sie sich noch in der Refraktärphase befindet, wird es ein harter Kampf werden. Ihr Ärger versucht sich selbst zu rechtfertigen. Sie könnte versucht sein, das letzte Wort zu haben – „Du hättest es mir sofort sagen müssen!" –, aber sie könnte sich auch beherrschen und ihrem Ärger nicht Luft machen.

Falls Helen Jims neue Information aufzunehmen vermag, wird dies ihre Wahrnehmung der Gründe für sein Handeln korrigieren. Sie kann ihre erste Interpretation, nach der er rücksichtslos oder gedankenlos gehandelt hat, nun verwerfen, und ihr Ärger wird verfliegen. Aber aus vielerlei Gründen könnte die Refraktärphase auch länger ausfallen und Helen dazu veranlassen, auch nach der korrigierenden Information an ihrem Ärger festzuhalten und Jim keinen Fußbreit Boden zu schenken. Vielleicht hat sie schlecht geschlafen. Vielleicht steht sie an ihrem Arbeitsplatz unter Druck, wird damit nicht fertig und lässt ihre Frustration nun an Jim aus. Vielleicht zanken die beiden seit Monaten über ein anderes wichtiges Thema – zum Beispiel ob sie ein weiteres Kind wollen oder nicht –, und in Helen brodelt schon länger Unmut angesichts der vermeintlich selbstsüchtigen Haltung Jims. Vielleicht gehört sie zu der Sorte von Menschen, bei denen Ärger ohnehin eine beherrschende Rolle im Leben spielt. Oder Helen *importiert* ein Schema oder Drehbuch *(script)* aus einem anderen Abschnitt ihres Lebens in die gegenwärtige Situation, ein Drehbuch, das extrem emotionsbeladen ist und das sie immer wieder durchspielt.

Im Verständnis der Psychologie besteht ein Drehbuch aus einer Besetzung von verschiedenen Figuren – der Person, die es einbringt, und ein paar anderen entscheidenden Charakteren – sowie dem Szenario des Geschehens. Nicht jeder importiert – womöglich unpassende – emotionale Drehbücher aus der Vergangenheit und stülpt sie gegenwärtigen Situationen über. Nach den traditionellen psychoanalytischen Theorien zur Persönlichkeitsentwicklung tun dies vor allem Menschen, die unausgelebte Empfindungen mit sich herumtragen, Empfindungen, denen nie ganz oder in zufriedenstellender Weise Ausdruck verliehen wurde beziehungsweise die nicht zum gewünschten Ergebnis geführt haben. Solche Schemata verzerren die gegenwärtige Realität, bringen unangemessene emotionale Reaktionen hervor und verlängern die Refraktärphase.

Was ist eigentlich ...

emotionale Schemata, Strukturen, die im Hinblick auf künftige Ereignisse Bedeutungsäquivalenzen stiften, zur intraindividuellen Homogenisierung von Reaktionen beitragen und damit auch eine (relative) Stabilität individueller emotionaler Reaktionen einschließlich entsprechender interindividueller Unterschiede begründen. Die Theorie emotionaler Schemata, auch Schema-Theorie der Emotionen, postuliert, dass Gefühlsreaktionen im Laufe der Individualentwicklung durch Selektion, Abstraktion, Generalisierung, Integration und Bedeutungsverleihung gewisse Schematisierungen erfahren; aufgrund interner Verarbeitung, Selbstorganisation und Gewohnheitsbildung entstehen generative Strukturen, die eigene Erfahrungen und externe Einflüsse repräsentieren. Es entwickeln sich interindividuell unterschiedliche emotionale Reaktionsbereitschaften im Hinblick auf bestimmte Klassen von emotionalen Reaktionen (wie z. B. Neid, Angst, Mitgefühl).

Zwölf Emotionen und die mit ihnen verknüpften Denk- und Handlungstendenzen, also die Bedürfnisse, die diese Emotionen wecken bzw. auslösen

Emotion	Denk-Handlungs-Tendenz
Wut	Angriff
Furcht	Flucht
Ekel	loswerden/ ausspucken
Schuld	etwas ändern
Scham	verschwinden
Trauer	Rückzug
Freude	Spiel
Interesse	Erkundung
Zufriedenheit	genießen und einverleiben
Stolz	Großes träumen
Dankbarkeit	prosozial sein
Erhabenheit	ein besserer Mensch werden

Was ist eigentlich …

Furcht, Primäremotion, die sich in der Evolution entwickelt hat und beim heutigen Menschen genetisch determiniert ist, intensive Emotion, die mit charakteristischen körperlichen Veränderungen einhergeht. Obwohl Angst und Furcht einander ähneln und im Alltag meist synonym verwendet werden, sind sie nicht identisch. Furcht gilt als klar auf eine äußere Gefahr hin ausgerichtet; Angst dagegen ist eher unbestimmt. In einigen Gefühlstheorien wird Furcht als Basisemotion bezeichnet, während Angst als Kombination der Furcht mit anderen Grundgefühlen wie beispielsweise Neugierde, Überraschung, Kummer, Wut und Scham verstanden wird.

Angenommen, Helen war das jüngere Geschwister und ihr Bruder Bill ein Angeber, der sie stets dominiert hat. Wenn Helen durch diese Erfahrung verbittert geworden ist, weil die Eltern womöglich auf Bills Seite standen und geglaubt haben, sie übertreibe, überträgt sie womöglich das „Ich werde unterdrückt"-Schema auf alle Situationen, die dieser auch nur entfernt ähnlich sind. Eines von Helens dringendsten Anliegen ist, sich nicht beherrschen zu lassen, und so wittert sie auch dort Dominanz, wo keine ist. Helen importiert dieses Schema nicht vorsätzlich. Sie ist eine kluge Frau und hat aus den Rückmeldungen der ihr vertrauten Menschen gelernt, dass sie genau für diese Art von Fehlinterpretation und Überreaktion besonders anfällig ist. Doch während der Refraktärphase kann sie daran nicht allzuviel ändern. Sie ist sich nicht einmal bewusst, dass sie sich in einer Refraktärphase befindet. Erst im Nachhinein, wenn sie die Situation reflektiert, wird sie einsehen, dass sie unangemessen reagiert hat, und ihr Verhalten bereuen. Liebend gerne würde sie den „Er versucht mich zu dominieren"-Auslöser aus ihrer emotionalen Alarmdatenbank löschen. Ihr Leben wäre einfacher, wenn sie diesen Auslöser lahmlegen könnte, sie wäre weniger anfällig für langanhaltenden Zorn und würde nicht mehr die Motive anderer verzerren, um sie ihren Emotionen anzupassen.

Emotionen – unentbehrlich für unser Leben

Viele Menschen hätten gerne eben diese Art von Kontrolle darüber, wann sie emotional reagieren. Manche suchen die Hilfe eines Psychotherapeuten, weil sie lernen möchten, bei bestimmten Dingen, die sie regelmäßig zu einer emotionalen Reaktion veranlassen, nicht mehr emotional zu reagieren. Niemand von uns aber möchte *alle* seine Emotionen komplett und unwiderruflich abstellen. Das Leben wäre langweilig, weniger spritzig, uninteressanter und vermutlich unsicherer, hätten wir die Macht, dies zu tun.

Angst oder Furcht schützen uns; oft kommen wir nur deshalb mit dem Leben davon, weil wir auf drohendes Unheil zu unserem eigenen Schutz reagieren können, ohne einen Gedanken darauf zu verwenden. Ekel macht uns vorsichtig bei Aktionen, die im übertragenen Sinne oder auch ganz direkt toxisch wirken könnten. Trauer und Verzweiflung über einen Verlust bringen uns gelegentlich Hilfe von anderen. Selbst Ärger – das Gefühl, das die meisten Menschen am liebsten abstellen würden – ist uns von Nutzen. Es warnt andere und uns selbst, wenn uns etwas gegen den Strich geht. Eine solche Warnung kann Veränderungen herbeiführen, manchmal erzeugt sie aber auch auf der anderen Seite nur Ärger. Aus Zorn erwächst oft der Versuch, die Welt zu ändern, sich für soziale Gerechtigkeit einzusetzen, für die Menschenrechte zu kämpfen.

Klassifikation von Emotionen in der Forschung

Die wissenschaftliche Klassifikation von Grundemotionen hängt stark vom jeweiligen theoretischen Hintergrund ab.

So stellte Paul Ekman, seinen Untersuchungen zu interkulturell übereinstimmender Erkennung von Emotionen über den Gesichtsausdruck folgend, sieben Basisemotionen auf: Fröhlichkeit, Wut, Ekel, Furcht, Verachtung, Traurigkeit und Überraschung.

Der Psychologe Robert Plutschik sieht Emotionen als adaptive biologische Prozesse der Lebensbewältigung, die sich in der Evolution entwickelt haben und beim heutigen Menschen genetisch determiniert sind. Ihm zufolge gibt es acht Basisemotionen: Furcht, Ärger, Ekel, Kummer, Freude, Überraschung, Erwartung und Vertrauen.

Sein holländischer Kollege Nico Fridja dagegen klassifiziert Emotionen auf Grundlage der Identifizierbarkeit eindeutiger Handlungsbezüge von Emotionen. Er zählt zehn Emotionen in Verbingung mit ihren Handlungsbezügen auf: Begierde, Furcht, Glück, Interesse, Ekel, Gleichgültigkeit, Zorn, Überraschung, Arroganz, Demut/Resignation.

Nach sprachanalytischen Studien stellte der deutsche Psychologe Ulrich Mees sogar 13 Emotionsklassen auf.

Diese Beispiele machen deutlich, dass unterschiedliche Herangehensweisen bei der Erfoschung von Emotionen im Ergebnis zu einigen Gemeinsamkeiten, aber auch zu großen Unterschieden führen. Aus diesem Grund gehen heute viele Emotionsforscher davon aus, dass kein einheitlicher Katalog von Grundemotionen aufstellbar ist. So werden zur Einteilung von Emotionen oft nur globalere Dimensionen wie positive versus negative Emotionen oder verbindende (z. B. Liebe, Freundschaft, Mitgefühl) versus trennende Emotionen (z. B. Neid, Hass, Angst) herangezogen.

Würden wir diesen Antrieb tatsächlich eliminieren wollen? Wäre das Leben wirklich lebenswert ohne Erregung, ohne die Befriedigung unserer Sinne, ohne den Stolz auf unsere Leistungen und die unseres Nachwuchses, ohne Freude an den vielen seltsamen und unerwarteten Dingen, die im Leben passieren? Emotionen sind kein Blinddarm, kein rudimentärer Apparat aus längst vergangenen Zeiten, den wir nicht brauchen und daher entfernen sollten. Emotionen sind der Mittelpunkt unseres Lebens. Sie machen es lebenswert.

Statt Emotionen komplett abzuschalten, hätten die meisten von uns gerne die Fähigkeit, die emotionale Reaktion auf spezielle Auslöser selektiv ausschalten zu können. Wir hätte gerne eine „Entfernen"-Taste, um einen speziellen Auslöser oder eine Kombination von Auslösern, ein Schema oder eine Sorge, die in unserer emotionalen Alarmdatenbank gespeichert sind, zu löschen. Leider gibt es keinerlei überzeugende Hinweise darauf, dass so etwas möglich ist.

Einer der herausragendsten Hirn- und Emotionsforscher, der Psychologe Joseph LeDoux, schrieb, „dass das konditionierte Furchtlernen besonders unverwüstlich ist und vielleicht sogar eine vollkommen unauslöschliche Form des Lernens darstellt. ... Die Unauslöschlichkeit der erlernten Furcht hat Vor- und Nachteile. Natürlich ist es sehr nützlich, dass unser Gehirn sich Reize und Situationen merken kann, die einmal mit Gefahr verbunden waren. Aber diese mächtigen Erin-

Zum Weiterlesen

Joseph E. LeDoux *Das Netz der Gefühle* (München 2004)

nerungen, die unter traumatischen Umständen entstehen, können sich auch in den Alltag drängen und in Situationen hineinplatzen, in denen sie nicht sonderlich hilfreich sind."

Während der Niederschrift dieses Beitrags hatte ich das Glück, mit LeDoux reden und ihn bitten zu können, mir etwas genauer zu erklären, was er meinte und wie sicher er sich seiner Sache ist. Es sei hier vorausgeschickt, dass LeDoux ausschließlich von erlernten Auslösern spricht, also dem, was ich als Variationen bezeichnet hatte. Die emotionalen Grundthemen – ein Produkt der Evolution – sind, so glauben wir beide, unauslöschlich; ein Beispiel ist die Tatsache, dass Ratten, die im Labor zur Welt kamen und niemals Erfahrungen mit Katzen gemacht haben, Angstreaktionen zeigen, wenn sie das erste Mal eine Katze zu Gesicht bekommen. Es ist ein angeborenes Thema, ein Angstauslöser, der keinen Lernprozess voraussetzt. Die Wirksamkeit eines Emotionsthemas als Auslöser für ein Gefühl kann geschwächt, nicht aber komplett aufgehoben werden. Doch können wir die Variationen wieder vergessen, die neuen Auslöser, die wir im Laufe unseres Lebens erlernen?

Die emotionale Alarmdatenbank

Ohne auf die wissenschaftlichen Einzelheiten von LeDoux' Hirnforschung eingehen zu wollen, müssen wir Folgendes wissen: Wenn ein emotionaler Auslöser etabliert wird, wenn wir zum Beispiel lernen, uns vor etwas zu fürchten, werden zwischen bestimmten Zellgruppen unseres Gehirns neue Verknüpfungen gebildet; das Resultat bezeichnet LeDoux als ein Zellensemble *(cell assembly)*, ein konditioniertes Netz. (Den Lernvorgang selbst bezeichnet man als Konditionierung.) Diese Zellverbände, die das Gedächtnis für die erlernten Auslöser bilden, scheinen dauerhafte physiologische Aufzeichnungen dessen zu sein, was wir gelernt haben. Sie bilden das, was ich als emotionale Alarmdatenbank bezeichne. Wir können jedoch offenbar lernen, die Verknüpfung zwischen diesen Zellgruppen und unserem Verhalten zu entkoppeln. Der Auslöser wird dann weiterhin das etablierte Zellensemble aktivieren, doch die Verknüpfung zwischen diesem und unserem emotionalen Verhalten lässt sich aufbrechen – zumindest für einen gewissen Zeitraum. Wir mögen uns fürchten, aber wir handeln nicht entsprechend.

Wir können auch lernen, die Verknüpfung zwischen dem Auslöser und den entsprechenden Zellensembles zu unterbrechen, sodass das Gefühl gar nicht ausgelöst wird; der Zellverband aber bleibt dabei erhalten, die Datenbank wird nicht gelöscht und damit auch nicht ihr Potenzial, erneut mit Auslöser und Reaktion verknüpft zu werden. Unter manchen Umständen, wenn wir zum Beispiel unter Stress stehen, wird der Auslöser reaktiviert, knüpft wieder Kontakte zum Zellensemble, und die emotionale Reaktion bricht sich erneut Bahn. Zwar befasst sich LeDoux' gesamte Forschung mit Angst, aber er ist der Ansicht, dass seine Befunde höchstwahrscheinlich auch für Zorn oder Schmerz gelten. Das deckt sich mit meiner persönlichen Erfahrung und mit dem, was ich bei anderen beobachtet habe; daher gehe ich davon aus, dass sich seine Erkenntnisse auf andere Emotionen übertragen lassen, vielleicht sogar auf die positiven Emotionen.

Unser Nervensystem macht es uns nicht leicht, das, was uns emotional reagieren lässt, zu verändern, die Verknüpfung zwischen einem für eine bestimmte Emotion spezifischen Zellensemble und einer Reaktion oder die zwischen Auslöser und Zellensemble aufzubrechen. Die emotionale Alarmdatenbank ist ein offenes System, da unablässig neue Varianten eingebaut werden, aber es ist kein System, aus dem sich einmal aufgenommene Daten leicht entfernen lassen.

Unser Emotionssystem ist dafür angelegt, Auslöser zu konservieren, nicht sie zu entfernen; es mobilisiert unsere emotionale Reaktion ohne Nachdenken. Unsere biologische Konstruktionsweise sieht es nicht vor, diese Verbindungen leichtfertig zu unterbrechen.

Das Nervensystem

Erst im 19. Jahrhundert wurden Nervenzellen beschrieben und ihre Gesamtheit als Nervensystem (NS) bezeichnet. Morphologisch stellt das Nervensystem die Gesamtheit aller Nervenzellen (Neuronen) eines Organismus dar, die das zentrale und periphere Nervensystem ausmachen, sowie die diese Systeme bildenden Netzwerke (Areale, Kerne, Ganglien, Nervenstränge), ihre Hüllen und Stützelemente (Gliazellen). Gehirn und Rückenmark formen das zentrale Nervensystem (Zentralnervensystem), Hirnnerven, Spinalnerven und die peripheren Nerven das periphere Nervensystem. Funktionell spricht man vom somatischen (oder animalen) und vegetativen (oder autonomen) Nervensystem, wobei das autonome Nervensystem nochmals in einen sympathischen und einen parasympathischen Anteil aufgeteilt wird.

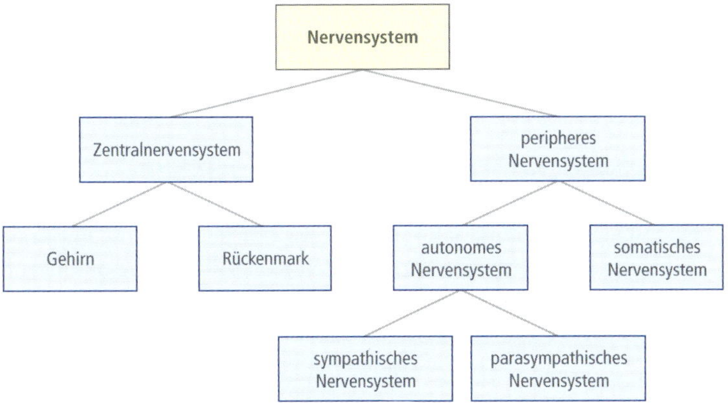

Grundaufbau des Nervensystems.

Lassen Sie uns noch einmal zu dem Beispiel des Beinahezusammenstoßes zurückkehren, um zu untersuchen, inwieweit LeDoux' Erkenntnisse helfen können zu verstehen, was passiert, wenn wir zu verändern versuchen, worauf wir emotional reagieren. Jeder Autofahrer kennt die Erfahrung, dass sein Fuß, auch wenn er auf dem Beifahrersitz sitzt, unwillkürlich auf ein nicht vorhandenes Bremspedal schnellt, wenn es so aussieht, als käme ein anderes Fahrzeug auf ihn zu. Hier ist nicht nur die Reaktion – die Betätigung des Bremspedals – erlernt, sondern der Auslöser ebenfalls. Autos gehörten nicht zum Erfahrungsbereich unserer Urahnen, und ein Auto, das auf uns zufährt, ist kein in der Evolution angelegtes Emotionsthema, sondern eine erlernte Variation davon. Wir erlernen diese rasch, weil sie einem der wahrscheinlichen Furchtthemen sehr nahesteht – einem Objekt, das sehr rasch in unser Blickfeld kommt und sich uns auf eine Weise nähert, die eine drohende Kollision nahelegt.

Während die meisten von uns in so einem Fall auf dem Beifahrersitz ein nicht existierendes Bremspedal durchtreten, wenn sie Gefahr wittern, lernen Fahrlehrer, das nicht zu tun. Sie könnten gelernt haben, die Reaktion zu unterbinden – in diesem Fall müssten sie sich noch ängstigen, aber sie würden nicht mehr physisch reagieren. (Ich nehme an, auf ihrem Gesicht oder in ihrer Stimme fände sich dennoch eine Spur von Angst.) Oder sie könnten gelernt haben, die Verknüpfung zwischen dem Auslöser – dem auf sie zurollenden Auto – und dem für diesen Angstauslöser etablierten Zellensemble aufzubrechen.

Vielleicht findet auch eine Feinabstimmung der Verknüpfung zwischen Auslöser und Zellensemble statt, sodass die Angst und die abwehrende Fußbewegung nur dann ausgelöst werden, wenn der Ernstfall sehr wahrscheinlich wird. Hat der Fahrlehrer aber schlecht geschlafen oder grübelt noch über einem ungelösten Streit mit der Gattin, dann wird sein Fuß vorschnellen wie bei jedem anderen von uns, der nicht Fahrlehrer geworden ist und nicht gelernt hat, diesen Auslöser zu entkoppeln. Die Verknüpfungen zwischen dem Auslöser, den zellulären Netzwerken und der Reaktion sind nicht entfernt, sondern lediglich geschwächt.

Abschwächung emotionaler Auslöser

Im Folgenden widme ich mich der Abschwächung von emotionalen Auslösern, seien sie nun direkt durch Konditionierung etabliert oder indirekt durch Verknüpfung mit einem Emotionsthema. Lassen Sie mich anhand eines Beispiels erklären, wie es funktionieren könnte.

Angenommen ein Junge – wir wollen ihn Tim nennen – ist wieder einmal von seinem Vater aufgezogen oder geneckt worden. Die Sticheleien kommen zwar vordergründig als Scherz daher, haben aber stets einen gewissen grausamen Unterton in sich, der Tims unzulängliche Leistungen verhöhnt. Bereits sehr früh, vermutlich schon im Alter von unter fünf Jahren, wurde in Tims emotionaler Alarmdatenbank das Szenario eingespeichert: „Mächtige Person setzt mich herab, indem sie mich neckt." Während des Heranwachsens antwortete Tim auf jede Stichelei mit einer prompten Zornreaktion, selbst wenn die Bemerkung gar nicht böse gemeint war. Das amüsierte den Vater, der ihn nun gleich noch einmal verspottete, weil er wegen eines Witzes so wütend wurde. Auch 20 Jahre später reagiert Tim noch immer beim ersten Anzeichen einer Neckerei mit heftigem Ärger. Das heißt nicht, dass Tim seine Wut immer auslebt, aber er wäre besser dran, wenn er nicht stets mit seinem Impuls zu kämpfen hätte, zornig zu werden, sobald ihn jemand aufzieht.

Zum Weiterlesen

Daniel Goleman, *Dialog mit dem Dalai Lama. Wie wir destruktive Emotionen überwinden können* (München 2003)

Wahrscheinlich entscheiden sechs recht verschiedene Faktoren darüber, welchen Erfolg jemand bei dem Versuch haben kann, die Brisanz und Wirksamkeit eines emotionalen Auslösers herabzusetzen sowie die Länge der Refraktärphase zu beeinflussen, in der wir lediglich solche Informationen verwerten können, die unseren augenblicklichen emotionalen Zustand unterstützen. Der erste Faktor ist die *Nähe zu dem in der Evolution entwickelten Thema*. Je näher der erlernte Auslöser dem nicht erlernten Emotionsthema ist, desto schwerer wird es, seine Wirksamkeit zu mindern. Wutausbrüche am Steuer sind ein gutes Beispiel für eine erlernte Variation, die mit einem Emotionsthema eng verwandt ist. Das zeigt sich zum Beispiel an folgendem Rätsel: Wenn mein Fachbereichsleiter allmorgendlich zur Universität fährt, passiert er eine Stelle, an der zwei Fahrbahnspuren zusammengeführt werden. Es gibt die ungeschriebene Regel, dass sich dabei die Autos von beiden Spuren abwechselnd einreihen sollten; manchmal aber drängeln sich Leute, die eigentlich nicht an der Reihe wären, direkt vor ihn. Mein Chef wird wütend, obwohl es ihm eigentlich egal sein könnte: Seine Ankunftszeit in der Universität verzögert dies höchstens um ein paar Sekunden. Wenn aber bei der Arbeit ein Fakultätsmitglied eine Kritik an einer seiner Planungen für die Abteilung verfasst, für die er extrem hart gearbeitet hat und die ihm wirklich wichtig ist, wird er so gut wie nie zornig. Warum die Wut über ein anscheinend triviales Ereignis, während er bei etwas Wichtigem gelassen bleibt?

Der Grund ist, dass das Verhalten des Fahrers dem vermutlich universalen in der Evolution entstandenen emotionalen Thema ähnelt, dem zufolge wir mit Zorn reagieren, wenn wir nicht durch Worte, sondern durch physisches Handeln gehindert werden, ein Vorhaben auszuführen. Der ungehobelte Fahrer liegt mit seinem Verhalten sehr viel näher an diesem Thema als ein Kollege, der eine Kritik verfasst. (Warum ist Wut am Steuer in unseren Tagen so auffällig geworden? Ich nehme an, es hat sie immer gegeben, aber sie war früher seltener, denn es gab weniger Verkehr. Außerdem hatten die Medien noch keinen Namen dafür, damit stand das Phänomen noch nicht so im Mittelpunkt der Aufmerksamkeit.)

Wenn wir diese Überlegungen auf Tims Problem übertragen, können wir erwarten, dass er es leichter haben sollte, einen Auslöser abzuschwächen, der einem universalen Thema ferner steht. Durch die Worte des eigenen Vaters verspottet und erniedrigt zu werden, liegt weiter von dem Universalthema entfernt, als physisch von diesem „geneckt" zu werden, etwa indem der Vater ihm beide Arme am Körper festhält, sodass er sich nicht rühren kann. Tim sollte als Erwachsener demnach bessere Chancen haben, den Auslöser abzuschwächen, wenn die ursprüngliche Erfahrung des Verspottetwerdens in Worten bestand und nicht in der Ausübung von physischer Überlegenheit.

Als zweiter Faktor ist zu beachten, wie sehr die aktuellen Merkmale des auslösenden Ereignisses *der ursprünglichen Situation ähneln,* in welcher der Auslöser erlernt wurde. Es war Tims Vater, der ihn so erbarmungslos gehänselt hat – ein starker, dominanter Mann. Von einer Frau, einem Altersgenossen oder einem Untergebenen geneckt zu werden, ist von der ursprünglichen Situation weiter entfernt, als von einem Mann verspottet zu werden, der eine gewisse Macht über ihn hat, und so sollte es für Tim leichter sein, den Auslöser abzuschwächen, wenn er von jemand anderem als einer Autoritätsperson aufgezogen wird.

Ein dritter Punkt ist die Frage, wie früh im Leben der Auslöser erlernt worden ist. Es ist davon auszugehen, dass einem Auslöser umso schwerer beizukommen ist, je *früher* er erlernt wurde. Zum Teil liegt das daran, dass die Fähigkeit, emotionale Reaktionen auf emotionale Auslöser jedweder Art zu kontrollieren, so früh im Leben noch nicht gut entwickelt ist. Daher wird mit Auslösern, die früh im Leben erlernt wurden, eine stärkere emotionale Reaktion assoziiert sein als mit Auslösern, die man erst im Erwachsenenalter erlernt. Zum Teil liegt es aber auch daran, dass die frühe Kindheit für die Ausbildung der Persönlichkeit und das spätere Gefühlsleben eines Menschen wohl von entscheidender Bedeutung ist – eine Ansicht, die übrigens

Die fünf wichtigsten Persönlichkeitsmerkmale

Faktor	untergeordnete Eigenschaften (Beispiele)
Neurotizismus, emotionale Instabilität	Nervosität, Ängstlichkeit, Erregbarkeit
Extraversion	Geselligkeit, Schüchternheit, Impulsivität
Liebenswürdigkeit, Verträglichkeit	Wärme, Hilfsbereitschaft, Toleranz
Gewissenhaftigkeit	Ordentlichkeit, Beharrlichkeit, Zuverlässigkeit
Kultur, Offenheit für Erfahrung, Intellekt	Bildung, Kreativität, Sinn für Kunst

durch immer neue Befunde aus der Hirn- und Emotionsforschung gestützt wird. Was in dieser Zeit gelernt wird, ist gefestigter und widersteht Veränderungen besser. Auslöser, die in dieser Zeit erlernt wurden, verlängern unter Umständen die Refraktärphase.

Der vierte Schlüsselfaktor ist der *ursprüngliche emotionale Gehalt.* Je stärker die Emotionen, die beim Erlernen des Auslösers erfahren wurden, desto schwerer wird es werden, dessen Einfluss abzuschwächen. Wenn Tims Ausgangserfahrung in einer kleinen, gemäßigten Neckerei bestand und es sich nicht um groben Spott handelte, wenn also das Gefühl von Erniedrigung und Wertlosigkeit und der Verdruss über die eigene Machtlosigkeit weniger stark ausgeprägt und nicht überwältigend waren, so wird es leichter sein, den Auslöser zu entschärfen.

Die *Dichte* der Erfahrung ist ein fünfter Faktor, der maßgeblich zur Stärke und Unauslöschlichkeit eines Auslösers beiträgt. Mit Dichte ist hier das wiederholte Eintreten einer emotional sehr aufgeladenen Episode innerhalb eines kurzen Zeitraums gemeint, das einen Menschen förmlich überrollen kann. Wenn es daher eine Phase gegeben hat, in der Tim unerbittlich wieder und wieder massiv gehänselt wurde, ergäbe dies einen extrem schwer zu entkräftenden Auslöser. Bei einer sehr starken ursprünglichen emotionalen Aufladung und massiven Häufung würde ich überdies erwarten, dass die Refraktärzeit bei späteren Reaktionen auf diesen Auslöser lang ist und dass der Betreffende deshalb in den ersten ein bis zwei Sekunden kaum zu erkennen vermag, dass er unangemessen reagiert. Wenn die ursprüngliche emotionale Aufladung sehr hoch ist, verlängert schon das allein oft die Refraktärphase, auch ohne dass die Erfahrung von großer Dichte war oder unablässig wiederholt wurde.

Ein sechster Faktor ist der *affektive Typ,* dem die betreffende Person zuzurechnen ist. Wir alle unterscheiden uns in Geschwindigkeit und Intensität unserer emotionalen Reaktion und in der Zeit, die wir brauchen, um uns von einem emotionalen Erlebnis zu erholen. Mit dieser Frage haben sich meine Untersuchungen in den letzten zehn Jahren befasst. Menschen, die generell rascher und intensiver emotional reagieren, haben es sehr viel schwerer, einen brisanten Auslöser zu entschärfen.

Ein Beispiel: Wie lässt sich ein Wutanfall verhindern?

Lassen Sie uns nun darüber nachdenken, wie Tim daran gehen könnte, den Auslöser für seine Reaktion in seiner Wirksamkeit abzuschwächen. Im ersten Schritt sollte er sich darüber klarwerden, was genau ihn so ärgerlich macht. Vielleicht weiß er nicht, dass Stichelei-

Jeder kennt das Gefühl von Wut.

en einer dominanten Person für ihn einen extrem wirksamen Wutauslöser darstellen. Die automatischen Bewertungsmechanismen operieren im Bereich von Millisekunden, bevor das Bewusstsein tätig wird, also bevor ihm klar wird, was ihn so aufregt. Vielleicht weiß er, dass es Hänseleien sind, nicht aber, dass die durch jemanden erfolgen müssen, der eine gewisse Macht über ihn hat. Vielleicht realisiert er auch nicht, dass es hier eine Verknüpfung zu seiner Kindheitserfahrung der erbarmungslosen väterlichen Neckereien gibt. Möglicherweise ist Tim extrem defensiv eingestellt, nicht bereit zu akzeptieren, dass er wütend wird oder der Tatsache ins Auge zu sehen, dass sein Vater grausam war. Zunächst einmal muss er erkennen, dass er zornig ist, er muss die Empfindungen in seinem Körper zur Kenntnis nehmen, und er muss die Wirkung verstehen, die er auf andere Menschen hat.

Angenommen, Tim beginnt zu realisieren, dass er zuweilen über Gebühr zornig wird, weiß aber nicht warum. Sein nächster Schritt bestünde darin, Aufzeichnungen über seine Zornanfälle zu machen. Dabei sollte er sowohl notieren, wenn er selbst merkt, dass er wütend geworden ist, als auch, wenn andere ihm dies sagen. In das Protokoll sollte so viel Information wie möglich über das aufgenommen werden, was ihn in den Augenblicken, bevor er zornig wurde, bewegt hat. Ein Freund oder ein Psychotherapeut könnten Tim möglicherweise helfen, aus den Berichten über diese Episoden zu schließen, dass als Erniedrigung interpretierte Sticheleien ein brisanter Auslöser für ihn sind. Es steht zu hoffen, dass er sich, wenn er darüber nachdenkt, des „Drehbuches" bewusst wird, das er importiert: jene schlimmen Szenen mit seinem Vater. Ich bin mir nicht sicher, dass er das wissen muss, um dieses Schema zu entkräften. Es mag für ihn hinreichen zu erkennen, dass er auf Sticheleien überreagiert und sie stets so auffasst, als hätten sie das Ziel, ihn zu demütigen.

Vielleicht hat es den Anschein, als bestünde die einfachste Lösung für Tim darin, zukünftig alle Situationen zu meiden, in denen er geneckt werden könnte. Das würde voraussetzen, dass es ihm gelingt, bei keinem Abendessen mit Kollegen zu erscheinen, bei dem er höchstwahrscheinlich hier und da aufgezogen würde, und dass er Situationen, in denen er mit Spott zu rechnen hätte, problemlos vorhersieht. Die bessere Lösung für ihn wäre es daher, dem Auslöser seine Brisanz zu nehmen.

Tim muss darüber nachdenken, wie oft er sich grundlos verspottet gefühlt oder Hänseleien falsch bewertet hat, die ihn gar nicht demütigen sollten. Er muss lernen, neu zu bewerten, wodurch Neckerei motiviert ist. Derlei Betrachtungen können helfen, wenn man sie sorgsam immer wieder anstellt. Tim kann dies tun, indem er über jeden Vorfall noch einmal nachdenkt, sorgsam alternative Erklärungen abwägt und andere Gründe für Neckereien sucht als Erniedrigung.

Klassifikation von Strategien zur Emotionsregulation. Menschen setzen verschiedene kognitive und verhaltensbezogene Strategien ein, um sich wieder besser zu fühlen

Strategie	Kognition	Verhalten
Ablenkung, loslösen	vermeiden, über das Problem nachzudenken	die problematische Situation vermeiden
zerstreuen	an etwas Angenehmes oder Einnehmendes denken	etwas Angenehmes oder Anspruchsvolles tun
Hinwendung, affektbezogen	Neubewertung	die Gefühle rauslassen, Trost suchen
situationsbezogen	über eine Problemlösung nachdenken	etwas tun, um das Problem zu lösen

Im Laufe der Zeit kann es ihm gelingen, diese Neubewertung rascher vorzunehmen, noch während er sich in der Situation befindet. Er kann auch lernen zu spüren, wann die Möglichkeit besteht, dass er gehänselt wird, und sich dagegen wappnen, dies als Angriff oder Demütigung zu interpretieren. Mit der Zeit kann Spott zu einem weniger „heißen“ Auslöser werden. Wenn Tim schließlich gelernt hat, dass Spott ein Auslöser ist und dass dieser durch die mutmaßlich beabsichtigte Demütigung seiner Person betätigt wird, dann wird er besser in der Lage sein, seinen aufkommenden Zorn im Zaum zu halten.

Falls das, was ich hier vorgeschlagen habe, nicht funktioniert, wenn also ein emotionaler Auslöser weiterhin immer wieder schwer kontrollierbare emotionale Reaktionen hervorruft, muss man andere Wege in Betracht ziehen. Psychotherapie wäre eine Möglichkeit, wenngleich sie meiner Erfahrung nach oft darauf beschränkt bleibt, jemandem bewusst zu machen, welches der Auslöser ist und welches Schema er importiert, ohne dass sie immer helfen kann, den Auslöser zu entschärfen. Ein weiterer Ansatz wäre eine Verhaltenstherapie, meditatives Training ein dritter.

Angenommen, Tim hat den Auslöser erkannt, einige Zeit in die Analyse der Arten von Situationen investiert, in denen er irrtümlich Spott wahrnimmt, und außerdem trainiert, Situationen neu zu bewerten, sodass er in der Lage ist, Sticheleien als Scherz, nicht als Angriff oder Demütigung zu werten. Lassen Sie uns des Weiteren davon ausgehen, dass ihm dies dadurch erleichtert wurde, dass es früher in seinem Leben lediglich zu wenigen Vorfällen dieser Art gekommen ist, die sich auf mehrere Monate verteilt haben und jeweils nur von kurzer Dauer waren – geringe emotionale Aufladung, geringe Dichte. Und wir wollen davon ausgehen, dass Tim kein zu rasch aufflammenden und lang anhaltenden Ärger neigendes Persönlichkeitsprofil hat. Dann hätte Tim fortan nur noch selten mit Zorn zu kämpfen,

Was ist eigentlich ...

Persönlichkeitsprofil, Kombination von Persönlichkeitseigenschaften, die für bestimmte Situationen aussagekräftig oder erstrebenswert sind. Die Eigenschaften werden z. B. über Persönlichkeitstests erhoben und erlauben in beschränktem Ausmaß eine Vorhersage über das Verhalten.

wenn ihn jemand neckt. Aber es kann immer noch geschehen, und zwar am wahrscheinlichsten dann, wenn er aus irgendeinem anderen Grund in reizbarer *Stimmung* ist.

Stimmungen – ein etwas anders gelagerter Fall

Dies ist eine gute Gelegenheit, Emotionen von Stimmungen abzugrenzen. Jeder von uns hat beides, aber sie unterscheiden sich voneinander, obwohl Empfindungen und Gefühle an beiden beteiligt sind. Der augenfälligste Unterschied besteht darin, dass Emotionen sehr viel kürzer währen als Stimmungen. Letztere können einen ganzen Tag, manchmal zwei Tage anhalten, während Emotionen binnen Minuten, manchmal Sekunden kommen und gehen können. Eine Stimmung ähnelt einem abgeschwächten, aber andauernden emotionalen Zustand. Im Falle von Reizbarkeit entspräche dies einem anhaltenden milden Verdruss, der beim kleinsten Anlass in Ärger umschlagen kann. Sind wir trüber Stimmung, hält uns eine leichte Traurigkeit umfangen, die sich rasch in massive Trauer wandeln kann. Betrachten wir die Welt eine Zeitlang mit einer gewissen Geringschätzung, so ist unsere Gefühlslage von Ekel und Verachtung geprägt, in euphorischer Verfassung oder einem Stimmungshoch von Erregung und Freude, in sorgenvoller Stimmung von Elementen der Angst.

Eine Stimmung aktiviert spezielle Emotionen. Wenn wir gereizt sind, suchen wir nach einer Gelegenheit, zornig zu werden. Wir interpretieren die Welt auf eine Weise, die es uns erlaubt, ja uns geradezu auffordert, wütend zu werden. Wir reagieren zornig auf Dinge, die uns normalerweise nicht in Rage bringen, und wenn wir in Wut geraten, dann ist diese im typischen Falle größer und hält länger an, als wenn

Was ist eigentlich ...

Stimmung, engl. *mood, temper,* 1) in der Ethologie Begriff für motivationelle Zustandsformen (Motivation) eines Tieres, auch in Kombination mit Emotionen beim Tier. 2) in der Psychologie ein – im Gegensatz zu den kurzfristigeren Affekten und Emotionen – länger anhaltender, gefühlsartiger Zustand, der auf die psychophysiologische Gesamtverfassung des Organismus zurückzuführen ist und relativ stark und schnell wechseln kann. Vor dessen Hintergrund bewirken einzelne Erlebnisse eine über ihre unmittelbare Wirkung hinausgehende Gefühlsbeeinflussung, wie z. B. Fröhlichkeit, Gereiztheit, Gleichmut, Trauer. Abrupte Stimmungsumschwünge, z. B. im Zusammenhang mit Stress, Schwangerschaft und dem Menstruationszyklus, hängen von den Auswirkungen von Steoridhormonen auf das Gehirn ab. Elektrische Reizungen im Tierexperiment sowie Episoden bei hirnchirurgischen Eingriffen am Menschen beweisen, dass das neurobiologische Korrelat für die den Stimmungen zugrundeliegenden Prozessen besonders in limbischen und hypothalamischen Strukturen lokalisiert zu sein scheint. Die allgemeine „Gestimmtheit" eines Menschen ist ein mehr oder weniger markantes Merkmal seiner Persönlichkeit. 3) umgangssprachlich ein Begriff, der ein Lebensgefühl anzeigt und unabhängig von einzelnen Ereignissen das Erleben in einer entsprechenden Weise tönt, wie z. B. heiter oder traurig.

wir nicht vorher schon gereizt gewesen wären. Stimmungen verraten sich nicht über Signale in Mimik und Stimme. Wir können allerdings die Stimmung eines anderen einschätzen, weil wir bei ihm Signale derjenigen Emotion wahrnehmen, die Basis dieser Stimmung ist. Stimmungen schränken unsere Flexibilität ein, denn sie machen uns weniger sensibel für Nuancen in unserer Umgebung und bringen unsere Interpretationen und Reaktionen in eine Schieflage. Emotionen tun das auch, aber nur für Augenblicke, vorausgesetzt, die Refraktärzeit ist nicht verlängert; Stimmungen dauern Stunden.

Noch etwas anderes unterscheidet Stimmungen von Emotionen: Sobald ein Gefühl eingesetzt hat und wir seiner gewahr geworden sind, können wir in der Regel auf das Ereignis deuten, das es verursacht hat. Warum wir in einer gewissen Stimmung sind, wissen wir nur selten. Es scheint einfach mit uns zu passieren. Wir wachen eines Morgens in einer ganz bestimmten Gemütslage auf oder stellen mitten am Tag fest, dass wir aus keinem ersichtlichen Grund trübsinnig sind. Sicher gibt es autonome neurochemische Veränderungen, die Stimmungen auslösen und unterhalten, aber ich glaube, Stimmungen können auch durch extrem gehäufte emotionale Erfahrungen hervorgebracht werden. Gehäufter Ärger kann in eine reizbare Stimmung münden, so wie gehäufte Freude sich zu einem Stimmungshoch, zu wahrer Euphorie steigern kann. In diesen Fällen wissen wir freilich, warum wir in einer bestimmten Stimmung sind.

Ich bin der Überzeugung, dass Emotionen für unser Leben notwendig sind und wir sie nicht würden missen wollen. Davon, dass Stimmungen von Nutzen für uns sind, bin ich weit weniger überzeugt. Stimmungen sind womöglich die unbeabsichtigte Folge unserer emotionalen Struktur und wurden nicht aufgrund ihres adaptiven Werts im Laufe der Evolution selektiert. Stimmungen schränken unsere Alternativen ein, verzerren unser Denken und machen es uns schwerer zu kontrollieren, was wir tun, und das in der Regel aus keinem sinnvollen Grund. Man könnte argumentieren, dass Stimmungen, wenn sie doch durch eine Häufung von emotionalen Erfahrungen zustande kommen, uns bereithalten sollen für weitere Erlebnisse derselben Art. Doch in meinen Augen wäre das ein geringer Nutzen, verglichen mit dem Unheil, das Stimmungen anrichten können. Wenn ich könnte, würde ich darauf verzichten, jemals wieder in eine Stimmung zu verfallen, und allein mit meinen Emotionen leben. Ich gäbe voller Freude jede euphorische Stimmung auf, würde ich damit auch die reizbaren und trübsinnigen Tage los. Aber keiner von uns hat diese Wahl.

Auslöser, die durch harte Arbeit entschärft worden sind, gewinnen wieder an Brisanz, wenn die Person in einer für diesen Auslöser relevanten Stimmung ist. Wenn Tim in gereizter Verfassung ist, lassen Sticheleien erneut seinen Zorn entflammen. Es ist nicht allein Stress, der – wie LeDoux vermutet – einen Auslöser erneut mit einer Emotion verknüpft; eine Stimmung vermag dies auch. Selbst wenn ein Auslöser abgeschwächt oder entschärft ist, sodass er nicht mehr automatisch eine Emotion auslöst, wird er wieder brisant werden, sobald die richtige Stimmung vorherrscht.

Bei vielen von uns aber wird, selbst wenn wir nicht durch eine Stimmung besonders verwundbar geworden sind, zumindest hin und wieder ein Gefühl ausgelöst, das wir nicht ausleben möchten.

Grundtext aus: Paul Ekman *Gefühle lesen. Wie Sie Emotionen erkennen und richtig interpretieren*; Spektrum Akademischer Verlag (amerikanische Originalausgabe: *Emotion Revealed. Understanding Faces and Feelings*; Weidenfeld & Nicolson; übersetzt von Susanne Kuhlmann-Krieg).

Ich fühle, also bin ich

Trauer und Wut, Freude und Überraschung – Emotionen sind nicht nur Beigaben zum Verstand. Sie sichern unser Überleben. Der Bauch ist oft klüger, als man denkt

Bas Kast

Es war einmal ein Mann, der liebte zwei Frauen und wusste nicht, für welche er sich entscheiden sollte. Die eine liebte er aus ganz anderen Gründen als die zweite – wie sollte er da wählen? Dummerweise wussten die beiden voneinander und hatten dem Mann die Pistole auf die Brust gesetzt: Sie oder ich!

In seiner Verzweiflung entschloss er sich, auf einem Blatt Papier die Vor- und Nachteile der Alternative aufzulisten. So sammelte er alle Kriterien, die ihm wichtig waren. Er versuchte sich vorzustellen, wie lieb Kandidatin eins ihn auch nach Jahren der Ehe noch behandeln würde im Vergleich zu Kandidatin zwei. Er bewertete das Äußere und überlegte, inwiefern die Frauen im späteren Leben interessante Gesprächspartner für ihn sein würden. Er gewichtete die Kriterien, gab jedem Element eine Punktzahl, addierte die Werte und verglich das Ergebnis.

Dann geschah etwas Seltsames. Er sah das Ergebnis und wusste instinktiv: Es ist falsch. Sein Herz hatte eine andere Entscheidung getroffen als sein Verstand.

Der Mann beschloss, seine Liste zu vergessen, und verbrachte viele Jahre glücklich mit der Frau seines Herzens. Er hatte auf sein Gefühl gehört.

Bittet man Gerd Gigerenzer, seine Forschungsergebnisse in wenigen Worten auf den Punkt zu bringen, erzählt er die Geschichte von dem Mann und den beiden Frauen. Gigerenzer ist kein Märchenonkel, sondern Direktor am Max-Planck-Institut für Bildungsforschung in Berlin. Er gehört zu den renommiertesten Experten für die Psychologie von Entscheidungen. Und der Mann mit den Frauen ist kein Märchenprinz, sondern ein Bekannter von ihm.

Gigerenzers Thema ist nicht Herzschmerz, sondern die Anatomie der Ratio. Und die Quintessenz aus 20 Jahren Entscheidungsforschung lautet auch nicht einfach: Geh, wohin dein Herz dich trägt. Gigerenzer und seine Kollegen, Psychologen, Kognitions- und Hirnforscher rund um die Welt, sind dabei, jene Prozesse zu entschlüsseln, auf denen unser Denken, unsere Gefühle und unsere Intuition beruhen, und sie stellen fest: In vielen Situationen fährt man mit dem Bauchgefühl besser als durch langes Räsonieren.

Die Wahl zwischen Jever und Becks

Manche von ihnen, Neuroökonomen etwa, die mit Kernspintomografen direkt in den Kopf von Konsumenten gucken, während diese zwischen Jever oder Becks wählen müssen, gehen noch einen Schritt weiter und behaupten: Entscheidungen ohne Gefühle gibt es gar nicht. Der *Homo oeconomicus*, der die Alternativen rein rational abwägt, erweist sich als Fiktion der klassischen Wirtschaftstheorie.

Neuroökonomen von der Universität Münster stellten vor wenigen Monaten in einer Studie im *Journal of Neuroimaging* sogar fest: Werden wir mit unserem Lieblingsbier oder unserer bevorzugten Kaffeemarke konfrontiert, schaltet sich der Verstand geradezu aus – Gefühlsareale werden aktiviert und übernehmen die Entscheidung.

„Alle Entscheidungen sind letztlich Gefühlsentscheidungen", sagt Gerhard Roth, Hirnforscher an der Universität Bremen. Grundlage unserer Motivation sei immer das Gefühl, dazwischen komme eventuell die Ratio ins Spiel.

Es geht hier nicht um die viel bemühte „emotionale Intelligenz" oder die Wiederentdeckung der „sozialen Kompetenz". Es geht um die vielen Hundert großen und kleinen Entscheidungen, die jeder von uns Tag für Tag treffen muss. Es geht um das Wesen des Menschen: ums Denken.

Befand sich die Psychologie in den 1980er-Jahren noch inmitten einer „kognitiven Wende", in der sich die Wissenschaftler dem menschlichen Verstand zuwandten, so zeichnet sich inzwischen eine „emotionale Wende" ab.

In einem Übersichtsartikel für die *Annual Review of Psychology* kommt die Hirnforscherin Elizabeth Phelps von der New York University zu dem Schluss: „Um das menschliche Denken zu verstehen, müssen wir die Emotionen berücksichtigen." Immer mehr Kognitionsforscher erkennen: Wer denken will, muss fühlen. „Hier vollzieht sich auf breiter Front ein vollkommener Blickwechsel", verkündet Roth. „Und es fängt gerade erst richtig an."

Eine Revolution im Kopf. Schließlich galten Gefühle Jahrhunderte lang als „nicht edel", wie Roth sagt, „haben sie doch mit dem Körper, dem Bauch und noch viel unedleren Teilen zu tun." Der Mensch definierte sich über den Verstand. Gefühle kamen bestenfalls als „Luxus" davon.

Oft wurden Gefühle regelrecht verachtet. Plato hielt Emotionen für eine Art Krankheit. Nur mit dem Verstand, glaubte der griechische Philosoph, ließe sich der „Dämon der Gefühle" zähmen. Auch den Stoikern erschienen Gefühle als lästige Denkfehler.

Bis auf den heutigen Tag fallen wir vor der Ratio auf die Knie. Wenn es darum geht, eine wichtige Wahl zu treffen, scheint der Halbvulkanier Mr. Spock aus der Science-Fiction-Serie „Raumschiff Enterprise" das heimliche Vorbild zu sein. Spock kennt keine Emotionen. Ungestört von Gefühlsvernebelung, so die Botschaft, ist er in der Lage, besonders klare Analysen abzugeben.

Gefühle können uns in die Irre führen

Klar, Gefühle können uns in die Irre führen. Und wie. Oft aber, darauf deuten viele der neuen Befunde, verleiten sie uns nicht zu Denkfehlern, im Gegenteil: Oft sind die Gefühle schlauer als der Verstand.

Den Auftakt zur emotionalen Wende machte Ende der 1990er-Jahre der Neurologe Antonio Damasio von der Universität von Iowa. Mit einem bahnbrechenden Experiment kam er der Intelligenz unserer Gefühle als einer der Ersten auf die Spur. Damasio legte Probanden vier Kartenstapel hin, von denen sie jeweils eine Karte ziehen sollten. Die Karten zweier Stapel (A und B) warfen große Gewinne ab, während bei den Karten der anderen Stapel (C und D) der Profit mager ausfiel.

Der Haken an der Sache: In den Stapeln, die zu den hohen Gewinnen führten, lag hin und wieder auch eine „rote Karte", die eine empfindliche Geldbuße mit sich brachte. Die beiden anderen Stapel waren zwar ebenfalls mit Strafkarten durchsetzt; hier aber fielen die Verluste geringer aus. Damasio hatte das Kartenspiel so arrangiert, dass es auf lange Sicht günstiger war, sich von den Stapeln C und D zu bedienen.

Vor dem Spiel klebte Antonio Damasio Elektroden an die Haut der Testpersonen, um deren Hautleitfähigkeit zu messen, die immer dann steigt, wenn man nervös wird und anfängt zu schwitzen – eine Art Lügendetektor.

Zunächst war keinem der Teilnehmer klar, welcher Stapel wie viel Gewinn abwarf. Runde um Runde verging. Keiner durchschaute das System. Erst nach der fünfzigsten Karte äußerten einige den Verdacht, Stapel A und B seien „irgendwie riskant".

Die Überraschung folgte, als Damasio einen Blick auf den Lügendetektor warf. Bereits bei der zehnten Karte hatte der Lügendetektor Alarm geschlagen, als die Spieler nach den Stapeln A und B griffen. Das Gespür hatte die Gefahr, die von den beiden riskanten Stapeln ausging, also lange vor dem bewussten Verstand gewittert. „Emotionen", schlussfolgert Damasio, „sind keineswegs ein Luxus." Vielmehr würden wir ohne sie „ziemlich dumm dastehen".

Nachdem Charles Darwin seine Evolutionstheorie aufgestellt hatte, erkannten Biologen, dass sich auch Gefühle als Form der Intelligenz verstehen lassen, ohne die unsere haarigen Vorfahren in der afrikanischen Savanne wohl kaum überlebt hätten. Gefühle stellen aus dieser Sicht keine Denkfehler, sondern vielmehr „verkörperte Information" dar. Freude etwa teilt uns mit: alles in Ordnung, mehr davon. Angst mahnt zur Vorsicht, macht wachsam gegenüber Gefahren. Ekel veranlasst zu Hygiene und warnt vor verdorbener Nahrung.

Der Preis der Furchtlosigkeit ist hoch

Wie wichtig gerade auch die negativen Gefühle für unser Überleben sein können, wird deutlich, wenn sie plötzlich gar nicht mehr da sind. So berichtete Antonio Damasio von einer Patientin (Frau S.), die kaum noch Angst zu empfinden scheint. Frau S. hat auch extreme Schwierigkeiten, Angst in den Gesichtern anderer Menschen zu erkennen. Dies gelingt ihr nur, wenn sie die ausdrückliche Instruktion bekommt, ihre Aufmerksamkeit auf die Augenpartie eines Gesichts zu lenken. Aufgrund einer seltenen Erbkrankheit sind bei Frau S. die beiden Mandelkerne ihres Gehirns verkalkt. Die kleinen Nervenzellbündel tief im Innern des Gehirns gelten als Teil eines neuronalen Angstzentrums: Sobald wir uns fürchten, „feuern" unter anderem die Mandelkerne.

Frau S. ist immer freundlich, fröhlich und entgegenkommend. Etwas zu entgegenkommend, wie Damasio bemerkt. Sie lässt sich von jedem Fremden bereitwillig umarmen und brennt förmlich darauf, mit jedem zu interagieren, der ein Gespräch mit ihr anfängt. Dabei wird Frau S. von ihren Mitmenschen immer wieder reingelegt, ausgenutzt und betrogen. Die gesunde Portion Argwohn, die uns bewahrt, jedem und allem blind zu vertrauen, bei Frau S. ist sie offenbar verlorengegangen – es ist der Preis der Furchtlosigkeit.

Nicht nur Angst und Vorsicht, sondern viele Gefühle begleiten uns durch den Alltag wie Schutzengel. Damasios Kollege Ralph Adolphs vom California Institute of Technology in Pasadena hat kürzlich im Fachblatt *Brain and Cognition* die Fallgeschichte von Herrn B. beschrieben, bei dem nach einer durch Herpes-Viren hervorgerufenen Hirnentzündung jedes Gefühl von Ekel wie ausgelöscht schien. Die Infektion hatte eine ausgedehnte Hirnverletzung nach sich gezogen: Beide Mandelkerne sowie diverse andere Areale waren verletzt, darunter eine Region namens insulärer Cortex.

Stellte sich einer der Forscher vor Herrn B. und tat so, als würde er sich erbrechen und eine ungenießbare Speise ausspucken, beschrieb Herr B. die Szene mit den Worten, hier würde jemand offenbar „herrliches Essen genießen". Herr B. trank Milch, die bereits aus Klumpen bestand, und fand sie „lecker". Wie Frau S., so war auch Herrn B. ein Teil seines natürlichen Alarmsystems abhanden gekommen. Die Folge: Bei jedem Griff zum Kühlschrank riskierte der Mann eine Lebensmittelvergiftung.

Doch neben den Gefühlen, die uns die Evolution mit auf den Weg gegeben hat, verfügen wir noch über das, was man „Bauchgefühl“, „Gespür“ und „Intuition“ nennt. Es lässt sich weniger leicht fassen, weil es sich weitgehend aus unbewussten Quellen des Gehirns speist. Unsere Intuition ist teils angeboren, zum Großteil aber schöpft sie aus Erfahrungen, die wir im Laufe des Lebens gesammelt haben.

Wie groß die Macht der Intuition ist, demonstrierte kürzlich der New Yorker Reporter Malcolm Gladwell mit seinem Buch *Blink!* (etwa: „Wimpernschlag“). „Intuitive Entscheidungen“, lautet Gladwells Credo, „können sehr schnell gefällt werden und sind deshalb keinen Deut schlechter als Entscheidungen, die am Ende eines langen Für und Wider stehen.“

Experten verlassen sich oft auf ihre Intuition

In seinem spektakulärsten Beispiel berichtet er vom Getty-Museum in Los Angeles, dem in den 1980er-Jahren eine griechische Jünglingsstatue angeboten wurde. 14 Monate lang rückte man der angeblich antiken Plastik mit High-Tech-Geräten auf den Marmorleib: mit Elektronenmikroskop, Massenspektrografie, Röntgendiffraktions- und Röntgenfluoreszenzuntersuchungen. Eindeutiger Befund: Das Kunstwerk ist echt.

Kurz vor Abschluss des Kaufvertrags sah sich Thomas Hoving, der ehemalige Leiter des Metropolitan Museum of Art in New York, die Figur an. Das Erste, was ihm in den Sinn kam, war „frisch“ – „nicht gerade das erste Wort, das einem beim Anblick einer zweieinhalbtausend Jahre alten Statue einfallen sollte“, schreibt Gladwell. Andere Experten meldeten ebenfalls spontan Zweifel an. Den Leiter der Archäologischen Gesellschaft in Athen überfiel, als er den Jüngling zum ersten Mal sah, „sofort ein Frösteln am ganzen Körper“ und „das Gefühl, uns würde eine unsichtbare Wand trennen“.

Tatsächlich stellte sich dann heraus: Die Statue, für die der Kunsthändler zehn Millionen Dollar verlangte, stammte aus einer Fälscherwerkstatt in Rom. Die monatelangen wissenschaftlichen Analysen erwiesen sich als komplett wertlos – richtig dagegen lag eine Hand voll Kunstkenner, die in Sekundenschnelle zu einem treffsicheren Urteil gekommen war. Und dies mit ihrem Bauchgefühl.

Manchmal, das betont auch Gladwell, liegen wir mit unserer Intuition daneben: Jahrhunderte lang hat sie uns vorgegaukelt, die Sonne würde sich um die Erde drehen. Es bedurfte schon des Verstandes, um dahinterzukommen, wie es sich wirklich verhält. In vielen anderen Situationen aber ist, wie Versuche zeigen, unser Bauchgefühl dem analytischen Verstand überlegen.

In einem Experiment ließen die US-Psychologen Timothy Wilson und Jonathan Schooler eine Gruppe von Studenten fünf Kunstposter bewerten. Zur Wahl standen unter anderem ein Van Gogh und Monets *Nymphéas*. Die Hälfte der Teilnehmer sollte zunächst das Für und Wider der Poster schriftlich auflisten. Die anderen sollten spontan entscheiden, sich auf ihr Gefühl verlassen. Im Anschluss schenkten die Forscher den Probanden das Plakat, das ihnen am besten gefallen hatte.

Die Kapazität der Ratio ist beschränkt

Wochen später, am Ende des Semesters, riefen die Psychologen die Studenten an, um nachzufragen, ob ihnen das Poster noch gefiel. Überrascht stellten sie fest, dass jene, die die Plakate analysiert hatten, mit ihrer Wahl nicht sonderlich zufrieden waren. Als glücklicher erwiesen sich die Spontanentscheider – sie hatten ihr Poster auch häufiger in ihrer Wohnung an die Wand gepinnt. Der Verstand hatte offenbar eine schlechtere Wahl getroffen als das Bauchgefühl.

Und das ist nicht etwa ein Ausnahmebefund. Ähnliche Resultate erhält man, wenn es um den Kauf von Aktien, Frühstücksmarmelade oder, wie die Psychologin Cornelia Betsch von der Universität Heidelberg vor kurzem feststellte, um die Wahl einer Hautcreme geht. In verschiedenen Bereichen des Alltags beobachten Wissenschaftler: Mehr Analyse führt nicht unbedingt zu einer besseren Entscheidung.

Wie kann das sein? Woher bezieht unser Bauchgefühl bloß seine Macht? Ist unser Verstand etwa dümmer, als wir dachten? Nicht unbedingt, doch die Kapazität der bewussten Ratio ist schlicht begrenzt.

Das Bewusstsein bewältigt, so schätzt man, ungefähr 50 Basiseinheiten von Information (Bits) pro Sekunde. Das Unbewusste dagegen wird sogar mit Millionen von Bits fertig. In jeder Sekunde verarbeiten unsere Sinne mehrere Millionen Bits, nur ein Bruchteil davon jedoch dringt ins Bewusstsein. Der Hirnforscher Gerhard Roth schätzt, dass uns weniger als 0,1 Prozent dessen, was das Gehirn tut, aktuell bewusst wird. Der enorme Rest wird unbewusst erledigt. Das Unbewusste kann somit eine Vielzahl von Informationen gleichzeitig verarbeiten. Das ist ein großer Vorzug, geht aber auch mit einigen Nachteilen einher.

Die bewusste Ratio ähnelt einem Scheinwerferlicht, das einen Punkt im Raum klar beleuchten kann, zum Beispiel das Gesicht eines Schauspielers. Jedes Detail des Gesichts wird sichtbar. Die Bühne bleibt im Dunkeln. Unser bewusstes Denken ist somit sehr präzise und fokussiert, fixiert sich aber auf Details und verliert schnell das große Ganze aus dem Auge.

Das unbewusste Gespür gleicht dagegen eher einem schwachen Flutlicht, mit dem man nicht jede Feinheit sehen kann. Was macht acht Mal fünfzehn? Man könnte die Aufgabe an sein Unbewusstes delegieren, es stundenlang darüber brüten lassen – es käme nie zu einer Lösung. Präzision gehört nicht zu seinen Stärken. Dafür werden die Umrisse der ganzen Bühne sichtbar. Alles wird ein bisschen beleuchtet. Diese Strategie erweist sich gerade in komplexen Situationen als Vorteil.

Anhaltspunkte dafür, dass unser unbewusstes Gespür tatsächlich „denken“ kann, liefert auch der niederländische Psychologe Ap Dijksterhuis, der dem Poster-Experiment seiner US-Kollegen eine weitere Drehung gab. Der Forscher von der Universität von Amsterdam wiederholte diesen Versuch, fügte aber eine dritte Variante hinzu. Eine Gruppe von Teilnehmern sollte die Plakate nun weder sofort bewerten noch sich bewusst mit ihnen auseinander setzen. Stattdessen zeigte der Psychologe erst die Plakate, um die Probanden unmittelbar danach einige Minuten mit einer kniffligen Sprachaufgabe abzulenken, sodass sie nicht weiter über die Poster nachdenken konnten. Anschließend sollten sie ihre Entscheidung treffen.

Das Unbewusste ist manchmal sehr rational

Als Dijksterhuis Wochen später anrief, um sich wie üblich nach den Plakaten zu erkundigen, stellte er fest: Von allen Teilnehmern bewerteten die Personen, die er vor der Entscheidung eine Zeit lang abgelenkt hatte, die Poster am positivsten – positiver noch als die Spontanentscheider!

Ihnen sprang, wie der Forscher vermutet, das Unbewusste zur Seite. Während der Verstand an der Sprachaufgabe knabberte, konnten die Eindrücke der Poster in aller Ruhe zu den tieferen Schichten des Gehirns hinabsteigen, wo unbewusste Prozesse eine Bewertung vornahmen. Und da die Rechenleistung des Unbewussten weitaus größer ist als die des Bewusstseins, war es den Probanden möglich, zahlreiche Aspekte des Posters in Betracht zu ziehen.

Umgekehrt gerieten jene, die bewusst über die Poster nachdenken sollten, schnell an die natürlichen Kapazitätsgrenzen, klammerten sich in ihrer Not an einige ausgewählte Details – und trafen dadurch eine schlechtere Entscheidung. „Das Unbewusste“, sagt Dijksterhuis, „ist manchmal rationaler als der bewusste Verstand.“

Mr. Spock, der gefühllose Halbvulkanier aus „Raumschiff Enterprise“, wäre im richtigen Leben ganz schön aufgeschmissen. Gerade jemand, der im Alltag nicht von seinen Gefühlen abgelenkt und verwirrt wird, könnte man meinen, müsste in der Lage sein, besonders rationale, besonders gute Entscheidungen zu treffen. Genau das Gegenteil trifft zu, wie auch die bekannteste Fallgeschichte des Neurologen Damasio unterstreicht: die Geschichte von Elliot.

Elliot, ein erfolgreicher Jurist, war ein Vorbild für seine Kollegen, ein liebevoller Ehemann und Vater. Bis ein Tumor von der Größe einer Zitrone sein vorderes Stirnhirn zerstörte. Das Geschwür wurde entfernt, doch Elliot war nicht mehr Elliot.

Verblüffenderweise war sein IQ völlig intakt geblieben. Dafür war seine Gefühlswelt zutiefst gestört: Elliot empfand so gut wie nichts mehr. Und mit diesem Verlust der Gefühle, schien es, ging auch Elliots Sinn für das Wesentliche im Leben verloren. Während der Arbeit konnte er stundenlang grübeln, wie er die Papiere auf seinem Schreibtisch ordnen sollte. Ständig verzettelte er sich. Elliot wurde gekündigt, und schließlich ging auch seine Ehe in die Brüche.

Einstein hielt Intuition für ein großes Geschenk

Damasio ließ Elliot und weitere Patienten mit ähnlichen Schäden des vorderen Stirnhirns ebenfalls an dem Kartenspiel teilnehmen. Dabei zeigte sich: Weder schlug bei ihnen der Lügendetektor aus, sobald sie nach den Stapeln mit den gefährlichen Karten griffen, noch änderten sie im Laufe des Spiels ihr Verhalten. Selbst als sie das System durchschaut hatten – was bei dem hoch intelligenten Elliot nach wenigen Runden der Fall war –, bedienten sie sich weiterhin von den riskanten Karten. Es war, als könne der Verstand ohne das warnende Gefühl die Patienten nicht zu einer vernünftigen Entscheidung veranlassen.

Lange hat man das Gefühl gegen den Verstand ausgespielt. „Der intuitive Geist ist ein heiliges Geschenk und der rationale Geist ein treuer Diener“, sagte Einstein und kritisierte: „Wir haben eine Gesellschaft erschaffen, die den Diener ehrt und das Geschenk vergessen hat.“ Allmählich aber, so scheint es, weiß man das Geschenk, von dem Einstein sprach, wieder etwas mehr zu würdigen. Nun jedoch den Verstand zu verteufeln und die Gefühle kritiklos zu verehren hieße allerdings, in den umgekehrten Fehler zu verfallen. Verstand und Gefühl haben beide ihre Stärken. Wann also sollte man sich auf sein Gespür verlassen – und wann den Kopf einschalten?

Regel Nummer eins: Wer bereits Erfahrung auf einem Gebiet hat, kann sich meist auf sein Bauchgefühl verlassen. Ist man dagegen ein blutiger Laie, profitiert man oft davon, sich mehr Zeit zu lassen, sich ausführlicher und bewusst mit der Situation auseinander zu setzen.

Untersuchungen, in denen man die Leistung von Experten mit der von Novizen verglichen hat, untermauern diese Regel. So hat die Psychologin Sian Leah Beilock von der Universität von Chicago beobachtet: Profi-Golfspieler schlagen den Ball dann am besten, wenn man ihnen erst gar keine Zeit lässt, um über ihren Schlag nachzudenken; bei Anfängern verhält es sich genau umgekehrt. Regel Nummer zwei: Je unübersichtlicher die Situation, desto öfter versagt die Analyse – und die Intuition entwickelt Vorteile.

Einen Hinweis erbrachte Gerd Gigerenzer mit einem kühnen Versuch. Er fragte Passanten in München und Chicago anhand einer Liste mit den Namen von Aktienunternehmen, welche davon sie kannten. Dann investierte er 50 000 Euro in jene Firmen, die fast allen geläufig waren. Ein halbes Jahr später hatte sein Portfolio nahezu alle Analysen hochinformierter Investmentanalysten geschlagen. Er hatte nach einer Faustregel, die wir oft intuitiv anwenden, gehandelt: Nimm das Bekannte!

Vernünftige Erwägungen in den Wind zu schlagen und seinen Gefühlen blind zu folgen kann jedoch ebenso ins Verderben führen wie Analysewut und Hyperrationalität. Vor wenigen Jahren berechnete Gigerenzer anhand von Daten des US-Verkehrsministeriums die Zahl der Verkehrstoten nach dem 11. September 2001 in den USA, als die Menschen aus Angst vorm Fliegen aufs Auto umgestiegen waren. Die Zahl der Todesopfer in den drei Monaten nach 9/11 lag um 350 über dem langjährigen Durchschnitt und überstieg damit die Zahl derjenigen, die in den abgestürzten Flugzeugen ums Leben gekommen waren.

Aus: ZEIT-Wissen 02/2006

Es war – so wird oft kolportiert – C. G. Jung, der die Depression mit einer schwarz gekleideten Dame verglich: „Wenn sie kommt, so weise sie nicht weg, sondern bitte sie zu Tisch als Gast und höre, was sie Dir zu sagen hat." Dieses Zitat macht der Schweizer Psychiater **Thomas Haenel** zum Motto seines aktuellen Buches über eine Krankheit, die, wie er eindringlich mahnt, „vor niemandem Halt macht: Sie sucht Reiche und Arme heim, intelligente und weniger intelligente Menschen, sie kommt in allen Ländern der Welt vor, also nicht nur in unserer westlichen Zivilisation."

Thomas Haenel, 1942 geboren, wächst in Basel auf, wo er an der Universität Medizin studiert. Nach seinem Staatsexamen 1971 arbeitet er als Assistenzarzt in Basel und Liestal. Nach einem Aufenthalt an den National Institutes of Health im amerikanischen Bethesda, Maryland, kehrt er an die Psychiatrische Universitätsklinik, dann als Oberarzt an die Psychiatrische Universitätspoliklinik nach Basel zurück. Dort habilitiert er 1982 mit einer Arbeit über die Basler Psychiatriegeschichte. Seit 1986 ist er in seiner psychiatrischen und psychotherapeutischen Privatpraxis in Basel tätig.

Haenel legt 1995 über Stefan Zweig, dessen Werke er vollständig gelesen hat, eine fast 400 Seiten starke Biografie vor: *Stefan Zweig. Psychologe aus Leidenschaft* ist das Buch betitelt. Zweig nahm sich am 22. Februar 1942 gemeinsam mit seiner zweiten Frau Charlotte Altmann das Leben. Der Psychiater und Biograf Haenel interessiert sich naturgemäß besonders für den Suizid des Schriftstellers, versucht, in Leben und Charakter Stefan Zweigs frühe Anzeichen des späteren Suizids zu erkennen.

Im Vorwort zu seinem jüngsten Buch zweifelt Haenel daran, dass das Bild der „schwarz gekleideten Dame" tatsächlich von C. G. Jung geprägt wurde. Dennoch hält er es für äußerst treffend: Eine Depression kann nicht verdrängt oder abgewiesen werden. Im Gegenteil: Man muss sie ernstnehmen, sich mit ihr befassen. „Die Depression kann im persönlichen Leben ein Markstein sein, ein Zeichen, etwas zu verändern", sagt Haenel – und stellt seinem Buch eine bemerkenswerte Danksagung voran: „Vor allem danke ich meinen Patientinnen und Patienten, die mich in ihrer depressiven Verzweiflung und Hoffnungslosigkeit so manches gelehrt haben."

Thomas Haenel

Depression und Burnout

Von Thomas Haenel

> Vor die Therapie haben die Götter den Schweiß der Diagnose gesetzt!

Viele sind sich nicht im Klaren, was eine Depression wirklich bedeutet, was sie charakterisiert. In der Umgangssprache wird der Begriff missverständlich und teilweise falsch verwendet. Kürzlich sagte Günther Jauch in der bekannten Sendung *Wer wird Millionär?* im Fernsehen zu einer Kandidatin, welche die richtige Antwort nicht wusste und ihre Miene verzog: „Jetzt werden Sie nicht gleich depressiv!" Er meinte damit, dass sie nicht den Mut zu verlieren brauche, da sie immer noch einen Joker hatte. Eine Depression ist aber etwas ganz anderes: Ein Zustand, der nicht nur einen Moment lang dauert, sondern in der Regel Wochen oder Monate. Die Betreffenden befinden sich in einem Zustand mit einer „übertraurigen" Grundstimmung, in der keine Freude mehr empfunden werden kann, wo jede Entscheidung zu einem riesigen Problem wird, wo die Gedanken unaufhörlich um pessimistische Inhalte kreisen und die Psychomotorik verändert ist. Depressive Menschen sehen alles durch eine dunkle Brille, sie haben eine verzerrte Optik, fühlen sich innerlich leer, das Selbstwerterleben ist abgestorben oder kaum mehr vorhanden. Selbst kleinere Vorhaben, bescheidene Arbeiten, die zuvor mühelos getätigt wurden, wachsen zu unüberwindlichen Problemen an. Manche Patienten berichten zum Beispiel, dass sie die Nachrichten im Fernsehen nicht mehr anschauen und hören können, da sie die vielen negativen Berichte unerträglich finden und sie ihnen zu sehr unter die Haut gehen, die, bildlich gesprochen, sehr dünn geworden ist. Jedes

Was ist eigentlich ...

Depression, psychische Erkrankung, die u. a. durch Antriebslosigkeit, Niedergeschlagenheit, Teilnahmslosigkeit, Kontaktarmut, Interesselosigkeit, gegebenenfalls Angstneurosen und Reizbarkeit sowie durch verschiedenste körperliche Störungen gekennzeichnet ist. Als medizinischer Begriff wird die Depression zu den affektiven Störungen gezählt. In der Internationalen statistischen Klassifikation der Krankheiten und verwandter Gesundheitsprobleme (International Classification of Diseases and Related Health Problems, ICD) lautet die Krankheitsbezeichnung depressive Episode. Dabei bleibt offen, ob die Krankheit reaktiv, neurotisch oder endogen entstanden ist. Die Diagnose wird allein nach Symptomen und Verlauf gestellt.

Was ist eigentlich ...

Selbstwerterleben, Selbstwertgefühl, zentraler Begriff der Theorie des Selbstwertschutzes und der Selbstwerterhöhung, muss von dem eng verwandten Terminus Selbstkonzept (die Gesamtheit der Urteile eines Menschen über sich selbst, z. B. „Ich bin kreativ") abgegrenzt werden. Das Selbstwertgefühl stellt die Summe aller gewichteten affektiven Selbsteinschätzungen dar (d. h. positive oder negative Bewertung eines einzelnen solchen Urteils: „Schön, dass ich kreativ bin"). Jeder Mensch ist motiviert, sein Selbstwertgefühl zu schützen und zu erhöhen. Dem liegt das Bedürfnis nach möglichst positiver Selbstbewertung zugrunde. Ist das momentane Selbstwerterleben einer Person gering, dann ist die Motivation besonders ausgeprägt, es zu schützen und zu erhöhen. Jede Information, die das Selbstkonzept eines Menschen beeinflusst, kann sein Selbstwertgefühl erhöhen oder verringern. Daher suchen Personen selektiv nach positiven (selbstwertdienlichen) Informationen über sich, während sie negative (selbstwertbedrohliche) Aussagen über sich selbst zu verhindern suchen.

noch so kleine Problem, jede bescheidene Anforderung kann Unlust, Hilflosigkeit und Unvermögen auslösen. Selbst alltägliche, bescheidene Aufgaben fordern eine Entscheidung, welche die Depressiven nicht oder nur mit größtem Aufwand zu treffen vermögen. Manche klagen über ein „Gefühl der Gefühllosigkeit", sie können zum Beispiel nicht mehr weinen, obschon sie zutiefst depressiv sind. Oft wird dieser Zustand von der Umgebung falsch interpretiert: Wenn sich das Befinden der Betreffenden bessert und sie wieder Tränen vergießen, wird dies fälschlicherweise als Verschlechterung eingestuft, obschon es ein Zeichen der Besserung sein kann. Die depressiven Zustandsbilder gehen in der Regel einher mit Schlafstörungen, oft kommt es auch zu einem Appetit- und Libidoverlust sowie zu anderen sexuellen Störungen. Zudem ist die Erinnerung selektiv auf negative Erlebnisse eingestellt.

Oft ist die Psychomotorik eine ganz andere als zuvor: Die Depressiven gehen unruhig hin und her oder sie ziehen sich zurück und bewegen sich kaum. Das Gefühl, nichts wert zu sein, das Entstehen einer narzisstischen Leere führt dazu, dass das depressive Erleben subjektiv zu einer extrem qualvollen Krankheit werden kann.

Ein zusätzlicher Belastungsfaktor bei der Depression ist häufig eine unbestimmte Angst, die das Erleben zusätzlich belastet und zur Qual macht. Manchmal geht die Angst einem depressiven Geschehen voraus. Zu den häufigen psychiatrischen Krankheiten gehören die Angststörungen: Sie werden oft vom Allgemeinarzt übersehen oder nicht richtig diagnostiziert und gehen nicht selten einher mit depressiven Störungen. Zu den Angststörungen, auf die wir im Einzelnen in diesem Rahmen nicht eingehen können, gehören die Panikstörungen (Panikattacken), die Phobien sowie die generalisierte Angststörung. Als spezielle Angststörung muss auch die posttraumatische Belastungsstörung erwähnt werden. Das Lebenszeitrisiko, an einer Angststörung zu erkranken, beträgt etwa 20 Prozent (Lebenszeit-Prävalenz). Bei der Hälfte der Menschen, bei welchen eine Angststörung ausbricht, manifestiert sich die Krankheit vor dem 18. Lebensjahr. Gemäß einer europäischen Studie sollen von 100 Patienten mit Angststörungen lediglich 26 eine Behandlung aufsuchen, von welchen sechs keine adäquate Behandlung erhalten.

Depressionen werden heute häufiger diagnostiziert als früher. Dies hängt nicht nur damit zusammen, dass in den letzten Jahrzehnten in der Depressionsforschung große Erfolge erzielt werden konnten, sondern auch damit, dass die betreffenden Patienten sich heute eher behandeln lassen als früher. Allerdings geschieht dies primär nicht durch die Psychiater und Psychologen, sondern in der Regel durch Hausärzte, welche die erste Anlaufstelle für solche Patienten sind. Im Zunehmen begriffen sind besonders die psychogenen Depressionen, also diejenigen, die als „umweltbedingt" bezeichnet werden können.

Was ist eigentlich ...

Angststörungen, Kategorie psychischer Störungen, bei denen Angst das Hauptsymptom ist (generalisierte Angst- oder Panikstörung) oder ein massives Angsterleben vorliegt, sofern die Person die furchterregenden Situationen nicht meidet (phobische Störungen). Zuzuordnen sind hier auch das Festhalten an bestimmten Ritualen oder Denkmustern (Zwangsstörungen) sowie die posttraumatische Belastungsstörung.

Phobie, hartnäckige und irrationale Furcht vor bestimmten Situationen, Aktivitäten, Personen, Tieren oder Objekten, die einen zwanghaften Wunsch nach Vermeidung auslöst. Die Angst wird nicht durch die Erkenntnis gemildert, dass andere Personen diese Objekte als harmlos beurteilen. Bei verschiedenen Formen von Phobien lassen sich Alters- und Geschlechtsunterschiede ausmachen, wobei die meisten phobischen Störungen bei Frauen häufiger sind als bei Männern. Phobien werden diagnostisch von Panikstörungen abgegrenzt und treten häufig zusammen mit Depressionen auf.

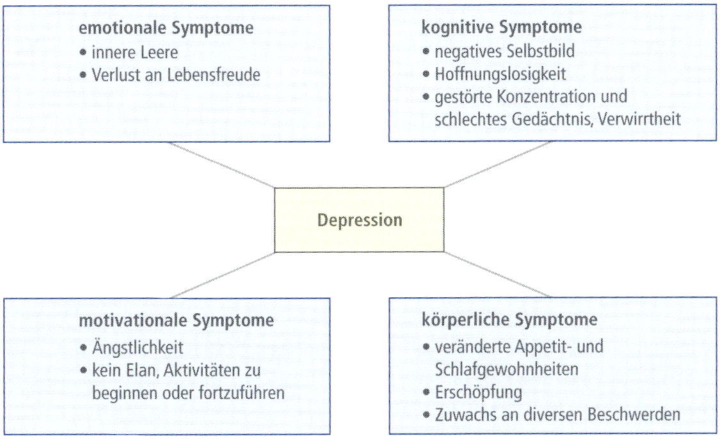

Symptome bei Depressionen.

Die übrigen Depressionsformen sind über verschiedene Jahrzehnte etwa gleich häufig anzutreffen, so etwa diejenigen, die früher als endogen bezeichnet wurden und auf einer erblichen Disposition beruhen, und die organisch bedingten Depressionsformen (die aufgrund einer körperlichen Erkrankung entstehen). Für die Zunahme der psychogenen Depressionen können verschiedene Gründe angeführt werden, so etwa der zunehmende Druck am Arbeitsplatz, der drohende Stellenverlust sowie auch zu rasche Veränderungen in den Strukturen von Familie, Gesellschaft und Umwelt.

Internet-Link

Bundesweites Netzwerk zur Optimierung von Forschung und Versorgung im Bereich depressiver Erkrankungen: www.kompetenznetz-depression.de

Oft bereitet es den Laien Mühe, eine Trauer von einer Depression zu unterscheiden. Was sind die Unterschiede? Natürlich existieren Übergänge, Grauzonen zwischen Trauer und Depression. In der Tat ist es manchmal schwer abzugrenzen, ob wir lediglich einen traurigen Menschen vor uns haben oder einen depressiven. Dennoch handelt es sich grundsätzlich um zwei verschiedene Befindlichkeiten. Während die Trauer ein normalpsychologisches Phänomen ist, handelt es sich bei der Depression um ein krankhaftes Geschehen. Die Trauer ist ein Zustand, in welchem das einem widerfahrene Leid gefühlsmäßig verarbeitet wird (man spricht ja auch von Trauerarbeit). Ein wesentlicher Unterschied besteht beispielsweise darin, dass ein Trauriger ablenkbar ist, dass er durchaus auch einmal lachen kann, während dies dem Depressiven kaum oder nicht mehr möglich ist. Man kann dieses Phänomen recht gut nach Beerdigungen beobachten, wenn sich die Trauergemeinde zu einer gemeinsamen Mahlzeit versammelt (Leichenmahl). Meist ist die Stimmung bei einem solchen Essen nicht schlecht, und gegen Ende der Mahlzeit bemerkt man oft, dass es recht fröhlich zugeht und dass angeregt diskutiert wird. Nach einer Beerdigung, nach einem endgültigen Abschied eines Angehörigen oder eines Freundes wird man sich vermehrt der eigenen Endlichkeit bewusst, aber auch dessen, dass man noch eine

Was ist eigentlich ...

Positive Psychotherapie, von Nossrat Peseschkian entwickelter Therapieansatz, in dem das Hauptaugenmerk nicht auf die Krankheit der Klienten, sondern in besonderem Maße auf deren Fähigkeiten und auf die positiven Aspekte ihres Leidens gelenkt wird. Jeder Mensch verfügt nach Peseschkian über zwei Grundfähigkeiten – Liebes- und Erkenntnisfähigkeit –, die eingesetzt werden können, um einen konstruktiven Umgang mit Problemen zu erlernen. Positive Deutungen von Problemen seien ein wichtiges Hilfsmittel, um dem Klienten eine neue Sicht seiner Störung anzubieten und ihn daran zu erinnern, dass er sich mithilfe seiner zwei Grundfähigkeiten ändern könne. Dazu setzt der Therapeut Märchen, Mythen und Methoden aus anderen Psychotherapierichtungen ein (Gestalttherapie, Existenzanalyse, Psychotherapie).

Was ist eigentlich ...

Introspektion, der „Blick ins Innere", eine psychologische Methode, die einerseits als direkter Zugang zur eigenen Bewusstseins- und Erlebniswelt unverzichtbar ist, andererseits aber nicht als wissenschaftliche Methode gelten kann, wenn als deren Kennzeichen die Überprüfbarkeit durch andere Betrachter angesehen wird. Von der Introspektion, d. h. der unmittelbaren Erfassung des Erlebens und der Bewusstseinsvorgänge, kann die Selbstbeobachtung als kontrollierte Introspektion, welche systematische Berichte (lautes Denken) und sekundär auswertbare Aufzeichnungen verwendet, unterschieden werden.

Zeit vor sich hat, die es zu nutzen gilt und derer man sich erfreuen möchte. Man vergegenwärtigt sich auch, dass man nicht allein ist und dass das Leben weitergeht.

Trotz allem ist es nicht richtig, wenn das Wesen der Depression nur negativ bewertet wird. Der New Yorker Psychiater Frederik Flach hat einem seiner Bücher den Titel *Depression als Lebenschance* gegeben. Auch Nossrat Peseschkian, der die „Positive Psychotherapie" entwickelt hat, sieht das depressive Erleben nicht nur negativ, sondern als Möglichkeit, im Leben etwas zu verändern und zu verbessern. Die Auseinandersetzung mit sich selbst, das Erkennen-Wollen, wer man ist, die Introspektion sind wichtige Schritte, die in der Psychotherapie zurückgelegt werden sollten. Um sich eines allfälligen Fehlverhaltens bewusst zu werden, braucht es eine kritische Auseinandersetzung mit sich selbst. Voraussetzung dazu ist der Wille, der

Wirkungsweisen der Hauptmedikamentengruppen bei der Behandlung von verschiedenen Arten psychischer Störungen

Medikamentengruppe	Verwendung	Wirkungsweise
antipsychotische Medikamente	Reduktion von psychotischen Symptomen (Realitätsverlust, Halluzinationen, Wahnvorstellungen)	Blockierung der Dopaminrezeptoren
Antidepressiva	Reduktion der depressiven Symptome	Anhebung des funktionalen Serotonin- und Noradrenalinspiegels
Lithium	Reduktion von Symptomen der bipolaren Störung (manische und depressive Symptome)	Regulation der Konzentration verschiedener Neurotransmitter, darunter Serotonin und Noradrenalin
angstlösende Medikamente	Reduktion von Angstsymptomen	Herabsetzung des Funktionsniveaus des zentralen Nervensystems
Stimulanzien	Steigerung von Aufmerksamkeit und Konzentration	möglicherweise durch Anhebung des Dopaminspiegels

während der akut depressiven Phase nicht aufgebracht werden kann, wohl aber später, nach Abklingen der Depression. In diesem Zusammenhang möchte ich betonen, dass Depressionen im Allgemeinen gut behandelbar sind. Meist braucht es dazu nicht nur psychotherapeutische Gespräche, sondern auch eine Behandlung mit antidepressiven Medikamenten (die positiv auf den Gehirnstoffwechsel einwirken), welche oft rasch zu einer deutlichen Stimmungsaufhellung führen und somit die Therapie unterstützen.

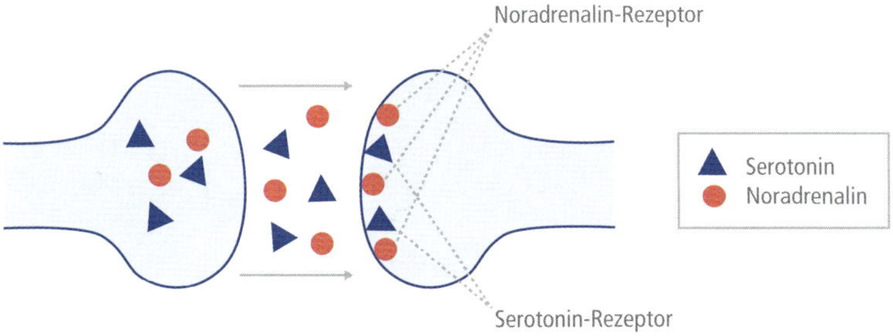

Die Neurotransmitter Noradrenalin und Serotonin spielen bei der Depression eine wichtige Rolle. Bei depressiven Patienten arbeiten diese Transmitter nicht effizient. Dadurch können Noradrenalin und Serotonin, die vom präsynaptischen Neuron freigesetzt werden, nicht an die Rezeptoren der postsynaptischen Neuronen anbinden.

Krankheitsentstehung

Erklärungsmodelle für das Entstehen einer Depression gibt es viele. So sehen manche Psychoanalytiker im typisch Depressiven eine Art „Liebessüchtigen" (*love-addict*). Der sich in diesem Zustand Befindliche fühlt sich unerfüllt, ohne wärmendes Selbstgefühl. Es steht dem Depressiven keine narzisstische Libido mehr zur Verfügung. Er kann sein Selbstwertgefühl (Narzissmus) nicht mehr auf das Ich und das Über-Ich (Gewissen) verlegen. Das Ich wird als fremd, das Über-Ich als streng, grausam und fordernd erlebt. Dass es in dieser Situation zu Suizidhandlungen kommen kann, liegt auf der Hand, weil das Ich nicht mehr mit Eigenliebe versehen und das Über-Ich nur noch als bestrafend erlebt werden kann. Um einigermaßen beschwerdefrei leben zu können, muss der Mensch fähig sein, seinen Körper narzisstisch zu besetzen. Die während der Depression oft auftretenden vegetativen Beschwerden und Schmerzempfindungen zeugen davon, dass der Organismus der narzisstischen Wärme entbehrt.

Was im Einzelfall die Depression auslöst, ist oft schwer zu beurteilen und muss immer individuell geschehen. Grundsätzlich wissen wir, dass die Depression mit einer Stoffwechselstörung im Gehirn einhergeht, dass bei Beginn der Depression individualpsychologische Momente von Bedeutung und ausschlaggebend sein können. Doch ist auch eine vererbte Disposition für diese Krankheit in Rechnung zu stellen. Die Möglichkeit des Menschen, auf bestimmte Faktoren und Erlebnisse depressiv zu reagieren, ist genetisch prädisponiert. Allerdings muss davon ausgegangen werden, dass unter gewissen Umständen jeder Mensch mit einer Depression reagieren kann, doch ist die individuelle „Schwelle" bei jedem verschieden hoch. So

Was ist eigentlich ...

Über-Ich, von Sigmund Freud (1856–1939) stammender Begriff für die Persönlichkeitsinstanz, in der die gesellschaftlichen Moralvorstellungen repräsentiert sind und die die Aufgabe hat, die Triebimpulse des Es abzuwehren (Strukturmodell der Psychoanalyse); der Inbegriff aller moralisch-hemmenden Kräfte und sozialen Normen, die in der Erziehung und Sozialisation aufgebaut werden. Wird den Triebimpulsen nachgegeben, so sind Schuldgefühle die Folge.

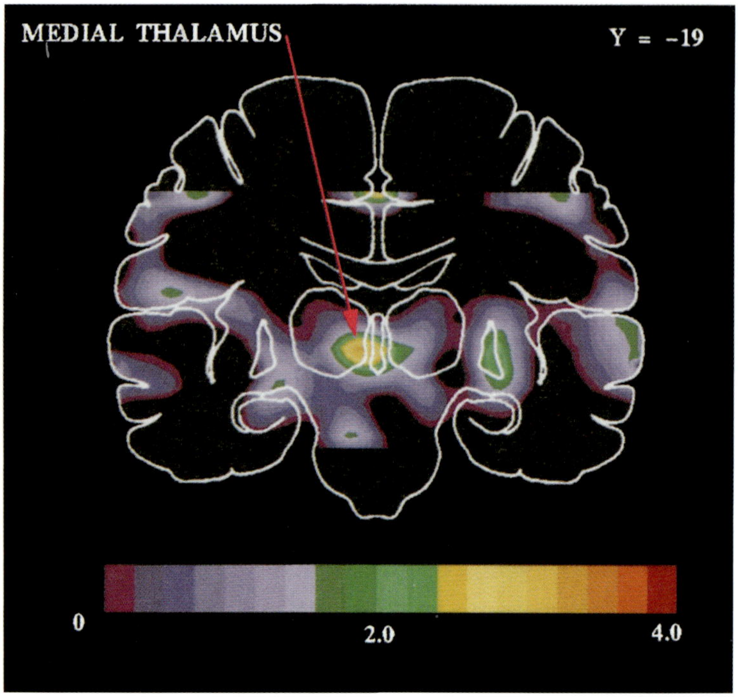

Gehirnfunktion bei Depression. Im Vergleich von depressiven Personen mit nichtdepressiven Personen zeigt sich ein erhöhter Stoffwechsel im medialen Thalamus.

vermindern zentralstimulierende Substanzen wie zum Beispiel Amphetamin und Kokain die „Serotoninzugänglichkeit" im Gehirn und können zu Depressionen und Suizidalität führen.

Vor wenigen Jahren wurde in Deutschland ein depressionspräventives Programm umgesetzt, das darauf abzielt, eine Verbesserung der Versorgung depressiver Menschen zu erreichen. Es ist das „Nürnberger Bündnis gegen Depression". Das Projekt startete 2001 in Nürnberg und hatte zum Ziel, Therapiemöglichkeiten besser umzusetzen durch eine intensive Öffentlichkeitsarbeit zum Thema Depression, aber auch durch Zusammenarbeit mit den Hausärzten und anderen Berufsgruppen wie beispielsweise Pastoren und Lehrern. Das Resultat kann sich sehen lassen: Nach zwei Jahren konnten die Suizide und Suizidversuche in Nürnberg fast um ein Viertel gesenkt werden. Dieser Erfolg führte zur Ausweitung des Projekts: Inzwischen sind mehr als 35 lokale Bündnisse gegen Depression entstanden. Ein ähnliches Projekt hat auch in der Schweiz vor Kurzem begonnen, wenn auch in kleinerem Rahmen. Als Schweizer Pilotregion für ein „Bündnis" stellte sich zum Beispiel 2003 der Kanton Zug zur Verfügung. Das Konzept beim Bündnis gegen Depression lautet im Prinzip: Suizidprävention durch Depressionsprävention.

Internet-Link

Informationen zur Entstehung des Bündnisses gegen Depression und zum Nürnberger Modellprojekt: www.buendnis-depression.de

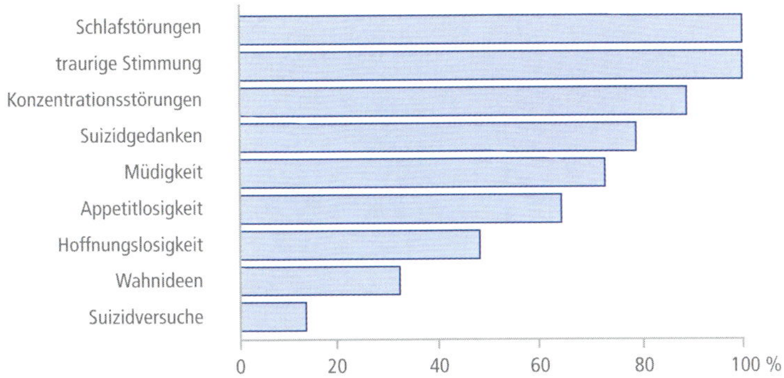

Depressionssymptome und ihre Häufigkeit.

In den letzten Jahren wurde zu Recht das Augenmerk auf die Geschlechtsunterschiede bei Depressionen gerichtet. Obschon insgesamt psychische Krankheiten bei beiden Geschlechtern etwa gleich häufig vorkommen, werden Depressionen bei Frauen häufiger diagnostiziert als bei Männern. Gefühle der Wertlosigkeit und Schuldgefühle sind bei Frauen häufiger anzutreffen als bei Männern. Das Bedürfnis nach Alkohol ist bei depressiven Männern signifikant häufiger anzutreffen als bei depressiven Frauen. (Vielleicht hat der typisch männliche „Stammtisch" auch die Funktion einer „Selbsthilfegruppe"?) Dass depressive Männer effektiv mehr Selbsthilfegruppen aufsuchen als Frauen, zeigt, dass die Bewältigungsstrategien bei ersteren andere sind als beim weiblichen Geschlecht. Es ist bekannt, dass bei Männern eher finanzielle Probleme depressionsauslösend sind, bei Frauen eher familiäre Probleme. Warum Frauen häufiger an Depressionen leiden, wird kontrovers diskutiert. Zum einen sind hormonelle Faktoren zu diskutieren, zum anderen Mehrfachbelastungen in Familie und Beruf. Außerdem könnte auch die Frage gestellt werden, ob Frauen tatsächlich häufiger an Depressionen erkranken oder ob Männer die Krankheit besser verstecken und verdrängen können, oder einfach nicht wahrhaben wollen. Das hätte auch zur Folge, dass sie sich gar nicht in ärztliche Behandlung begeben. Die endgültigen Antworten auf diese Fragen sind noch nicht gefunden. Sicher spielen sowohl genetische als auch psychosoziale Faktoren sowie Erziehungsstile eine entscheidende Rolle bei beiden Geschlechtern. Oder etwas trivialer ausgedrückt (nach dem Bestseller von John Gray): „Männer sind anders, Frauen auch."

Die Entstehung einer Depression ist also das Ergebnis einer vielschichtigen Wechselwirkung aus Veranlagung, biografischen Erfahrungen, körperlichem Befinden und sozialer Situation. Depressionen sind in der Bevölkerung weitverbreitet und ihre Häufigkeit nimmt mit steigendem Alter zu. Neuere Studien weisen darauf hin, dass Arbeitslosigkeit auch die Häufigkeit von Depressionen in der Bevölkerung erhöht. Die Depression ist die häufigste psychische Erkrankung überhaupt und ist wegen der Suizidgefahr auch die lebensgefährlichste: Drei bis vier Prozent aller Depressiven sterben durch eigene Hand. Besonders suizidgefährdet sind Menschen, die an einer manisch-depressiven Erkrankung leiden.

Burnout

Wer ausbrennt, der muss einmal entflammt gewesen sein!

Im Gegensatz zu anderen psychiatrischen Begriffen wie zum Beispiel Schizophrenie, Depression und Zwangskrankheit, sind die verschiedenartigen Definitionen des Begriffes Burnout uneinheitlich. Das Burnout-Syndrom ist manchmal von anderen psychischen Erscheinungsbildern schwer abgrenzbar. Zudem handelt es sich um einen neueren Begriff, der erst gegen Ende des letzten Jahrhunderts in der Literatur Eingang gefunden hat. Dies bedeutet jedoch nicht, dass das Krankheitsbild neu ist, sondern dass früher andere Ausdrücke verwendet wurden. Verschiedene Begriffe haben Ähnlichkeit mit dem Burnout, so etwa „Betriebsneurose", „Helfersyndrom", „chronische nervöse Erschöpfung" und „Erschöpfungsdepression". Auch Dichter und Schriftsteller haben solche Zustände beschrieben, lange bevor der Begriff existierte, so zum Beispiel Thomas Mann (1875–1955) in seinem Roman *Die Buddenbrooks*, in welchem der Senator Thomas Buddenbrook mit klassischen Symptomen eines Burnout geschildert wird. Im Roman erleidet dieser einen vorzeitigen Tod, der ins Jahr 1876 datiert wird. Interessanterweise wurde der Begriff Burnout erstmals in einer Erzählung von Graham Greene (1904–1991) erwähnt, und zwar 1961 in *A Burnt-Out case*. Später wurde „Burnout" in der amerikanischen Fachliteratur dann 1974 von Herbert J. Freudenberger und S. G. Ginsburg geprägt. Heute existiert eine umfangreiche Literatur zu diesem Krankheitsbild, das in den letzten Jahren immer häufiger diagnostiziert wurde und offenbar im Zunehmen begriffen ist. Trotzdem scheint der Begriff in Laienkreisen beliebter zu sein als bei Fachleuten: Zumindest sucht man im *Wörterbuch der Psychiatrie und medizinischen Psychologie* von Peters (Ausgabe von 1997) vergebens nach ihm. In der *Internationalen Klassifikation psychischer Störungen* (ICD-10) ist „Burnout" unter Erschöpfungssyndrom zu finden. Der Begriff ist insofern auch nicht ganz korrekt, als das „Durchbrennen" ursprünglich auf Sicherungen und Stromleitungen angewendet wurde. Dieses Durchbrennen geschieht sofort, plötzlich und schnell, während es sich beim „Ausbrennen" des Menschen jedoch um einen oft jahrelangen Prozess handelt. Man könnte sagen, dass über längere Zeit die Energieabgabe größer ist als der Energienachschub. Wenn die Kraftreserven des Menschen schwinden, kann es zu einem eigentlichen Erschöpfungszustand kommen, sogar zu einem depressiven Zustandsbild mit entsprechenden Suizidimpulsen.

Zuerst wurde das Erscheinungsbild bei Helfenden und in Sozialberufen Tätigen geschildert: Es geht einher mit einem Motivationsverlust, mit einer Verminderung der psychischen Belastbarkeit (oft schon im jüngeren oder mittleren Berufsalter), mit Gefühlen der Resignation und Ressentiments, die als Folge einer Überforderungssituation auftreten. Oft sind Menschen betroffen, die zu hohe (und damit oft unrealistische) Erwartungen an sich und an ihren Berufserfolg stellen.

Eine meines Erachtens gute, aber allgemeine Definition von Burnout finden wir bei Maslach und Leiter:

> Burnout ist ein Maßstab für die Diskrepanz zwischen dem Wesen eines Menschen und dem, was er in seiner Arbeit tun muss.
> Es stellt einen Verschleiß von Werten, Würde, Geist und Willen dar – einen Verschleiß der menschlichen Seele. Es ist eine Krankheit, die sich schrittweise und gleichmäßig über einen längeren Zeitraum hin ausbreitet und die Menschen in einen Teufelskreis bringt, aus dem es nur schwer ein Entrinnen gibt.

Zum Weiterlesen

C. Maslach, M. P. Leiter *Die Wahrheit über Burnout* (Berlin 2001)

Wie manifestiert es sich?

Menschen, die später an Burnout erkranken, sind klassischerweise – zumindest anfänglich – besonders aktiv, dynamisch und engagiert, vielleicht sogar überengagiert. Sie sind das Ideal eines jeden Arbeitgebers: Sie scheuen keine Überstunden; vermehrter zeitlicher Einsatz ist für sie selbstverständlich, oft haben sie das Gefühl, für die Firma, für das Team, in dem sie arbeiten, unentbehrlich zu sein. Mit anderen Worten sind es gerade diese besonders „guten" Eigenschaften, die sich später zu Fußangeln, zu Fallen entwickeln können. Durch äußere Umstände bedingt, kann es zu einer Entwicklung in Richtung Erschöpfungsphase kommen, in der die Betreffenden nur noch vermindert belastbar und stimmungslabil sind. Auch der Organismus kann zu streiken beginnen, indem anfänglich zum Beispiel festgestellt werden muss, dass banale Erkältungen und grippale Infekte öfter als zuvor auftreten. Die Betroffenen leiden oft an Schlaflosigkeit, Kopfschmerzen, hohem Blutdruck oder Magengeschwüren, evtl. auch an Herz-Kreislauf-Erkrankungen (Letztere vor allem im fortgeschrittenen Stadium). Sie fühlen sich ausgelaugt und müde, Letzteres im wörtlichen und übertragenen Sinne des Wortes. Die Müdigkeit verschwindet auch nach Erholungsphasen nicht. Oft ist auch eine innere Unruhe, eine Angespanntheit und Nervosität bemerkbar, die gelegentlich auch als Reizbarkeit in Erscheinung treten kann. Der ganze Mensch verändert sich also, er ist nicht mehr der „Alte": Der ursprüngliche Optimismus ist durch Pessimismus ersetzt worden, vielleicht sogar durch Negativismus und Fatalismus. Der Arbeit gegenüber wird eine zynische, negative Haltung eingenommen. Es

„Wirklich, er war unentbehrlich!
Überall, wo was geschah
zu dem Wohle der Gemeinde,
er war tätig, er war da.

Schützenfest, Kasinobälle,
Pferderennen, Preisgericht,
Liedertafel, Spritzenprobe,
ohne ihn da ging es nicht.

Ohne ihn war nichts zu machen,
keine Stunde hatt' er frei.
Gestern, als sie ihn begruben,
war er richtig auch dabei."

Wilhelm Busch (1832–1908)

kommt oft zu Konzentrationsstörungen, zu Merkfähigkeitsstörungen und zu Vergesslichkeit. All dies bedingt natürlich entsprechende Schwierigkeiten bei der Arbeit, im Team, bei Vorgesetzten usw. Die Auswirkungen zeigen sich aber nicht nur im Berufsleben, sondern auch im privaten Bereich. Häufig entwickeln sich – fast zwangsläufig – Partnerschaftsprobleme, denn die Betreffenden spüren, dass sie auch zu Hause zu wenige Erholungsmöglichkeiten haben. Es entsteht ein Teufelskreis, der noch verstärkt wirkt, indem Menschen, die an Burnout leiden, sich selbst zu therapieren versuchen, um die Spannungen in den Griff zu bekommen. Dies tun sie zum Beispiel mit einem vermehrten Alkohol-, Nikotin- und Kaffeekonsum, oder durch Selbstmedikation mit den verschiedensten Medikamenten, wie beispielsweise Beruhigungs- und Schlafmitteln.

Damit dreht sich die Spirale weiter: Es kommt zu Ärger (über sich und andere), zu Aggressionen und zu Schuldgefühlen. Es kann am Arbeitsplatz zu einem „Dienst nach Vorschrift" kommen, zu einer „inneren Kündigung", bei der nur noch das absolut Notwendige, das Allernötigste geleistet wird. Diskussionen mit Mitarbeitern und Vorgesetzten werden gemieden, denn man ist ja mit sich selbst beschäftigt und hat selbst genug Probleme. Die Folgen sind Abkapselung, Isolation und Flucht in Tagträume. Oft gesellen sich Depressionen und eine Suizidgefährdung hinzu.

Zu den Hauptursachen der Burnout-Entstehung gehört – sehr allgemein formuliert – die Hektik: Diese hat in den letzten zwei Jahrzehn-

Burnout im Berufsleben

Beim Entstehen des Burnout fehlen die subjektiv wahrgenommenen Möglichkeiten, die Situation zu verändern bzw. ihr entrinnen zu können. Dabei spielen auch Persönlichkeitsmerkmale (z. B. Streben nach Professionalität und hoher Leistungswille) eine Rolle. Gerade weil Burnout vor allem leistungsfähige und ehrgeizige Mitarbeiter trifft und dieses positiv bewertete Verhalten in den Anfangsphasen des Burnout dominiert, ist das schleichende Abgleiten eines Menschen in den Burnout oft nicht erkennbar. Ein entsprechend verantwortungsvolles Führungsverhalten (z. B. Feedback, Mitarbeitergespräche, realistische und erreichbare Zielsetzungen) kann zur Verhinderung von Burnout beitragen.

Ein Arbeitsmodell von Cordes und Dougherty (1993) postuliert persönliche Stressoren wie hohe Leistungserwartungen, hohe Erwartungen von Seiten des Unternehmens und eine hohe Involviertheit in die Arbeit sowie Arbeits- und Organisationsstressoren wie Rollenkonflikt, Rollenüberlastung und die Häufigkeit, Länge und Intensität zwischenmenschlicher Kontakte. Beide Dimensionen beeinflussen die emotionale Erschöpfung, die Depersonalisation und das Gefühl, persönlich nichts mehr zu leisten.

Die Interventionsmaßnahmen können sich sowohl auf die Person als auch auf die Organisation beziehen. Organisationen sollten ein angemessenes Betreuungsverhältnis garantieren, Zeit zum Ausspannen, abwechslungsreiche Tätigkeiten und Stärkung von sozialen Unterstützungssystemen bieten. Personenbezogene Maßnahmen wären die Verbesserung der Berufsqualifikation, Supervision und die Stärkung individueller Ressourcen (z. B. Stressbewältigung).

ten im Zuge des Computerzeitalters nicht etwa ab-, sondern zugenommen. Zu Recht schreibt die Psychiaterin Barbara Hochstrasser:

> Zeitdruck, wie er heute besteht, ist Ausdruck der technisierten und kommunikativ immer schneller drehenden globalisierten Welt.

Zudem unterlagen frühere Generationen nicht ständigen Umstrukturierungen. Die rasanten Veränderungen der Arbeitsstrukturen, der Aufgabenbereiche und der Zielvorgaben – oft bei vermindertem Personalbestand und Veränderungen in der Hierarchie – begünstigen ein Burnout oder können es verursachen.

Häufigkeit von Burnout

In Deutschland sollen nur 12 Prozent der Arbeitnehmer Freude an ihrer Tätigkeit haben und entsprechend engagiert sein. 70 Prozent sollen lediglich „Dienst nach Vorschrift" leisten und 18 Prozent sollen die „innere Kündigung" vollzogen haben. Dieses Ergebnis ist das Resultat einer repräsentativen Studie, bei der in 2003 cirka 2 000 Männer und Frauen über 18 Jahre befragt wurden. Aus der Studie geht auch hervor, dass der Anteil der beruflich Engagierten in früheren Jahren höher lag. Schuld an dieser Entwicklung ist wohl nicht zuletzt die allgemeine Wirtschaftslage, aber auch das mangelhafte Management, das für die Frustrierung vieler Mitarbeiter verantwortlich ist. Ganz ähnliche Zahlen wurden in der *Basler Zeitung* 2004 veröffentlicht, wobei auch hier darauf hingewiesen wird, dass Unternehmen wegen schlechter Personalpolitik jährlich Milliardenverluste hinnehmen müssen. Fachleute sind zu Recht der Meinung, dass sich dies ändern lässt. Es soll einen statistischen Zusammenhang geben zwischen „guter" Personalführung und dem Börsenwert einer Firma. Mit dem Satz „das Personal ist unser wertvollstes Kapital" brüsten sich zwar viele Firmen, doch bleibt dies oft nur ein Lippenbekenntnis. Dass das Personal tatsächlich das „wertvollste Kapital" ist, scheinen verschiedene Unternehmen nicht mehr wahrhaben zu wollen bzw. noch nicht wiederentdeckt zu haben. In der Schweiz wird davon ausgegangen, dass 3 bis 4 Prozent der arbeitenden Bevölkerung an einem schweren Burnout leiden.

Was ist eigentlich ...

Situationsanalyse, die Analyse der situativen Bedingungen für ein bestimmtes Verhalten als notwendige Voraussetzung für eine erfolgreiche Bewältigung eines Konflikts oder von Verhaltensstörungen z. B. anhand des SORKC-Modells. Das SORKC-Modell umfasst fünf Bestimmungsstücke und Verhaltenshintergründe als Grundlage eines Lernvorganges und dient der objektiven Überprüfung der therapeutischen Effekte in der Psychotherapie: S – Stimulus beschreibt den momentanen Situationsausschnitt und die Hinweisreize für das Verhalten; O– Organismus umfasst die biologischen Charakteristika einer Person, Alter, Geschlecht, genetische Vorbelastungen; R – Reaktion gibt das problemrelevante Verhalten und die dazugehörigen messbaren Kognitionen wieder; K – Kontingenz erfasst die Beziehungen zwischen Reaktionsklasse und den Konsequenzen hinsichtlich Häufigkeit und zeitlicher Abfolge; C – Konsequenz, Folgen, die ein fragliches Verhalten zu verstärken scheinen.

Was kann getan werden?

Wie bei jeder Krankheit geht es zunächst einmal darum, die Entwicklung, den krankhaften Prozess, möglichst frühzeitig zu bemerken. Bei der Situationsanalyse müssen sich die Betroffenen Fragen stellen wie zum Beispiel „Was ist mein Ziel?", „Wie wichtig ist mir meine Karriere?", „Ist mein Privatleben mindestens so wichtig?", „Bin ich mir bewusst, dass ich in letzter Zeit vermehrt zum Nörgler, zum Pessimisten, zum Zyniker geworden bin?", „Bin ich vielleicht zum Einzelgänger geworden?". Manchmal kann nach einer solchen Analyse eine grundsätzliche berufliche Änderung vorgenommen werden (zum Beispiel ein Stellenwechsel). Vielleicht gelingt es, die beruflichen Weichen anders zu stellen, und manchmal ist es unumgänglich, fachliche Hilfe zu beanspruchen, etwa bei einem Psychotherapeuten, Psychiater oder einem kompetenten Sozialarbeiter (Letzteres zum Beispiel innerhalb der Firma). Burnout bedarf einer psychotherapeutischen Behandlung, und je nach Fall auch einer antidepressiven Medikation.

Am ehesten kann einem Burnout vorgebeugt werden, indem man einen positiven, gesunden Lebensstil pflegt, für genügend Schlaf sorgt,

Psychotherapeutische Verfahren im Überblick

Therapieart	Therapievariante	spezielle Techniken (Beispiele)
psychodynamische Therapien	traditionelle Psychoanalyse	Durch freie Assoziation, Traumanalyse und Übertragung sollen unbewusste Konflikte aufgedeckt werden, die den gegenwärtigen Problemen zugrunde liegen. Einsicht und rationaler Umgang mit ihnen führen zur Problemlösung.
	moderne psychodynamische Therapieformen (z. B. interpersonale Psychotherapie)	Sie sind strukturierter und beanspruchen weniger Zeit als die traditionelle Psychoanalyse. Sie stellen die Art der Interaktion des Patienten mit anderen Menschen stärker in den Mittelpunkt.
Verhaltenstherapien	systematische Desensibilisierung	Der Patient lernt, sich gezielt zu entspannen. Zusätzlich wird eine Hierarchie angstauslösender Situationen konstruiert. Der Patient soll sich diese nacheinanander vorstellen und gleichzeitig entspannen.
	in-vivo-Desensibilisierung	Der Patient soll sich die Situationen nicht nur vorstellen, sondern real erleben.
	Reizüberflutung	Einem Phobiker wird ein extrem angstauslösender Reiz für einen längeren Zeitraum präsentiert, ohne dass der Patient ihm ausweichen kann.
	selektive Verstärkung (operante Konditionierung)	Bestimmte Verhaltensweisen werden verstärkt, meist durch die Vergabe von Punkten, die in Belohnungen umgetauscht werden können.
	Modell-Lernen	Der Patient lernt Verhaltensweisen durch die Beobachtung oder Nachahmung anderer (oft in Kombination mit Rollenspiel, z. B. beim Selbstsicherheitstraining).
kognitive Therapien	kognitive Verhaltensmodifikation	Es werden verschiedene Techniken eingesetzt, z. B. Verhaltensmodifikation oder die Analyse von Denkstrategien. Ziel ist die Veränderung unangemessener Annahmen und Überzeugungen.
humanistische Therapien	klientenzentrierte Therapie (Gesprächspsychotherapie)	Durch eine empathische, wertschätzende und aufrichtige Atmosphäre versucht der Therapeut, Prozesse zu befördern, die den Patienten (Klienten) zur selbstständigen Lösung seiner Probleme befähigen.
biologische Therapien	Psychopharmaka	Zur Stimmungs- und Verhaltensmodifikation werden Medikamente eingesetzt.
	Elektrokrampftherapie	Das Gehirn wird einem milden Stromstoß ausgesetzt, um einen Krampfanfall auszulösen.

Ein „Fallbeispiel"

Der zur Zeit der Erstuntersuchung ca. 50-jährige Patient hatte vor kurzem eine neue berufliche Aufgabe übernommen. Nach bald 30-jähriger Tätigkeit in einem Labor wurde er Sachbearbeiter. Ohne seriöse Einarbeitung wurde er „ins kalte Wasser gestoßen". Im Laufe der Zeit musste der Patient immer schwierigere, komplexere Aufgaben lösen, und er begann einen zunehmenden Druck zu verspüren. Er unterbreitete deshalb seinen Vorgesetzten gegenüber Vorschläge, um gewisse Aufgaben umzuverteilen bzw. mehr Personal einzustellen. Seine Vorschläge fielen nicht auf fruchtbaren Boden, sie wurden nicht einmal an die nächsthöhere Instanz weitergeleitet. Zum Druck- und Stressgefühl gesellte sich langsam, aber sicher eine deutliche Frustration hinzu. Da der Patient sehr gewissenhaft war, fiel es ihm schwer, gewisse Aufgaben zu delegieren. An sich selbst stellte er hohe Anforderungen: Die Tatsache, dass er alles äußerst korrekt und gewissenhaft ausführen wollte, ergab für ihn nur noch mehr Druck, da er die dazu nötige Zeit nicht hatte. Nachdem er einen neuen Vorgesetzten bekommen hatte, wurde es nicht einfacher, sondern noch schwieriger. Dieser überhäufte den Patienten immer mehr mit neuen Aufgaben, die ihn zeitlich und fachlich überforderten. In der immer spärlicher werdenden Freizeit konnte er zu Hause nicht „abschalten", und häufig träumte er nachts von seinem Vorgesetzten und vom Druck am Arbeitsplatz. Sein Chef sei ein Workaholic, der nie nein sagen könne und sich gar nicht bemühe, den Personalbestand aufzustocken, berichtete mein Patient. Sein Chef sei ein unterwürfiger „Jasager", der seine Vorgesetzten fürchtete und der sinnvolle Vorschläge seines Untergebenen („Untertan"!) nie „nach oben" weitergeleitet hätte. Immer mehr fühlte sich der Patient zu Hause unwohl, unruhig, gespannt, „ausgepumpt" und energielos. Er bezeichnete sich selbst als „ausgebrannt und enttäuscht". Eine unvermeidliche Folge war die Tatsache, dass auch das Familienleben Schaden zu nehmen begann.

In einer ersten Phase, in der sich das Burnout-Syndrom nur schwach abzuzeichnen begann, kam der Patient in meine Therapie, die etwa ein Jahr dauerte. Er klagte damals über Konzentrationsstörungen und darüber, dass er sich kaum mehr richtig freuen könne. Er äußerte auch das Gefühl, am Arbeitsplatz und zu Hause nicht ernstgenommen zu werden. Regelmäßige Gespräche mit dem Patienten und ein Antidepressivum bewirkten eine deutliche Besserung im Befinden, sodass er nach circa einem halben Jahr auf die Einnahme des Antidepressivums verzichtete und wenig später die Therapie beenden konnte.

Zweieinhalb Jahre später meldete sich der Patient erneut in meiner Praxis, da er den Druck am Arbeitsplatz wieder so stark verspürte, dass er unter diversen Symptomen litt. Im Prinzip zeigte er ein ähnliches Zustandsbild wie bereits beschrieben, doch dachte er dieses Mal eingehender nach über eine vorzeitige Pensionierung oder über eine Reduktion seines Arbeitspensums. Die Möglichkeit einer Vorruhestandsregelung, welche die Firma bot, verpasste er, sodass andere Maßnahmen getroffen werden mussten. Es wurde wiederum eine Gesprächstherapie durchgeführt, und auch dieses Mal ein Antidepressivum eingesetzt. Da klare berufliche Perspektiven fehlten, reichten diese Maßnahmen nicht aus, sodass ich mit dem Personalarzt Kontakt aufgenommen und nach einer Regelung gesucht habe. Da der Patient mittlerweile 35 Dienstjahre hinter sich hatte, war es möglich, ihn zu 50 Prozent zu pensionieren und zu 50 Prozent weiterarbeiten zu lassen. Schon nach wenigen Monaten spürte er, dass der Druck nachließ, dass er sich in jeder Beziehung besser fühlte, wieder lieber zur Arbeit ging, weniger angespannt war und auch für seine Umgebung erträglicher wurde. Er schrieb mir Folgendes:

„Dank den 50 Prozent in denen ich nicht mehr arbeite, kann ich mich immer wieder regenerieren und so einen relativ stabilen Zustand erreichen ... Meine Einstellung zur Arbeit musste ich insofern ändern, dass ich von mir nicht mehr für jede Aufgabe 100 Prozent verlange und die vorhandenen Probleme nicht als meine persönlichen Probleme sehe. Und inzwischen kann ich ab und zu auch nein sagen. Und jeden Tag arbeite ich daran, dass alles noch besser wird."

sich regelmäßig und ausgewogen ernährt (und sich dabei genügend Zeit lässt), ausreichende Erholungsphasen einbaut und für viel Bewegung, möglichst im Freien, sorgt. Zudem ist auch das Beziehungsnetz wichtig: Kontakte mit Freunden und Bekannten sollten gepflegt und aufrechterhalten werden.

Tatsache ist, dass das Problem des Burnout auch die Firmen beschäftigen sollte. Die verantwortlichen Vorgesetzten müssen Maßnahmen treffen, die ein „Ausbrennen" ihrer Mitarbeiter verhindern. Solche Maßnahmen verhindern nämlich nicht nur menschliches Leiden, sondern sie sind, zumindest längerfristig, auch für die Firma von Vorteil, weil nachgewiesen werden konnte, dass der Arbeitsausfall durch Burnout für den Arbeitgeber große finanzielle Verluste bedeutet. Die Firmenleitung ist dafür verantwortlich, dass folgende Faktoren eingehalten werden: Ertragbare Arbeitsbelastung, Anerkennung und Belohnung, Gemeinschaftssinn, Fairness, Respekt und anständige Honorierung. In einem norwegischen Konzern wurde eine Untersuchung über Mitarbeitergespräche durchgeführt. Diejenigen Mitarbeiter, die gelobt wurden, verbesserten ihre Leistungen im darauffolgenden Jahr. Diejenigen aber, die getadelt wurden, erbrachten im folgenden Jahr keine besseren Leistungen, zum Teil sogar schlechtere.

Zum Weiterlesen

M. Burisch *Das Burnout-Syndrom* (Berlin 2006)

Wenn Burnout auch geheilt werden kann, so bleibt danach eine gewisse Sensibilität für eine hohe Stressbelastung zurück. Menschen, die früher einmal eine Depression durchgemacht haben und bei denen Depressionen in der Blutsverwandtschaft vorkommen, haben ein erhöhtes Risiko für Burnout.

Grundtext aus: Thomas Haenel *Depression. Leben mit der schwarz gekleideten Dame;* Spektrum Akademischer Verlag, 2008.

Wenn das Ich erstarrt

Über vier Millionen Deutsche leiden an Depressionen. Die Weltgesundheitsorganisation hält die Schwermut bereits für eine Volkskrankheit. Doch fast allen Patienten kann geholfen werden

Ute Eberle

Medizinisch gesehen ist die Elektrokonvulsionstherapie (EKT) eine simple Angelegenheit. Der Arzt klebt dem Patienten zwei Elektroden auf die Schläfen, schließt die Kabel an und drückt auf „Start". Strom fließt durch die Schädelwand in die Windungen des Hirns, dessen Nervenzellen feuern, und die Muskeln am ganzen Körper beginnen krampfhaft zu zucken. Nach etwa einer Minute ebben die Konvulsionen meist von allein ab, halten sie länger als zwei Minuten an, spritzt der Arzt ein krampflösendes Mittel. „Eigentlich ganz unspektakulär", sagt Thomas Baghai von der Psychiatrischen Klinik der Ludwig-Maximilians-Universität (LMU) in München. Laien allerdings schaudern bei der Vorstellung. Sie verbinden mit einem „Elektroschock" Bilder von kreischenden Irren, die brutal auf die Bahre gerungen werden; von sich aufbäumenden Leibern und in den Fluren hallenden Schmerzensschreien. Selten vergeht ein Jahr, in dem sich Klinikdirektor Hans-Jürgen Möller nicht öffentlich für die EKT vor dem Bayerischen Landtag rechtfertigen muss, immer wieder belagern Demonstranten die Türen seines Krankenhauses. Dabei ist die EKT heute freiwillig und schmerzlos, dank Narkose und moderner Medikamente. Manchen Patienten pocht hinterher der Schädel, und jeder Dritte ist eine Zeit lang unkonzentriert und vergesslich. Doch diese Nebenwirkungen verfliegen in den allermeisten Fällen schnell, und viele Patienten akzeptieren sie willig, im Austausch für etwas ungleich Kostbareres: Der kontrollierte Stromschlag kann Depressionen vertreiben, manchmal noch, wenn alle anderen Therapien versagt haben. Es gibt Patienten, die lächeln danach zum ersten Mal seit Monaten.

Dennoch kann die Entscheidung, sich einem Elektroschock auszusetzen, nicht leichtfallen. Sich dem Entsetzen der Umwelt zu stellen, die eigenen Ängste herunterzuschlucken – wie elend muss sich ein Mensch fühlen, bevor er das tut?

Der Anstand verbietet, der blonden Frau diese Frage zu stellen. Sie ist mittelgroß, mittelalt, mit einem mädchenhaften Pferdeschwanz, und ihr Händedruck ist wehrlos wie der eines Kindes. Aus eigener Kraft tritt sie ins Behandlungszimmer der Münchner Klinik, doch das sollte nicht darüber hinwegtäuschen, dass ihr Zustand lebensbedrohlich ist. Unten, auf der Station, wo sie die vergangenen Wochen verbracht hat, hängen dieser Tage wieder die roten Warnschilder, Mahnung an Krankenschwester und Besucher, „keinen Patienten" unbegleitet von der Station zu lassen. Damit ist sie gemeint. Es wird befürchtet, dass sie sich umbringt.

Ohnehin glaubt man ihre Geschichte zu kennen, zumindest in groben Zügen, denn sie wiederholt sich auch unter den eigenen Nachbarn, Kollegen und Freunden. Oft beginnt das Leiden mit dem Gefühl, als sei die Welt ein Stück abgerückt, als sei man, ohne Vorwarnung, von den anderen durch Glas getrennt. Jeden Tag wird es dicker, bis jedes freundliche Wort, jede liebevolle Geste außen daran abprallt. Drinnen, allein, wächst die Verzweiflung, die Panik, sie saugt einen aus. Arbeit, Familie, Hobbys, die Wäsche, der Garten – alles wird zu viel, schließlich reicht die Kraft noch nicht einmal, um ans Telefon zu gehen. Freude und Lachen verblassen zu Erinnerungen und werden ähnlich unerreichbar. An ihre Stelle tritt etwas Totes, starr wie Backstein.

Die Welt als Aufforderung zum Selbstmord

An den schlimmsten Tagen besteht die Welt nur noch aus Aufforderungen zum Selbstmord. Die Besteckschublade: eine Einladung, sich die Adern aufzuschlitzen; der Keller: ein Ort, um sich zu erhängen. Je nach Definition erfüllen jedes Jahr vier bis acht Millionen Deutsche die Kriterien einer behandlungswürdigen Depression; europaweit sind es 33,4 Millionen. Jeden zehnten Deutschen – manche Studien sprechen sogar von fast jedem fünften – wird die Schwermut mindestens einmal in seinem Leben überwältigen. Jeder Sechste von ihnen wird daran sterben.

Erschreckende Zahlen. Und sie steigen, nicht nur in Deutschland. Anfang des 21. Jahrhunderts ließen sich etwa in den USA 37 Prozent mehr Menschen wegen Depressionen behandeln als noch 1980. An US-Hochschulen gilt bereits jede sechste Studentin als krankhaft depressiv. Niemand scheint vor dem neuen Volksleiden sicher, nicht einmal ein 24-jähriger Fußballmillionär auf der Höhe seiner Karriere, wie der Fall des Sebastian Deisler bewies.

Schon warnt die Weltgesundheitsorganisation (WHO), dass in den entwickelten Ländern keine andere Erkrankung – mit Ausnahme der Herz-Kreislauf-Leiden – heute mehr gesunde Lebensjahre koste. Schwermut schädigt nicht nur die Seele, sondern auch den Körper. Depressive sterben Studien zufolge drei- bis viermal häufiger an einem Schlaganfall oder nach einem Herzinfarkt als mental Gesunde, sie erkranken leichter an Osteoperose und können sich schlechter gegen Krebstumore wehren. Depressiv zu sein, schreibt die WHO in ihrem Jahresbericht 2001, beeinträchtige das Leben so sehr wie Blindheit oder Querschnittslähmung.

Entsprechend hoch ist der volkswirtschaftliche Schaden. In Deutschland verschlingen depressive Erkrankungen Schätzungen zufolge jedes Jahr 17 Milliarden Euro, in den USA sind es, je nach Studie, 44 bis 70 Milliarden Dollar, davon elf Milliarden allein durch verlorene Produktivität, weil depressive Beschäftigte oft nur kraftlos am Arbeitsplatz herumhängen. Woher kommt diese Epidemie der Depression? Mutet uns die Welt mit ihren Ansprüchen an Mobilität, Flexibilität, Individualismus und Eigenverantwortung zu viel zu? Als die Sowjetunion zusammenbrach und mit ihr die Lebens- und Zukunftspläne ganzer Völker, fiel Wolfgang Rutz, dem Regionalbeauftragten der WHO für Europa, auf, dass in vielen osteuropäischen Staaten ein ganzes „Cluster" an Krankheiten und Verhaltensweisen schlagartig zunahm. „Dazu gehörten Depressionen, aber auch Alkoholmissbrauch, Selbstmorde, Herz-Kreislauf-Erkrankungen, Risikoverhalten und Gewaltbereitschaft", zählt Rutz auf. „Es war wie ein Seismograf für den Stress in der Gesellschaft." Viele dieser Dinge sind auch im Rest Europas auf dem Vormarsch. Und Studien zeigen, dass Depressionen ganz besonders in den hoch industrialisierten Ländern zunehmen.

Fisch mindert das Depressionsrisiko

Ein anderer Faktor, sagen manche, könnte die Ernährung sein. Moderne, fabrikgefertigte Lebensmittel enthalten kaum noch die ungesättigte Fettsäure Omega-3, die vor allem in Nüssen und Fisch vorkommt und die eine wichtige Rolle in der Nervenkommunikation spielt. Finnen, die mindestens zweimal wöchentlich Fisch essen, halbieren ihr Depressionsrisiko, entdeckte ein Forscher der amerikanischen National Institutes of Health (NIH).

Eine Rolle könnte auch spielen, dass heute weniger Menschen Gott als den Lenker ihres Schicksals akzeptieren. Studien in Amerika zufolge erkranken regelmäßige Kirchgeher nur halb so oft an Depressionen wie Menschen, die nie einen Fuß in ein Gotteshaus setzen. Ist Schwermut also der Preis für Säkularisierung und Industrialisierung?

Viele Forscher glauben, dass noch ein weiterer Faktor hinzukommt. Wir sind nicht unbedingt depressiver, sagen sie, sondern gehen vielleicht nur schneller zum Arzt. „Früher war das Stigma größer, heute suchen die Leute eher Hilfe", sagt Ulrich Hegerl, der ebenfalls an der Münchner Klinik arbeitet. Das könnte auch die Erklärung dafür sein, dass Frauen mehr als doppelt so häufig wie Männer in Depressionsstatistiken auftauchen – sie geben ihre seelischen Qualen einfach bereitwilliger zu. Dazu kommt: Die Mediziner ihrerseits sind schneller bereit, selbst leichtere seelische Verstimmungen zu behandeln. „Die Psychiatrie hat sich für nicht so massive Störungen geöffnet", sagt Klinikleiter Hans-Jürgen Möller, er nennt sie auch „Verdünnungsfälle".

Zweifelsohne sind leichte depressive Verstimmungen, die jeden einmal befallen können, nicht mit einer echten, tiefen Depression zu vergleichen. Doch die Unterscheidung fällt oft schwer. Mediziner warnen, dass etwa in Deutschland zwei Drittel aller Depressionen nicht richtig erkannt und behandelt werden – mit teils tödlichen Folgen. Experten gehen davon aus, dass etwa 90 Prozent der Selbstmorde (in Deutschland 11 000 pro Jahr) und der Selbstmordversuche (deren Zahl auf das Zehnfache geschätzt wird) im Rahmen einer Depression verübt werden.

Behandelt werden Depressionen heute meist mit Antidepressiva, oft kombiniert mit einer kognitiven Verhaltenstherapie, die dem Patienten hilft, negative Denkmuster aufzubrechen. Auch Sport und eine Behandlung mit Licht haben sich bisweilen als erfolgreich erwiesen (Letzteres allerdings nur bei der saisonalen Winterdepression). In schwereren Fällen experimentieren die Ärzte seit kurzem zudem mit der so genannten transkraniellen Magnetstimulation (TMS), bei der in Kopfnähe ein Magnetfeld schnell auf- und wieder abgebaut wird, um die Nervenzellen zu stimulieren. Ganz neu ist auch die Vagusnervstimulation. Dafür setzt der Arzt dem Patienten einen Impulsgeber in die Brust und verdrahtet ihn mit dem Vagusnerv im Hals (dieser verbindet das Gehirn unter anderem mit den Brust- und Bauchorganen), der darüber alle paar Minuten schwach elektrisch stimuliert wird.

Die wohl schnellste – und verblüffendste – Methode jedoch, das Gemüt aufzuhellen, ist der Schlafentzug. „Die Wirkung ist fantastisch. Eine durchwachte Nacht, und man hat einen anderen Menschen vor sich", sagt Michael Wiegand, Schlafforscher von der TU München. Allerdings genügt oft schon ein Nickerchen am nächsten Tag, und die Wirkung verfliegt.

Warum die Therapien helfen, ist oft unbekannt

Gemeinsam ist allen Therapien, dass die Ärzte und Forscher bisher bestenfalls vage Vorstellungen davon haben, warum sie helfen – genau so, wie sie noch immer nicht schlüssig erklären können, warum ein Mensch depressiv wird. Dennoch hören sie es nicht gern, wenn Depression die „unverstandene Krankheit" genannt wird. „Das ist eine Schlussfolgerung, die ich ungern in Ihrem Artikel lesen würde", sagt Möller. „Es klingt so negativ. Wir wissen sehr, sehr viel, nur praktische Handlungsanweisungen sind schwierig." Unausgesprochen schwingt dabei immer die Sorge mit, dass Wissenslücken die Betroffenen davon abhalten könnten, ärztliche Hilfe zu suchen. „Wir können fast jedem helfen", betont denn auch Ulrich

Hegerl, der Sprecher des Kompetenznetzes Depression ist, eines Pilotprojekts, das Forscher und Praxisärzte enger vernetzt.

Dass es überhaupt Medikamente gegen die Schwermut gibt, verdankt die Medizin allerdings zu großen Teilen glücklichen Zufällen. Iproniazid etwa, eines der ersten Antidepressiva, wurde Ende der fünfziger Jahre zunächst gegen Tuberkulose eingesetzt, bis den Ärzten auffiel, dass manche Lungenkranke nach der Einnahme regelmäßig euphorisch wurden. Imipramin, ein anderes frühes Antidepressivum, wurde aus Schizophrenie-Studien übernommen, nachdem Patienten dort beängstigend energiegeladen reagierten.

Sowohl Iproniazid als auch Imipramin verändern die Konzentration der Neurotransmitter im Gehirn, einer Gruppe von Chemikalien, die Signale zwischen den Zellen des zentralen Nervensystems übertragen. Dies veranlasste Forscher zu der Hypothese, dass bei Depressiven der Stoffwechsel im Gehirn gestört ist. Die ersten Antidepressiva (genannt trizyklisch, aufgrund ihrer chemischen Struktur) wirkten recht unspezifisch auf mehrere Botenstoffe ein, später entwickelte Medikamente peilen ganz gezielt einen bestimmten Neurotransmitter an, zumeist Serotonin, Noradrenalin oder Dopamin (am bekanntesten sind die so genannten selektiven Serotonin-Wiederaufnahmehemmer, SSRI, zu denen auch Prozac zählt). Die meisten Antidepressiva erhöhen die Konzentration des jeweiligen Botenstoffs, doch entgegen einer verbreiteten Fehlannahme ist es nicht einfach das Mehr an Serotonin (oder Noradrenalin oder Dopamin), das „glücklich" macht. Das wissen die Pharmakologen nicht zuletzt deshalb, weil vereinzelt Mittel entdeckt wurden, deren Wirkung auf dem entgegengesetzten Effekt beruht: Sie senken die Konzentration. Tianeptin etwa, ein Antidepressivum, das seit 1988 unter dem Namen Stablon in Frankreich verkauft wird, reduziert den Level von Serotonin im Gehirn. MPI-Mitarbeiter Thomas Nickel verglich das Medikament in einer Studie mit Paroxetin, einem Serotonin-steigernden SSRI. Ergebnis: „Beide waren gleich gut wirksam."

Die Forscher gehen deshalb heute davon aus, dass die veränderte Konzentration an Neurotransmittern eine Kette intrazellulärer Prozesse anstößt, an deren Ende ein antidepressiver Effekt steht. „Stellen Sie sich eine Reihe von Dominosteinen vor, die so aufgestellt sind, dass der erste, der umfällt, den zweiten umreißt und so weiter, bis schließlich, irgendwann, hinten der letzte Stein fällt", sagt Florian Holsboer, Direktor des Max-Planck-Instituts (MPI) für Psychiatrie in München. So könnten Antidepressiva etwa über Umwege das Wachstum neuer Nervenzellen anregen. Das würde erklären, warum es mindestens zwei Wochen dauert, bis sich ein Depressiver nach ihrer Einnahme besser fühlt – lange, nachdem der Serotonin-Spiegel in seinem Blut gestiegen ist.

Es dauert lange, bis das richtige Mittel gefunden ist

Noch viel länger – manchmal Monate – kann es dauern, bis Arzt und Betroffene das richtige Mittel gefunden haben. Denn typischerweise schlägt ein Antidepressivum nur bei 70 Prozent der Patienten an – eine Zahl, die seit Jahrzehnten weitgehend unverändert ist. Weil noch so vieles über die Wirkung unverstanden sei, müsse ein Psychiater heute fast willkürlich unter den rund 40 Mitteln auf dem Markt wählen, sagt Holsboer. „Antidepressiva werden momentan weniger wegen ihrer Wirkung als wegen ihrer Nebenwirkungen ausgesucht." (Letztere reichen von Verstopfung, Schweißausbrüchen und Übelkeit bis zu reduzierter Libido.) Schuld an der selektiven Wirksamkeit sind winzige, individuelle Abweichungen im Erbgut jedes Menschen, wie MPI-Forscher herausgefunden haben. Sie wollen dieses Wissen nutzen, um Medikamente zukünftig gezielter auf den Patienten zuzuschneiden. „Das wäre ein gewaltiger Fortschritt", sagt Holsboer.

Patienten, die mindestens zwei (oft aber deutlich mehr) Antidepressiva aus verschiedenen Wirkungsklassen geschluckt haben, ohne sich besser zu fühlen, gelten als „therapieresistent". Nur für sie wird in Deutschland die Elektrokonvulsionstherapie angeboten. Pro Jahr melden sich 60 bis 70 depressiv Erkrankte bei der LMU für die Stromtherapie an – ein winziger Bruchteil der Patienten. Obwohl auch andere Kliniken in Deutschland mit Stromstößen arbeiten – „Die meisten schreiben das allerdings nicht groß an die Tür", sagt Möller –, ist der Andrang an der LMU oft größer als die Kapazität. „Dann richten wir Wartelisten ein", sagt Baghai. Ein Behandlungszyklus umfasst sechs bis zwölf Sitzungen über mehrere Wochen, die der Kranke stationär verbringen muss. (In den USA und Großbritannien werden Elektroschocks zum Teil auch in leichteren Fällen und ambulant durchgeführt.)

Das Verfahren ist, für die Psychiatrie, vergleichsweise personalaufwändig. Im Behandlungsraum der Münchner Universitätsklinik legt sich die blonde Frau auf das bereitgestellte Bett. Apathisch starrt sie an die Decke, während ihr die Psychiaterin Elektroden auf Brust, Arm und Stirn klebt. Neun kleine rote, um Herzschlag, Gehirnschwingungen und Muskelregungen zu messen, zwei große weiße für den Strom. Unter Aufsicht eines Anästhesisten fällt die Patientin in eine kurze Narkose. Ein Anästhesieassistent spritzt ihr ein muskelentspannendes Mittel, die Krankenschwester schiebt ihr etwas Mull zwischen die Zähne. Die Psychiaterin drückt den Knopf.

Der Stromstoß selbst dauert rund zehn Sekunden. Dabei fließen maximal 0,9 Ampere, die Energie entspricht etwa der eines Defibrillators, mit dem Notärzte stehen gebliebene Herzen ins Leben zurückschocken. Der Körper der Frau liegt still, lediglich ihre Mundwinkel schnellen mit mechanischer Abruptheit nach oben, sodass sie mit geschlossenen Augen verzerrt zu lächeln scheint. Für etwa eine Minute laufen Zuckungen Brandungswellen gleich durch die Muskeln der Oberschenkel bis zur Spitze der Zehen unter der gelben Decke. Es ist ein schwaches Echo der früher üblichen Konvulsionen, doch sicherheitshalber hat der Assistent die Seitengitter des Betts hochgeschoben und die Patientin an den Armen gepackt.

Das EEG-Messgerät beginnt dissonant zu heulen, ein Zeichen, dass das Gehirn wie gewünscht krampft. Der Papierausdruck wird später zeigen, dass das EEG rund 40 Sekunden lang wild tanzte, bevor es auf eine ruhigere Linie als zuvor zurückfiel. Ein Elektroschock rüttelt gewissermaßen die hirngesteuerten Hormon- und Neurotransmittersysteme durcheinander. Das könnte zu einer Reorganisation im Nervensystem führen und das Wachstum neuer Zellen begünstigen, vermuten die Ärzte. Doch wie die Therapie genau wirkt, wissen sie auch bei der EKT nicht. Der Münchner EKT-Spezialist Thomas Baghai hat gelernt, mit der Unwissenheit zu leben. „Frustrierend ist es nur, wenn es nicht hilft und man es nicht versteht."

Jede Depression ist sowohl exogen als auch endogen

Es ließe sich argumentieren, dass wir in unserem Verständnis von Depressionen heute wieder dort angekommen sind, wo unsere Vorfahren in der Antike waren. Der Begriff der Melancholie ist immerhin 2 500 Jahre alt. Damals glaubten viele, dass ein Wechselspiel von vier Körpersäften – Blut, Schleim, gelbe und schwarze Galle – psychische Störungen sowie das individuelle Temperament prägten. Ängste und depressive Stimmungen wurden einem Übermaß an schwarzer Galle zugeschrieben. Bis zur Mitte des 20. Jahrhunderts war das Pendel in die entgegengesetzte Richtung umgeschlagen: Soziale Einflüsse, nicht biologische, galten als die Hauptschuldigen. „Dass ein Kind schizophren war, wurde etwa der repressiven Mutter zugeschrieben", sagt Depressionsforscher Holsboer. Später unterschieden die Ärzte zwischen endogenen („im Körper schlummernden") und exogenen („vom Leben ausgelösten") Depressionen. Doch auch das erklärte nicht, weshalb manche Menschen scheinbar grundlos in Schwermut versinken, während andere erst nach einem emotionalen Schock – etwa dem Verlust der ganzen Familie durch einen Autounfall – depressiv werden. Heute glauben die meisten Forscher, dass jede Depression sowohl endogen als auch exogen ist.

Aus Zwillingsstudien weiß man, dass die Neigung zu Depressionen zumindest teilweise vererbt ist. Wissenschaftler in den USA entdeckten dazu eine Mutation auf dem Gen 5-HTT. „Depressionen sind aber so komplex, dass zweifellos mehrere Gene beteiligt sind", sagt Holsboer, dessen Mitarbeiter gerade dabei sind, das Erbgut von je 1 000 depressiven und gesunden Menschen miteinander zu vergleichen. („Die größte genetische Depressionsstudie, die es je gegeben hat", sagt der MPI-Direktor stolz.)

Auch im Gehirn haben Forscher die Spur der krankhaften Schwermut aufgenommen. Als sie die Schädel depressiver Selbstmörder aufsägten, bemerkten sie etwa, dass manche Hirnregionen, vor allem im Kortex, auffällig verkleinert waren und die Zellen teils anders aussahen. Bisher können die Ärzte nicht sagen, ob diese Veränderungen der Auslöser oder die Folge einer depressiven Erkrankung sind, doch viele glauben, dass ein bestimmtes Hormonsystem eine Rolle dabei spielt. So fanden sie im Blut und Urin von Depressiven erhöhte Mengen des Stresshormons Kortisol.

Dessen Ausschüttung wird über das Neuropeptid CRH (Corticotropin Releasing Hormone) reguliert. Auch der CRH-Spiegel ist bei Depressiven oft höher als normal. Um zu sehen, wie sich das auswirkt, spritzten Forscher Mäusen eine Extradosis des Neuropeptids. Die Nager zeigten die klassischen Symptome einer Depression: Sie hörten auf zu fressen, verloren das Interesse am Sex, schliefen unruhig und scheuten ängstlich vor Neuem zurück. Wurde bei Mäusen dagegen ein Teil der CRH-Rezeptoren im Gehirn ausgeschaltet – wie es Wissenschaftler am Forschungszentrum für Umwelt und Gesundheit GSF in Neuherberg taten –, dann kletterten die Tiere mutig durch offene Röhren und erkundeten hell erleuchtete Käfigbereiche, in die sich ihre ängstlicheren Artgenossen nicht trauten.

Der Körper gerät in eine Art Dauerstress

Doch nicht nur genetische Veranlagungen prägen das Hormonsystem. Auch Kinder, die in einem frühen Alter missbraucht oder vernachlässigt werden, schütten offenbar oft chronisch zu viele Stresshormone aus. Das führt nicht zwangsläufig in die Schwermut. Doch treffen genetische Disposition und frühkindliche Schädigung später auf eine seelische Belastung – den Tod eines Geliebten, Überbeanspruchung in der Arbeit –, schießt die Hormonproduktion leicht vollends über, der Körper gerät in eine Art Dauerstress, der Geist reagiert depressiv. „Es ist erstaunlich, dass heute, 2 500 Jahre später, wieder gestörte Körpersäfte im Gehirn als Erklärung für Depressionen herangezogen werden", sagt Hans-Jürgen Möller.

Die wohl schwierigste Frage bei alldem lautet: Wo beginnt die tödliche Krankheit, was gehört noch zur normalen Gefühlswelt? „Wir empfinden heute viele Dinge als pathologisch, die früher als Teil der Persönlichkeit akzeptiert wurden", schreibt der US-Schriftsteller Andrew Solomon, der selbst unter schweren Depressionen leidet. Zweifellos hat das auch mit Marketingbestrebungen der Pharmaindustrie zu tun. Rund 13 Milliarden Dollar gibt die Welt jährlich für Psychopharmaka aus – ein lukratives, aber auch umkämpftes Geschäft, in dem die Konzerne immer neue Anwendungsgebiete für ihre Pillen „entdecken", sei es schwere PMS (das prämenstruelle Syndrom), extreme Schüchternheit oder übertriebenes Heimweh. Gerade in Nordamerika, wo drei Viertel aller Psychopillen verkauft werden, scheinen Antidepressiva auf dem besten Weg, eine „Lifestyle Drug" à la Viagra zu werden, eine Gute-Laune-Pille für alle Gelegenheiten.

Über die Folgen dieses antidepressiven Massendopings werde viel zu wenig nachgedacht, kritisieren Psychiater wie Randolph Nesse von der Universität von Michigan in Ann Arbor. „Diese Folgen mögen klein sein, aber sie könnten auch riesig sein, mit dem Potenzial, eine soziale Katastrophe oder aber eine Transformation zum Guten auszulösen." Nesse setzt sich dem Zwang zur stets guten Laune entgegen und verweist darauf, dass eine gewisse Schwermut mitunter eine ganz normale, natürliche Haltung ist.

Droht die Depression allerdings jeden Lebenswillen des Betroffenen zu ersticken, helfen solche Überlegungen nicht weiter. Dann müssen die Patienten – wie die blonde Frau aus der Münchner Klink – versuchen, sich dagegen mit allen Mitteln zur Wehr zu setzen. Nach 20 Minuten hat sie die EKT-Behandlung hinter sich. Am Nachmittag sind die roten Warnschilder in der psychiatrischen Station der LMU verschwunden. Ein Happy End ist dies noch nicht – schon einmal fiel die Patientin nach einer EKT-Behandlung zurück in die Abgründe der Verzweiflung. Doch vielleicht gibt es diesmal einen Lichtblick.

Aus: DIE ZEIT Nr. 12, 11. März 2004

Hand aufs Herz: Könnten Sie jemanden umbringen? Sollten Sie jetzt spontan mit „Nein" anworten, sind Sie gewiss ein moralisch gefestigter, von tiefem Humanismus und demokratischen Grundwerten geprägter Mensch – aber vermutlich irren Sie sich. Davon jedenfalls ist **David M. Buss** fest überzeugt: „Jeder Mensch hat das Potenzial, einen Mord zu begehen." Mord, sagt Buss, sei fest im menschlichen Geist verankert und mehr oder weniger gleichzeitig mit diesem entstanden.

David M. Buss wird am 14. April 1953 geboren. Er studiert an der University of California in Berkeley Psychologie und lehrt an der Harvard University und an der University of Michigan, bevor er Professor für Psychologie an der University of Texas in Austin wird. Er leitet dort die Abteilung Individuelle Unterschiede und Evolutionäre Psychologie.

Durch seine Theorien über die evolutionäre Psychologie ist Buss international bekannt geworden. Er forscht über Partnerfindungsstrategien, Geschlechterkonflikte, Status- und Reputationsstrategien oder Eifersucht.

Buss betrachtet den Menschen und sein Verhalten aus streng evolutionärer Perspektive. Welches Erbe aus grauer Vorzeit, aus dem Leben in der Savanne oder dem Kampf ums Feuer, prägt den modernen Stadtmenschen von heute? Welche Impulse des steinzeitlichen Jägers werden auch im aktentaschentragenden Manager wach?

David M. Buss hat inzwischen mehr als 200 wissenschaftliche Artikel zur Evolutionspsychologie publiziert und ist für seine Arbeiten vielfach ausgezeichnet worden, unter anderem mit mehreren Preisen der American Psychological Association (APA).

Und wie geht Buss mit den eigenen Mordgelüsten um? Hat er überhaupt welche? „Ich hatte einige Mordfantasien", gesteht Buss im Interview mit dem *Spiegel*. „Die intensivste betraf einen Mann, der meine Reputation schädigen wollte. Er hat bösartige Gerüchte über mich in Umlauf gebracht." Und wie nahe war Buss der Ausführung seiner Mordfantasien? „Lassen Sie mich einfach sagen, dass ich sehr plastische Vorstellungen davon hatte. Er lebt noch, soweit ich weiß."

David M. Buss

Denn – das ist die gute Botschaft von David M. Buss – die Natur hat uns nicht nur Mordgelüste mitgegeben, sondern auch die Fähigkeit, sie zu kontrollieren.

Der mörderische Geist – Eine evolutionäre Theorie des Mordes

Von David M. Buss

Kein anderes Verbrechen fasziniert uns so sehr wie Mord. …
Er beschäftigt uns, seit Kain Abel getötet hat.
Edward L. Greenspan, Einführung, *Crimes of Passion*

Denn Mord, hat er schon keine Zunge, spricht/
Mit wundervollen Stimmen.
William Shakespeare, *Hamlet*

Kain erschlägt Abel und wird so zum ersten Mörder in der Bibel (Gemälde von Bartolomeo Manfredi, um 1610).

Prolog

Mein Interesse am Thema Mord wurde geweckt, als sich ein enger Freund eines Abends bei einer Cocktailparty in einen Anfall mörderischer Wut hineinsteigerte. Ich kannte ihn seit Jahren und hatte viele angenehme Abende mit ihm und seiner Frau verbracht. Sie hatten immer wie ein glückliches Paar mit einer innigen Beziehung gewirkt, auch wenn wir natürlich alle wissen, dass zwischen Partnern vieles geschieht, von dem Außenstehende nichts mitbekommen. Wie ich erfahren sollte, steckte diese Ehe voller Spannungen.

Die Party war bereits in vollem Gange, als ich eintraf, aber meinen Freund entdeckte ich nirgends. Als ich seine Frau fragte, wo er stecke, erklärte sie mir mit einem Ausdruck der Abscheu, er sei im anderen Zimmer. Zwar begrüßte er mich herzlich, als ich ihn dort aufsuchte, aber ich spürte, dass er schlechter Dinge war.

Kurz darauf kamen wir an seiner Frau vorbei, die sich gerade mit einem Gast unterhielt, dabei ihren Charme versprühte und offen mit ihm flirtete. Diese bemerkenswerte, gut aussehende Frau übte auf Männer stets eine große Wirkung aus. Als wir vorübergingen, warf sie ihrem Mann einen verächtlichen Blick zu und machte eine abfällige Bemerkung über sein Aussehen; dann drehte sie sich wieder um und flirtete weiter. Ihr Mann wurde augenblicklich so wütend, wie ich ihn noch nie erlebt hatte. Er packte mich am Arm und sagte: „Lass uns hier verschwinden." Dann stürmte er aus dem Haus, und ich blieb ihm dicht auf den Fersen. Kaum dass wir auf der Straße standen, zündete er sich eine Zigarette an. Ihre offene Schäkerei empörte ihn, wie er zugab, und dass sie ihn vor den anderen demütigte, machte ihn rasend. Unvermittelt sagte er, er wolle sie töten. Heute Abend, auf der Stelle, in diesem Augenblick. Ich war perplex. Und hegte dennoch keinen Zweifel an seinen Worten.

Dann überkam mich ein seltsames Gefühl: Ich fürchtete plötzlich um mein eigenes Leben. Wenn ich mich an diesen Abend zurückerinnere, finde ich diese instinktive Angstattacke immer noch bemerkenswert. Er war nicht wütend auf mich, aber er war so außer sich, dermaßen verwandelt, dass ich ihm zutraute, jede Gurgel zuzudrücken, die er in die Finger bekam. Ich hatte noch nie jemanden mit einer solchen Mordlust erlebt, und es war furchterregend.

Die nächste halbe Stunde redete ich beharrlich auf ihn ein, um ihn zur Räson zu bringen. Ich appellierte an seinen Eigennutz, erklärte ihm, dass er seine Laufbahn ruinieren würde, wenn er ihr auch nur ein Haar krümmte. Ich malte ihm ein Leben hinter Gittern aus. Ich sprach alles aus, was mir durch den Kopf schoss, und schließlich beruhigte er sich so weit, dass wir auf die Party zurückkehren konnten. Nach einer Weile zog ich mich – immer noch erschüttert – in mein

Hotel zurück. Meine Beunruhigung war durchaus berechtigt: Das Drama war noch nicht ausgestanden. Um zwei Uhr morgens rief er mich an und fragte mich, ob er auf meiner Couch schlafen könne. Wie er erzählte, hatte er nach der Party sofort einen furchtbaren Streit mit seiner Frau angefangen, bei dem er gedroht hatte, sie umzubringen, und mit seiner Faust den Badezimmerspiegel zertrümmert. Danach hatte er zum Glück umgehend das Haus verlassen, weil ihm klar geworden war, dass er sie sonst wirklich umbringen könnte.

Vielleicht das Interessanteste an dieser Geschichte ist der Umstand, dass seine Frau in dieser Nacht auszog und untertauchte. Sie wurden geschieden und haben sich seit jener Nacht nie wieder gesehen. Ich war entsetzt, dass eine Ehe zwischen zwei außergewöhnlich intelligenten, besonnenen und erfolgreichen Menschen, die meines Wissens auf wahrer Liebe gründete, auf diese Weise zu Ende ging und dass ein so guter Freund beinahe zum Mörder geworden wäre.

Wie meine Forschungen zum Thema Mord mir später bestätigen sollten, hat seine Frau etwas erkannt, was viele andere nicht rechtzeitig realisieren: dass nämlich selbst ein Mensch, den man liebt und der diese Liebe erwidert, dass überhaupt jeder Mensch das Potenzial hat, einen Mord zu begehen. Als ihr Mann sich in seine Raserei hineinsteigerte, wurde ihr zum Glück sofort klar, dass sie in Lebensgefahr schwebte.

Die Wut meines Freundes auf jener Party hat mich tief beeindruckt, und meine Verwirrung darüber, wie er sich so in seine Mordgedanken hineinsteigern konnte, hat den Anstoß zu einer intensiven Auseinandersetzung mit der Psychologie des Mordens gegeben. Bis mir so eindrücklich vor Augen geführt wurde, dass jemand, den ich gut kannte und schätzte, ja, auf dessen Urteilsvermögen, gesunden Menschenverstand und Besonnenheit ich mich stets verlassen hatte, durchaus imstande war, einen brutalen Mord zu begehen, hatte ich Mörder als besonderen Schlag angesehen: als Menschen mit einer allgemeinen Gewaltneigung, Leute, die in ihrer Kindheit an Brutalität gewöhnt worden waren, als abgebrühte Kriminelle oder – im Extremfall – als Psychopathen.

Phänomen Mord

Nur verrückte oder sehr verzweifelte Menschen könnten ernsthaft einen Mord ins Auge fassen, dachte ich, oder Leute, die in gewaltdurchtränkten Subkulturen großgeworden und dabei abgestumpft sind. Sicherlich würden normale, gebildete, erfolgreiche Menschen wie mein Freund nicht ernsthaft in Erwägung ziehen, jemandem das Leben zu nehmen. Blieb also das Rätsel zu lösen, was meinen Freund in seine verzweifelte Mordstimmung versetzt hatte. Seine Verärge-

Szene aus dem Hitchcock-Film *Dial M for Murder* (*Bei Anruf Mord*) aus dem Jahr 1953 mit Grace Kelly und Ray Milland in den Hauptrollen. Hier hat es den Auftragskiller erwischt.

rung verstand ich gut, aber die Mordswut deutete darauf hin, dass hier tiefere psychische Prozesse im Spiel gewesen waren. Ich fragte mich auch, warum ich in jener Nacht so intensiv um mein eigenes Leben gefürchtet hatte, obwohl ich nie zuvor mit einer solchen Gefahr konfrontiert gewesen war.

Kaltblütige Auftragskiller oder Gangster, die im Verlauf eines anderen Verbrechens zur Waffe greifen, sind leichter zu verstehen: Diese Leute töten für Geld oder um Zeugen aus dem Weg zu räumen. Viele andere Morde wirken hingegen irritierend. Wir haben große Schwierigkeiten, uns in die schwangere Highschool-Absolventin hineinzuversetzen, die zum Abschlussball geht, in der Toilette niederkommt, ihr Baby in den Abfalleimer stopft und dann zu ihrem Tanzpartner zurückkehrt, als wäre nichts geschehen. Wir sind entsetzt, wenn wir hören, dass ein Mann, der das Ende seiner Beziehung nicht akzeptieren will, seiner Freundin erst die Autoreifen aufschlitzt und sie dann selbst in einer Blutlache verenden lässt. Wir können es kaum fassen, dass Serben massenhaft Albanerinnen vergewaltigt und getötet haben und dann, als das Blatt sich wendete, Albaner zur Rache Serbinnen schändeten und umbrachten. Und es ist uns ein Rätsel, woher das scheinbar absolut Böse kommt, das Terroristen dazu bewegt, im Namen Gottes sich selbst und andere Menschen in den Tod zu reißen.

Mord fasziniert die Menschen. Er lenkt unsere Aufmerksamkeit auf sich wie keine andere menschliche Tat. Nachdem ich das Phänomen nun jahrelang untersucht habe, glaube ich, dass diese Faszination auf eine tiefverwurzelte Intuition zurückgeht, die eine lange Geschichte hat. Ganz gleich, wie fremd uns die unglaublichen und extremen Mordfälle, von denen wir hören, auch sein mögen: Der Mordimpuls

Was ist eigentlich …

Mord, im Strafrecht der Bundesrepublik Deutschland im Unterschied zum Totschlag die vorsätzliche Tötung eines Menschen, die hinsichtlich Tatmotiv, Tatausführung und Tatzweck durch besondere Merkmale gekennzeichnet ist. Nach § 211 StGB ist ein Mörder, wer aus Mordlust, zur Befriedigung des Geschlechtstriebs (Lustmord), aus Habgier oder sonstigen niedrigen Beweggründen, heimtückisch oder grausam oder mit gemeingefährlichen Mitteln oder um eine andere Straftat zu ermöglichen oder zu verdecken, einen Menschen tötet. Mord wird mit lebenslangem Freiheitsentzug bestraft (nach der Rechtsprechung des Bundesverfassungsgerichts mit dem Grundgesetz vereinbar). Nach einem Urteil des BGH vom 19.5.1981 kann allerdings die Strafe entgegen dem Wortlaut des Gesetzes auf 3 bis 15 Jahre gemildert werden, wenn außergewöhnliche Umstände vorliegen, aufgrund derer die Verhängung einer lebenslangen Freiheitsstrafe als unverhältnismäßig erscheint.

steckt in uns allen; er erwächst aus elementaren, unbewussten psychischen Mechanismen. Dass wir von ihm gefesselt sind, ist durchaus sinnvoll: Es dient dem Überleben. Wir müssen jenen Anteilen des menschlichen Wesens, die uns eines Tages gefährlich werden könnten, permanent Beachtung schenken.

Manche der Experten, die sich mit gewalttätigem Verhalten – vor allem bei Kindern – beschäftigt haben, vertreten den Standpunkt, die ungezügelte Brutalität, die im Kino und Fernsehen dargestellt wird, habe uns gewalttätiger gemacht und einige Menschen so beeinflusst, dass sie zu Mördern wurden. Sie warnen uns, dass die Gewöhnung an Filme wie *Der Terminator* mit Arnold Schwarzenegger oder *Stirb langsam* mit Bruce Willis Kinder verderben könne. Manche sind davon überzeugt, dass der Konsum von sadistischer Pornografie Serienkiller hervorbringe. Andere betonen den Einfluss von Armut, Drogen und gewalttätigen Subkulturen. Ich bin überzeugt, dass keiner dieser Ansätze geeignet ist, die wahren Triebkräfte hinter der großen Mehrheit aller Morde aufzudecken.

Meine Untersuchungen zeigen, dass jede dieser weitverbreiteten Überzeugungen in die Irre geht – todsicher. Um den Grund dafür zu verstehen, müssen wir in die Tiefen des mörderischen Geistes eindringen. Dort werden wir entdecken, dass Mord einer elementaren Logik folgt – gnadenlos, aber rational – und dass diese Logik nicht nur in den Köpfen jener Menschen verankert ist, die tatsächlich zu Mördern werden, sondern in uns allen.

Menschlicher Tötungsdrang

Vor sieben Jahren habe ich an meiner Universität ein Seminar über das Wesen des Menschen abgehalten und dabei einen Termin dem Mord gewidmet. Um die Teilnehmer dafür zu interessieren, gab ich ihnen eine Übung auf: Sie sollten einen Fragebogen ausfüllen, in dem sie zunächst gefragt wurden, ob sie je daran gedacht hätten, jemanden umzubringen. Lautete die Antwort ja, so sollten sie die näheren Umstände schildern, die ihre Mordfantasien ausgelöst hatten, ihre Beziehung zu dem Opfer und die Tötungsmethode, die ihnen vorgeschwebt hatte. Die erstaunlichen Ergebnisse brachten mich dazu, das Thema Mord eingehender zu erforschen.

Als ich in meinem Büro die Fragebögen durchsah, war ich verblüfft. Nichts hatte mich auf die Flut an mörderischen Gedanken vorbereitet, die meine Studenten beichteten. Ich hatte es überwiegend mit intelligenten, adretten Mittelschichtkindern zu tun, nicht mit problembeladenen Ghettokids oder Ausreißern, denen ich einen derart rasenden Zorn schon eher zugetraut hätte. Und doch hatten die meisten von ihnen sich schon mindestens einmal im Leben intensiv ausgemalt, jemanden umzubringen. Während ich mich durch ihre Mordfantasien kämpfte, keimte in mir der Verdacht, dass die tatsächlich verübten Morde nur die Spitze eines gigantischen Eisbergs sind. Ist vielleicht jeder ausgeführte Mord lediglich der sichtbare Beweis für einen fundamentalen menschlichen Tötungsdrang? Kreisen womöglich permanent Mordgedanken in unseren Köpfen? Und haben unsere Mordfantasien eine Funktion?

Um diese Fragen zu beantworten, hat meine Forschungsgruppe im Rahmen der größten je durchgeführten wissenschaftlichen Studie zu den Tötungsfantasien der Menschen herauszufinden versucht, warum es diese Vorstellungen gibt und unter welchen spezifischen Bedingungen sie auftauchen. An dieser bahnbrechenden internationalen Studie waren mehr als fünftausend Personen von San Antonio bis Singapur beteiligt, die allesamt eingehend befragt wurden. Die folgenden Ausschnitte sollen Ihnen einen Eindruck vom außergewöhnlichen Charakter dieser Interviews vermitteln.

Unsere Befragung ergab, dass 91 Prozent der Männer und 84 Prozent der Frauen sich bereits mindestens ein Mal lebhaft vorgestellt haben, jemanden umzubringen. Als ich über diese überraschenden Ergebnisse nachdachte und mir in Erinnerung rief, dass sich der menschliche Geist im Laufe der Evolution sehr genau an die Überlebensnotwendigkeiten angepasst hat, keimte in mir die Vermutung, dass diese Fantasien auf einem tiefsitzenden psychischen Unterbau fußen, der uns befähigt, in ganz bestimmten Situationen zu töten. Sieben

Fall #5537

Weiblich, 20 Jahre: [Wen wollten Sie umbringen?] Meinen Exfreund. Wir haben einige Monate zusammengewohnt. Er war sehr aggressiv. Irgendwann beschimpfte er mich als Hure und sagte, dass er mich nicht mehr liebe. Also habe ich mich von ihm getrennt. Ein paar Monate später hat er mich dauernd angerufen; er wollte wieder mit mir zusammensein, aber ich wollte nicht. Er sagte, wenn ich je eine Beziehung mit einem anderen Mann anfinge, würde er Videos, auf denen wir beim Sex zu sehen sind, an alle möglichen Leute an meiner Uni schicken. Und jetzt habe ich wirklich einen neuen Freund, von dem mein Exfreund bisher noch nichts weiß, und ich habe Angst, dass er Ernst macht. Da tauchte plötzlich dieser Gedanke auf, wie viel leichter mein Leben wäre, wenn es ihn nicht gäbe. [Bitte beschreiben Sie genau, auf welche Weise Sie diesen Menschen umbringen wollten.] Ich habe das tatsächlich getan. Ich habe ihn zum Essen eingeladen. Und als er in der Küche war und lammfromm Karotten für den Salat geschält hat, bin ich auf ihn zugegangen, lachend, damit er keinen Verdacht schöpft. Ich wollte rasch nach einem Messer greifen und so lang auf ihn einstechen, bis er tot wäre. Teil eins hat noch geklappt, aber er hat gemerkt, was ich vorhatte, und lief weg. [Ihre Schätzung, wie nah sie dran gewesen war, ihn wirklich zu töten, lag bei 60 %.]

Fall #967

Männlich, 28 Jahre: [Wen wollten Sie umbringen?] Er war ein sehr guter Freund, den ich oft in Schutz genommen habe. Bei meinem 20. Geburtstag hat er meiner paranoiden Verlobten erzählt, ich hätte sie betrogen. Das war eine schmutzige Lüge. Dann hat er sich an sie herangemacht. Das wurde ein riesiges Problem in meiner Beziehung, das wahrscheinlich nie ganz gelöst werden wird. Er war wie ein kleiner Bruder für mich und hat mir einen Dolch in den Rücken gestoßen, an der empfindlichsten Stelle, und das an meinem Geburtstag. ... [Auf welche Weise wollten Sie diesen Menschen umbringen?] Erst würde ich ihm jeden Knochen im Leib brechen, angefangen mit den Fingern und Zehen, dann allmählich die größeren. Dann würde ich seine Lunge und vielleicht ein paar andere Organe punktieren. Ihm auf jeden Fall möglichst viele Schmerzen bereiten, bevor er stirbt. [Seine Schätzung, wie nah er dran gewesen war, ihn wirklich zu töten, lag bei 80 %.]

Fall #108

Männlich. [Wen wollten Sie umbringen?] Ich war auf einem Parkplatz, und er fuhr etwa 30 Meilen pro Stunde. Er hat mich fast gerammt (obwohl ich Vorfahrt hatte). Er sprang aus seinem Wagen, warf seine Zigarette nach mir, trat nach meinem Auto und versuchte, mein Fenster einzuschlagen. Ich griff nach meinem Baseballschläger und stieg aus, und ich hatte noch nicht einmal richtig ausgeholt, da nahm er schon die Beine in die Hand, dieses Weichei. Ich habe mich etwas beruhigt, als er weglief, aber als er vorher auf meine Freundin und mich losging und uns etwas antun wollte, da hatte ich das Bedürfnis, seinem Leben ein Ende zu setzen. ... Ich hätte ihn mit meinem Baseballschläger erschlagen. [Was haben Sie tatsächlich getan?] Ich habe darüber nachgedacht, was passiert wäre, wenn er nicht weggerannt wäre. Wahrscheinlich hätte ich ihn mit meinem Schläger zu Brei geschlagen. Ich weiß nicht, ob ich ihn wirklich getötet hätte, aber der Wunsch war da. [Was hätte Sie dazu treiben können, ihn wirklich umzubringen?] Wenn er meine Freundin angerührt hätte, hätte ich ihn totgeprügelt. Ganz bestimmt.

Jahre nahezu besessener Forschung haben mich zu dem Schluss geführt, dass der menschliche Geist Adaptationen für das Töten hervorgebracht hat: tiefverankerte Denkmuster, oft von einem inneren Dialog begleitet und in übermächtige Emotionen eingebettet, die uns zu potenziellen Mördern machen.

Was macht uns zu potenziellen Mördern?

Die einfachen Erklärungen für Mord, die man so oft zu hören bekommt – Armut, psychische Erkrankungen, Eltern, Mediengewalt –, fallen mit Pauken und Trompeten durch, wenn es darum geht, in das

Herz der Finsternis vorzudringen und die Architektur des mörderischen Geistes aufzuklären. Sie versagen aus vielen Gründen, vor allem aber, weil Mord nicht die Folge eines einzelnen Antriebs ist. Man denke nur an die Palette von Gefühlen, die unser Blut zum Kochen bringen und uns zum Töten anhalten können: Manchmal führt Hass zu Mord, manchmal Neid, dann wieder Geiz, mal Angst, mal Eifersucht, mal schierer Groll. Und oft genug löst eine komplexe Mischung von Emotionen die Tat aus.

Umgekehrt kann auch eine bestimmte Emotion zu ganz unterschiedlichen Mordarten führen. Eifersucht treibt den einen dazu, einen Ri-

Was ist eigentlich ...

Antrieb, *drive*, Wirkung einer ordnenden und koordinierenden Instanz in der Verhaltenssteuerung im Zentralnervensystem, die die Verhaltensweisen eines Funktionskreises in sinnvoller Weise aktiviert, regelt und fördert. Jeder Antrieb und seine Stärke entstehen durch die Verrechnung der antriebsbezogenen Außenreize (vermittelt durch entsprechende Sinnesorgane) mit den Gegebenheiten der inneren Bedingung. Außenreize und innere Bedingungen bestimmen gemeinsam nach dem Prinzip der doppelten Quantifizierung die Reaktionsstärke. Ein starker äußerer Reiz kann bei geringer innerer Bereitschaft dieselbe Reaktionsstärke veranlassen wie ein geringer äußerer Reiz bei starker innerer Bereitschaft. Die Begriffe des Antriebs, der Bereitschaft und auch der Motivation können nur schwer gegeneinander abgegrenzt werden, teils werden sie synonym verwendet, ihr Gebrauch divergiert ebenfalls in verschiedenen Fachdisziplinen. Heute wird in der Verhaltensbiologie inhaltlich kaum noch zwischen Bereitschaft, Handlungsbereitschaft und Antrieb unterschieden; man verwendet vielmehr bevorzugt die Begriffe Bereitschaft und Motivation.

Mörder erkennt man nicht am Aussehen. Der amerikanische Serienmörder Ted Bundy ermordete zwischen 1974 und 1978 mindestens 28 junge Frauen. Die tatsächliche Zahl dürfte bedeutend höher sein. Bundy wurde zum Tod auf dem elektrischen Stuhl verurteilt.

valen zu erschießen. Dasselbe Gefühl lässt einen zweiten seine Frau erwürgen und einen dritten die Waffe gegen sich selbst richten. Manche Leute töten, um einen Partner an sich zu binden, von dem sie glauben, er könne sich von ihnen abwenden; andere töten eben jenen Partner, weil sie ihn loswerden wollen. Manche morden aus Liebe, andere aus Hass. Manche, zum Beispiel die Auftragsmörder der Mafia, empfinden nichts bei ihrer Tat. Andere, wie die unverheiratete Mutter, die ihr Neugeborenes aussetzt, scheinen keinen Zugang zu den elementarsten menschlichen Instinkten zu haben. Das Spektrum der psychischen Zustände, die in einen Mord münden können, reicht von Arglist bis Erbarmen; dass es so breit ist, verlangt nach einer tieferen Erklärung. Der Serienmörder Ted Bundy, die Kindsmörderin Susan Smith, der „Euthanasiearzt" Jack Kevorkian und der Terrorist Osama bin Laden lassen sich nicht über einen Kamm scheren, was ihre Motive angeht.

Hinter der offenkundigen Vielfalt der Motive und jenseits all der unterschiedlichen Umstände, die zu Mord führen können, verbirgt sich ein Netz aus Antrieben und Auslösern. Die kräftigen Fäden dieses Netzes reichen Millionen von Jahren zurück, in den Nebel der Entwicklungsgeschichte des Menschen.

Meiner Theorie zufolge lassen sich fast alle der vielen Mordarten – von Affekttaten bis zum systematisch geplanten Auftragsmord – als Produkte einer strengen evolutionären Logik erklären. Töten ist fraglos verwerflich, aber es ist nur in den seltensten Fällen die Folge einer Psychose oder einer kulturellen Prägung. Mord ist ein Ergebnis des Selektionsdrucks, dem unsere Art in ihrer Entwicklungsgeschichte ausgesetzt war.

Was ist eigentlich …

Motiv, in der motivationspsychologischen Literatur unterschiedlich definierter Begriff. Der heute gängigste Definitionsansatz stammt aus dem biologisch ausgerichteten Motivationsmodell von McClelland (1985), in dem die affektive Grundlage motivationaler Prozesse betont wird. Nach McClelland ist die Grundlage motivierten Handelns das Streben nach positiven Gefühlen, die sich einstellen, sobald man Zugang zu „natürlichen Anreizen" (*natural incentives*) hat. Die Verknüpfung zwischen einem natürlichen Anreiz und der durch ihn ausgelösten spezifischen Emotion wird dabei als angeboren betrachtet. Was einen derartigen natürlichen Anreiz darstellt, lässt sich nur evolutionsgeschichtlich bestimmen. Es sind letztlich jene Situationen und Handlungen, die für das Überleben der Art funktional waren (z. B. sich gegen andere durchsetzen).

Was ist eigentlich …

Affekt [von latein. *afficere, affectum* = einwirken, in eine Stimmung versetzen], Gemütserregung, Gefühlserlebnis (z. B. Angst, Begeisterung, Eifersucht, Freude, Schrecken, Trauer, Wut, Zorn), intensiv empfundene und meist relativ kurz andauernde Erregung, die im Allgemeinen mimischen Ausdruck findet und oft mit ausgeprägten vegetativen Reaktionen (z. B. Puls-, Blutdruckanstieg, Änderung der Gesichtsfarbe, Steigerung der Darmmotilität) verbunden ist. Affektiv gelenkte Entscheidungen entsprechen nicht immer einer einfachen „Kosten-Nutzen-Rechnung", wie von vielen klassischen Soziobiologen angenommen wurde. Wenn z. B. jemand Rache übt, sind mitunter die daraus resultierenden Kosten für den Rächenden höher als der gerächte Schaden. Möglicherweise neigt der Mensch deshalb manchmal eher dazu, die eigene Aggression „rational" zu begründen, und weniger, sie zu hinterfragen. Aspekte der affektiven Steuerung des Denkens und des Verhaltens sind zum Teil das Selektionsprodukt des Lebens in sozialen Verbänden.

Eine Affekttat wird dann angenommen, wenn eine ansonsten normal-gesunde Person in einem schweren psychischen Ausnahmezustand unfähig war, das Unrecht ihrer Tat einzusehen oder nach dieser Einsicht zu handeln. Zur Diagnostizierung eines solchen Ausnahmezustandes werden verschiedene Kriterien, wie etwa die Einengung des Wahrnehmungsfeldes oder das Missverhältnis zwischen Anlass und Tat herangezogen (Verantwortlichkeit von Straftätern).

Neue Erkenntnisse über die Tötungsneigung unserer Vorfahren legen nahe, dass wir schon sehr früh im Laufe unserer Evolution zu Mördern geworden sind. „Ötzi", dessen tiefgefrorene Leiche 1991 von zwei Bergwanderern in den italienischen Alpen gefunden wurde, lebte vor 5 300 Jahren. Sein außerordentlich gut konservierter Leichnam lag vornüber im Gletschereis; der Mann hatte in seinem Beutel Brot und Fleisch dabei und war mit einem Bogen bewaffnet. Im Köcher steckten noch vierzehn Pfeile. Wissenschaftler entwickelten mehrere Thesen über die Todesursache. Einer meinte, er sei im Schlaf erfroren, als er sich nach einem ermüdenden Aufstieg zum Ausruhen hingelegt habe. Ein anderer glaubte, er sei gestürzt und habe sich dabei die Rippen gebrochen. Ein dritter schlug vor, eine Lawine könne ihn begraben haben.

Alle wurden sie widerlegt, als Forscher die wahre Todesursache entdeckten. Der Mann starb an einem Pfeil, der in seinen Rücken eindrang, wichtige Blutgefäße zerriss, sein Schulterblatt zerschmetterte und in seiner linken Schulter stecken blieb. Er erlitt schwere innere Blutungen und lebte nach dem Schuss höchstens noch ein paar Stunden. Bei der Erstuntersuchung war die Wunde übersehen worden. Erst eine dreidimensionale Durchleuchtung der Eismumie per Computertomographie machte die gut zwei Zentimeter lange Pfeilspitze sichtbar. Wir wissen nicht, ob der Mann auf der Flucht starb oder ob er ahnungslos aus dem Hinterhalt niedergestreckt wurde – und ob er es mit einem einzelnen Angreifer oder einer Gruppe von Gegnern zu tun hatte. Mit einiger forensischer Sicherheit können wir jedoch festhalten, dass er ermordet wurde: Man fand ihn mit einem Messer in der rechten Hand; Unterarme und Hände tragen Wunden, die auf Gegenwehr schließen lassen; Waffen und Kleidung weisen Spuren vom Blut mindestens zweier anderer Menschen auf.

„Ötzi", die Mumie eines Alpenbewohners aus der mittleren Jungsteinzeit, bei einer ersten Untersuchung im Innsbrucker Institut für Gerichtsmedizin.

Die Evolution des mörderischen Geistes

Andere archäologische Belege geben uns weitere Hinweise darauf, seit wann Mord zu unserem Dasein gehört. Kürzlich fand man auf einem Friedhof bei Dschebel Sahaba im ägyptischen Nubien 59 Leichen aus dem späten Jungpaläolithikum, etwa 12 000 bis 14 000 Jahre alt. Über 40 Prozent enthielten steinerne Pfeilspitzen, viele hatten gleich mehrere Wunden. Vor allem die Männerskelette wiesen Verletzungen auf, und zwar überwiegend an der linken Schädelhälfte oder im linken Brustkorb. Wahrscheinlich wurden die Opfer also von Rechtshändern attackiert, die vor ihnen standen. Andere neue Belege aus dem amerikanischen Südwesten deuten darauf hin, dass bei den Anasazi-Indianern sogar Kannibalismus praktiziert wurde; viele Schädelknochen wiesen zudem Schabspuren auf, wie sie nur beim Skalpieren auftreten. Haben unsere Vorfahren tatsächlich andere Menschen verspeist? Bei der Analyse von fossilem Menschenkot aus der Anasazi-Siedlung wurde kürzlich menschliches Myoglobin nachgewiesen, ein Protein, das nur durch den Verzehr von menschlichem Muskelfleisch in die Ausscheidungen gelangt sein kann.

Diese und weitere Entdeckungen, zum Beispiel Funde von alten Waffen wie Keulen, Lanzen, Beilen, Dolchen und Schwertern, lassen keinen Zweifel daran, dass das Töten von Artgenossen während eines großen Teils der menschlichen Entwicklungsgeschichte ein verbreitetes Phänomen war. Bei aller Lückenhaftigkeit und Vorläufigkeit erlauben uns diese neuen paläontologischen und bioarchäologischen Belege faszinierende Einblicke in die lange Geschichte des Mordes, und sie haben meine Theorie mitgeprägt.

Als ich mich in das Rätsel vertiefte, warum unsere Art schon so früh derart gewalttätig geworden ist, ging mir auf, dass Morde – vor allem die am weitesten verbreiteten Mordtypen – in der nüchternen Kosten-Nutzen-Rechnung der Evolution unseren Vorfahren eine Reihe von Überlebens- und Fortpflanzungsvorteilen gegenüber ihren Konkurrenten verschafft haben müssen. Es mag grotesk klingen, Totschlag als Anpassungsleistung und Mord als vorteilhaft darzustellen, aber tatsächlich ist das Töten – evolutionsbiologisch betrachtet – dermaßen nützlich, dass das wahre Rätsel gar nicht lautet, warum Morde in unserer Entwicklungsgeschichte eine so große Rolle spielen, sondern vielmehr, warum sie dennoch vergleichsweise selten vorkommen. Die Evolution des mörderischen Geistes trägt Züge eines Wettrüstens: In Reaktion auf die Gefahr, umgebracht zu werden, haben wir ein breites Repertoire an effektiven Frühwarn- und Abwehrmechanismen entwickelt.

Im Laufe unserer Evolution von den vormenschlichen Primaten zum *Homo sapiens* hatten wir mit drei Hauptgefahren zu kämpfen. Der erste Kampf galt der äußeren Umgebung: Wer zu früh aus großer Hö-

Was ist eigentlich ...

Kosten-Nutzen-Analyse, Gewinn-Verlust-Analyse, ein aus der Wirtschaftswissenschaft in die Verhaltensökologie übertragener Denkansatz, der die Kosten und Nutzen eines Verhaltens beschreibt. Die Selektion sollte nur solche Verhaltensweisen begünstigen, deren Kosten-Nutzen-Bilanz positiv und im Vergleich zu alternativen Verhaltensweisen vorteilhaft ist. Kosten sind die Energiemengen, die ein Organismus für ein bestimmtes Verhalten einsetzt oder durch ein bestimmtes Verhalten verliert. Kosten können sich ebenso auf nicht wahrgenommene Gelegenheiten zur Fortpflanzung beziehen. Nutzen bezieht sich auf Verhaltensweisen, bei denen ein Gewinn im Sinne von Fitness-Vorteilen (Adaptationswert) erreicht wird, z. B. die Erhöhung der Nettoenergieaufnahmerate während der Nahrungssuche oder der verbesserte Zugang zu Ressourcen.

he abgestürzt, aus Nahrungsmangel verhungert oder beim Überqueren eines Flusses ertrunken ist, gehört sicher nicht zu unseren direkten Vorfahren. Zweitens mussten unsere Ahnen sich anderer Spezies erwehren: Parasiten griffen sie von innen an, Raubtiere von außen. Unsere instinktive Meidung offensichtlich Kranker, unsere Furcht vor Spinnen und Schlangen sowie unser waches Gespür dafür, ob wir verfolgt werden, sind allesamt aus diesem Kampf hervorgegangen. Und drittens müssen wir uns gegen unsere Artgenossen verteidigen. Tatsächlich hat die Menschheit mittlerweile ein Entwicklungsstadium erreicht, in dem sie sich selbst der größte Feind ist.

Diese lange Geschichte der Lebensbedrohung durch Artgenossen hat dafür gesorgt, dass wir eine Reihe hochsensibler Schutzmechanismen entwickelt haben, die verhindern sollen, dass wir ermordet werden. Nach den Gesetzen der natürlichen Auslese bringen Mutation und Selektion umso schneller eine Gegenmaßnahme hervor, je kostspieliger ein Risiko ist – und natürlich ist nichts verheerender als ein gewaltsamer Tod. Ebenso wie die Menschen eine Spinnen- oder Höhenangst entwickelt haben, haben sie sich ein beeindruckendes Spektrum von Verhaltensweisen zugelegt, die Mordversuche vereiteln.

Schutzmechanismen und Abwehrinstinkte

Dank einer ganz außergewöhnlichen wissenschaftlichen Entdeckung wissen wir mittlerweile, dass diese Verteidigungsmechanismen schon sehr früh im Leben greifen: noch vor der Geburt, in der vermeintlichen Geborgenheit des Mutterleibs. Wie der Harvard-Biologe David Haig herausfand, birgt selbst der Mutterleib seine Gefahren, zu deren größten ein Spontanabgang gehört. Oft kommt es zum Abort, bevor die Frau überhaupt merkt, dass sie schwanger ist. Tatsächlich ist inzwischen klar, dass viele Frauen, die sich wegen einer verspäteten Periode Sorgen machen und dann erleichtert sind, wenn die Blutung ein paar Tage später doch noch einsetzt, wirklich schwanger geworden sind und ihre Embryonen in einem frühen Stadium abgestoßen haben. Haig zufolge finden solche oft unbemerkten Aborte vor allem dann statt, wenn der Körper der Mutter registriert, dass der Embryo sich nicht gut entwickelt oder genetische Defekte hat.

Uns interessiert hier eine weitere Entdeckung Haigs: Oft wird der Körper der Mutter durch ein Täuschungsmanöver davon abgehalten, einen Embryo abzustoßen. Der Embryo setzt dazu ein Hormon in den mütterlichen Blutstrom frei, das humane Choriongonadotropin (hCG). Der Körper der Frau interpretiert eine hohe hCG-Konzentration als Zeichen für die Gesundheit und Existenzfähigkeit des Embryos und stößt ihn daher nicht ab. Sogar der Mutterleib ist also eine

Was ist eigentlich ...

Choriongonadotropin [von griech. *chorion* = Haut, auch Leder, Fell; Embryonalhülle, Nachgeburt], *human choriongonadotropin*, Abk. CG oder hCG, Glykoprotein der Placenta mit hohem Kohlenhydratanteil, das die Produktion von Östrogen und Progesteron stimuliert und damit sekundär das Wachstum des Uterus fördert. Choriongonadotropin wird vorwiegend während der ersten Schwangerschaftsmonate gebildet und über den Harn ausgeschieden. Darauf beruht die Aschheim-Zondek-Reaktion zum Schwangerschaftsnachweis.

feindselige Umwelt, in der ein werdender Mensch seine Interessen auf Kosten der Mutter durchzusetzen versucht. Selbst der heilige Mutterschoß ist ein potenzieller Mordschauplatz.

Nach der Geburt setzt ein weiterer Tötungsschutzmechanismus ein: das Schreien, eine Unmutsäußerung, die die Eltern auf den Hunger oder die Schmerzen ihres Säuglings aufmerksam macht. Mit sechs Monaten, in dem Alter, in dem das Kind allmählich mobil wird, zeigt es plötzlich eine neue Angst: Es fremdelt. Und diese Abscheu vor Fremden richtet sich vor allem gegen unbekannte Männer, also gegen genau die Gruppe, von der während der gesamten Evolution des Menschen die größte Gefahr für Kleinkinder ausging.

Zum Mordvermeidungsrepertoire zählen auch die geschärfte Aufmerksamkeit, mit der wir nachts allein eine dunkle Straße entlanggehen, oder die Angstgefühle, die viele Amerikaner nach dem 11. September 2001 entwickelt haben. Außerdem haben wir ein überaus feines Gespür für die tatsächlichen Mordabsichten unserer Mitmenschen.

Denken Sie an den Fall O. J. Simpson: Nicole Brown Simpson hegte den Verdacht, dass ihr Leben auf dem Spiel stand. Sie hat mehrfach gesagt, er werde sie umbringen und damit davonkommen, weil er der berühmte O. J. Simpson sei. Zwar wissen wir nicht mit Sicherheit, ob er tatsächlich der Täter war, und er wurde folgerichtig im Strafprozess freigesprochen, aber wir wissen genau, dass irgendetwas Nicole Brown Simpsons Mordgefahr-Alarmsystem ausgelöst hat. Unglücklicherweise hat es letztlich doch versagt; ihr Mörder hat es offenbar auszuschalten vermocht. Denn die natürliche Auslese hat ja nicht nur unsere Abwehrinstinkte geschärft, sondern zugleich für effizientere Tötungsstrategien gesorgt, die unsere Schutzmechanismen umgehen oder lahmlegen. Wir haben nicht nur gelernt, Gefahren rechtzeitig zu erspüren, sondern auch, unsere Opfer in Sicherheit zu wiegen oder zu überraschen, indem wir unsere Mordabsichten kaschieren. Dennoch verdanken Tausende unserer Mitmenschen ihr Leben dem mächtigen Überlebensinstinkt, der sie vor den Täuschungsmanövern potenzieller Mörder gewarnt hat.

Was ist eigentlich ...

Abwehr, Überbegriff für alle Abwehrvorgänge, Form der Auseinandersetzung von Lebewesen mit der Umwelt, um sich zu schützen. Die Abwehr kann passiv (Flucht, Verstecken, Totstellreflex) oder aktiv geschehen (Angriff, Kampf, Aggression). Nach Sigmund Freud (1856–1939) führt das Sträuben gegen subjektiv peinliche, bedrohliche oder unerträgliche Affekte, Vorstellungen oder Triebregungen zur Ausbildung von Abwehrmechanismen des Ich.

Die Faszination des Blutes, unsere erstaunliche Fähigkeit, in einer Menschenmenge blitzschnell ein wütendes Gesicht auszumachen, und unser Interesse an möglichst detaillierten Berichten über einen Mord gehören allesamt zu diesem Abwehrarsenal. Diese Mechanismen helfen uns nicht nur, Gefahrensituationen zu vermeiden, sondern auch, uns zur Wehr zu setzen, wenn wir uns plötzlich in einer solchen Situation wiederfinden. Wie zahlreiche potenzielle Mörder erfahren mussten, ist es außerordentlich gefährlich zu versuchen, jemanden umzubringen. Unser evolutionär gewachsenes Arsenal an Selbstverteidigungsstrategien legt allen Möchtegernmördern enorme Hindernisse in den Weg, und das – bewusste wie unbewusste – Wissen darum hat schon viele Leute von einem Kapitalverbrechen abgehalten. Es ist den hohen Kosten und Risiken eines Tötungsversuchs zu verdanken, dass Morde relativ selten sind.

Die Ratio der Mörder

Heißt das nun, dass die meisten Morde geschehen, weil der Täter den Verstand verliert und nicht mehr zur Kenntnis nimmt, wie groß die Gefahren durch die Selbstverteidigungsmechanismen und durch die Strafverfolgung sind? Keineswegs.

Viele Menschen glauben, die „niederen Instinkte", die einen Mann oder eine Frau womöglich zu einem Mord verleiten könnten, würden durch jene starke Bremse in Schach gehalten, die wir Rationalität nennen. Dieser Überzeugung zufolge ist das Töten eines Mitmenschen einfach unvernünftig. In ihrem einflussreichen Buch *Crime of Passion* bringen David und Gene Lester diese traditionelle Sichtweise zum Ausdruck: „Die meisten Morde werden aufgrund eines plötzlichen Impulses verübt, in der Hitze der Leidenschaft, in Situationen, in denen die Gefühle des Mörders seine Fähigkeit zum Abwägen außer Gefecht setzen." Die meisten anderen Experten sind ebenfalls der Meinung, dass Tötungsdelikte sich typischerweise ereignen, wenn die Wut die Vernunft überrennt, wenn tiefverwurzelte, urtümliche Emotionen das Ruder übernehmen, wenn die Logik vor der Erregung kapituliert.

Was ist eigentlich ...

Rationalität, das rationale, von der Vernunft bestimmte Wesen z. B. der Informationsverarbeitung oder Entscheidungsfindung, das am sichersten zu korrekten Urteilen oder Entscheidungen führen soll (Nutzenmaximierung, rationales Handeln); aus Sicht der Psychoanalyse der Gegensatz zu Emotionalität und egozentrischer Konzentration auf die Bedürfnisse des Es.

Diese Annahmen gehen von einem strikten, künstlichen Gegensatz zwischen Gefühl und Ratio aus und sind aus zwei gewichtigen Gründen verkehrt.

Erstens sind viele Morde keine Affekttaten. Eine der größten Untersuchungen über Mörderinnen ergab zum Beispiel, dass 56 Prozent der Taten nachweislich vorsätzlich verübt wurden; ihnen waren oftmals Tage, Wochen oder Monate, manchmal gar Jahre des Nachden-

Was ist eigentlich ...

Psychopath, antisoziale Persönlichkeit, auch: dissoziale Persönlichkeit, eine gesonderte Gruppe von Störungen, bei denen es sich um das ganze Leben anhaltende tiefverwurzelte, fehlangepasste Verhaltensmuster handelt, deren Qualität sich deutlich von psychotischen und neurotischen Symptomen unterscheidet. Personen mit dieser Störung zeichnen sich durch moralische Verkommenheit und durchgängige Missachtung und Verletzung der Rechte anderer Menschen aus. Der Begriff dient leicht als „Papierkorbdiagnose" und zur Beschreibung all jener, die nicht nur zu Gewalttaten, sondern auch zu ungewöhnlichen Praktiken neigten. Zu den Hauptkriterien für eine antisoziale Persönlichkeit zählen: Mangel an Einfühlung, sehr geringe Frustrationstoleranz, Unfähigkeit zum Erleben von Schuldbewusstsein. Wie sich eine antisoziale Persönlichkeit herausbildet, wird je nach theoretischem Ansatz unterschiedlich erklärt.

kens vorangegangen, in denen Pläne aufgestellt, verworfen und verfeinert worden waren. Mörder treiben oft erheblichen Aufwand: Sie beschaffen sich Waffen, wählen eine Zeit, zu der das Opfer besonders verletzlich ist, und verschaffen sich ein Alibi. Solche komplexen Vorbereitungen tragen nicht gerade irrationale Züge. Zugegeben, einige Personen, die ihre Morde so genau planten, haben sich als Psychopathen entpuppt, aber die Mehrheit ist voll zurechnungsfähig.

Zweitens sind zwar viele Tötungen tatsächlich durch intensive Gefühle wie Wut, Eifersucht oder Neid motiviert, aber Gefühle schalten die Ratio nicht zwangsläufig aus. Eines meiner Kernargumente ist gerade, dass auch Leidenschaften rational sind. Sie sind eine passgenau gefertigte Komponente in der Maschinerie der menschlichen Psyche und ermöglichen effektive Anpassungslösungen für spezifische Konfliktsituationen. Sie führen gerade in jenen entscheidenden Lebensmomenten zum Erfolg, in denen leidenschaftsloses, besonnenes Nachdenken versagen muss. Gefühle sind keineswegs ein Gegensatz zur Vernunft, sondern überaus effiziente Mittel zur Erreichung eines Ziels. Unseren Leidenschaften wohnt eine unbewusste, zweckmäßige Logik inne. Im Fall einer Tötung liefert die Erregung den zur Durchführung der Tat nötigen Energieschub, aber diese Tat ist zumeist ein – wenn auch vielleicht überstürzt – kalkulierter Versuch zur Problemlösung. Ratschläge wie „Jetzt einen kühlen Kopf bewahren!“ können in die Irre führen: Oft genug obsiegt der Hitzkopf.

Schuld und Strafbarkeit

Verantwortlichkeit von Straftätern liegt bei Erwachsenen grundsätzlich vor, es sei denn, dass sie aufgrund einer „krankhaften seelischen Störung", einer „tiefgreifenden Bewusstseinsstörung", „Schwachsinns" oder einer „schweren anderen seelischen Abartigkeit" unfähig waren, das Unrecht der Tat einzusehen oder nach dieser Einsicht zu handeln (§ 20 des StGB). Zur Feststellung der individuellen Verantwortlichkeit werden von den Gerichten häufig psychologische oder psychiatrische Sachverständigengutachten eingeholt, sodass sich in diesem Bereich in den vergangenen Jahrzehnten eine umfangreiche Praxis und Kasuistik entwickelt haben. Bei der Beurteilung der Verantwortlichkeit Jugendlicher steht eine Entwicklungsdiagnostik, insbesondere die Diagnostik der moralischen Entwicklung, im Vordergrund. Als sehr schwierig hat sich die Beurteilung heranwachsender Straftäter nach § 105 Jugendgerichtsgesetz (JGG) erwiesen, da nicht eindeutig bestimmbar ist, welches die charakteristischen Merkmale eines Jugendlichen im Vergleich zu einem Heranwachsenden und zu einem Jungerwachsenen sind. Bei der Beurteilung erwachsener Straftäter nach § 20 StGB handelt es sich überwiegend um forensisch-psychiatrische Fragestellungen. Dies gilt insbesondere für die Diagnostizierung der sog. krankhaften seelischen Störungen und teilweise auch für die Kategorie der schweren anderen seelischen Abartigkeit, zu denen z. B. Psychopathien, Borderline-Persönlichkeitsstörungen sowie schwere sexuelle Devianzen gerechnet werden. Die Beantwortung der Frage, ob bei einem Täter Schwachsinn vorliegt, ist dagegen im wesentlichen Gegenstand der Intelligenzdiagnostik und somit Aufgabe psychologischer Sachverständiger. Bei der Beurteilung der sog. tiefgreifenden Bewusstseinsstörung wird die Frage untersucht, ob es sich bei der Tat um eine sog. Affekttat handelt.

Viele Fallbeispiele zeigen, dass Mörder während der Tat in eine blindwütige Raserei verfallen, in der sie sich der Konsequenzen ihres Tuns oft nicht bewusst sind. Daraus zu schließen, dass sie verrückt sein müssen, wäre jedoch falsch. Die meisten sind es nicht. In Michigan werden – wie in den meisten anderen Staaten der USA – fast alle Leute, die wegen eines Tötungsdelikts angeklagt sind, von ausgebildeten Psychologen und Psychiatern begutachtet, die beurteilen sollen, ob die Angeklagten psychisch krank und damit eingeschränkt oder gar nicht zurechnungs- bzw. schuldfähig sind. Erstaunlicherweise ergab unsere Untersuchung an 375 Mördern aus Michigan, dass 96 Prozent als psychisch gesund, zurechnungsfähig und nicht psychotisch eingestuft wurden. Sie waren in vollem Umfang imstande zu verstehen, dass ihre Tat falsch und strafbar war.

Kurzum: Die meisten Killer sind nicht verrückt. Sie töten aus spezifischen Gründen wie sexuellem Verlangen, Habgier, Neid, Rache, Status- und Imagegewinn oder um jemanden loszuwerden, von dem sie meinen, er könne ihnen schaden. Sie sind wie Sie und ich. Die forensische Psychologin Dr. Carol Holden hat mehr als 18 Jahre lang Mörder befragt und meint: „Eine Grenze zwischen ihnen und uns ist nahezu nicht auszumachen." Diese Leute sind bei der Kosten-Nutzen-Analyse einer Konfliktsituation einfach nur zu einem anderen Ergebnis gelangt als Sie oder ich.

Der mörderische Geist in der modernen Welt

Der Mensch der Gegenwart ist immer noch in die alten, evolutionär bedingten Konflikte verstrickt: sexuelle Rivalitäten, Untreue und Partnerdiebstähle, Missbrauch durch Vertraute und durch Fremde. Wir kämpfen unverändert um Ruf, Ruhm und Ehre, müssen uns vor mörderischen Verwandten und bösen Stiefeltern in Sicherheit bringen oder Banden plündernder Männer entkommen. Die alten Mordmotive haben auch in der Moderne Bestand. Die meisten von uns werten Mord nicht mehr als sozial sanktionierte oder moralisch vertretbare Lösungsstrategie, abgesehen von ganz wenigen Ausnahmen wie dem Schutz des eigenen Lebens oder des Lebens von Angehörigen oder engen Freunden. Dennoch müssen wir mit den psychischen Programmen leben, die über Abertausende von Jahren in unsere Hirne eingeschrieben worden sind. Wir stehen mit einem Fuß in der Vergangenheit und mit dem anderen in der Gegenwart.

Dass unser heutiges Verhalten von mentalen Mechanismen geprägt ist, die sich vor Äonen herausgebildet haben, wird besonders augenfällig, wenn uns bei der Einschätzung der Gefahr, in der wir gerade schweben, Fehler unterlaufen. Zum Beispiel fürchten wir uns immer noch primär davor, von einem Fremden überfallen oder umgebracht zu werden, während tatsächlich sehr viele Mörder ihre Opfer kennen.

Unsere Vorfahren lebten in Kleingruppen, die ungefähr 50 bis 150 Leute umfassten. Folglich kannte in diesen Gemeinschaften jeder jeden; es gab in ihnen keine Fremden. Wenn doch mal ein Fremder auftauchte, wurde er sehr kritisch beäugt – und oftmals umgebracht.

Mangels moderner Transportmittel begegneten unsere Ahnen bei ihren Wanderungen nur Menschen, die ihnen ähnlich sahen. Man unterschied sich nur im kulturell geprägten Erscheinungsbild, also Bemalungen, Kleidung oder Ziernarben. Und je fremder jemand aussah, desto größer die Wahrscheinlichkeit, dass er einem übel gesinnt war. Wenn man von Beobachtungen an heutigen Stammeskulturen ausgeht, dürften Überfälle aggressiver fremder Gruppen mehr Opfer gekostet haben als Auseinandersetzungen innerhalb der eigenen Gruppe. Fremdenangst (Xenophobie) ist damals aus gutem Grund entstanden.

Unser Leben in der modernen Welt mit ihrer immensen Mobilität und ihren globalisierten Großstädten konfrontiert uns ständig mit Fremden, von denen viele anderen Ethnien angehören. Unsere psychischen Schaltkreise haben sich nicht so schnell an diese neue Realität anpassen können. Unsere Alpträume sind immer noch von unheimlichen Fremden bevölkert, während tatsächlich die größere Gefahr von Leuten ausgeht, die wir kennen. In den von uns geführten Interviews zu Mordängsten wurden häufig Ängste vor anderen Ethnien geäußert: Die Weißen, die wir befragten, fürchteten sich für gewöhnlich vor „diesem riesigen Schwarzen", „einem großen schwarzen Typen" oder „einem unheimlichen dunkelhäutigen Mann". Die Afroamerikaner hingegen, vor allem die Frauen, hatten Sorge, von „weißen Männern mit rassistischer Einstellung" umgebracht zu werden. In Wirklichkeit spielen sich die allermeisten Morde *innerhalb* einer ethnischen Gruppe ab. In den USA werden 88 Prozent aller weißen Mordopfer von Weißen umgebracht, und 94 Prozent aller Morde an Afroamerikanern werden von Afroamerikanern verübt. Die in den Interviews artikulierte Fremdenangst ist ein Anachronismus. Während es in der menschlichen Vorgeschichte sinnvoll war, vor Leuten auf der Hut zu sein, die anders aussahen, trägt dieses Verhaltensprogramm in der heutigen Welt zu hässlichen ethnischen Konflikten bei und lenkt von den wahren Gefahren ab.

Ein weiteres psychisches Programm, das der heutigen Zeit nicht mehr gerecht wird, ist die intensive Angst vieler Frauen vor einer Vergewaltigung oder einem Sexualmord durch einen Fremden. Die meisten Vergewaltigungen werden von Männern verübt, die

Was ist eigentlich ...

Xenophobie [von griech. *xénos* = Fremder und *phobia* = Angst, Furcht], Fremdenfeindlichkeit, ein mit persönlicher Abneigung und Abwehr verbundenes Verhalten der Scheu oder Furcht gegenüber als „anders" oder „fremd" vorgestellte Personen oder Gruppen, das vielfältige Formen der Ausgrenzung zur Folge hat. Neben sozialpsychologischen, kulturalisierenden und ökonomisierenden Erklärungsmodellen existieren auch biologische Erklärungsansätze: Ein ausgeprägt biologistisches Erklärungsmodell für Fremdenfeindlichkeit liefert z. B. die Ethologie und als einer ihrer prominentesten Vertreter Irenäus Eibl-Eibesfeldt. Er deutet die Abwehr des Fremden bzw. als Fremd empfundenen sowie die sich historisch unterschiedlich darstellende Abgrenzung von Gruppen als anthropologisches Erfordernis zur Aufrechterhaltung einer stabilisierenden Gruppennorm. Normen machten „das Verhalten voraussehbar, tragen Ordnung in die Gemeinschaft und vermitteln damit Sicherheit".

das Opfer kennt, und nur ganz selten schließt sich diesen Taten ein Mord an. Zugleich unterschätzen Frauen die gewachsene Gefahr, die heutzutage von Vertrauten ausgeht: Unsere Gesellschaft hat sich gewandelt, mehr Frauen denn je leben fern vom Schutz ihrer Familien.

Frauen, die in der Nähe ihrer Verwandtschaft wohnen, werden erheblich seltener zu Opfern häuslicher Gewalt als solche, die mit ihren Männern Hunderte oder Tausende von Kilometern von der Familie entfernt leben. Höchstwahrscheinlich ist der Anteil der Frauen, die jedes Jahr durch ihre Partner umgebracht werden, in der modernen Welt höher als früher. Das Risiko der Blutrache durch die Brüder oder Väter der Opfer muss die Kosten der Ermordung einer festen Partnerin früher deutlich erhöht und damit viele eifersüchtige Männer von ihren Taten abgehalten haben. Viele moderne Frauen verfügen nicht über mehr über diesen Schutz.

Was ist eigentlich ...

Blutrache, Prinzip zur Sühnung von Verbrechen, bei dem Tötungen durch Tötungen gerächt werden. Sie ist ein wesentliches Element vieler archaischer Gewohnheitsrechtsordnungen auf der ganzen Welt. Bei der Blutrache straft die Familie des Opfers den Täter und seine Familie oftmals auch, um die Familienehre wiederherzustellen. Unter Familie ist dabei mancherorts nicht nur die biologische Verwandtschaft zu verstehen, sondern auch ein Clan oder eine Verbrecherbande. Ein Ausgestoßener, für den sein Clan keine Blutrache üben würde, ist in diesem System schutzlos. Blutrache und rechtsstaatliche Gesetzgebung sind nicht vereinbar. Migranten aus den Gebieten, in denen Blutrache vorkommt, bringen mit anderen Sitten immer auch ihre Vorstellung von Ehrgefühl mit, sodass es z. B. auch in Westeuropa zu verschiedenen Blutrachefällen kam. Westliche Gerichte beurteilen diese Selbstjustiz in der Regel als Mord oder Totschlag.

Das Unvermögen unseres Geistes, sich rasch an die Erfordernisse der modernen Gesellschaft anzupassen, ist für einen erheblichen Anteil der erschreckend vielen Morde verantwortlich, die trotz aller modernen Abschreckungs- und Deeskalationsmaßnahmen Jahr für Jahr verübt werden. Strenge Gesetze, eine professionelle Polizei, hochentwickelte forensische Ermittlungsmethoden und hervorragende Gefängnisse verhindern viele potenzielle Morde – sehr viele. Tatsächlich wurde in unseren Mordfantasie-Befragungen kein anderer Grund für das Unterlassen der Tat so häufig genannt wie die Angst vor einem Leben hinter Gittern. Als wir danach fragten, wie sich die Wahrscheinlichkeit für die Umsetzung der Mordfantasien verändern würde, wenn garantiert wäre, dass man ungestraft davonkommt, sprachen die meisten Männer von einer Vervierfachung. Viele von uns leben nur deshalb noch, weil es in der modernen Welt so kostspielig ist, jemanden umzubringen.

Obwohl die Kosten für einen Mord in der modernen Gesellschaft mit ihren Polizisten und Gefängnissen höher sind als je zuvor, erscheint es mir fragwürdig, ob sich Mord heutzutage in der evolutionären Währung des Reproduktionserfolgs generell nicht mehr rechnet. Ich gebe nicht vor, die Antwort zu kennen, und wahrscheinlich fällt sie je nach Mordtyp unterschiedlich aus. Die Polizei weiß, dass bei einem Frauenmord der Mörder mit einer Wahrscheinlichkeit von über 50 Prozent ein eifersüchtiger Ehemann oder ein sitzengelassener Freund ist: Der Täter muss damit rechnen, sein restliches Leben hinter Gittern zu verbringen. Auch beim plötzlichen Tod eines Stiefkindes sollte die Polizei Verdacht schöpfen und ihre Nachforschungen auf die Stiefmutter oder den Stiefvater konzentrieren.

In anderen Fällen mag die Antwort anders lauten – beunruhigend anders. Was ist mit dem 17-jährigen alleinstehenden Mädchen, das sein

Stanford, Maine 1968: Richard Goodwin (28) bedroht seine Frau Mickey (25) und hält sie mehrere Stunden als Geisel. Was ihn dazu bewogen hat, weiß man nicht. Unglücklicherweise kommt Mickey beim darauffolgenden Polizeieinsatz durch die Waffe ihres Mannes ums Leben.

Baby aussetzt und damit seine Chancen erhöht, Jahre später unter günstigeren Umständen noch einmal Mutter zu werden? Was mit dem Ghettojungen, der einen Mord begeht, um in eine Bande aufgenommen zu werden, die ihm Ansehen, Frauen, Drogengelder und weitere Ressourcen einbringt, mit denen er seine Familie unterstützen kann? Wie steht es mit der Frau, die jahrelang von ihrem Mann misshandelt wird und ihn umbringt, um sich und ihre Kinder zu schützen? So unbehaglich einem bei diesem Gedanken auch wird: Kann es nicht sein, dass solche Morde noch heute mit einem Reproduktionsvorteil einhergehen?

Auch unsere alten Mordvermeidungsstrategien sind in der modernen Welt wahrscheinlich noch wirksam – leider, möchte man sagen. Wie viele Männer drohen ihren Frauen immer noch damit, sie bis ans Ende der Welt zu verfolgen und umzubringen, falls sie sie je verlassen sollten? Wie viele Frauen bleiben nur deshalb bei ihren gewalttätigen Partnern, weil sie um ihr Leben fürchten? Todesdrohungen funktionieren so gut, weil sie die Überlebensmechanismen ausnutzen, die in unsere Psyche eingebaut sind.

Es wäre beruhigend zu wissen, dass all die mentalen Mechanismen, die sich um das Thema Mord entwickelt haben, in der heutigen Welt außer Kraft gesetzt sind. Aber nichts deutet darauf hin.

Mit dem mörderischen Geist leben

Bedeutet das nun, dass wir die Mordprogramme in unseren Köpfen als Teil unseres Wesens akzeptieren und die Hände in den Schoß legen sollten? Keineswegs. Immerhin besteht der menschliche Geist nicht nur aus Mordadaptationen: Ebenso sind in uns auch Kooperationsvermögen, Altruismus, Deeskalationsstrategien, Freundschaften, die Gründung von Allianzen und Opferbereitschaft angelegt. Was Mord angeht, so birgt die menschliche Natur also nicht nur das Problem, sondern auch den Schlüssel zu seiner Lösung.

Als ich der Einladung folgte, meine Theorie der Mordadaptationen vor der juristischen Fakultät der Universität von Virginia zu erläutern, entspann sich unter den Professoren eine lebhafte Debatte. Manche hatten Sorge, dass die wissenschaftlichen Erkenntnisse über das Töten als evolutionäre Adaptation von Strafverteidigern missbraucht werden könnten: „Mein Mandant konnte nicht anders, Euer Ehren, seine evolutionär entstandenen Mordmechanismen haben ihn dazu gezwungen." Ich wäre entsetzt, wenn die Wissenschaft auf diese Weise funktionalisiert würde. Entsprechende Versuche wird es sicher geben, aber ich bezweifle, dass sie erfolgreich sein werden. Strafverteidiger haben im Laufe der Geschichte zu jedem verfügbaren Strohhalm gegriffen: Missbrauch in der Kindheit, Depressionen, Gewalt im Fernsehen, Armut, Rassismus, Diskriminierung, Fehlen der Vaterfigur, Selbstverteidigung, Amnesie, Drogenrausch, Halluzinationen und geistige Umnachtung. Manche Anwälte werden diese Litanei der Rechtfertigungen und Ausflüchte sicher um einen „evolutionär einprogrammierten Tötungswillen" ergänzen, aber der naturalistische Fehlschluss, den sie damit begehen, wurde längst als solcher erkannt, und unser Rechtssystem sollte solche Versuche abschmettern können.

Eine andere Gruppe von Jura-Professoren derselben Universität hat eine faszinierende mögliche Konsequenz vorgeschlagen, die viel-

Was ist eigentlich …

naturalistischer Fehlschluss, engl. *naturalistic fallacy*, ein Begriff der Moralphilosophie und Logik, der besagt, dass es nicht zulässig ist, von beobachteten Fakten auf moralische Normen zu schließen. Der naturalistische Fehlschluss wird im Englischen durch die Aussage *„there is no ought from an is"* charakterisiert – mit anderen Worten: Man darf nicht vom biopsychischen Ist auf das moralische Sollen schließen (Instinkt-Kultur-Verschränkung). Besonders brisant ist der naturalistische Fehlschluss, wenn versucht wird, mithilfe von „Ist"-Zuständen der Natur moralische Normen menschlicher Gesellschaften zu legitimieren. Da die Natur moralisch völlig indifferent ist, hat der Prozess der biologischen Evolution auch keine moralischen Dimensionen – damit gibt es auch keine moralischen Tiervorbilder. Die Grundgedanken des naturalistischen Fehlschlusses gehen auf den engl. Philosophen David Hume (1711–1776) zurück. Die *naturalistic fallacy* wird deshalb im engl. Sprachgebrauch auch „Hume's law" (Humes Gesetz) genannt.

leicht wirklich das Potenzial hat, Morde zu verhindern: Da das oberste Ziel der Strafverfolgung die Vermeidung von Morden sei, sollten die schärfsten Strafen vielleicht gerade dann verhängt werden, wenn die Tat unter Umständen verübt wurde, in denen unsere Mordprogramme besonders leicht anspringen. Diese neuen Zusatzkosten könnten die Kosten-Nutzen-Kalkulation ins Minus bringen und die potenziellen Mörder davon überzeugen, dass die Sache sich nicht auszahlt. Wenn das Gesetz einen Mord unter diesen Umständen besonders kostspielig macht, erhöht es zugleich den relativen Nutzen einer Entscheidung für jede *nicht tödliche* Lösung des jeweiligen Adaptationsproblems.

Je besser wir verstehen, warum Menschen töten und warum diese Antriebe so tief in unseren Geist eingebrannt sind, desto leichter fällt es uns zu erkennen, wann unser Leben tatsächlich in ernster Gefahr schwebt. Frauen sollten wissen, dass das größte Risiko von Partnern ausgeht, denen sie den Laufpass geben, und zwar vor allem in den ersten sechs Monaten nach der Trennung. Sämtliche Alarmlampen sollten bei ihnen aufleuchten, wenn ein Expartner zum Stalker wird. Menschen, die eine Stieffamilie gründen, sollten sich der Spannungen bewusst sein, die sich in den Beziehungen zwischen Ersatzeltern und Stiefkindern aufbauen können. Je besser wir über die genauen Umstände Bescheid wissen, unter denen der mörderische Geist normalerweise in Schwung gerät, desto eher können wir die Aktivierung dieser Verhaltensprogramme verhindern und uns in Sicherheit bringen.

FBI Mordstatistik 2007 nach Mordopfern

Mordopfer	Zahl
Ehemann	138
Ehefrau	583
Mutter	94
Vater	107
Sohn	240
Tochter	235
Bruder	93
Schwester	26
andere Familienangehörige	264
Bekannter	3 061
Freund	483
Partner (männlich)	150
Partner (weiblich)	471
Nachbar	110
Angestellter	5
Vorgesetzter	9
Fremder	1 924
unbekannt	6 848
gesamt	14 831

Ich habe die letzten sieben Jahre meines Lebens mit der Erforschung des Tötens zugebracht. Diese Arbeit hat mich stark verändert, und das auf unerwartete Weise. Man sollte doch meinen, dass das jahrelange Studium von über 5 000 ausgefeilten Mordfantasien und von 375 Mordfällen in Michigan mit all ihren grausigen Einzelheiten einen abstumpfen lässt. Das Gegenteil war der Fall; die Brutalität hat mich immer stärker beunruhigt. Eines Tages, als ich mich mit den Details eines Falls vertraut machte, in dem ein Mann seine Freundin umgebracht hatte, war es so weit: Ich blätterte eine Seite der Akte um und sah drei Farbfotos von der Leiche, nackt, mit zahlreichen blutigen Stichwunden im ganzen Oberkörper. Mir wurde so übel, dass ich drauf und dran war, das ganze Projekt aufzugeben. Diese Bilder verfolgen mich bis heute.

Eine weitere Krise stellte sich ein, als ich von einem Strafverteidiger gebeten wurde, als Experte bei einem Verfahren in Michigan auszusagen. Es ging um den Mord an der 26-jährigen Anne P., die drei Monate lang mit Peter K. zusammengewesen war und dann mit ihm Schluss gemacht hatte. Anfangs war an der Hartnäckigkeit, mit der Peter sie zurückzugewinnen versuchte, noch nichts Besonderes, aber dann wurde er zum Stalker. Er folgte ihr zur Arbeit. Er schnüffelte ihr in der Freizeit hinterher. Er spannte seine Freunde zu ihrer Überwachung ein. Er beobachtete ihr Haus. Dann gingen die Telefonanrufe los.

Seine Wut auf Anne kannte keine Grenzen mehr, als er herausfand, dass sie sich mit einem anderen traf. Peter verdächtigte Anne, mit diesem Mann schon etwas gehabt zu haben, als sie noch mit ihm zusammengewesen war. Er fing an, sie zu bedrohen, und sie bekam Angst. Als die Einschüchterungsversuche intensiver wurden, ging sie dazu über, die Telefonate aufzuzeichnen, und brachte die Bänder zur Polizei. Ich musste mir geschlagene sechs Stunden davon anhören.

Die Gespräche machten deutlich, in welch komplexen Gefühlswirrwarr Peter und Anne sich verstrickt hatten. Peter warf Anne vor, schon länger etwas mit einen anderen Mann zu haben und ihn betrogen zu haben; er sagte, er fühle sich zutiefst gedemütigt. Er drohte ihr nicht direkt Gewalt an, schüchterte sie aber wiederholt mit Berichten über seinen Kampfsportkurs ein und erklärte ihr, er könne alles mit ihr machen, was er wolle, und niemand könne ihn davon abhalten. Als Anne ihrer Angst Ausdruck verlieh, entschuldigte er sich, aber er tat nichts, um ihre Befürchtungen zu zerstreuen. Er erging sich in Erinnerungen über die schöne gemeinsame Zeit und über den tollen Sex, den sie hatten – nur um gleich darauf zu betonen, wie viel Hass und Verbitterung er in sich spüre.

Anne versuchte verzweifelt, ihn zum Rückzug zu bewegen. Sie bestritt, einen anderen Mann zu treffen. Sie erklärte ihm, dass sie sich in ihrer Wohnung kaum noch in die Nähe der Fenster traue. Sie schwor, dass es nicht ihre Absicht gewesen sei, ihm wehzutun. Sie schimpfte wegen seiner Stalkingaktionen mit ihm. Sie flehte ihn an, sie in Ruhe zu lassen.

Auf einmal hörten die Telefonanrufe auf, und Peter spionierte ihr nicht mehr hinterher. Im Laufe der nächsten paar Wochen fühlte Anne sich allmählich wieder sicherer und wagte sich aus dem Schneckenhaus, in das sie sich während der letzten vier Monate zurückgezogen hatte. Einen Monat nach dem Ende der Anrufe kehrte Anne mit einem Freund an der Seite vom Einkaufen zurück. Als sie aus dem Auto stieg, hielt Peter neben ihr, zielte und erschoss beide mit einer .22er. Anne hatte Peter sechs Mal wegen Belästigungen angezeigt, aber die Polizei hat ihr Leben nicht geschützt.

Als ich Stunde um Stunde dasaß und der Angst und dem Schmerz in Annes Stimme lauschte, war ich zunächst fasziniert von der Vielfalt der Abwehrtaktiken, die sie durchprobiert hatte. Ich spürte Verzweiflung, als sie Peter beschwor, sie in Frieden zu lassen. Sie hatte es zunächst mit Freundlichkeit versucht und beinahe mütterlich auf ihn eingeredet; dann war sie schroff geworden, um ihn abzuwimmeln, und hatte behauptet, er könne sie nicht einschüchtern. Sie verwandelte ihre Angst in Wut und drohte zurück. Dann wieder klang sie pa-

Was ist eigentlich ...

Stalker [vom Engl. *to stalk* = sich heranschleichen, anpirschen], ein Stalker ist eine Person, die einen anderen Menschen verfolgt, belästigt und terrorisiert. Dabei kann sich das Handeln des Stalkers auf einen fremden Menschen, eine ihm oberflächlich bekannte Person oder einen ehemaligen Lebensgefährten beziehen. Vor rund 20 Jahren etablierte sich der Begriff „Stalking" in den USA und bezeichnete das exzessive Verfolgen von Prominenten. Als Ende der 1980er-Jahre die Schauspielerin Rebecca Schaeffer und zwei weitere nicht-prominente Frauen von „ihrem" Stalker ermordet wurden, wandelte sich das Bild von Stalking: Es wurde nicht mehr als kurioses Phänomen betrachtet, sondern als potenziell hochgefährliche Verhaltensweise.

Internet-Links

Offizielle Seite des Bundesministeriums für Justiz zum Thema Stalking: www.bmj.bund.de (→ Themen → Strafrecht → Nationales Recht)

Selbsthilfe für Stalker: www.stop-stalking-berlin.de

nisch und schwach und flehte ihn an aufzuhören. Am Ende klang sie nur noch müde und resigniert. Wie ein Fausthieb traf mich die Erkenntnis, dass ich dem Atem einer Frau lauschte, die kurz darauf aus der Blüte ihres Lebens gerissen worden war. Ich hörte die letzten, verzweifelten Seufzer einer toten Frau.

Erneut stand ich dicht davor, meine Arbeit einzustellen, aber damit wären fast sieben Jahre wertvoller Forschungen über die tieferen Ursachen des Mordens umsonst gewesen. Ich weigerte mich, als Zeuge der Verteidigung auszusagen. Peter, der zwei unschuldige Menschen kaltblütig erschossen hat, verbüßt heute eine lebenslange Gefängnisstrafe, ohne Chance auf eine vorzeitige Haftentlassung, und ich bin froh, dass er aus dem Verkehr gezogen wurde.

Die Auseinandersetzung mit Tausenden von Mordgedanken hat mich noch auf eine weitere unerwartete Weise geprägt. Ich empfand plötzlich tiefes Mitgefühl für all diese Menschen, die entlassen worden waren, die von ihren Partnern geschlagen wurden, die von ihren Altersgenossen gedemütigt oder von ihren Liebhabern missbraucht worden waren, denen jemand die Gefährtin ausgespannt hatte oder denen die vermeintliche Liebe ihres Lebens unsanft den Laufpass gegeben hatte. Ich spürte ihre Verzweiflung und ihre seelischen Qualen stärker als zuvor. Und ab und zu ertappte ich mich bei dem schaurigen Gefühl, die Mordpläne, mit denen sie ihrem Leiden ein Ende bereiten wollten, gutzuheißen.

Ein Mord ist wie ein Röntgenbild, das uns das Innere des menschlichen Wesens enthüllt. Er zeigt, was in unserem Leben wirklich zählt: die Zwänge des Überlebens, das Bedürfnis nach Ansehen, die Verteidigung der Ehre, die Suche nach einem begehrenswerten Partner, die Treue eines geliebten Menschen, die Zuverlässigkeit der Verbündeten, der Sieg über unsere Feinde und der Erfolg der Träger unseres genetischen Erbes. Das sind die Dinge, für die wir zu töten und zu sterben bereit sind, genau wie unsere erstaunlich erfolgreichen Vorfahren es waren.

Es gibt keine Patentlösung für das Mordproblem. Töten war in einer ganzen Reihe von sozialen Konflikten stets eine verblüffend effektive Strategie. Unsere Mordschaltkreise werden vermutlich durch so viele Umstände aktiviert, dass wir an nicht allen Fronten zugleich dagegen vorgehen können. Wenn ich Ihnen also eine letzte Empfehlung mit auf den Weg geben darf, dann diese: Hören Sie auf Ihre lebensrettenden Intuitionen, auf die Weisheit unserer Vorfahren, die wir alle mit uns herumtragen.

Machen Sie sich bewusst, dass die Gefahr, ermordet zu werden, durchaus real ist – vor allem in der Liebe. Hüten Sie sich vor dem Mann, dessen unerbetenes sexuelles Interesse Ihnen unheimlich wird. Gehen Sie Ihren Stiefeltern aus dem Wege, wenn Sie Grund zu der Annahme haben, dass es ihnen lieber wäre, es gäbe Sie nicht. Achten Sie auf Rivalen, die einen stillen Groll über Ihren Erfolg in sich hineinfressen. Wenden Sie einem vermeintlich gelassenen Kerl, den sie gerade vor seinen Kumpanen beleidigt haben, nicht den Rücken zu. Behalten Sie den Menschen im Auge, dem Sie gerade den Partner ausgespannt haben. Seien Sie auf der Hut vor den Romantikern, die in Ihnen die Liebe ihres Lebens gesehen haben, bis sie von Ihnen abserviert wurden. Nehmen Sie sich vor dem Freund in Acht, der nicht von Ihnen lassen will und zum Stalker wird. Die Mörder lauern auf ihre Chance, und sie sind mitten unter uns.

Grundtext aus: David M. Buss *Der Mörder in uns. Warum wir zum Töten programmiert sind*; Spektrum Akademischer Verlag (amerikanische Originalausgabe: *The Murderer Next Door – Why The Mind is Designed to Kill*; The Penguin Press, Penguin Group USA; übersetzt von Andrea Kamphuis).

Auch Frauen sind zu allem fähig

Die Aggressionsforschung zeigt, dass Angriffslust unter den Geschlechtern gleichmäßig verteilt ist. Allerdings greifen Frauen eher zu Worten als zu Waffen

Sabine Etzold

Kriege werden von Männern geführt, Gewaltverbrechen – die Kriminalstatistik belegt es – hauptsächlich von Männern begangen. Verkehrsunfälle infolge riskanter und aggressiver Fahrweise haben vor allem männliche Verursacher. Und man muss keine Statistik bemühen, der Blick auf einen Schulhof in der großen Pause reicht, um eine scheinbar unerschütterliche Gewissheit zu bestätigen: Aggression ist männlich. Wenn weibliche Gewalt öffentlich wahrgenommen wird, dann häufig nur in ihrer monströsen Form, der Gatten- oder Kindstötung etwa, oder aber als die Mischung von (männlicher) Angst vor der angeblich steigenden Frauenaggression und Schadenfreude mit dem Tenor: „Die sind auch nicht besser als wir."

Ausgerechnet Feministinnen haben es aber etwa seit dem Beginn der 1970er-Jahre zu ihrem Anliegen gemacht, nachzuweisen, dass sich Frauen in ihrem aggressiven Potenzial nicht von Männern unterscheiden. Das war die Botschaft der Frauenbewegung und ist bis heute das Ergebnis einer hauptsächlich feministischen Psychosoziologie. Unter Aggression versteht man in der Forschung seit den 1970er-Jahren generell jenes Verhalten, das eine andere Person mit Absicht schädigt, verletzt oder zerstört. Dazu zählen körperliche wie verbale oder andere psychische Attacken; ausgenommen sind in dieser Definition Träume, Gewaltfantasien oder ritualisierte Angriffe wie etwa beim Sport.

Die Bielefelder Soziologin Christiane Schmerl hat die Argumentationsstränge dieser Forschung jetzt zusammengefasst und kommt zu folgendem Resultat: Wesentliche Unterschiede zwischen den Geschlechtern lassen sich nicht feststellen. Mit anderen Worten: Auch Frauen sind zu allem fähig. Größere männliche Aggressivität ist, wenn überhaupt, nur bei Kindern und Heranwachsenden nachzuweisen. Jungen raufen, prügeln, treten eindeutig mehr als Mädchen. Je erwachsener die Jugendlichen werden, desto mehr gleichen sich die Aggressionsmethoden einander an. Mädchen haben dabei offensichtlich einen Entwicklungsvorsprung. Sie lernen früher, ihre Attacken sprachlich oder mit indirekten Mitteln auszuleben. Wo die Jungen sich noch prügeln, halten die Mädchen sich an üble Nachrede, Freundschaftsentzug, Verächtlichmachen, Verspotten. Dabei sind sie genauso aggressiv, wenn nicht sogar aggressiver als Jungen.

Und genauso bleibt es im Erwachsenenalter. Frauen stehen Männern in puncto Aggression in nichts nach. Wenn sich bis heute die Vorstellung einer stärker männlich ausgebildeten Aggression behauptet, so auch deshalb, weil die vorfeministische Aggressionsforschung vor allem von Männern an männlichen Versuchspersonen durchgeführt wurde. Die am häufigsten angewandte Messmethode, so berichtet Christiane Schmerl, bestand darin, die Versuchsperson zu ärgern und sie gleichzeitig aufzufordern, ihre Wut mittels ausgeteilter Elektroschocks abzureagieren. Das dahinterstehende Aggressionsmodell sei das eines „gegnerzentrierten Ausagierens vermeintlich gerechten Zorns – ein sehr männliches Modell".

Um der weiblichen Aggression auf die Spur zu kommen, muss man sie im gesellschaftlichen Kontext sehen. Sie zeigt sich dann, wenn das jeweilige aggressive Verhalten ein für Frauen sozial erlaubtes ist. Mit anderen Worten, Frauen sind immer dann genauso angriffslustig wie Männer, wenn die Aggression nicht gegen weibliche Rollenerwartungen verstößt, als da sind Mitleid oder Einfühlungsvermögen für das Opfer.

Angriffsmotiv Nr. 1: Männer und ihr Verhalten

Systematische Kulturvergleiche haben ergeben, dass dies nicht nur in den westlichen Ländern, sondern überall in der Welt der Fall ist. „Weibliche Aggressionen schöpfen die volle Bandbreite der menschlichen Möglichkeiten aus“, sagt Schmerl. Sie hängen immer mit jeweils frauentypischen Lebensmustern zusammen, also Konflikten um Ressourcen wie Nahrung, Geld, Land, Männer, dem Schutz von Kindern, Ärger mit der Verwandtschaft oder Streit mit dem Ehemann. „Das häufigste Ziel weiblicher Aggression“, so die Wissenschaftlerin, „ist eine andere Frau, das zweithäufigste der eigene Ehemann. Das häufigste Motiv aber sind Männer und ihr Verhalten.“ Dabei benutzen Frauen bei tätlichen Angriffen eher die bloßen Hände als Waffe; doch vor allem ihren Ehemännern gegenüber favorisieren Frauen verbale oder indirekte Angriffsformen: Männer werden beschimpft, ausgesperrt oder nicht mehr mit Essen versorgt.

Ein anderes Ergebnis brachten die Kulturvergleiche allerdings auch. Der Unterschied zwischen Männer- und Frauenaggression innerhalb einer Gesellschaft ist sehr viel geringer als der zwischen verschiedenen Kulturen. So zeigte sich: Je schärfer in einer Kultur männliche Dominanz ausgeprägt ist, desto stärker ist sie von Gewalttätigkeit gezeichnet. Wo Schwächere unterdrückt, Krieg verherrlicht und männliches Rivalitätsverhalten gefördert werden, da beherrscht Angriffslust den Alltag. Umgekehrt sind in westlichen so genannten zivilisierten Gesellschaften die Geschlechterunterschiede in aggressivem Verhalten nahezu irrelevant.

Deutliche Unterschiede aber ergeben sich, wenn man nach den Motiven für Aggressionen fragt. Das fand unter anderem die britische Psychologin Anne Campbell heraus, die über 20 Jahre hinweg weibliche Straßengangs in den USA, weibliche und männliche Straftäter und durchschnittliche weiße Mittelschichtsbürger auf ihr Aggressionsverhalten hin untersucht hat. Es zeigt sich, dass es einen deutlichen Qualitätsunterschied in der weiblichen und männlichen Beurteilung von Aggressionen gibt. „Frauen betrachten Aggressionen als zeitweiligen Kontrollverlust, verursacht von überwältigendem Druck und gefolgt von Schuldgefühlen. Männer sehen Aggressionen als Mittel, Kontrolle über andere Menschen auszuüben, wenn sie das Bedürfnis empfinden, Macht und Selbstwertgefühl zu erlangen“, schreibt Campbell. Für Frauen ist demnach Aggression ein Versagen der Selbstkontrolle, während Männer damit anderen Kontrolle aufzwingen wollen.

„Du bist so süß, wenn du wütend bist“

Diese unterschiedliche Wahrnehmung führt nach Schmerl dazu, dass weibliche Aggression sich anders äußert als männliche. Frauen reagieren auf Provokationen und Frustrationen erst einmal nicht aggressiv, was dann so ausgelegt wird, als hätten sie ihre missliche Lage akzeptiert; dies wiederum hat die fatale Folge, dass diese Lage weiter strapaziert wird. Wenn die so unter Druck Gesetzten dann endlich doch explodieren, wenn sie schreien, schluchzen, Türen zuschlagen oder mit Gegenständen um sich werfen, dann geschieht das nicht selten im „falschen“ Augenblick. Die Explosion wird sowohl von anderen wie von den Frauen als beschämender Verlust der Selbstbeherrschung eingestuft oder gar noch verniedlicht, um den Ausbruch als Manifest von Ohnmacht zu denunzieren nach dem Motto: Du bist so süß, wenn du wütend wirst.

„Der instrumentelle Einsatz von Aggression ist für die weibliche Rolle nicht vorgesehen“, folgert Schmerl, „Mädchen lernen vielmehr, dass sie bestenfalls ein Ventil für übermächtigen Stress sein kann und für Frauen Gesichtsverlust bedeutet.“ So fehlen in dieser Gesellschaft letztlich Anreize für Frauen, sich aggressiv zu verhalten. Situationen, in denen „richtige“ Männer meinen, aggressiv werden zu müssen, um ihr Gesicht zu wahren, lösen bei Frauen keinerlei Angriffssignal aus. Dadurch sind sie aber keineswegs sanftmütiger oder passiver. Sie fallen in dieser Gesellschaft einfach nur weniger unangenehm auf.

Aus: DIE ZEIT Nr. 46, 08. November 2001

Manfred Spitzer, sagt die ZEIT-Literaturredakteurin Elisabeth von Thadden, habe auf sie bei der ersten Begegnung wie ein lebendes Buch gewirkt: „Er steht vor Hunderten von Lehrern, im Hamburger Institut für Lehrerfortbildung, im rehbraunen Jackett, azurblauen Hemd, gelb gemustert der Schlips, und jedes Regal würde er bald zum Wackeln bringen. Sein Thema: das Gehirn. Er blättert in sich vor und zurück, spricht mit den Händen, die zeigen, wie das Tasten und die Synapsen zusammenhängen, das Geigen und dessen Spur im Gehirn, schöpft das ganze Repertoire der Stimme und Mimik aus, spielt mit dem Unerwarteten. Spitzer, der Neurologe, der Zauberkünstler, führt vor: Spitzer als Gesamtwerk, ein Original, nicht kopierbar."

Dieses lebende Buch, merkt von Thadden überrascht an, „ist ein deutscher C4-Professor, Chef einer Uniklinik, Psychiater und Philosoph mit zwei Gastprofessuren in Harvard als Ausweispapier, Vater von fünf Kindern, Mitglied im baden-württembergischen Bildungsrat".

Spitzer, am 27. Mai 1958 in Lengfeld in der Nähe von Darmstadt geboren, hat Medizin, Psychologie und Philosophie in Freiburg studiert, wo er sich auch zum Psychiater weiterbildet und 1989 im Fach Psychiatrie habilitiert. Er arbeitet von 1990 bis 1997 als Oberarzt an der Psychiatrischen Universitätsklinik Heidelberg. Seit 1997 hat er den Lehrstuhl für Psychiatrie der Universität Ulm inne und leitet die seit 1998 bestehende Psychiatrische Universitätsklinik in Ulm. 2004 gründet er das Transferzentrum für Neurowissenschaften und Lernen (ZNL).

Das Zentrum soll Grundlagenforschung auf dem Gebiet der Kognitionswissenschaften mit Schwerpunkt Lernforschung betreiben. Mehr als 50 Projekte von der frühkindlichen Bildung bis zur Lernproblematik bei Älteren laufen dort bereits.

„Gehirnforschung kann philosophische oder politische Probleme ebenso wenig lösen, wie ein Automechaniker den Energieerhaltungssatz oder das Mobilitätsproblem in der Gesellschaft lösen kann", warnt Spitzer. Denkanstöße für den Alltag aber habe sie jede Menge zu bieten.

Manfred Spitzer ist – so stellt ihn einmal ein Kollege an der Harvard University vor – ein „Renaissance Man", einer, der sich für alles interessiert. Die von ihm im Untertitel seines Buches *Selbstbestimmen* gestellte Frage „Was sollen wir tun?" gilt also offenbar vor allem und zunächst ihm selbst.

Manfred Spitzer

Selbstbehinderung – Fallstricke, Fehlschlüsse und wie wir sie vermeiden können

Von Manfred Spitzer

Nicht immer geht im Leben alles glatt. Im Gegenteil: Oft hat man den Eindruck, dass der Flugzeugingenieur Edward A. Murphy recht hatte mit dem nach ihm benannten Gesetz, dass, wann immer etwas schiefgehen kann, es auch schiefgehen wird. Er bezog sich mit dieser Äußerung zwar vor mehr als einem halben Jahrhundert auf ein schiefgegangenes Experiment, aber offensichtlich haben sehr viele Menschen schon ähnliche Erfahrungen gemacht: *If anything can go wrong, it will.*

Der Ursprung des Murphy-Gesetzes geht auf eine Versuchsreihe des Ingenieurs Edward A. Murphy zurück, der 1949 bei der U.S. Air Force die menschliche Belastbarkeit bei hohen Beschleunigungen testete. Dabei waren die Anzüge der Piloten mit 16 Beschleunigungssensoren ausgestattet, die auf genau zwei Arten angeschlossen werden konnten: eine richtige und eine falsche. Als bei einem Versuch alle 16 Sensoren falsch angeschlossen worden waren, äußerte sich Murphy sinngemäß: „Wenn es zwei oder mehrere Wege gibt, um etwas zu tun, und wenn einer dieser Wege in eine Katastrophe führt, dann wird es immer jemanden geben, der diesen Weg geht."

Menschen sind keine Ausnahme. Bei unseren Erfahrungen, beim Bewerten und Entscheiden, beim Handeln im privaten bis hin zum politischen Bereich können wir Fehler machen, was jeweils zu Ungerechtigkeit führen kann. Es gibt zufällige und systematische Fehler. Manche sind leicht durchschaubar und durch Nachdenken zu korrigieren, bei anderen hingegen hat man das Gefühl, dass das Nachdenken die Sache nur noch schlimmer macht. Dies kann nicht zuletzt dann der Fall sein, wenn wir Erkrankungen mit Problemen verwechseln.

Das Folgende ist weder eine vollständige Aufzählung noch eine Systematik der Möglichkeiten, wie Selbstbestimmen danebengehen kann. Es ist vielmehr eine kleine Sammlung von Beispielen. Jeder wird weitere kennen. Sie sollen die Augen öffnen für manche Fallstricke, damit die Chance, sich in ihnen zu verheddern, geringer wird.

Falsche Erfahrungen machen

Es kann leicht geschehen, dass in unserer Kindheit und Jugend nicht die richtigen Beispiele zur Verfügung stehen, sodass wir nicht die richtigen, sondern die falschen Erfahrungen machen. Zwar sind Gehirne äußerst robust, und aus den meisten Kindern und Jugendlichen werden vernünftige erwachsene Menschen, aber es kann auch schiefgehen, wenn die richtigen Erfahrungen nicht gemacht werden können.

Beispiele hierfür sind: Zu wenig zu essen, zu viel Fernsehen, die falschen Freunde (gar nicht zu reden von den falschen Eltern), die falschen gesellschaftlichen Institutionen können den begabtesten und auch den robustesten Menschen umwerfen.

Die moderne Neurobiologie hat eines sehr klar gezeigt: Unser Gehirn ist das Produkt unserer Erfahrung, und insofern hat jeder ein einmaliges und einzigartiges Gehirn. Jeder Mensch *ist* in diesem Sinn sein Gehirn. Hat jemand sehr viel Pech und sammelt permanent Erfahrungen, die die falschen Spuren in seinem Gehirn hinterlassen, dann kann sich dies ungünstig auf den weiteren Lebensverlauf auswirken.

Was ist eigentlich …

Erfahrung, allgemeine Lebenserfahrung und Gesamtheit aller bisher im Leben gesammelten Eindrücke sowie das durch Erleben, Anschauung, Empfindung gewonnene Wissen, das beim Problemlösen eine große Rolle spielen, aber auch blind für neue und bessere Lösungen machen kann (Urteilsfehler).

Falsch denken: Ecken, Statistik und Logik

Irren ist menschlich. Diese alte Volksweisheit gilt heute ebenso wie vor hundert oder vor tausend Jahren. Menschen irren sich. Was uns heute von unseren Vorfahren unterscheidet, ist die Tatsache, dass wir um die wesentlichen *systematischen* Gründe bzw. Mechanismen von Irrtümern wissen und sie daher korrigieren können. Dies ist keineswegs leicht. Aber es geht. Falsch zu denken und falsch zu entscheiden sind die kleineren, lösbaren Behinderungen auf dem Weg zum Selbstbestimmen.

Betrachten wir drei Beispiele:

1. Wahrscheinlichkeiten und Häufigkeiten

Auf die Tatsache, dass selbst hochgebildete Menschen mit Wahrscheinlichkeiten recht wenig anfangen können, hat in der jüngeren Vergangenheit vor allem Gerd Gigerenzer hingewiesen. Um zu verstehen, worum es geht, sei zunächst einmal ein Beispiel vorgestellt. Die Wahrscheinlichkeit, dass eine Frau im Alter von 40 bis 50 Jahren, bei der keinerlei Symptome vorhanden sind, an Brustkrebs leidet, beträgt 0,8 Prozent. Wenn eine Frau Brustkrebs hat, beträgt die Wahrscheinlichkeit eines auffälligen Befundes in einer speziellen Röntgenaufnahme der Brust (Mammographie) 90 Prozent. Wenn eine Frau keinen Brustkrebs hat, kann die Mammographie in 7 Prozent dennoch einen positiven, d. h. pathologischen Befund ergeben. Stellen Sie sich nun vor, Sie sind Arzt und müssen eine Patientin mit einem positiven Mammographiebefund beraten. Wie groß ist die Wahrscheinlichkeit, dass sie an Krebs leidet?

Zum Weiterlesen

Gerd Gigerenzer *Das Einmaleins der Skepsis. Über den richtigen Umgang mit Zahlen und Risiken,* (Berlin 2002)

Gerd Gigerenzer *Bauchentscheidungen. Die Intelligenz des Unbewussten und die Macht der Intuition,* (München 2007)

Die Fakten sind klar, die Antwort ist jedoch nicht einfach, wie empirische Untersuchungen, an denen Ärzte teilnahmen, ergaben. Etwa ein Drittel der Ärzte sagt, dass die Wahrscheinlichkeit, dass die Frau an Brustkrebs leidet, etwa 90 Prozent beträgt. Ein weiteres Drittel nennt Wahrscheinlichkeiten zwischen 50 und 8 Prozent, und lediglich zwei der insgesamt 48 befragten Ärzte gaben die richtige Antwort: Die Wahrscheinlichkeit, dass die Frau an Brustkrebs leidet, beträgt etwa 9 Prozent.

Das Problem wird ganz einfach, wenn man es anders formuliert, und zwar unter Zuhilfenahme von Häufigkeiten statt von Wahrscheinlichkeiten. Betrachten wir das Beispiel daher noch einmal:

Acht von 1 000 Frauen haben Brustkrebs. Von diesen acht Frauen mit Brustkrebs haben sieben einen pathologischen Befund in der Mammographie. Von den übrigen 992 Frauen, die nicht an Brustkrebs leiden, haben 70 dennoch einen pathologischen Mammographiebefund (also ein falsch positives Untersuchungsergebnis). Stellen Sie sich nun Frauen mit einem positiven Mammographiebefund nach einer Reihenuntersuchung vor. Wie viele dieser Frauen leiden nun tatsächlich an Brustkrebs?

Die Daten sind im Prinzip die gleichen wie zuvor, jetzt aber ist die Sache ganz einfach: Von den 1 000 Frauen haben 77 einen positiven Befund in der Mammographie, jedoch nur sieben leiden an Brustkrebs. Damit leidet eine von elf Frauen mit pathologischem Befund in der Mammographie auch tatsächlich an Brustkrebs. Die Wahrscheinlichkeit beträgt also 9 Prozent.

Außer den Medizinern gibt es eine weitere große Berufsgruppe, die ihren Beruf deswegen ergriffen hat, weil sie Mathematik fürchtet: die Juristen. Vor Gericht geht es keineswegs besser zu als in den Arztpraxen, wie die folgenden beiden Beispiele zeigen.

Der Fall des Supersportstars O. J. Simpson ist wahrscheinlich der berühmteste juristische Fall überhaupt. Er war angeklagt, seine Frau und deren Bekannten ermordet zu haben, und wurde im Oktober 1995 freigesprochen. Manche Details des Gerichtsverfahrens waren so interessant, dass sie sogar in rein wissenschaftlichen Journalen Schlagzeilen machten.

Die Staatsanwältin versuchte die Anklage durch den Verweis zu stärken, dass der Angeklagte während der 18-jährigen Ehe seine Ehefrau immer wieder geschlagen hatte. Das Argument lautete: Wer seine Frau schlägt, der bringt sie möglicherweise auch irgendwann um.

Die Verteidigung entkräftete dieses Argument jedoch wie folgt: Man schätzt, dass vier Millionen Frauen in Amerika von ihren Männern oder Freunden geschlagen werden. Nach Angaben des FBI wurden im Jahr 1992 insgesamt 1 432 Frauen von ihren Männern oder Freunden umgebracht. Aus diesen Zahlen folgt, so die Verteidigung, dass 1 432 Männer von vier Millionen, die ihre Frauen schlagen, ihre Frauen auch umbringen. Daraus wiederum folgt, dass etwa einer von 2 500 Männern oder Freunden, die ihre Partnerin schlagen, diese auch umbringt. Damit wurde das Argument der Anklage ganz offen-

Der Angeklagte O. J. Simpson mit seinem Anwalt an einem Prozesstag im Jahr 1994.

sichtlich entkräftet, wie der Anwalt Alan Dershowitz in seinem 1997 publizierten Bestseller *The Criminal Justice System and the O. J. Simpson Case* schrieb.

Der britische Statistiker Irving John Good wies jedoch nach, dass die Argumentation der Verteidigung falsch ist. Er tat dies, indem er Wahrscheinlichkeiten für die Argumentation benutzte, was das Argument recht kompliziert macht. Benutzt man Häufigkeiten, wird die Sache recht einfach: Beginnen wir mit der von der Verteidigung gestellten Tatsache, dass eine von 2 500 geschlagenen Frauen vom sie schlagenden Mann oder Freund ermordet wird. Rechnet man auf 100 000 geschlagene Frauen hoch, so werden 40 von ihnen pro Jahr ermordet. Diese Zahl muss man in folgendem Licht sehen: In den USA werden jährlich etwa 25 000 Menschen umgebracht. Ein Viertel davon sind Frauen. In den USA leben 250 Millionen Menschen, von denen etwa die Hälfte Frauen sind. Es werden also 6 250 von 125 Millionen Frauen jährlich umgebracht, d. h. fünf von 100 000.

Damit sieht die Sache wie folgt aus: Von 100 000 Frauen, die geschlagen werden, werden 45 ermordet, 40 von dem sie schlagenden Mann und fünf von irgendjemandem. Es werden damit acht von neun Frauen, die umgebracht werden, von ihrem sie schlagenden Partner ermordet, also etwa 90 Prozent. Wenn man aus diesen Zahlen etwas schließen konnte, dann auf die Schuld (und nicht die Unschuld) des Angeklagten.

2. Logische Schlussfolgerungen

Menschen haben Mühe mit der Logik. Was woraus warum folgt, ist keineswegs immer so einfach, wie in dem folgenden Beispiel:

Aus

„Alle Ulmer sind reich"

und

„Hans ist ein Ulmer"

folgt (und dies weiß jedes Kind)

„Hans ist reich."

Betrachten wir ein etwas schwierigeres Beispiel:

Aus

„Kein Metzger ist ein Bäcker"

und

„Alle Ulmer sind Metzger"

kann man logisch schließen:

„Kein Ulmer ist ein Bäcker."

Betrachten wir nun folgendes Beispiel:

Was kann man aus

„Alle Schotten sind Geizkragen"

und

„Kein Schreiner ist ein Schotte"

schließen?

Die meisten Menschen sagen hier, dass man absolut gar nichts aus diesen beiden Sätzen schließen kann. Dies ist jedoch falsch, denn es gibt durchaus einen Schluss, den man mit Notwendigkeit aus den beiden Sätzen ziehen kann. Dieser lautet:

„Einige Geizkragen sind keine Schreiner" (oder anders: „Es gibt Geizkragen, die keine Schreiner sind").

Dies folgt tatsächlich mit logischer Notwendigkeit aus den beiden Prämissen. Warum haben wir Mühe mit dieser Schlussfolgerung?

Fragen wie diese wurden erst in den letzten zwei Jahrzehnten gestellt und teilweise beantwortet. Dabei haben sich manche Autoren um eine Art Kategorisierung oder Typologie der mentalen Fallstricke be-

Was ist eigentlich ...

Logik [von griech. *logikos* = zur Vernunft gehörend], die Lehre von den gültigen Schlüssen, die Frage nach den Prinzipien des richtigen und gültigen Schlussfolgerns; die Gesetze der Logik bestimmen, wann ein Schluss gültig ist. Schlüsse sind normierte Begründungen, die aus einer oder mehreren Prämissen zu einer Konklusion führen. Man muss zwischen der Gültigkeit der Beweisführung und der Richtigkeit eines Schlusses unterscheiden. Falls mindestens eine Voraussetzung einer Schlussfolgerung falsch ist, kann der Schluss einer gültigen Beweisführung falsch sein. Andererseits kann ein ungültiger Schluss zu einer wahren Aussage führen. Die Wahrheit hängt von der Art der Beweisführung ab. Die verwendeten Begriffe können ausgetauscht werden, ohne die Gültigkeit zu beeinträchtigen.

Was ist eigentlich ...

Urteilsfehler, verzerrte Wahrnehmungen und Interpretationen der Realität, die nicht absichtlich vorgenommen werden, sondern vielmehr eine (unerwünschte) Begleiterscheinung allgemeiner Prinzipien der menschlichen Informationsverarbeitung sowie sozialer Einflussprozesse darstellen. Die wissenschaftliche Auseinandersetzung mit systematischen Urteilsfehlern ist in vielen Forschungsfeldern der Psychologie, so z. B. in der Gedächtnispsychologie, der Kognitionsforschung, der Emotionspsychologie oder der Klein- und Intergruppenforschung angesiedelt. Bislang existiert keine allgemeine Theorie, welche die unterschiedlichen Phänomene und Erklärungen integrieren könnte. Die Definition eines Urteilsfehlers erfolgt entweder absolut über einen objektiven Bezugspunkt oder relativ, z. B. über einen Vorher-Nachher-Vergleich. Da außerhalb laborexperimenteller Studien ein objektiver Bezugspunkt meist nicht zur Verfügung steht, die objektiv richtige Sichtweise also nicht eindeutig definiert werden kann, wird hier häufig auch der weniger strenge Begriff der „Urteilsverzerrung" bevorzugt.

müht, d. h. darum, eine Ordnung oder Systematik für alle möglichen Täuschungen unseres Urteilsvermögens (Urteilsfehler) zu schaffen. Wie wir gesehen haben, sind Menschen schlecht in Logik, aber auch in Statistik und Wahrscheinlichkeitstheorie. Sie können mit relativen Häufigkeiten wesentlich besser umgehen als mit Wahrscheinlichkeiten und Faustregeln viel besser anwenden als logische Schlussfolgerungen.

3. Um Ecken denken

Menschen haben Mühe, um mehrere Ecken zu denken. Vielleicht am deutlichsten wird dies in einem Spiel, das Sie selbst einmal, vielleicht bei einer Party, spielen können. Sie werden überrascht sein vom Ergebnis. Das Spiel ist einfach: Jeder muss eine Zahl zwischen Null und Hundert auf einen Zettel schreiben. Die Zahl soll angeben, wie groß zwei Drittel des Mittelwerts aller genannten Zahlen sind.

„Ist doch einfach", werden Sie jetzt denken. „Wenn jeder eine Zahl zwischen Null und 100 nennt, dann liegt der Mittelwert bei 50. Zwei Drittel von 50 sind 33, also sollte meine Zahl etwa so groß sein."

Aber Moment mal. Was ist, wenn jeder so denkt? Zunächst einmal kann sich jeder überlegen, dass die richtige Zahl nicht größer als 67 sein kann, denn das ist (aufgerundet) zwei Drittel von 100. Wenn jedoch klar ist, dass es keinen Sinn macht, eine Zahl, die größer ist als 67, auf den Zettel zu schreiben, dann kann der Mittelwert der Zahlen nicht bei 50 liegen. Und wenn jeder so denkt, erst recht nicht. Die Zahlen können also nur zwischen Null und 67 liegen. Zwei Drittel vom Mittelwert davon (33,5) sind etwa 22. Daher macht eine Zahl größer als 22 überhaupt keinen Sinn. Nun kann man weiter denken und auf diese Weise herausfinden, dass die einzige rationale Antwort *Null* heißt. Denn jeder weiß ja immer, dass jeder weiß, dass die Antwort nur zwei Drittel von dem sein kann, was jeder annimmt und weiß.

Sofern man das Spiel jedoch wirklich spielt, stellt sich heraus, dass die richtige Antwort keineswegs Null lautet. Man liegt vielmehr nicht ganz falsch, wenn man in diesem Spiel eine Zahl zwischen 25 und 35 als richtige Lösung nennt. Anlässlich eines Vortrags am Ulmer Amtsgericht über die *Neurobiologie von Urteilstäuschungen* spielte ich dieses Spiel mit 84 anwesenden Juristen und Medizinern. Der Gewinner hatte 25 getippt (und erhielt von mir einen Buchpreis). Damit hatten die Anwesenden vergleichsweise gut abgeschnitten, denn sie hatten offensichtlich um zwei bis drei Ecken gedacht, und nicht nur um eine bis zwei, wie die meisten Gruppen, mit denen das Spiel gespielt und die Ergebnisse aufgezeichnet wurden.

Halten wir fest: Menschen haben Mühe, um die Ecke zu denken, d. h. einen Gedanken immer wieder (man sagt: iterativ) anzuwenden und das Ergebnis aus diesen vielen Denkschritten im Arbeitsgedächtnis vorübergehend abzuspeichern, d. h. zu behalten, es weiterzuverwenden und es wieder in Gedanken zu behalten – ganz ähnlich wie sie auch bei längeren Sätzen, sofern diese Nebensätze enthalten, geschachtelt sind und verschiedene Gedanken in hierarchischen Ordnungen ineinander verzahnen, ihre Mühe mit dem Verständnis haben. Kurz: Um die Ecke zu denken ist nicht unsere Stärke. Das nächste Beispiel zeigt unter anderem dieses noch einmal.

Was ist eigentlich …

Arbeitsgedächtnis, eine Erweiterung und Differenzierung des Kurzzeitgedächtnisspeichers. Psychologen unterscheiden zwei Hauptkomponenten des Kurzzeitgedächtnisses: das unmittelbare oder primäre Gedächtnis und das Arbeitsgedächtnis. Das unmittelbare Gedächtnis enthält die Informationen, die gerade wahrgenommen werden und im Fokus der Aufmerksamkeit stehen, d. h. bewusst sind. Seine Kapazität ist sehr begrenzt – es können gewöhnlich sieben plus/minus zwei Einheiten erinnert werden, z. B. Ziffern, Objekte, Namen usw. Die zeitliche Ausdehnung des unmittelbaren Gedächtnisses ist das Arbeitsgedächtnis. In ihm wird die aktuell verfügbare Menge von Informationen und Such-, Entscheidungs- bzw. Lösungsstrategien während der Beschäftigung mit einer Aufgabe bereitgehalten.

Falsch bewerten und entscheiden

Wieviel ist Ihnen ein Euro wert? – Dumme Frage, werden Sie sagen. Aber stellen Sie sich vor, wir spielen folgendes Spiel: Wir versteigern einen Euro, auf amerikanisch (wie man hierzulande diese Art der Versteigerung zuweilen nennt). Jedes Gebot muss sofort bezahlt werden und kann durch ein höheres Gebot, das ebenfalls sofort zu bezahlen ist, übertroffen werden. Wie viel würden Sie für den Euro bieten?

Experimente, in deren Rahmen man diese Versteigerung tatsächlich durchführte, zeigten, dass die Leute nicht selten mehr als einen Euro für einen Euro bieten. Wie ist das möglich? – In einer typischen Versteigerung wird jemand 20 Cent bieten und ein anderer vielleicht 30 Cent. Der erste kann nun entweder seinen Verlust von 20 Cent hinnehmen oder 40 Cent bieten, um den Euro doch noch zu bekommen. Und so geht es weiter, bis die Gebote durchaus 90 Cent gegen einen Euro lauten können. Dann hat der erste wiederum die Option, 90 Cent zu verlieren oder 1,1 Euro für einen Euro zu zahlen (d. h. nur 10 Cent Verlust zu machen). Also wird er einen Euro und 10 Cent für einen Euro bieten; und so wird es weitergehen. Wird ein Euro auf diese Weise tatsächlich versteigert, so kommt es daher nicht selten vor, dass der Euro für mehr als drei Euro seinen Besitzer wechselt!

Man fragt sich unwillkürlich, wie intelligente Menschen solch einen Unfug anstellen können. Die Antwort darauf ist, dass Menschen sich sehr schwer tun, wenn sie um mehr als eine oder zwei Ecken denken müssen. Die Antwort lautet aber auch, dass sie beim Bewerten von Sachverhalten, und seien sie noch so einfach, Mühe haben. Falls Sie übrigens in eine Euro-Versteigerung geraten sollten, tun Sie gut daran, das einzig Vernünftige zu tun, was man in dieser Situation tun kann: keinen Cent für einen Euro ausgeben (es sei denn, es ist für einen guten Zweck).

So haben die Dinge also nicht in jeder Situation für uns den Wert, den sie bei objektiver Betrachtung zu haben scheinen. Wenn ich hungrig bin, sind zwei Äpfel sicherlich besser als einer. Vier Äpfel sind vielleicht noch doppelt so gut wie zwei, aber vierzig Äpfel sind nicht doppelt so gut wie zwanzig. Schließlich bin ich irgendwann satt. In der Wirtschaft ist dieses Phänomen lange bekannt: Der Nutzen, den man aus einer Sache zieht, nimmt nicht linear mit der Sache zu, sondern nimmt verhältnismäßig ab.

Stellen Sie sich beispielsweise vor, Sie hätten folgende Wahl: Entweder Sie bekommen 1 Million Euro sicher, oder Sie bekommen 500 000 Euro oder 1,5 Millionen Euro nach einer Losentscheidung. Die meisten Menschen entscheiden sich in dieser Situation für die sichere Million. Rein statistisch sind beide Optionen jedoch gleich gut. Für die meisten Menschen ist es jedoch ein größerer Unterschied, 500 000 Euro oder 1 Million Euro zu besitzen als 1 Million oder 1,5 Millionen Euro. Mit anderen Worten: Je mehr Geld man schon hat, desto weniger wertvoll ist zusätzliches Geld.

In der Ökonomie ist dieser Sachverhalt (unter Namen wie „abnehmender Ertragszuwachs“ und „Grenznutzen“) seit langem bekannt. Zudem können Entscheidungen auch durch Gesichtspunkte beeinflusst sein, die vollkommen außerhalb der einzelnen Transaktion liegen können. Fairness und langfristiges Vertrauen geht in Entscheidungen ebenso ein wie kurzfristiger Gewinn.

Was ist eigentlich ...

Nutzen, nach Jeremy Bentham (1748–1832) „jene Eigenschaft eines jeden Objekts, durch die es tendenziell Günstiges, Vorteil, Lust, Gutes oder Glück erzeugt oder verhütet, dass Fehler, Schmerz, Übel oder Unglück für diejenige Partei eintreten, deren Interesse man betrachtet." Nutzen beinhaltet ein Urteil über den subjektiven Wert der Konsequenz einer Entscheidung. Einem Objekt kommt dann ein höherer Nutzen zu, wenn es dem anderen gegenüber bevorzugt wird . Nutzen ist in der Entscheidungstheorie ein technischer Begriff: Positiver Nutzen ist ein Gewinn, negativer Nutzen ein Verlust. Unterscheiden lassen sich Antizipationsnutzen (der antizipierte, vorgestellte Nutzen), Erfahrungsnutzen (erlebter Nutzen – wenn die Konsequenz eintritt), hedonischer Nutzen (der affektive Zustand) und instrumenteller Nutzen (der Nutzen eines Objekts, um ein Ziel zu erreichen).

Falsch fühlen: Wenn ich nur könnte wie ich wollte ...

Gemessen an ihrer Häufigkeit ist die Selbstbehinderung im Bewusstsein der Menschen relativ gering vertreten. Dabei kennt sie jeder, oder haben Sie nicht schon einmal einem Dialog wie dem folgenden gelauscht:

A: „Ich hab zwar 'ne Sehnenzerrung, aber lass uns dennoch ein bisschen Fußball spielen.“

B: „Hab die letzte Nacht durchgemacht, aber o.k., versuchen wir's.“

Und falls Sie nichts mit Fußball zu tun haben, hören Sie doch im Kirchenchor/Gesangverein mal genauer hin:

A: „Bin ziemlich heiser heute, aber im Sopran/Tenor sind ja so wenige, und da dachte ich, ich sollte trotzdem kommen.“

B: „Habe das Stück noch nie gehört und mir auch die Noten nicht anschauen können. Mal sehen, wie es gehen wird.“

Und falls Ihnen Fußball und Singen unbekannt vorkommen, erinnern Sie sich doch nur mal an Ihre Schulzeit:

A: „Hab gar nicht gelernt für die Klassenarbeit.“

B: „Ich auch nicht. Und dann haben wir uns noch die ganze Nacht Videos reingezogen."

Die Beispiele haben eines gemeinsam: Die Sprecher geben jeweils einen Grund dafür an, dass sie im Hinblick auf die gerade anstehende Tätigkeit behindert sind. Wer sich mit Sehnenzerrung oder nach durchgemachter Nacht sportlich betätigt, hat guten Grund dazu, dies nicht so gut zu können. Nicht anders steht es um den heiseren oder ungeübten Sänger bzw. den unvorbereiteten oder übermüdeten Schüler. Warum hört man solche Sprüche so oft? – Letztlich geht es hier offensichtlich um eine Art Entschuldigung oder Ausrede. Im Grunde sagt jeder Sprecher immer das gleiche, nämlich: „Eigentlich bin ich sehr gut, aber das wird jetzt nicht deutlich, denn leider besteht zurzeit gerade die folgende Behinderung ..." Es ist, als würde man die Messlatte herunterhängen, um zu vermeiden, dass man scheitert. Oder nochmal anders: „Wenn ich jetzt gerade mittelmäßig bin (beim Fußball, Singen oder bei der Klassenarbeit), dann liegt das nicht daran, dass ich wirklich mittelmäßig bin, sondern daran, dass ich behindert bin. Stellt man diese Behinderung in Rechnung, dann bin ich eigentlich ziemlich gut!"

Ganz allgemein versuchen wir also mit solchen Sprüchen zu beeinflussen, wie andere uns wahrnehmen. Indem wir die Aufmerksamkeit auf unsere Behinderung lenken, soll klar werden, warum wir nur mittelmäßig (oder vielleicht sogar richtig schlecht) bei einer Tätigkeit abschneiden. Wenn wir es dann doch halbwegs hinkriegen, dann müssen wir ja ein richtiger Pfundskerl sein, dass wir das geschafft haben, trotz der Behinderung ... Betrachtet man die Dinge erst einmal aus der Nähe, dann ist klar, warum so ziemlich jeder irgendwann einmal irgendeinen Ausspruch der Selbstbehinderung von sich gegeben hat.

Von Sprüchen zu unterscheiden sind Taten. Und hier hört der Spaß im Grunde auf, denn aus bloßen Sprüchen werden Fehlanpassungen im wirklichen Leben, nicht selten zum erheblichen Nachteil für die betreffende Person. Nicht wenige Menschen richten sich so ein, dass ihre Vorhaben von vornherein zum Scheitern verurteilt sind. Wer sich zum Vorstellungsgespräch betrinkt, wer die Nacht vor einer Prüfung durchfeiert oder wer für ein Examen nichts lernt, der stellt sich ganz offensichtlich selber ein Bein, schießt sich ins Knie bzw. wirft sich einen Stein in den Weg. Der Volksmund hätte nicht eine ganze Reihe solcher blumiger Ausdrücke für immer das Gleiche, wenn es nicht so oft vorkäme.

Entschuldigung, dass ich fleißig bin

An unseren Schulen (und leider sogar an den Universitäten) hat sich das Selbstbehindern zu einem regelrechten Sport entwickelt. Die Schüler unterziehen sich selbst einem permanenten Wettbewerb darum, wer mit dem geringsten Lernaufwand am besten durchkommt. Die Tatsache, dass vielen der Gedanke an einen Schüler, der stolz verkündet, wie viel er für die Klassenarbeit gelernt hat und dass er genau deswegen eine gute Note geschrieben hat, gänzlich absurd erscheint, spricht im Grunde Bände über unsere Gesellschaft: Wie weit sind wir gekommen, dass der Wille, etwas gut zu machen und dafür auch hart zu arbeiten, nicht nur nichts gilt, sondern dass man sich auch ganz aktiv dafür schämt und es für nötig hält, sich zu entschuldigen?

Ganz offensichtlich ist es den meisten Leuten hierzulande lieber, als faules Genie zu gelten denn als fleißiger Normalbürger. Offenbar gelten Willensstärke und Fleiß nichts, geniale Veranlagung hingegen erscheint alles, was zählt. Wenn man diese Dinge klar ausspricht, dann wird deutlich, wie fehlangepasst (früher hätte man gesagt: wie neurotisch krank) dieses Verhalten ist. Ist es wirklich besser, durch das Vorstellungsgespräch gefallen zu sein, weil man betrunken war, bzw. die Prüfung nicht bestanden zu haben, weil man faul war?

„Zwei Dinge sind zu unserer Arbeit nötig: Unermüdliche Ausdauer und die Bereitschaft, etwas, in das man viel Zeit und Arbeit gesteckt hat, wieder wegzuwerfen." (Albert Einstein, 1879–1955)

„Ich rate, lieber mehr zu können als man macht, als mehr zu machen als man kann." (Bert Brecht, 1898–1956)

Wer glaubt, dass unsere Schüler auf diese einfachen Täuschungsmanöver (die ja jeder macht und daher auch jeder kennt) hereinfallen, der hat sich getäuscht! Untersuchungen hierzu zeigen, dass Schüler solche Strategien bei anderen sehr klar erkennen. Wenn wir aber andere durch Sprüche oder Taten der Selbstbehinderung nicht täuschen können, weil jeder den Trick kennt, warum wenden wir ihn dann an?

Man kommt um die Schlussfolgerung nicht herum, dass es nur *wir selbst* sein können, die sich ganz offensichtlich gerne über uns selbst täuschen. Wenn wir scheitern, dann würden wir gerne den Schaden begrenzen. Und ansonsten sind wir lieber ein faules Genie als ein fleißiger Durchschnittsmensch. Wir leben lieber mit der Illusion unserer Größe als mit der Gewissheit unserer Mittelmäßigkeit. Vielleicht liegt dies daran, dass wir uns andernfalls recht mies fühlen würden. Wer sich jedoch redlich bemüht, die Fantasie über das eigene Genie an den Nagel hängt und stattdessen den Dingen offen und ehrlich gegenübertritt und seine Arbeit macht, so gut er eben kann (ohne die Möglichkeit zur nachträglichen Ausrede), der hat es zwar kurzfristig schwerer, kommt jedoch langfristig viel weiter. Es wäre viel gewonnen, wenn wir die kultivierte Selbstbehinderung gerade in den Institutionen, wo es darauf ankommt, aus sich etwas zu machen, erfolgreich bekämpfen könnten.

Ungerechtigkeit

Wer glaubt, wir lebten in einer einigermaßen gerechten Welt, der vergegenwärtige sich einmal die Ungleichheit der Lebensbedingungen der fast sieben Milliarden Menschen auf der Erde. Wie erst kürzlich festgestellt wurde, haben etwa zwei Milliarden kein sauberes Trinkwasser, 800 Millionen leiden täglich an Hunger, und nur eine kleine Minderheit lebt letztlich unter Bedingungen, die man als frei, gerecht und sozial bezeichnen kann.

Beim Stichwort Globalisierung denkt man zunächst an Märkte, weniger dagegen an Gerechtigkeit. Dies hat jedoch Folgen, denn der Markt regelt nicht alles und regelt schon gar nicht alles zum Besten. Es genügt also beim Entscheiden nicht, allein auf den Markt zu vertrauen. Er nimmt uns das vernünftige Nachdenken und Bewerten nicht ab. Die finanziellen Mittel für das Neujahrsfeuerwerk in Deutschland allein wären ausreichend, einige Hundertausend Kinder (vorsichtig geschätzt) vor dem sicheren Tod zu bewahren. Wir schaffen es nicht, um die notwendigen zwei oder drei Ecken zu denken und das Resultat dieses Gedankens in die Tat umzusetzen. An entsprechenden Appellen fehlt es jedes Jahr nicht, aber wir schaffen es dennoch nicht!

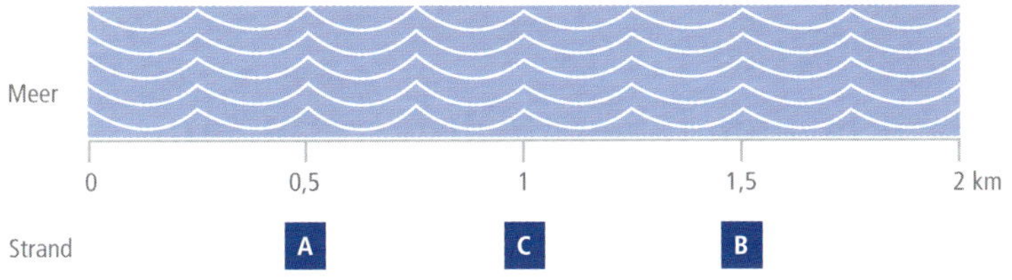

Der Markt wird's schon richten? Beispiel Eisverkäufer. Zwei Eisbuden am Strand würden sich in der besten aller möglichen Welten bei A und B befinden. Lässt man den Markt bestimmen, werden sie beide am Ort C sein, denn dieser ist die einzige stabile Position. Es ist zugleich die für alle schlechteste Position.

Es geht mir hier nicht darum, den Zeigefinger zu erheben. Es geht mir vielmehr darum, dieses Faktum zunächst einmal festzuhalten und dann zu fragen, woran dies wohl liegen kann. Ich denke, dass die wenigsten Menschen beim Anblick eines todkranken Kindes und der Möglichkeit, diesem Kind mit fünf oder mit zehn Euro das Leben zu retten, mit dem Geldbeutel zögerlich umgehen würden. Aber wir befinden uns ja nicht in der Situation, die Toten sind abstrakt, es sind Zahlen und keine Schicksale. Schicksale, d. h. Geschichten, treiben uns um, Zahlen nicht. Die Medien wissen das längst. Viel wirksamer als jede Statistik über die Grausamkeiten der Konzentrationslager von Auschwitz ist ein Film (wie z. B. *Schindlers Liste),* der das Schicksal einzelner Menschen erzählt. Plötzlich werden uns die Dinge klar, berühren uns stark, gehen uns nicht mehr aus dem Sinn.

Betrachten wir noch ein Extrembeispiel: Im Jahre 2003 starben etwa elf Millionen Kinder, bevor sie das fünfte Lebensjahr erreichten.

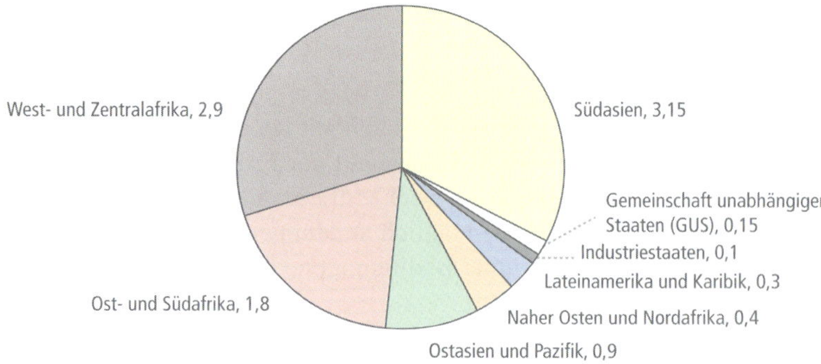

Kindersterblichkeit. Verteilung der Todesfälle von Kindern vor Erreichen des 5. Lebensjahres nach Weltregionen 2006.

Mehr als die Hälfte davon – etwa sechs Millionen – starb an Krankheiten, denen man entweder sehr leicht hätte vorbeugen können oder die sehr leicht zu behandeln sind. Etwa zwei Millionen Kinder starben an Durchfall, der in den meisten Fällen dadurch behandelt werden kann, dass man dafür sorgt, dass das Kind genug trinkt. Weitere gut zwei Millionen Kinder starben an Lungenentzündung (durch Antibiotika verhinderbar), eine weitere Million an Malaria (ebenfalls medikamentös behandelbar), und einige Hunderttausend Kinder starben an den Masern, was durch eine billige und effektive Impfung zu verhindern wäre, wie ein Editorial in der medizinischen Fachzeitschrift *Lancet* (2003) zusammenfassend darstellte.

Gar nicht mehr fühlen: Selbstverachtung, Selbstverletzung und Selbstvernichtung

Aus evolutionsbiologischer Sicht dürfte es die in der Überschrift genannten Phänomene nicht geben. Gehirne steuern Verhalten. Es überleben diejenigen Gehirne und pflanzen sich fort, die das am besten an die Herausforderungen der Umwelt angepasste Verhalten herbeiführen. Aus keinem anderen Grund sieht ja auch der Adler scharf und hüpft die Maus so flink; so das weithin bekannte Argument. Wie kann es in diesem Bedingungsgefüge dazu kommen, dass Gehirne entstehen (d. h. einen größeren Fortpflanzungserfolg aufweisen), die Verhalten produzieren, das für den Organismus schädlich, um nicht zu sagen, tödlich ist?

Die Depression ist eine der weltweit häufigsten Krankheiten überhaupt. Wie wir heute wissen, ist sie eine Erkrankung des Gehirns, die mit Störungen im Bereich bestimmter Neurotransmitter einhergeht. Mit diesen Veränderungen der Neurotransmitter und des Gehirnstoffwechsels verändert sich die Welt des Patienten: Die Dinge um ihn herum sind nichts mehr wert. Auch sein eigenes Leben ist nichts mehr wert, alles ist in dunkle, schwarze Farbe getaucht. Der depressive

Mensch ist oft wie erstarrt, und es drängen sich ihm die Gedanken an die eigene Unzulänglichkeit, den eigenen Tod und dessen Herbeiführung immer wieder auf. Die moderne Medizin ist in der Lage, depressive Episoden meist innerhalb weniger Wochen zu behandeln. Mit dem Gesundungsprozess geht auch eine Veränderung der Bewertungen einher: Für den behandelten Depressiven haben plötzlich die Welt, sein eigenes Leben und Geselligkeit wieder einen Wert.

Ein Wort zur Behandlung. Oft führen chronische Probleme in eine Depression. Wir wissen, dass chronische Belastungen zum Absterben von Nervenzellen führen können, und zwar genau dort, wo sie für das Lernen gebraucht werden. Sind sie nicht mehr vorhanden, kann weder das Lernen noch das Problemlösen gelingen. Daher ist es wichtig, die Krankheit ursächlich zu behandeln und für das Nachwachsen von Neuronen zu sorgen. Genau dies tun Medikamente, die antidepressiv wirken. Nur wenige Prozent aller depressiven Menschen werden fachgerecht behandelt. Es wird höchste Zeit, dass wir dies ändern und dafür sorgen, dass Menschen unter Stress wieder aus den Löchern tiefer Stimmung herauskommen.

Das Schicksal von Menschen wie Hannelore Kohl (1933–2001) und Jürgen Möllemann (1945–2003) stellt die Spitze eines Eisbergs dar, dessen wahre Ausmaße kaum jemand kennt, sieht man einmal von den Psychiatern ab: Menschen können sich nicht nur aktiv über sich täuschen, sich behindern, verachten oder verletzen; nein, Menschen können sich auch selbst vernichten. Es gehört zu den traurigen Fakten unserer und vieler anderer zivilisierter Gesellschaften, dass die Selbsttötung zu den häufigsten Todesursachen junger Menschen gehört. Einen zweiten Gipfel der Selbsttötung gibt es bei älteren Menschen, die am Ende ihres Lebens bilanzieren und in der Folge ihrem Leben ein Ende bereiten.

Die hohe Rate an Selbsttötungen in vielen westlichen Gesellschaften ist nicht zuletzt durch die negativen Auswirkungen falscher bzw. verherrlichender Darstellungen von Selbstmord in den Medien mitverursacht. Dies muss verhindert werden, weswegen man in Irland, einem Land mit besonders hoher Suizidrate, regulierend eingegriffen hat. Die *Irish Society of Suicidology* publizierte Richtlinien *(Media Guidelines on Portrayal of Suicide)* mit dem Ziel, die Medien dazu zu bewegen, einerseits keine Einzelheiten von Suizidmethoden und andererseits die Realität der oftmals verheerenden Folgen von Suizidversuchen besser darzustellen. Man verspricht sich hiervon langfristig einen vorbeugenden Effekt. Positiv könnten die Medien aufklärend wirken und die Menschen über psychische Krankheiten informieren, ebenso wie sie über Herz-Kreislauf-Erkrankungen, die Schädlichkeit des Rauchens oder Krebs informieren. Dies würde zu einer besseren Selbstkenntnis bei den Betroffenen und zu mehr Verständnis bei deren Angehörigen führen.

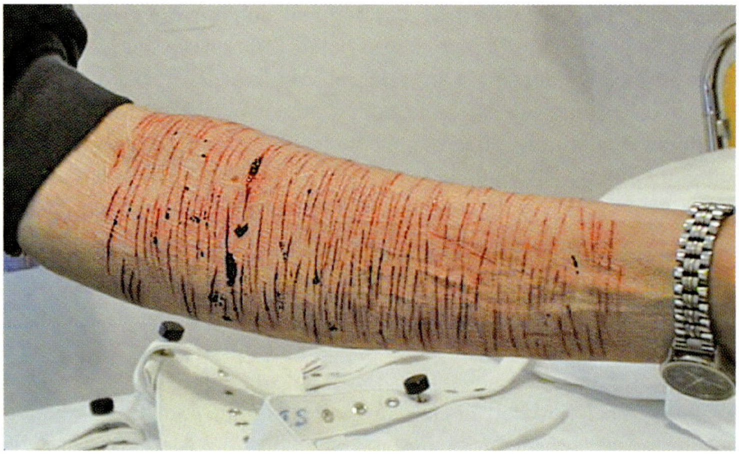

Typisches Bild des Unterarms einer Patientin mit Tendenz zur Selbstverletzung.

Und dies wiederum würde es vielen erleichtern, mit ihrer Erkrankung besser umzugehen.

Auch reine *Selbstverletzungen* sind beim Menschen sehr häufig. Es gibt eine bestimmte Gruppe psychiatrischer Patienten, bei denen dieses Problem sogar ganz im Vordergrund stehen kann. Menschen mit *Borderline-Persönlichkeitsstörung* – in der überwiegenden Mehrzahl handelt es sich um Frauen – leiden daran, dass sie den Drang haben, sich selbst zu verletzen. Sie greifen beispielsweise zu einer Glasscherbe oder einem Messer und fügen sich Schnittwunden am Unterarm zu. Es ist für den behandelnden Arzt immer wieder schwer nachvollziehbar, wenn die Patientinnen mit gewisser Regelmäßigkeit berichten, dass sie sich in diesem Moment besser erleben, sich intensiver spüren und sich wohler fühlen als sonst.

Was ist eigentlich ...

Borderline-Persönlichkeitsstörung, Borderline-Syndrom, Bezeichnung für ein psychisches Krankheitsbild, dessen Symptome zwischen Neurosen, Psychosen und Schizophrenie liegen. Die Betroffenen leiden an extremen Stimmungsschwankungen, Depressionen, Angstneurosen und starken Erregungszuständen. Sie haben ständige Angst vor dem Alleingelassen-Werden, ihre zwischenmenschlichen Beziehungen sowie ihr Selbstbild sind äußerst instabil. Selbstdestruktives Verhalten kommt häufig vor, die Suizidrate ist relativ hoch.

Wir haben Grund zur Annahme, dass bei diesen Menschen eine sehr ungünstige Konstellation von genetischen Anlagen einerseits und schädlichen Umweltfaktoren während der kindlichen Entwicklung andererseits vorlag. Wir kennen jedoch auch in ersten Ansätzen diejenigen Systeme im Gehirn, die in das Vergessen traumatischer Lebensereignisse involviert sind, was die Chance eröffnet, hier zusätzlich zur Psychotherapie auch mit spezifischen Medikamenten einzugreifen. Beide Therapieformen gemeinsam werden dann den Patientinnen vielleicht ein Leben ohne Drang zur Selbstverletzung ermöglichen.

Fazit: Denken lernen und Steine wegräumen

Menschen machen Fehler, wann immer sie die Chance dazu haben. Sie begehen systematische Irrtümer, wenn sie um die Ecke denken, logisch schließen oder mit Wahrscheinlichkeiten umgehen müssen.

Schließlich werfen sich Menschen Steine in den Weg, stolpern über die eigenen Füße, schießen sich ins Knie, leiden an einer Neurose, sind sich selbst im Weg oder leben ihr Leben nicht so, wie sie es eigentlich könnten, wenn sie sich nur selbst nicht dauernd daran hindern würden.

Das systematische Denken lernen wir in der Schule und der Universität. Es fällt uns mitunter nicht leicht, denn – und das sollte man sich immer wieder klarmachen – wir sind nicht zum logischen Schließen geboren, sondern zum Überleben.

Psychotherapeuten verschiedenster Schulen haben schon lange erkannt, dass der Weg von Menschen mit der Neigung, sich Steine in den Weg zu legen, nur ein sehr holpriger sein kann. Sie haben darüberhinaus erkannt, dass die einzige Möglichkeit der Änderung in einer gesteigerten Selbsterkenntnis liegt (ganz gleich, ob sie von Kontingenzmanagement oder von der Verbesserung der Ich-Funktionen sprechen). Die Erkenntnis der Mechanismen von Selbsttäuschung und Selbstbehinderung (und selbstverständlich auch das Verständnis von Erkrankungen des Geistes) ermöglicht uns langfristig das Selbstbestimmen.

Selbst bei gut gemeinten demokratischen Prozessen können wir manchmal danebenliegen, wie das Folgende demonstrieren mag. Therapeutisch wirkt auch hier allein das Verständnis der Dinge.

Postskript: Das Problem der Mehrheit und die Qual der Wahl

Kalifornien schießt in vieler Hinsicht den Vogel ab: Es gibt dort die meisten Filmstudios und Schauspieler, die breitesten Straßen und Menschen, die höchsten Wellen und Immobilienpreise, den blauesten Himmel und Ozean – und im Oktober 2003 die verrückteste Wahl. Nicht nur, dass sie von einem aus Österreich stammenden Ex-Mister Universum gewonnen wurde, der gerade seinen dritten Film als Actionfilm-Held (in *Terminator I, II*, und *III*) hinter sich hatte (und die Sprüche aus den Filmen in seinen Wahlreden ausgiebig zitiert hatte); nicht nur, dass es 135 Kandidaten für den Gouverneursposten gab, von denen die meisten auch nicht den Hauch einer Chance hatten; und nicht nur, dass diese Wahlen allein den Landkreis Orange County zwei Millionen Dollar extra kosteten. Nein, dies sind alles belanglose Details im Vergleich zu der Tatsache, dass die Form dieser Wahlen alles in den Schatten stellt, was es an Absurditäten bei demokratischen Wahlen jemals gegeben hat.

Was ist eigentlich ...

Selbsterkenntnis, Grundbegriff der Philosophie und Psychologie. Kant sah in der Selbsterkenntnis den Anfang aller menschlichen Weisheit. In der Psychologie ist Selbsterkenntnis ein genuines, zentrales Anliegen und zu umschreiben als introspektive Analyse von Denkprozessen als autobiografische oder charakterologische Bildgewinnung mit dem Ziel, Anworten auf die Fragen zu bekommen: Wie bin ich? Wer bin ich?

Was ist eigentlich ...

Kontingenzmanagement, systematischer und kontrollierter Verstärkereinsatz; eine sowohl bei der Fremdkontrolle als auch bei der Selbstkontrolle einsetzbare Methode zur Veränderung von Verhaltensweisen. Eine Verhaltensweise wird automatisch verstärkt, wenn ihr ein Verhalten mit einer größeren, unabhängigen Reaktionsrate (Reaktionswahrscheinlichkeit) unmittelbar nachfolgt. Mit dem Kontingenzmanagement versucht man die Wahrscheinlichkeit des Auftretens von Reaktionen, die dem Problemverhalten und seinen Vorläufern entgegengesetzt sind, dadurch zu erhöhen, dass man sie vor häufig auftretenden Verhaltensweisen wie Essen, Trinken, Geld in die Hand nehmen, Telefonieren etc. einschiebt.

Was ist eigentlich ...

Ich-Funktionen, Konzept des österreichischen Psychoanalytikers Heinz Hartmann (1894–1970), wonach bestimmte Wahrnehmungsfunktionen unabhängig von Triebkonflikten funktionieren, eine sog. konfliktfreie „Ich-Sphäre" bilden, sekundär aber sehr wohl wieder mit Konflikten kontaminiert werden können (Ich-Psychologie).

„Wer Menschenkenntnis besitzt, ist gut; wer Selbsterkenntnis besitzt, ist erleuchtet."
(Chinesisches Sprichwort)

Die Fakten sind leicht aufgezählt:

1. Vor etwa 70 Jahren wurde in Kalifornien aufgrund einer Bürgerinitiative ein Gesetz verabschiedet, das es der Bevölkerung erlaubt, einen im Amt befindlichen Gouverneur abzusetzen. Man wollte damals mit dem Gesetz verhindern, dass jemand, der offensichtlich unfähig oder kriminell (oder beides) ist, im Amt bleibt und allzu großen Schaden anrichtet.

2. Das Gesetz besagt, dass bei einer Million befürwortenden Unterschriften ein Prozess in Gang gesetzt wird, bei dem die Bevölkerung gefragt wird, ob der amtierende Gouverneur seines Amtes enthoben werden soll. Die einfache Mehrheit entscheidet dann: Stimmen mehr als 50 Prozent mit ja, muss er gehen, bei mehr als 50 Prozent Nein-Stimmen bleibt er.

3. Das Gesetz sieht vor, dass bei Abwahl des Gouverneurs sein Stellvertreter die Geschäfte übernimmt und für Neuwahlen sorgt. Es kam bis zum Sommer 2003 noch nie zur Anwendung. Als es jetzt jedoch angewendet wurde, wollte der Stellvertreter selbst kandidieren und nicht vertreten, was dazu führte, dass beide Entscheidungen – ob der amtierende Gouverneur abgewählt werden soll und wer der neue Gouverneur werden soll – am 7.10.2003 zugleich anstanden. Das Ergebnis kennt jeder: Für den alten Gouverneur waren nur 45 Prozent (d. h. er wurde von 55 Prozent der Wähler abgewählt), und der Schauspieler Arnold Schwarzenegger wurde zum neuen Gouverneur mit 48 Prozent der Stimmen gewählt.

Es hätte jedoch auch ganz anders kommen können. Nehmen wir an, 49 Prozent der Kalifornier wären für den alten Gouverneur gewesen und nur 19 Prozent für Arnie. Nehmen wir weiterhin an, dass die übrigen 134 Kandidaten den Rest der Stimmen unter sich aufgeteilt hätten und dass keiner von ihnen mehr Stimmen bekommen hätte als Schwarzenegger. – Auch dann hätte Schwarzenegger gewonnen! Mit 19 Prozent der Stimmen, und obwohl 49 Prozent für den alten Gouverneur gewesen wären. Dieser Aspekt der Wahl – es hätte der Kandidat mit den zweitmeisten Stimmen gewinnen können – war für viele Amerikaner nur schwer nachzuvollziehen. „Democracy running amok" war der lapidare Kommentar eines befreundeten Wissenschaftlers, mit dem ich diese Dinge im Sommer diskutiert habe.

Das Beispiel macht deutlich, dass nicht nur die Wahl, sondern auch die Wahlgesetze darüber entscheiden können, wer eine Wahl gewinnt. Es scheint so einfach: Wer die Mehrheit auf sich vereint, gewinnt. Was jedoch ist die Mehrheit? Wie im Folgenden gezeigt wird, hat diese einfache Frage leider keine einfache Antwort. Die Mathematik des Zählens beim Wählen zeigt sogar, dass es überhaupt kein

Kalifornien. Wahlkampf um den Posten des Gouverneurs 2003.

„insgesamt bestes" System des Wählens gibt, dass also jedes System seine Tücken hat. Allein daraus ergibt sich bereits, dass das Zählen das Denken nicht ersetzen kann! Aber greifen wir den Dingen nicht vor.

Wählen scheint ganz einfach zu sein. Man gibt seine Stimme ab, es wird gezählt und wer die meisten Stimmen hat, gewinnt. – Leider liegen die Dinge bei näherer Betrachtung nicht so einfach. So kann es unter Umständen besser sein, man stimmt nicht für seinen Kandidaten, um ihn durchzusetzen. Oder es kann sogar sein, dass man für einen anderen Kandidaten stimmen sollte als den, für den man sich eigentlich entschieden hat.

Die Eigenartigkeiten beginnen immer dann, wenn zwischen mehr als zwei Optionen – seien es Kandidaten, Programme oder was auch immer – zu wählen ist. Dann hängt es nämlich nicht unbedingt nur von den Stimmen, sondern auch vom System ab, wie die Wahl ausgeht.

Stellen Sie sich vor, Sie organisieren einen Betriebsausflug und wollen es so vielen Mitarbeitern wie möglich recht machen. Zur Wahl stehen eine Wanderung in den Bergen, ein Besuch im Museum sowie gemeinsames Kegeln – die Geschmäcker Ihrer Mitarbeiter sind eben verschieden! Demokratisch eingestellt, wie Sie nun einmal sind, wollen Sie die Mehrheit eintscheiden lassen. Nehmen wir an, Ihre 17 Mitarbeiter haben die folgenden Vorlieben:

5 mögen am liebsten Wandern, dann das Museum und dann Kegeln.
2 mögen am liebsten Wandern, dann Kegeln, und dann das Museum.

4 mögen am liebsten ins Museum, dann Kegeln und dann Wandern.
4 mögen am liebsten Kegeln, dann das Museum und dann Wandern.
2 mögen am liebsten Kegeln, dann Wandern und dann das Museum.

Fragen Sie nun einfach die Leute, was sie am liebsten mögen, dann sind sieben fürs Wandern, vier fürs Museum und sechs fürs Kegeln. Die Sache scheint klar, und man geht Wandern. – Wirklich?

Nehmen Sie an, Sie hätten sich vor allem darüber Sorgen gemacht, was die Leute auf keinen Fall wollen. Entsprechend fragen Sie nach, bei welchen beiden Möglichkeiten aus den dreien Ihre Mitarbeiter mitmachen würden bzw. – es kommt auf das Gleiche heraus – was Ihre Mitarbeiter auf keinen Fall wollen. Fünf mögen nicht Kegeln, vier nicht ins Museum und acht nicht Wandern. Oder anders ausgedrückt: Neun würden Wandern, zwölf Kegeln und 13 gingen ins Museum. Sie gehen also ins Museum.

Damit ist die Sache leider noch immer nicht ausgestanden. Nehmen Sie an, Sie entschließen sich für ein Punktesystem: Die erste Wahl eines Mitarbeiters bekommt zwei Punkte, die zweite Wahl einen Punkt und für die dritte Wahl gibt es keinen Punkt. Rechnen Sie bitte nach: Wandern kommt jetzt auf 16 Punkte, das Museum auf 17 und Kegeln auf 18! Sie gehen also Kegeln! – Was Sie tun, hängt also von der Auswertung des Wahlergebnisses ab.

Dass die Mehrheitsverhältnisse bei tatsächlichen Wahlen keineswegs immer klar sind, haben die Präsidentschaftswahlen in den USA im Jahr 2000 sehr deutlich gezeigt. Jeder hat es noch in Erinnerung. Das Ergebnis war knapp, und man brauchte Wochen, um richtig auszuzählen. Am Ende gewann, wie jeder weiß, George W. Bush, der Kandidat mit der etwas *geringeren* Stimmenzahl. Aber das war im Grunde noch der harmloseste Fehler an dieser Wahl. Erinnern wir uns: Es gab nicht zwei Kandidaten, Bush und Gore, sondern drei. Der dritte war ein – wir würden sagen – parteiloser, am ehesten grüner Advokat der Verbraucher, der weit abgeschlagen nur etwa fünf Prozent der Stimmen erhielt. Seine politische Position befand sich links von Gore, vereinfachend gesagt. Die meisten Wähler dieses Kandidaten hätten also bei dessen Fehlen für Gore gestimmt, oder anders ausgedrückt, der Kandidat hat Al Gore ein paar Prozent seiner Stimmen weggenommen.

Das Tragische an dieser Konstellation ist, dass die Position des dritten Kandidaten von der von Gore nicht sehr weit entfernt war, es sich also im Grunde um einen politischen Freund handelte. Im Hinblick auf den Ausgang der Wahl war der Kandidat jedoch Bushs Verbündeter, denn Bush hätte ohne ihn die Wahl klar verloren. Man stelle sich das einmal vor: Ein Grüner hat verhindert, dass die USA das Kyoto-Protokoll unterschrieben haben; er hat bewirkt, dass sie aufrüsten und militärische Stärke als Mittel der Politik sehr deutlich zeigen! – Eine im Grunde paradoxe Situation: Das Beste, was einem Präsidentschaftskandidaten in den USA demnach passieren kann, ist ein zweiter, hinreichend schwacher Feind.

Um zu verhindern, dass ein dritter Kandidat sich in der beschriebenen Weise auf die Mehrheitsverhältnisse auswirkt, schreibt eine ganze Reihe von Wahlprozeduren (z. B. für den Präsidenten in Frankreich oder für den Bürgermeister hierzulande) vor, dass bei mehr als zwei Kandidaten und beim Fehlen einer einfachen Mehrheit im ersten Wahlgang (keiner erhält über 50 Prozent der Stimmen) die beiden Kandidaten mit den meisten Stimmen in einem zweiten Wahlgang noch einmal gegeneinander antreten müssen. Man reduziert also zunächst einmal die Zahl der Optionen auf zwei und wählt dann unter diesen aus (und man kann zeigen, dass es die oben erwähnten Paradoxien verschiedener Wahlsysteme bei nur zwei Kandidaten nicht geben kann). Leider ist das Problem damit nicht gelöst, wie das folgende Beispiel zeigen soll.

Stellen Sie sich wieder vor, Sie organisieren noch einmal einen Betriebsausflug, diesmal für die Nachbarabteilungen gleich mit. Die Vorlieben sind dabei wie folgt verteilt:

27 mögen am liebsten Wandern, dann das Museum, dann Kegeln.
42 mögen am liebsten Kegeln, dann Wandern und dann das Museum.
24 mögen am liebsten ins Museum, dann Kegeln und dann Wandern.

Die insgesamt 93 Mitarbeiter können sich also in einem ersten Wahldurchgang nicht mit über 50 Prozent Mehrheit für ein Ziel entscheiden. Sie reduzieren aber anhand des Ergebnisses der ersten Wahl die Zahl der Möglichkeiten auf zwei, und im zweiten Wahlgang dürfen alle nochmals zwischen Wandern und Kegeln wählen. Wer ins Museum wollte, wird jetzt für seine zweite Wahl stimmen, also für Kegeln, sodass am Ende die Mehrheit fürs Kegeln ist. Eine klare Entscheidung, so scheint es jedenfalls.

Nehmen wir einmal an, vor der ersten Wahl würden sich vier Wanderer kurzfristig doch fürs Kegeln entscheiden. „Das macht die Sache noch einfacher", werden Sie jetzt denken. „Wenn eh die Mehrheit fürs Kegeln ist, dann ist es ja nicht weiter schlimm, wenn das im ersten Wahlgang vier Wähler zusätzlich bekunden." – Falsch! Rechnen wir kurz nach: Im ersten Wahlgang gewinnt jetzt Kegeln mit 46 Stimmen, gefolgt vom Museum mit 24 Stimmen. Im zweiten Wahlgang können jetzt die übriggebliebenen 23 Wanderer nur noch für ihre zweite Wahl – Museum – stimmen, das damit 47 zu 46 gewinnt. Die Tatsache, dass vier Stimmberechtigte vor der ersten Wahl vom Wandern zum Kegeln konvertierten, führte also dazu, dass Kegeln letztlich verlor und verhalf dem andernfalls weit abgeschlagenen Museum zum Sieg!

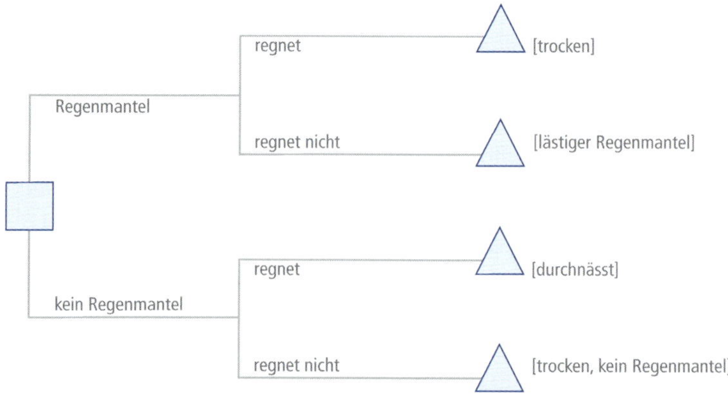

Entscheidungsbaum als Darstellungshilfe. Quintessenz in diesem Fall: Wenn es Regenmäntel gibt, kann man nicht mehr risikofrei leben: Die Gefahr, dass man durch Regen nass wird, wird zum Risiko, das man eingeht, wenn man den Regenmantel nicht mitnimmt. Wenn man ihn aber mitnimmt, besteht das Risiko, ihn irgendwo liegenzulassen.

Wer glaubt, es handele sich bei den Beispielen um mathematische Spielereien, die im politischen Alltag nicht vorkommen, der irrt. Man sollte daher zunächst einmal festhalten, dass es das schlechthin optimale Wahlsystem nicht gibt! Dies hat Kenneth Arrow, Nobelpreisträger für Wirtschaftswissenschaften, vor gut einem halben Jahrhundert mathematisch einwandfrei nachweisen können. Damit ist jedoch auch klar, dass man das Denken gerade nicht durch das Zählen ersetzen kann! Man muss vielmehr bei jeder Wahl zunächst einmal darüber nachdenken, welche Konsequenzen die Wahlausgänge für den Einzelnen und die Entscheidung insgesamt haben. Wenn es beispielsweise der Sinn eines Betriebsausflugs ist, dass die Mitarbeiter zusammenkommen und sich einmal besser persönlich kennenlernen, und wenn zwei Mitarbeiter behindert und an den Rollstuhl gebunden sind, ist es unter Umständen wichtiger, zu berücksichtigen, was nicht geht, als zu berücksichtigen, was geht. Wenn man demgegenüber eine neue Kantine baut und die Mitarbeiter nach der Tapete fragt, sollte man vielleicht das Pink, in dem sich die Mehrheit wohlfühlt, wählen, auch wenn zwei Mitarbeiter Pink nun wirklich nicht als Lieblingsfarbe haben. Es kommt also, wie so oft im Leben, auf die Umstände an, den Kontext, und die positiven und negativen Auswirkungen insgesamt. Man kann sich also, wie schon gesagt, das Nachdenken nicht durch das Zählen ersparen; man kann bestenfalls darüber nachdenken, wie man im konkreten Fall richtig zählt.

Grundtext aus: Manfred Spitzer *Selbstbestimmen*; Spektrum Akademischer Verlag.

Der unbewusste Wille

Deutsche Hirnforscher geben der Debatte um den freien Willen neue Nahrung. Schon zehn Sekunden vor einer bewussten Entscheidung wird das Gehirn aktiv. Was folgt daraus?

Ulrich Schnabel

Nichts hält länger als das Provisorium. Das Büro von John-Dylan Haynes wirkt, als sei er gerade eingezogen. Dabei arbeitet er im Berliner Bernstein Zentrum für Computational Neuroscience schon über ein Jahr. Doch die Regale sind nahezu leer, in Ermangelung einer Garderobe hängt der Bügel mit dem Sakko an einem Leitz-Ordner im obersten Fach; als notdürftiger Ersatz für einen Couchtisch muss ein Rollcontainer herhalten. Und was soll diese Sprühdose mit schwarzem Autolack im Zimmer eines Hirnforschers? „Damit habe ich mein Fahrrad auf alt getrimmt, damit es mir nicht so schnell geklaut wird", sagt Haynes lachend.

Hier versteht sich ein Mann offenbar auf die Kunst des Understatements. Und die große Pose des Welterklärers liegt dem deutsch-britischen Professor ebenfalls nicht. Dabei könnte er sie durchaus pflegen. Schließlich hat der 37-Jährige soeben im Fachblatt *Nature Neuroscience* eine Studie veröffentlicht, die vermutlich die Debatte um den freien Willen mächtig anheizen wird: Anhand der Aktivität zweier Hirnregionen kann er voraussagen, ob Versuchspersonen einen Knopf mit der linken oder rechten Hand drücken werden. Und diese Aktivität beginnt, zehn Sekunden bevor die Probanden sich bewusst entscheiden!

Gibt es also tatsächlich keinen freien Willen? Entscheidet das Gehirn quasi an unserem Bewusstsein vorbei? So einfach macht es sich Haynes nicht. Der Slogan „Freiheit oder Gehirn" ist ihm viel zu plump. Denn erstens sei das Gehirn ja Teil unserer Person; und zweitens müssten die Hirnprozesse konsistent sein mit all unseren Überzeugungen und Werten. „Wenn es manchmal heißt: ‚Mein Gehirn hat so und so entschieden, ich kann nichts dafür', dann ist das Quatsch", ärgert sich John-Dylan Haynes.

Ohnehin hält er die deutsche Debatte um die Willensfreiheit für „ziemlich unglücklich". Meist würden da Forscher miteinander diskutieren, die sich gar nicht wissenschaftlich mit dem Thema Verhaltenssteuerung beschäftigt hätten. Statt sich in diese Debatte einzumischen, hat der Kognitionspsychologe lieber etwas getan, was längst überfällig war: mit modernen Methoden jenes berühmte Experiment von Benjamin Libet fortzuführen, das seit über zwanzig Jahren die Debatte um den freien Willen prägt. „Es ist mir schleierhaft, warum es zu einem so zentralen Experiment nicht viel mehr Forschungsarbeiten gab", sagt er. In den 1990er-Jahren wurde Libets Versuch einmal wiederholt. Ansonsten haben Forscher davon weitgehend die Finger gelassen; vielleicht, weil ihnen der Streit um dessen Implikationen längst zu ideologisch geworden war.

Libets Experiment hatte einige Fehler

Dass es an Libets Experiment vieles zu kritisieren gibt, weiß auch Haynes. Es krankte schon daran, dass die Versuchspersonen den Zeitpunkt ihrer Entscheidung anhand eines schnell laufenden Uhrzeigers bestimmen mussten. „Eine schnelle Bewegung präzise zu positionieren ist eines der Dinge, die wir am schlechtesten können", sagt Haynes. Unklar blieb seinerzeit auch, ob das von Libet gemessene Bereitschaftspotenzial wirklich die Bewegung initiierte – oder nur die Folge einer anderen, noch früher begonnenen Hirnaktivität war.

All diese Schwächen hat Haynes zu vermeiden versucht. Am Leipziger Max-Planck-Institut für Kognitions- und Neurowissenschaften, an dem er noch immer eine Arbeitsgruppe leitet, ging er der Entscheidungsfindung trickreich auf den Grund. Während seine Probanden in einem Kernspintomografen lagen, sollten sie sich entscheiden, entweder mit der linken oder der rechten Hand einen Knopf zu drücken. Damit sie sich den Zeitpunkt dieser Entscheidung merken konnten, zeigte ihnen Haynes keine Uhr, sondern schnell wechselnde Bilder mit verschiedenen Buchstaben. Die Probanden mussten sich einfach denjenigen Buchstaben merken, der zum Zeitpunkt der Entscheidung gerade eingeblendet war.

Gleichzeitig suchten Haynes und seine Kollegen nach jenen neuronalen Aktivitätsmustern, die mit der Entscheidung in Verbindung standen. „Das ist mit einer Mustererkennungs-Software, wie man sie heute zur Identifikation von Fingerabdrücken nutzt, durchaus möglich", erklärt der Hirnforscher. Mithilfe einer aufwendigen statistischen Analyse lassen sich die Daten aus dem Kernspintomografen sehr genau interpretieren – eine Art von „Gedankenlesen" , die derzeit weltweit für Schlagzeilen sorgt. Zwar gelingt diese Kunst derzeit nur bei einfachen und klar unterscheidbaren Alternativen (Sieht der Proband Häuser oder Gesichter? Drückt er den rechten oder linken Knopf?), und auch dann nur, wenn die Software zunächst auf die individuellen Aktivitätsmuster jeder einzelnen Versuchsperson geeicht wird. Dann aber lassen sich damit verblüffende Aussagen treffen.

In Haynes' Studie förderte die Mustererkennung zunächst zwei Hirnbereiche zutage, in denen die Entscheidung vorbereitet wurde (das Brodmann-Areal 10 im frontopolaren Cortex und eine Region im parietalen Cortex). Aus den Aktivitätsmustern dieser Areale ließ sich mit einer 60-prozentigen Wahrscheinlichkeit ableiten, welchen der beiden Knöpfe eine Versuchsperson später drücken wird – und zwar bereits sieben Sekunden bevor die Versuchsperson eine bewusste Entscheidung traf!

Das Bewusstsein verspätet sich um mehr als zehn Sekunden

Hinkt das Bewusstsein also um sieben Sekunden hinterher? Nein, um noch viel mehr. „Der Kernspintomograf zeigt die Hirnaktivitäten mit einer Verzögerung von drei bis vier Sekunden", erklärt Haynes, „tatsächlich also sind diese Areale bereits etwa zehn Sekunden aktiv, bevor die Entscheidung als bewusst erlebt wird."

Doch wie überzeugend ist eine Wahrscheinlichkeit von 60 Prozent, die nur knapp über einem Zufallstreffer von 50 Prozent liegt? „Das ist ein Wert, der über alle 14 Probanden gemittelt ist", antwortet Haynes. „Wenn wir uns auf den Einzelfall konzentrieren, können wir eine viel höhere Wahrscheinlichkeit erreichen. Doch um die Vorhersageleistung ging es in diesem Experiment ja gar nicht. Entscheidend war der Zeitpunkt, zu dem diese Aktivität beginnt."

So leicht lässt sich an Haynes' Ergebnis nicht rütteln. Der Befund von Libet ist damit nicht nur bestätigt, sondern sogar noch mächtig verschärft: Das Gehirn wird nicht erst 0,3, sondern volle zehn Sekunden vor einer als bewusst erlebten Entscheidung aktiv. Eine Ewigkeit! Wie soll man sich das erklären?

„Ich interpretiere unsere Studie so: Eine Kaskade von unbewussten Prozessen fängt an, eine Entscheidung vorzubereiten, lange bevor diese ins Bewusstsein dringt", sagt Haynes. Doch wer oder was entscheidet denn da nun? Der Mensch denkt, das Gehirn lenkt? Schon ist sie wieder da, die Dichotomie, die dem Hirnforscher so widerstrebt. „Mein Gehirn, das bin ja ich", sagt er und holt noch einmal aus. Unsere Gedankentätigkeit sei mit einem Eisberg vergleichbar. „Was uns bewusst wird, ist nur dessen Spitze. 90 Prozent liegen unter Wasser – das sind die unbewussten Prozesse in unserem Gehirn. Aber die Spitze gehört ja zum Eisberg dazu, beide bilden eine Einheit."

Nur weil etwas unbewusst abläuft, ist es nicht unbegründet

Es sei ein Missverständnis, zu meinen, nur weil etwas unbewusst ablaufe, sei es zufällig und nicht begründbar. „Alle unsere Handlungen sind die Überlagerung von Tausenden von kleinen Ursachen – Erfahrungen in Kindheit und Beruf, unsere Kultur, die Menschen, mit denen wir uns umgeben, die Medien, die wir zurate ziehen, und so weiter", argumentiert Haynes. So gesehen sei keine Entscheidung zufällig. „Auch unbewusste Prozesse folgen einer Logik. Doch diese können wir in uns selbst nicht beobachten. Und die bewussten Gründe, die wir dafür angeben, stimmen oft nicht."

Nur manchmal – wenn uns etwa die Lust auf eine Zigarette überfällt, obwohl wir gerade das Rauchen aufgeben – wird uns die Komplexität unseres Innenlebens bewusst. Dann zeigt sich, wie wenig tauglich der Begriff der absoluten Willensfreiheit ist. Ein von all unseren Empfindungen, Erinnerungen, Fantasien und Gedanken losgelöster Wille wäre abstrus. Da argumentiert Haynes ähnlich wie der Philosoph Peter Bieri (besser bekannt unter seinem Schriftsteller-Pseudonym Pascal Mercier), der in seinem Buch *Das Handwerk der Freiheit* klarstellte: Der sogenannte freie Wille sei letztlich immer der „verstandene Wille", jener, der zu unserem Selbstbild und in das Profil unserer Wünsche passe. Und dass diese (Selbst-)Beschränkung sich auch in den Grenzen unseres Gehirns abspielt, ist eigentlich eine Selbstverständlichkeit.

Bieri meinte wie Libet, dass wir unseren unbewussten Prozessen nicht hilflos ausgeliefert seien. Im Gegenteil, wir könnten sie in den Prozess der Willensbildung einbeziehen – und uns bei Bedarf auch umentscheiden. Können wir das wirklich?

„Das hat Libet zwar behauptet, aber nicht bewiesen", sagt Haynes und kann sich ein Lächeln nicht verkneifen. Deshalb soll sein Experiment künftig um ein entscheidendes Detail ergänzt werden. Er will die Kernspin-Daten innerhalb weniger Sekunden interpretieren. Meldet ihm sein Programm, ein Proband habe sich unbewusst für die rechte Hand entschieden, will er ihn vor dem Knopfdruck rasch bitten, die linke zu benutzen. Dann wird sich zeigen, ob dieser sich wirklich noch umentscheiden kann.

Aus: DIE ZEIT Nr. 17, 17. April 2008

Wolfgang Seidel hat eine einfache, aber höchst erfreuliche Botschaft: „Man kann lernen, sympathisch zu sein." Die Fähigkeit dahinter bezeichnet Seidel als emotionale Kompetenz. „Emotionale Kompetenz ist in allen Lebenslagen gefordert, von jedem. Sie ist aber nicht eine einheitliche, mächtige Funktion. Sie hat zwei Dutzend Bereiche oder Einzelkompetenzen, von der Selbstbeherrschung und der Selbstkritik über Menschenkenntnis bis hin zu Fähigkeiten wie zu überzeugen, Konflikte zu lösen oder andere Menschen zu führen. Das Ausmaß jeder einzelnen Fähigkeit variiert von Mensch zu Mensch. Der eine hat mehr Selbstbeherrschung als Selbstwertgefühl, ein anderer zeichnet sich durch Sorgfalt und Ordnungssinn aus, die ein Dritter nicht hat. Der ist dafür vielleicht kreativer. Jeder verfügt über eine persönliche Kombination von beachtlichen und von weniger ausgeprägten Möglichkeiten. Die Mischung scheint für ihn charakteristisch."

Wolfgang Seidel, Jahrgang 1931, hat in Göttingen, München, Freiburg, Marburg Medizin studiert. Er arbeitet in Marburg und München, wo er über künstliche Herzklappen habilitiert. Von 1974 bis 1996 ist er als Chefarzt für Allgemeinchirurgie am Städtischen Krankenhaus Sindelfingen tätig. Nach seiner Emeritierung entdeckt Seidel ein neues Interessengebiet, die Hirnforschung, und wird in kürzester Zeit zum erfolgreichen Autor, begehrten Vortragsredner und vielgelobten Experten für Zwischenmenschliches.

Denn Seidel ist fest davon überzeugt, dass „die individuelle Konstellation an Kompetenzen kein Schicksal ist. Man kann Kompetenzen entwickeln und verbessern."

Eine besondere Bedeutung hat dabei die Empathie, unsere Fähigkeit, die Gefühle anderer Menschen zu erfassen und zu verstehen. „Wenn man Empathie zum Lösen zwischenmenschlicher Probleme einsetzt, spricht man von interpersonaler emotionaler Intelligenz", sagt Seidel. „Sie ist die Grundlage von Freundschaft und sozialem Verantwortungsgefühl, wird genutzt bei Verkaufs- und Vertragsverhandlungen und ist Grundlage erfolgreicher Teamarbeit. Sie ist Bedingung für Führungsqualitäten und wichtigste Voraussetzung für Erfolg im Leben."

Seidel liefert seinen Lesern – und Zuhörern – das Handwerkszeug des Sympathiegewinns, Lebensregeln für den Umgang mit sich selbst und anderen.

Wolfgang Seidel

Die Kunst der Beeinflussung

Von Wolfgang Seidel

Haben Sie gelegentlich schon versucht, jemanden zu beeinflussen? Die Antwort müsste, wenn Sie den Wortlaut der Frage genau nehmen, „nein" heißen: Sie tun es nicht gelegentlich, sondern *ständig*. Falls Sie zum Beispiel Kinder haben, verbieten oder befehlen Sie viel öfter, als Ihnen bewusst ist. Sie müssen das wahrscheinlich im Rahmen Ihrer Erziehungsaufgaben. Ständig bitten Sie alle möglichen Dienstleister vom Verkäufer bis zum Kellner oder Handwerker um ganz bestimmte Handreichungen. Sie bitten Ihren Gesprächspartner um Zigaretten oder Ihren Gastgeber um ein zweites Stück Kuchen, Sie beauftragen im Beruf Ihre Sekretärin oder fremde Lieferanten, mahnen Säumige, motivieren Nachlässige. Sie erwarten von Ihrem Lebensgefährten mit sanftem Druck Gefälligkeiten oder Liebesbezeugungen ...

Nahezu alles, was wir brauchen, kriegen wir von anderen Menschen. Selten können wir es einfach nehmen, selten kriegen wir etwas, was wir gut brauchen könnten, freiwillig. Wir müssen andere dazu bringen, es uns zu geben.

- Andere beeinflussen zu können, ist eine wichtige Fähigkeit: Es ist eine intelligente Fähigkeit, weil man jedes Mal einen eigenen geeigneten Weg finden muss.

Es ist eine Gabe, die manche geradezu raffiniert beherrschen, andere nur plump und mangelhaft. Allerdings variieren die Strategien, mit denen das Ziel angestrebt wird. Man kann eigene Stärken einsetzen oder die Schwächen des anderen ausnutzen. In jedem Falle muss man den anderen so beeinflussen, dass er nun etwas machen möchte, das er vorher nicht vorhatte. Hier geht es also nicht um das Prinzip der persönlichen Zielsetzung, nicht um unsere Motivation, sondern um die des anderen. Auch er macht nur das, was ihm Vorteil oder Freude einbringen könnte – oder weniger Nachteile.

Die Intensität der Beeinflussung

Stellen Sie sich vor, Ihre Kinder würden schon eine Weile derartigen Lärm machen, dass Sie sich einfach nicht konzentrieren können. Sie finden es wichtig, Ihre Kinder regelmäßig und eindeutig auf die Notwendigkeit von sozialem Verhalten hinzuweisen, in diesem Falle auf Rücksichtnahme. Wir sind uns sicherlich einig, dass man ihnen in Ruhe alle Umstände erklären sollte, denn dann lernen sie fürs Leben.

- Wenn Ihre Nerven es also jetzt noch zulassen, werden Sie dementsprechend verfahren, werden in (erzwungener) Ruhe *argumentieren*.
- Sie könnten sich auch aufs *Bitten* verlegen und an das Verständnis der Kinder appellieren. Vermutlich hat das Erfolg, da diese ja nicht das erste Mal so laut toben und da sie ohnehin viel verständiger sind, als man gewöhnlich annimmt, also längst wissen, worum es geht. Wenn der Krach nicht von Ihren Kindern, sondern vom Nachbarn ausgehen würde, würden Sie ohnehin wohl diesem Weg den Vorzug geben.
- Natürlich könnten Sie auch ganz plötzlich und wirkungsvoll mit einem Donnerwetter *dazwischenfahren*, also brutal Ihre Macht als Erziehungsberechtigter ausspielen. Gemessen an der aktuellen Verhaltensänderung der Kinder ist das die wirkungsvollste Taktik.

Ich habe als Beispiel eine Situation gewählt, die wiederholt auftritt, in der Sie also nicht mehr lange die Vor- und Nachteile der einen oder anderen Strategie gegeneinander abwägen, sondern einfach „typisch" reagieren. Sie wissen es nun schon: Ihr Denken richtet sich auf Wesentliches, auf das Ziel und eventuelle Folgen.

Ihre emotionale Intelligenz analysiert im Hintergrund die Aspekte der gegenwärtigen Situation, sucht aus den abgespeicherten Erinnerungsbildern dasjenige heraus, das in vergleichbarer Lage das beste Ergebnis brachte, also den günstigsten emotionalen Marker trägt, und wird Sie zum entsprechenden Einwirken auf die Kinder veranlassen.

- Ihr Verstand kann die emotional begründete Entscheidung überspielen und korrigieren.

Vielleicht ist heute ein Nachbarkind eingeladen. Daher geben Sie sich bewusst einige Grade kameradschaftlicher, nehmen Rücksicht auf die zarte Seele dieses fremden Kindes – oder auf die Meinung, die dessen Eltern später vom Erzieher seiner Spielgefährten haben, weil es nämlich zu Hause alles haarklein erzählen wird.

Was ist eigentlich ...

emotionale Intelligenz, Fähigkeit, die eigenen Gefühle zu reflektieren und nicht von ihnen überwältigt zu werden, sondern sie situationsabhängig zu beherrschen, zu integrieren oder zu instrumentalisieren, sowie die Fähigkeit, sich in andere einfühlen zu können (Empathie). Dass diese Fähigkeiten wichtig für den Erfolg im Alltag sind, insbesondere in sozialen Verbänden, lässt sich kaum bestreiten. Kontrovers diskutiert wird allerdings, inwiefern Intelligenz eine isolierbare Eigenschaft ist, die sich in einer einzigen Größe („g-Faktor") manifestiert und hinreichend beschreiben lässt. Ebenfalls umstritten ist der Anteil der Gene und der Umwelt an ihrer Entwicklung, die Zuverlässigkeit und Aussagekraft von Messungen, und inwiefern sich emotionale Intelligenz überhaupt quantitativ (als sogenannter emotionaler Intelligenzquotient, EQ) erfassen lässt.

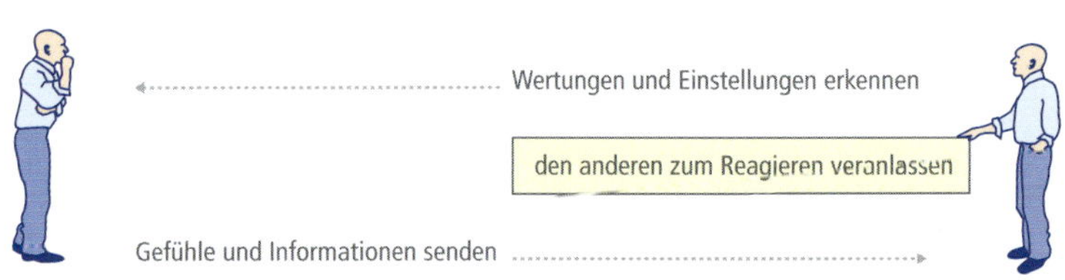

Beeinflussung durch emotionale Intelligenz

Wer Mitmenschen im eigenen Sinne beeinflussen möchte, muss sie dazu bringen, die eigene Wertskala zu übernehmen – und dazu die des Gegenübers erkennen. Der emotionale Informationsaustausch geht von beiden Partnern in beide Richtungen, ist hier aber nur aus Sicht des linken dargestellt.

Empathie – aus neurowissenschaftlich-psychologischer Sicht

Empathie [von griech. *empatheia* = Leidenschaft] bedeutet – frei übersetzt – das Sich-Hineinversetzen in die Gefühlswelt eines Mitmenschen. Sie ist eine phylogenetisch junge Fähigkeit höherer, sozial lebender Tiere und des Menschen. Wie man insbesondere aus den Forschungen von Paul Ekman weiß, sind die primären Gefühle wie Wut, Angst, Freude, Ekel, die angeboren sind, bei Menschen aller Rassen mit charakteristischen mimischen Muskelaktionen gekoppelt. Die Gefühlszentren im Gehirn veranlassen diese Reaktionen über zum Teil schon bekannte Nervenbahnen und Koordinationszentren.

Die Empathie „beginnt" mit der möglichst genauen Beobachtungen der „Äußerungen" des Gegenübers, also Körpersprache, insbesondere Mimik, aber auch Stimmlage, Wortwahl und anderes. Wichtige dieser äußerlichen Zeichen werden dann unbewusst nachgeahmt. Das kann man bei einem intensiven Gespräch zweier Menschen direkt beobachten. Aber auch beim Fernsehen ahmen viele Menschen die Mimik der Schauspieler unbewusst, aber sehr offensichtlich nach.

Aus diesen nachgeahmten (motorischen) Muskelkonstellationen, die im Gehirn des „Mitfühlenden" auf der Basis der Beobachtung zusammengestellt werden, kann nun das Gehirn gewissermaßen rückwärts das zu dieser Mimik gehörende Gefühl rekonstruieren. Hierbei kommt den sogenannten „Spiegelneuronen" gewisser Schaltzentren des Gehirns die entscheidende Rolle zu, weil sie eine eigentümliche, sehr ungewöhnliche Fähigkeit haben: Sie können sowohl die zum Gefühl gehörige Mimik bei dem, der gerade etwas fühlt, veranlassen (Vorwärts-Schleife nach Damasio), als auch aus der (von anderen Zentren gebildeten) nachgeahmten Mimik das dazu gehörige Gefühl rekonstruieren (Rückwärts-Schleife). Nur dadurch kann der Zuhörer das Gefühl seines Gesprächspartners tatsächlich ebenfalls fühlen, nachempfinden.

- Den anderen so zu beeinflussen, dass er meinem Willen folgt oder nachgibt, ist also weitgehend eine Frage von *Erfahrung*. Erfahrung ist die Auswertung abgespeicherter Erinnerungen.

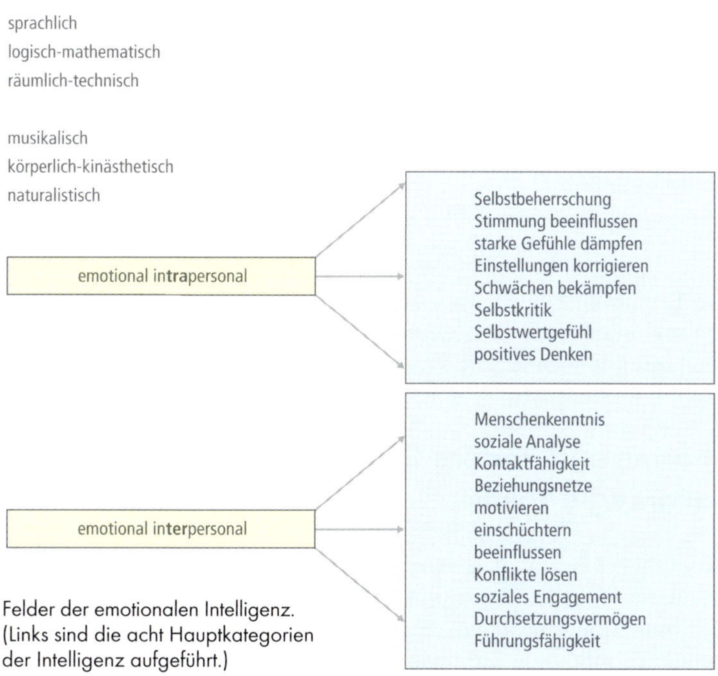

Felder der emotionalen Intelligenz. (Links sind die acht Hauptkategorien der Intelligenz aufgeführt.)

Emotionale Intelligenz exemplarisch:
Ein kämpferischer Samurai, so heißt es in einer alten japanischen Legende, forderte einst einen Zenpriester auf, ihm Himmel und Hölle zu erklären. Doch der Priester erwiderte verächtlich: „Du bist nichts als ein Flegel, mit deinesgleichen vergeude ich nicht meine Zeit!" – In seiner Ehre getroffen, wurde der Samurai rasend vor Wut, zog sein Schwert aus der Scheide und schrie: „Für deine Frechheit sollst du mir sterben!" – „Das ist", gab ihm der Priester gelassen zurück, „die Hölle." – Verblüfft von der Erkenntnis der Wahrheit dessen, was der Priester über die Wut gesagt hatte, die sich seiner bemächtigt hatte, beruhigte sich der Samurai, steckte das Schwert in die Scheide und dankte dem Priester mit einer Verbeugung für die Einsicht. – „Und das", sagte der Priester, „ist der Himmel."

Interpersonale emotionale Intelligenz

Es gibt eine intrapersonale und eine interpersonale emotionale Intelligenz mit jeweils zahlreichen Facetten, die isoliert aktiv werden und betrachtet werden können.

Felder der intrapersonalen Intelligenz sind Selbstwahrnehmung, Selbstkontrolle und Motivationsfähigkeit. Die interpersonale emotionale Intelligenz ist entwicklungsgeschichtlich jünger als die intrapersonale, hat eigene Zentren und regelt soziale, also zwischenmenschliche Beziehungen.

Nicht alle Intelligenzfelder können gleichzeitig optimal wirken: Ein kreativer Künstler ist nicht auch ein ordentlicher und akkurater Pedant. Die individuelle Ausprägung ist jeweils genetisch vorgegeben und nur begrenzt zu trainieren.

Es gibt sowohl übergeordnete wie auch eher nachgeordnete Facetten der Intelligenz. Die Beeinflussung ist die intelligente Haupttaktik, und Umgarnen oder Einschüchtern sind dafür benötigte Spezialtaktiken. Sie können sich offensichtlich trefflich ergänzen und werden dann auch kombiniert eingesetzt.

Ähnlich sind auch bei der Führungsqualität häufig mehrere der unten aufgezählten Felder aktiv. Die folgende Liste konzentriert sich auf Bereiche, die im Berufsleben relevant sind.

Felder der interpersonalen emotionalen Kompetenz:

1. **Empathie:**
1.1 Wünsche und Sorgen der anderen sicherer erkennen und verstehen ...
1.2 Die Fähigkeiten anderer geschickter fördern, sie motivierender belohnen können ...
1.3 Intuitiv die Bedürfnisse anderer befriedigen und ihre Loyalität an sich binden ...
1.4 Die Vielfalt der Fähigkeiten anderer durchschauen und für sich nutzen lernen ...
1.5 Politische Zusammenhänge treffender erfassen und intuitiv nutzen und beeinflussen ...

2. **Führungsqualität:**
2.1 Andere gewinnender überzeugen und nutzbringend beeinflussen ...
2.2 Verständnisvoller und beeindruckender kommunizieren ...
2.3 Konflikte erspüren, diplomatischer vermeiden oder beilegen...
2.4 Andere einfühlsam ausbilden und inspirieren können ...
2.5 Die rechte Zeit für den Wandel erkennen, ihn durchsetzen und lenken ...

3. **Teamfähigkeit:**
3.1 Persönliche Beziehungen zu Netzen ausbauen und Kontakte sicherer pflegen ...
3.2 Kooperatives Klima für gemeinsame Ziele aufbauen und in die Tat umsetzen ...
3.3 Für Hilfsbereitschaft und Synergie begeistern ...

Die Erfahrung bezieht sich zunächst darauf, die Argumentationen und die emotionale Einstellung des anderen richtig einzuschätzen. Letzteres gilt auch für die Empathie.

Charme und andere Qualitäten: Jeder hat seine bevorzugte Taktik

Wesentlicher Bestandteil unseres Vorgehens sind natürlich unsere eigenen individuellen Fähigkeiten. Und natürlich kommt es darauf an, die Strategie auszuwählen, die aktuell gerade den meisten Erfolg verspricht. Es gibt viele Möglichkeiten:

- Man kann seinen *Charme* spielen lassen, seinen Witz oder besondere Reize einsetzen, mit seinem Verstand blenden, seine Bedürftigkeit herausheben.
- Der eine hat die besten Erfahrungen mit einem befehlenden Ton gemacht, der andere glaubt mit nüchternen *Argumenten* am weitesten zu kommen, einem Dritten kann man seine inständigen Bitten nicht abschlagen, ein Vierter gewinnt mit Fröhlichkeit und ansteckenden Scherzen.
- Man *kann beim anderen Freude* erzeugen oder Bewunderung, Mitleid, vielleicht gar Angst.
- Nicht nur Demagogen verstehen es, mit ihrem eigenen emotionalen Schwung andere mitzureißen. Aber auch Lachen steckt an.
- Man könnte den anderen in eine Zwangslage *manövrieren* und ihn dann erpressen.

Beeinflussung ist eine erstaunlich vielseitige Kunst. Das Gehirn benutzt dazu seine Intelligenz, persönliche Erfahrungen und/oder angeborene und erworbene Talente.

- Beeinflussung ist damit eine übergeordnete intelligente Fähigkeit ähnlich wie die Führungsqualität, die sich spezieller anderer psychischer Potenziale einschließlich anderer intelligenter Funktionen bedient.

Immer aber muss man – intelligent – seine Strategie den aktuellen Umständen anpassen. Ein äußerer Umstand wäre etwa, ob man seinem „Objekt" alleine gegenübersteht oder ob Zeugen dabei ihre Ohren spitzen oder ob gleich Feierabend ist und der andere schon seine Tasche gepackt hat. Eine innere Bedingung wäre die Stimmung und die Intention der Zielperson, also die Launen der Sekretärin oder die Prinzipien des Chefs – oder umgekehrt.

Welche Lehren könnten Sie nun, liebe Leserinnen und Leser, aus dieser theoretischen Abhandlung einer so großen Variationsbreite ziehen? Wir können nicht alle Möglichkeiten von Schwerpunkten und Schwachpunkten, die Sie selbst vielleicht haben, einzeln besprechen.

Auch zeigt die obige Aufzählung, dass es gar nicht den einzigen Königsweg geben kann, mit dem Sie immer und überall durchkommen könnten. Auch wären Sie mit nur einer Taktik berechenbar, der andere könnte sich rechtzeitig auf Gegenstrategien vorbereiten.

Schließlich werden Sie Ihre Taktik schon deshalb gelegentlich ändern, um flexibel reagieren zu können. Wenn Bitten und Betteln nicht hilft, ist vielleicht ein Umsteigen auf Fordern oder auf die lustige, kumpelhafte Tour richtig.

Es würde Ihnen also wenig nützen, jetzt ein einziges persönliches Vorgehen zu perfektionieren. Natürlich werden Sie Ihre am besten bewährten Methoden, vielleicht Ihren Charme, bevorzugt einsetzen, schon weil Ihr größtes Selbstvertrauen dahinter steht. Erfolgversprechend wäre aber vielleicht, dort einige zusätzliche Schritte einzuüben, wo Sie selbst wissen, dass Sie weniger brillant agieren.

Wenn Sie ohnehin schon den Schluss gezogen haben, dass Sie nicht zu den großen Könnern auf dem einen oder anderen Gebiet des Überzeugens und Überredens gehören, wenn Sie also meinen, dass irgendwo gewisse Chancen für größeren Erfolg verborgen liegen, müssten Sie einfach prüfen, wo Sie Ihre schlummernden Potenziale vermuten, die besondere Anstrengungen für eine Selbstschulung rechtfertigen könnten.

Beeinflussung – eine Gabe, die ganz persönliche Strategien erfordert.

Zum Befehlen sollte man autorisiert sein

Einen Bereich der Beeinflussung möchte ich allerdings noch etwas genauer ausführen: Befehlen und Autorität.

Vielleicht haben Sie es gemerkt: Ich habe bislang das Wort „befehlen“ vermieden. Es ist bei uns sehr negativ besetzt. Fast so wie bei „kommandieren“ denkt man gleich an einen Oberfeldwebel auf dem Kasernenhof. Heute spricht man lieber von „anordnen“, was ich auch nicht sehr mag, weil ich das mit einer schwerfälligen, praxisfernen Bürokratie assoziiere, die über Novellierungen ihrer Verordnungen brütet, weil sie sich nicht traut, klar zu entscheiden.

Ein Befehl ist in der Regel eindeutig, ihm sollte eine klare Entscheidung zugrunde liegen. Ob er auch klug und zielführend ist, können wir hier außer Acht lassen. Aber schnelle, exakte Entscheidungen werden in unserer Welt so häufig gebraucht, dass wir um eine kurze Besprechung dieser Form der Beeinflussung anderer Menschen nicht herumkommen.

Haben Sie selbst irgendwie die Berechtigung, Befehle zu erteilen? Oder fragen wir moderner nach einer Weisungsbefugnis. Wahrscheinlich haben Sie eine. Beruflich? Im Verein? In der Familie?

- Um befehlen zu können, braucht man irgendeine Legitimation.

Sie müssen vorher irgendwie geklärt haben, warum sie die besseren Karten, also eine gewisse Macht haben und warum der andere Ihrem Befehl folgen, also genau das machen muss, was Sie sagen.

Im einfachsten Falle ergibt sich das aus einem Unterstellungsverhältnis, beim Militär zum Beispiel. Die Befehlsgewalt hat dort stets der, der den höheren Rang hat. Bei genauerem Hinsehen ist das allerdings auch derjenige, der über die größere Erfahrung verfügt.

Auch sonst im Leben wäre Erfahrung das beste Prinzip, auf dem Weisungsbefugnis aufgebaut werden könnte. Wenn Erfahrung zum Beispiel die Regel wäre, nach der Positionen nicht nur vergeben und Unterstellungsverhältnisse organisiert, sondern auch anerkannt werden, hätten wir eine rationell aufgebaute und effektive Welt. Erfahrung, Wissen und Können sind das, was letztlich zählt. Und wer lässt schon gerne ohne überzeugenden Grund über sich bestimmen?

Der Rekrut gehorcht. Übrigens meistens automatisch, also ohne den Befehl kritisch zu hinterfragen. Er hat nicht nur seinen Verstand, sondern auch seine innere Motivation, seinen Willen abgeschaltet. Er ist extern bzw. extrinsisch motiviert.

Der Lehrling in Ihrem Betrieb akzeptiert ebenfalls die doppelte Legitimation seines Meisters in Form von Erfahrung einerseits und andererseits der Macht, schlechte Zeugnisse zu schreiben. Älteren Mit-

Was ist eigentlich ...

Motivation [von latein. *motivum* = Beweggrund], interne Ursachen (Motiv), die Verhalten und Aktion in Gang setzen bzw. aufrechterhalten, deren Richtung oder Intensität ändern und das Wählen unter verschiedenen Möglichkeiten leiten. In der Ethologie ist der Begriff weitgehend synonym zu Antrieb, Trieb, Drang, Stimmung, Bereitschaft und spezifischer Handlungsbereitschaft, in der Psychologie reicht er von unbewussten Motiven über intuitive Bewertungen bis zu bewussten Gründen (Intentionen) und hängt mit Gewohnheiten, Erwartungen, Einstellungen, Zielen, Zwecken, Interessen und Wünschen zusammen.

In dieser Altersstufe haben Lehrer in der Regel (noch) kein Dominanzproblem.

arbeitern müsste der Abteilungsleiter seine Befehle schon mal erklären. Sie wollen heute meistens mitdenken und dann das Gefühl (!) aufbauen, aus eigenem Antrieb, als freier Mensch dem anderen Folge zu leisten.

Diese Tendenz des Individuums, möglichst nur dem eigenen Willen zu folgen, kalkuliert heute fast jeder ein, der Befehle zu geben hat, oder sagen wir lieber „Weisungen". Sowohl vom Chef wie vom Lehrer oder von der Mutter wird ein werbendes „Würdest Du bitte ..." formuliert. Es lässt nicht nur eine Diskussion zu, die uns hier nicht interessiert, sondern auch die Illusion, dass der Angesprochene aus einer eigenen, intrinsischen Motivation handelt. Eindeutig wird diese Taktik, wenn der Befehlende sagt: „Du wolltest doch ..."

Was ist eigentlich ...

intrinsische Motivation, wird in der Literatur nicht einheitlich definiert. Die verschiedenen Definitionsansätze stimmen darin überein, dass intrinsisches Verhalten um seiner selbst oder eng damit zusammenhängender Zielzustände willen erfolgt und nicht bloßes Mittel zu einem andersartigen Zweck ist. Integriert man die unterschiedlichen Konzeptionen von intrinsischer Motivation, lassen sich darüberhinaus folgende Merkmale auflisten, die eine Tätigkeit im Wesentlichen aufweisen soll, um als intrinsisch motiviert zu gelten: Die Tätigkeit soll nicht über- oder unterfordernd sein, also die Kompetenz der handelnden Person in angemessener Weise fordern und damit ein optimales Aktivationsniveau hervorrufen. Außerdem soll sie ein freudiges Aufgehen in der Handlung selbst ermöglichen, das von Selbstvergessenheit und völliger Konzentration auf die Aufgabe begleitet ist. Auch soll die Tätigkeit ein Gefühl der Selbstbestimmung vermitteln. Das Erleben von Autonomie entsteht dann, wenn das Individuum sich selbst als Urheber der Handlung wahrnimmt und nicht aufgrund äußerer Zwänge handelt. Die Forschung zeigt übereinstimmend, dass intrinsisch motiviertes Verhalten positive Folgen nach sich zieht. So sind damit größere Flexibilität im Denken, höhere Kreativität, bessere Lernleistungen und eine positivere emotionale Befindlichkeit verbunden.

extrinsische Motivation, liegt dann vor, wenn äußere, nicht in der Tätigkeit selbst liegende Anreize im Vordergrund stehen (z. B. eine Belohnung für eine bestimmte Leistung).

Intrinsische Motivation

Leistung: sich anstrengen, erfolgreich sein, Aufgaben meistern, Autorität anstreben.
Selbstbescheiden: andere beachten, sich unterordnen, sich Gepflogenheiten anpassen.
Ordnung: Ordnung halten, vorausplanen, Arbeit und Vorhaben organisieren, Sauberkeit.
Selbstdarstellung: Aufsehen erregen durch Sprache, Witz, Kleidung, Angabe.
Autonomie: selbstständig reden und handeln können, frei entscheiden.
Geselligkeit: Freundschaften, Beziehungen zu Gruppen knüpfen, Kommunikation.
Menschenverständnis: Motive und Gefühle anderer verstehen, tolerant beurteilen.
Sicherheit: Hilfe und Zuwendung anstreben, Ermutigung und Mitgefühl suchen.
Dominanz: eigener Standpunkt, Führung anstreben, andere überwachen und lenken.
Selbsterniedrigung: sich schuldig fühlen, Schuld übernehmen, Minderwertigkeitsgefühle.
Hilfsbereitschaft: Freunden helfen, andere mitfühlend behandeln, Vergebung, Zuneigung.
Abwechslung: neue Aufgaben, neue Bekanntschaften, neue Moden, Gags.
Ausdauer: bis zum Ende durchhalten bei Aufgaben, auch bei erfolglosen und schwierigen.
Sexualität: das andere Geschlecht suchen, sich verlieben, sich attraktiv machen.
Aggressivität: Meinungen angreifen, sich rächen, andere anschuldigen, Gewalt.

Es ist letztlich der zaghafte Versuch eines Befehls und hat den großen Nachteil, dass der Befehl als Bitte missverstanden und glatt verweigert werden kann, falls er nicht zu einer ausreichenden Motivation führte. Wir lernen daraus unter anderem, dass hinter einer extrinsischen Motivation eine überzeugende Kraft stehen muss. Oben haben wir von Macht gesprochen ...

Ähnliche Verhältnisse kennen Sie aus der Schule. In den ersten Klassen ist nicht strittig, dass der Lehrer dominiert. Mit den älteren Schülern kann er seine liebe Not bekommen, auch wenn er die größte Erfahrung besitzt. Seine Macht ist de facto gering.

Bezüglich der Machtstrukturen in der Familie schließlich wissen Sie, dass der geistige und emotionale Reifungsprozess der Kinder heutzutage einen Wandel im Dominanzverhalten der Eltern anmahnt. Die Motivationskompetenz der Erziehungsberechtigten wird oft auf eine harte Probe gestellt.

Beeinflussen heißt, jemanden zu etwas zu motivieren

Es gibt eine eigene Motivationsforschung, einerseits eher mit prinzipiellem Ziel in der Psychologie, andererseits mehr anwendungsbezogen in der Soziologie und Betriebswissenschaft. Erstere fragt vorwiegend, was Motivation überhaupt ist. Letztere eher, wie man damit höhere Leistungen erzielen kann. Im vergangenen Jahrhundert wurden mit weit über 1 000 wissenschaftlichen Arbeiten zum Thema vergleichsweise wenig handfeste Ergebnisse und wenig Einigung über dieselben erzielt.

Der Lehrling holt sich ein Brötchen, weil er Hunger hat. Er hat eine gerichtete Motivation für eine bestimmte Tätigkeit im Gegensatz zur ungerichteten Motivation, als deren Komponente die Stimmung fungiert, die grundsätzlich für mehr oder weniger Aktivität bei der Ausführung von allen anliegenden Vorhaben sorgt.

Die gerichtete Motivation kann man wiederum unterteilen in eine extrinsische und eine intrinsische. Die extrinsische, also von außen auf das Individuum einwirkende Motivierung, interessiert in diesem Beitrag im Rahmen der Beeinflussung. Sie ist eine Beeinflussung, z. B., wenn der Meister den Lehrling zum Brötchenholen schickt.

Wenn man also jemanden beeinflusst, „motiviert" man ihn, etwas zu tun. Man gibt ihm einerseits irgendeine Form von psychischer Energie, damit er überhaupt das Gewünschte tut, und gibt ihm andererseits mit dem eigentlichen „Motiv" ein Ziel, für das er es macht. Dazwischen liegt die Organisation und Durchführung der Tätigkeit.

Entscheidender Gegenstand sehr vieler Untersuchungen war die Bedeutung des Ziels. Ein Resultat war schließlich die Zielsetzungstheorie. Sie besagt, dass der Mensch sich umso mehr anstrengt, je höher ein vorgegebenes Ziel ist, wobei man bei einem hohen Ziel mit einer Erfolgswahrscheinlichkeit von nurmehr 10 bis 15 Prozent rechnet.

Ganz so einfach lässt sich der Mensch allerdings nicht zu höchsten Leistungen manipulieren. Er überlegt nämlich, wie der amerikanische Motivationspsychologe John William Atkinson (1923–2003) später mit seiner „Erwartungs-Wert-Theorie" belegte, zweierlei, bevor er anfängt.

Was ist eigentlich ...

Zielsetzungstheorie, eine volitionale (durch den Willen bestimmte) Theorie. Sie spezifiziert die Merkmale, die ein Handlungsziel haben muss, um erfolgreich in die Tat umgesetzt zu werden. Außerdem macht sie Vorhersagen zu Leistungsparametern wie Quantität und Qualität. In zahlreichen Labor- und Feldstudien konnte die zentrale These belegt werden, nach der hohe, spezifische Ziele im Vergleich zu wenig konkreten Zielvorgaben („Tun Sie Ihr Bestes!") die Leistung fördern. Ein schwieriges Ziel vermag vermehrte Impulse zu geben, mobilisiert aber noch größere Kräfte, wenn seine Einzelheiten definiert sind. Laufende Rückmeldungen spornen zusätzlich an. Am wirksamsten ist die Selbstmotivation, also die Internalisierung des Ziels.

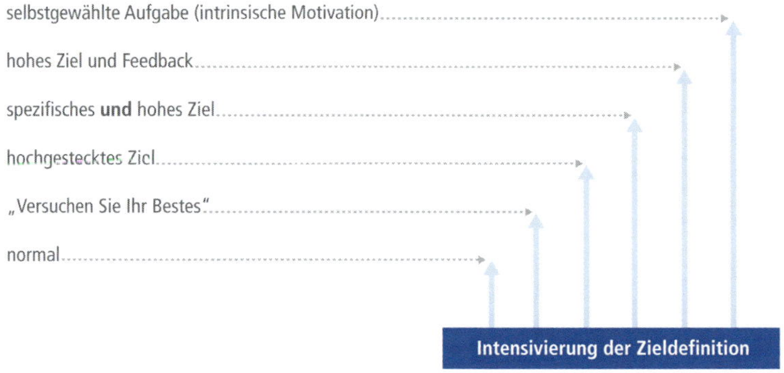

Zielsetzungstheorie. Je höher und definierter das Ziel ist, desto größer die Leistung.

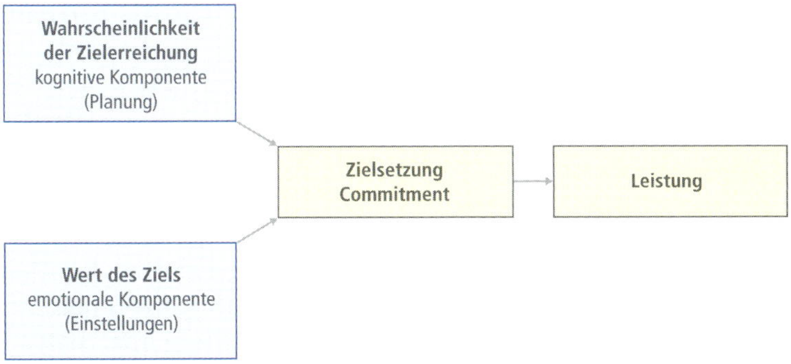

Die „Erwartungs-Wert-Theorie" besagt im Prinzip, dass man vor jeder Handlung kalkuliert, ob sich der Einsatz lohnt. Hierzu steuert der Verstand die Berechnung bei, welche Chancen man hat, das Ziel zu erreichen. Das Gefühl bestimmt, ob und wie viel einem die Mühe einerseits und das Ziel andererseits die Aktion wert sind. Der Soziologe benutzt diese Beziehung z. B. für die Frage, unter welchen Bedingungen ein Arbeitnehmer bereit ist, sich für eine gegebene Aufgabe ausreichend oder maximal einzusetzen, wie man ihn also am besten „motivieren" kann.

Erstens überlegt er mit dem Verstand, wie groß die Wahrscheinlichkeit für ihn wirklich ist, dass er das Ziel erreicht. Und zweitens wägt er im emotionalen Bereich ab, ob das Ziel ihm die Anstrengung überhaupt wert ist. Vielleicht kriegt er die Arbeit in den nächsten Stunden gar nicht hin, und jedenfalls ist ihm das Geld für die Überstunden weniger wert als eine gemütliche Skatrunde mit seinen Freunden.

Atkinson rannte mit riesigen wissenschaftlichen Mitteln und gegen viel Widerstand der Kollegen die (für den Laien) offene Tür ein, dass der Mensch sich eben nicht einfach für immer höhere Ziele immer mehr anstrengt. Es gibt ein Maximum, und dann lohnt es sich immer weniger.

Um wenigstens ein Stück weit zu verhindern, dass die Leistung bei immer höheren Zielen wieder nachlässt, muss man schon besondere Kunstgriffe zur Verstärkung anwenden, z. B. Lob oder Belohnung einerseits oder die Drohung mit Tadel oder Bestrafung andererseits.

Weitere Kunstgriffe sind, dass man die Ziele spezifiziert, also Zwischenziele nach Einzelabschnitten vorsieht, oder dass man Feedback

Was ist eigentlich ...

Verstärkung, Prozess, bei dem das Hinzufügen eines angenehmen Reizes oder die Entfernung eines unangenehmen Reizes die Auftretenswahrscheinlichkeit eines Verhaltens erhöht. Positive Verstärkung beschreibt ein Verhalten, das einen angenehmen Reiz nach sich zieht; negative Verstärkung liegt vor, wenn das Verhalten einem unangenehmen Reiz vorbeugt.

Verstärkungs- und Bestrafungstypen

Typ	Definition	Wirkung	Beispiel
positive Verstärkung	Hinzufügen eines angenehmen Reizes nach einer Verhaltensreaktion	erhöht die Auftretenswahrscheinlichkeit der Verhaltensreaktion	Wenn auf intensives Lernen eine gute Examensnote folgt, erhöht sich intensives Lernen vor Prüfungen.
negative Verstärkung	Entfernen eines unangenehmen Reizes nach einer Verhaltensreaktion	erhöht die Auftretenswahrscheinlichkeit der Verhaltensreaktion	Wenn das Verlassen der Wohnung von einem lauten Mitbewohner befreit, erhöht sich die Zeit, die man außerhalb der Wohnung verbringt.
Bestrafung	Hinzufügen eines unangenehmen Reizes nach einer Verhaltensreaktion	senkt die Auftretenswahrscheinlichkeit der Verhaltensreaktion	Wenn ein Professor Sie bloßstellt, weil Sie in der Vorlesung etwas gefragt haben, sinkt die Wahrscheinlichkeit, in Lehrveranstaltungen nachzufragen.
Unterlassungstraining	Entfernen eines angenehmen Reizes nach einer Verhaltensreaktion	senkt die Auftretenswahrscheinlichkeit der Verhaltensreaktion	Wenn Ihr Partner seine Zuwendung entzieht, wenn Sie fernsehen, wird die Zeit, die Sie vor dem Fernseher verbringen, weniger werden.

gibt, also Zwischenresultate bespricht und damit die Aufmerksamkeit, Zielstrebigkeit u. Ä. verstärkt.

Spätestens mit den letzten beiden Begriffen sind wir aber im Bereich der intrinsischen Motivation. Zielstrebigkeit ist beispielsweise ein angeborenes inneres Bedürfnis. Wir sehen aber, dass sich extrinsische und intrinsische Motivation nur theoretisch und allenfalls in geschickten Experimenten trennen lassen. Ein Lehrer z. B. kann noch so pädagogisch gekonnt (extrinsisch) zum Lernen motivieren: Wenn das Kind sich nicht konzentriert oder gerade nicht den angeborenen (intrinsischen) Drang zum Lernen verspürt, weil das Interesse für die attraktive Klassenkameradin noch größer ist, wird das Ergebnis schlecht sein.

Autorität ist die beste Art, sich durchzusetzen

Vielleicht haben Sie selbst zwar viel Erfahrung in irgendeiner Sparte, aber Schwierigkeiten, Ihre richtigen Ansichten mangels zusätzlicher objektiver Macht durchzusetzen. Woran mag es liegen, dass andere ihre Mannschaft im Griff haben? Ein Schlüsselfaktor ist hier die Autorität. Haben Sie Autorität?

1. Man kann Autorität aufgrund von äußeren Befugnissen haben, also durch eine *Position*, die es dem Inhaber ermöglicht, dem Nachgeordneten glaubhaft Nachteile anzudrohen oder sie ihm wirklich zuzufügen. Die Autorität entspringt dann der Macht.
2. Oder man kann Autorität haben auf der Basis außerordentlichen fachlichen *Könnens und Wissens*, also durch Achtung gegenüber einer Leistung und durch Ansehen, das man sich erwirbt und das man ständig erneut beweisen muss.
3. Schließlich kann man Autorität genießen aufgrund *innerer Werte*, aus seiner Persönlichkeit heraus, zum Beispiel wegen einer bewundernswerten ethischen Haltung, wegen Zivilcourage oder auch mehr allgemein infolge überlegener sozialer Kompetenz.

„In dem Maße, wie der Wille und die Fähigkeit zur Selbstkritik steigen, hebt sich auch das Niveau der Kritik am andern." (Christian Morgenstern, 1871-1914)

Die dritte Form muss uns interessieren. Ich frage also gezielt, ob Sie eine derartige Autorität in irgendeinem Umfeld haben. Da wir ja unter uns sind, sollten Sie das mit größtmöglicher Selbstkritik überlegen. Gehen Sie die Funktionen, die Sie in Beruf, Freizeit und Familie haben, in Ruhe durch.

Es kommt dann nämlich gleich die nächste Frage: Wann und wo hatten Sie zuletzt Schwierigkeiten in dieser Hinsicht? Hier zählen offensichtliche Probleme mit Nachgeordneten geradeso wie geheime Eingeständnisse, die Sie sich nach gewissen Situationen hinsichtlich mangelndem Durchsetzungsvermögen gemacht haben könnten. Andere müssen da gar nichts gemerkt haben.

Was ist eigentlich ...

soziale Kompetenz, Sammelbegriff für solche Wissensbestandteile, Fähigkeiten und Fertigkeiten einer Person, die eine notwendige Voraussetzung für die Bewältigung sozialer Interaktionen darstellen. Auch wenn Einigkeit darüber besteht, dass es sich hierbei um ein multidimensionales Konstrukt handelt, existiert bislang keine empirisch hinreichend abgesicherte Taxonomie spezifischer Dimensionen sozialer Kompetenzen. Zu unterscheiden ist zwischen den eigentlichen Kompetenzen, also jenen zeitlich überdauernden Einflussgrößen, die im Verborgenen wirken, und einem sozial kompetenten Verhalten, welches der sichtbaren Manifestation der Kompetenzen in einer konkreten Situation entspricht. Ein Verhalten ist sozial kompetent, wenn eine Person in einer sozialen Situation einerseits in der Lage ist, eigene Ziele zu verwirklichen und dabei andererseits eine soziale Akzeptanz ihres Verhaltens gewährleisten kann. Da eigene Ziele als auch die Ansprüche der sozialen Umwelt situativ variieren, kann ein und dasselbe Verhalten in Abhängigkeit von den aktuellen Gegebenheiten einmal als kompetent, ein andermal als inkompetent bezeichnet werden. Da soziale Kompetenzen eine fundamentale Bedeutung im alltäglichen Leben haben, sind sie Gegenstand vieler Anwendungsfelder der Psychologie, allen voran der Klinischen Psychologie (z. B. Trainings mit sozial ängstlichen oder aggressiven Menschen) und der Organisationspsychologie (z. B. Personalauswahl, Kommunikations- und Führungskräftetrainings).

Lassen Sie sich zu dem Bestreben, sich zu verbessern, motivieren durch die Feststellung:

- Persönliche Autorität infolge sozialer Kompetenz ist eine der besten, geradezu die vornehmste Form der *Beeinflussung* anderer.

Das sollte ein schwerwiegendes Argument für Sie sein, über die Voraussetzungen für diese Autorität nachzudenken. Solide Charaktereigenschaften sind zum Beispiel unabdingbar.

Ehe wir das lange definieren, könnten wir uns aus dem Zusammenhang zwischen Autorität und Anweisungen lösen und die Persönlichkeit, die eine solche Autorität ausstrahlt, aus einem anderen Blickwinkel betrachten: als Vorbild. Die notwendigen charakterlichen Qualitäten treten in der Vorstellung von einer vorbildlichen Haltung klarer zutage.

Und der Kreis schließt sich ja sofort: Ihrem Vorbild werden Sie eine Bitte so wenig verweigern können, wie Sie bei einem Mächtigen einen Befehl verweigern. Ihr Vorbild hat diese Autorität.

Wenn wir nach dieser Klarstellung auf Ihre Erwägung zurückkommen, in diesem Bereich etwas in Ihrem Verhalten zu ändern, könnten Sie sich also fragen, in welcher Beziehung Sie noch kein so gutes Vorbild sind ...

Sobald Sie Handlungsbedarf für sich entdeckt haben, sollten Sie sich Notizen machen und künftig vielleicht in dieser Hinsicht an sich arbeiten. Sie können nur gewinnen.

- Autorität ist ein hervorragendes Mittel der Beeinflussung, wenn man *verantwortlich* damit umgeht.

Zum Weiterlesen

Daniel Goleman *Soziale Intelligenz: Wer auf andere zugehen kann, hat mehr vom Leben* (München 2006).

Die Versuchung zum Missbrauch ist groß. In der Autorität liegt eine gewisse Macht über andere. Zur Autorität, besonders zu ihrem Vorbild, blicken die Menschen auf. Sie liegen ihm gewissermaßen zu Füßen, ohne Böses zu ahnen. Für manchen ist die Versuchung groß, das zum eigenen Vorteil auszunutzen. Die Geschichte ist voll von abschreckenden Beispielen.

Denken Sie nicht nur darüber nach, ob und wo Sie Autorität haben, sondern auch, was Sie damit machen.

Fassen wir zusammen, wann Beeinflussung am besten gelingt: Mit Sympathie und durch Autorität. Vielleicht denken Sie jetzt: Der hat gut reden. In dieser Welt regiert die Macht. Sie ist die anzustrebende Strategie, offen oder subtil verborgen, besonders im Beruf.

Das stimmt nur bedingt und eher kurzfristig. Es gibt eine aufsehenerregende Beobachtung aus jenen antiautoritär geführten Kindergärten, die von der sogenannten 68er-Generation im Umfeld streng individualistischer Kommunen entstanden und in denen es in den Augen Außenstehender drunter und drüber ging. Beobachter stellten fest, dass sich die Kinder in solchem Chaos nicht unter Führung der stärksten Schlägertypen zusammenscharten. Die Kinder zog es vielmehr zu denjenigen, die am besten Spiele organisieren konnten und auch sonst infolge besonderer sozialer Kompetenz eine Art Ansehen genossen.

Vielleicht konnte ich Sie in diesem Beitrag überzeugen, dass die Einflussnahme auf die Mitmenschen ein ungeheuer vielseitiges Feld zwischenmenschlicher Beziehungen ist, dass wir hier ständig gefordert werden, dass wir zwar alle Fachleute, dabei aber meistens nicht gut genug sind. Wir sollten jedoch gut sein als Voraussetzung für nachhaltigen Erfolg und für Lebensqualität.

Jeder ist auch Objekt einer Beeinflussung

Natürlich konnten wir nicht jeden Aspekt der Einflussnahme besprechen. Zu wenig kam vielleicht die Problematik zur Sprache, die sich ergibt, wenn man selbst Objekt der Beeinflussung durch andere ist. Vielleicht haben Sie den Eindruck, dass Sie selbst zu weichherzig und zu nachgiebig sind. Vielleicht ist mangelnde Standhaftigkeit sogar Ihr größtes Problem im Leben.

Dann lesen Sie doch den Beitrag nochmal, aber gewissermaßen aus der Sicht der anderen. Überlegen Sie, wo die Mitmenschen mit Ihnen besonders leichtes Spiel haben, bei welcher Masche Sie sich nachträglich immer ärgern, weil Sie sich überfahren fühlen. Sie werden erkennen, wo Sie Abwehrstrategien besonders nötig haben.

Diskutieren Sie mit Freunden über Autorität. Nehmen Sie sich den Mut, an Ihrer eigenen Autorität Kritik üben zu lassen. Vielleicht können Sie Wichtiges lernen.

Ein Resümee

- Beeinflussen bedeutet, den anderen zu Reaktionen zu veranlassen, die er nicht vorhatte.
- Es bedeutet folglich, gewisse Wertvorstellungen und Überzeugungen beim anderen zu ändern.
- Da der andere diese Wertvorstellungen fast nur nonverbal äußert, ist eine wache Empathie wichtig.
- Beeinflussung wird erleichtert durch große Variabilität der persönlichen Vorgehensweise.
- Der Befehl setzt ein Abhängigkeitsverhältnis voraus, das der Gehorchende vorher akzeptiert hat.
- Autorität gewinnt man entweder durch eine Machtposition, besser durch überragendes Wissen und Können, oder durch vorbildliche innere Haltung.
- Von einem Vorbild nimmt man Beeinflussungen am leichtesten an.
- Auch Abwehrstrategien gegen ungewollte Beeinflussung durch andere kann man trainieren.

Grundtext aus: Wolfgang Seidel E*motionale Kompetenz. Gehirnforschung und Lebenskunst*; Spektrum Akademischer Verlag.

Geht's auch anders?

Ständig wollen wir etwas an uns verbessern, doch selten gelingt es. Endlich wissen Forscher, was wir überhaupt ändern können. Und welche Tricks helfen

Katharina Kluin

Erfolgreicher, selbstbewusster, glücklicher werden! Wer will das nicht? Gern auch noch „gelassener", „gesünder" und „schlanker". Die Bücherregale sind voll mit Ratgebern, die versprechen, ein neuer Mensch zu werden, „in zehn Schritten" oder auch „in sieben Tagen". So lange dauere es laut einem der angebotenen Werke nämlich lediglich, bis man zu mehr Selbstvertrauen gefunden hat. Alles nur eine Frage des Wissens und der richtigen Technik und deswegen: machbar.

Wie schwer Veränderung wirklich fällt, weiß jeder, der sich schon einmal mit den Beiträgen fürs Fitnessstudio zu regelmäßigem Sport zwingen wollte. Jeder, der sich schon einmal vorgenommen hat, offener auf seine Mitmenschen zuzugehen. Und es wissen alle, die schon einmal zu Silvester den Entschluss gefasst haben, um Mitternacht die letzte Zigarette zu rauchen.

Doch Wissenschaftler finden immer mehr über unsere Fähigkeit heraus, ein wenig anders oder gar ein anderer Mensch zu werden. Ihre Forschung gleicht einer gewaltigen Puzzlearbeit: Genetiker bestimmen die Größe des Rahmens, in dem Veränderung möglich ist; Hirnforscher ordnen den Teilen darin ihre Plätze zu, und Psychologen prüfen das Gesamtbild. Was dabei sichtbar wird, ist so erstaunlich wie widersprüchlich: Das Gehirn ist fast uneingeschränkt zu Veränderung fähig – doch sind ihm gleichzeitig auch enge Grenzen gesteckt. Einige von ihnen lassen sich nie endgültig überwinden, andere nur mit viel Durchhaltevermögen, Motivation oder Hilfe von außen.

Dabei ist die Frage, wie sehr der Mensch sich ändern kann, nicht nur ein Problem der Selbstverwirklichung. Auch Juristen stellen sie, weil unser Rechtssystem auf dem Resozialisierungsgedanken fußt. Pädagogen stellen sie, weil auch das Bildungssystem Veränderung durch Erziehung voraussetzt; und Psychologen und Therapeuten stellen sie, weil mit der Antwort die Daseinsberechtigung ihrer Profession verbunden ist.

Vieles, was uns typisch macht, haben wir ererbt

Der Bremer Hirnforscher Gerhard Roth hat das lückenhafte Mosaik, das die Wissenschaftler bisher gelegt haben, in seinem Buch *Persönlichkeit, Entscheidung und Verhalten. Warum es so schwierig ist, sich und andere zu ändern* abgebildet. „Grundsätzlich ist es schwierig, sich aus eigener Kraft zu ändern", sagt er. „Vor allem, wenn es um die eigene Persönlichkeit geht – vielleicht selbstsicherer oder auch weniger draufgängerisch zu werden –, sind die Möglichkeiten begrenzt." Allein 20 bis 50 Prozent der typischen Merkmale eines Menschen seien genetisch oder auch schon vorgeburtlich beeinflusst.

Wie stark diese Eigenschaften sich tatsächlich ausprägen, entscheiden vor allem die Erfahrungen der ersten drei Lebensjahre. Wer die Anlage zur Schüchternheit in sich trägt, kann sich in dieser Zeit zum freundlich zurückhaltenden oder auch zum misstrauisch zurückgezogenen Charakter entwickeln – je nachdem, was er erlebt. In dieser Zeit ist das limbische System, der Hauptsitz der Gefühle und des emotionalen Gedächtnisses, noch stark formbar. Danach werden die Strukturen immer unflexibler – das „innere Kind" bleibt uns mit unbewussten Verhaltens- und Denkmustern lebenslang erhalten und bildet so eine besonders schwer überwindbare Hürde für Veränderung. „Später bewusst auf diese Strukturen zuzugreifen und sie zu verändern, ist meist nur mit therapeutischer Hilfe möglich", sagt Roth.

Freundlichkeit, Reizbarkeit, Ehrgeiz oder Faulheit – zwar beeinflussen auch spätere Erfahrungen, was uns ausmacht – jedoch meist nur noch innerhalb der Marksteine, die genetischer, vorgeburtlicher und frühkindlicher Einfluss gelegt haben. Sogar Empfindungen wie Zufriedenheit und Glück ändern sich viel weniger als lange vermutet, sie sind mehr individuelle Grundstimmungen als spontane Emotionen.

Persönlichkeitspsychologen haben überrascht festgestellt: Egal, ob Lottogewinn oder Pleite, Hochzeit oder Scheidung, Geburt eines Kindes oder Tod des Partners – spätestens nach einigen Jahren hat sich der individuelle Zufriedenheitsgrad wieder auf seinen ursprünglichen Stand eingependelt. Als verantwortlich für diesen Durchschnittswert konnten die Wissenschaftler auch in diesem Fall vererbte und früh geprägte Persönlichkeitsmerkmale ausmachen, darunter die emotionale Belastbarkeit und der Glaube an die eigenen Fähigkeiten.

Sind unsere Gene und die Erfahrungen der ersten drei Lebensjahre also die perfekte Ausrede für alle, die an dem Versuch, sich zu ändern, bislang gescheitert sind? Nein, so einfach ist es nicht. Zwar lassen sich die Grundzüge der Persönlichkeit nicht mehr völlig verändern, wir können ihre Grenzen aber ausreizen: aus dem ängstlichen Mädchen eine vorsichtige Frau machen oder aus dem pessimistischen Lebensgefühl ein realistisches. Diese Veränderung funktioniert nicht nur auf der Ebene des bewussten Verhaltens – sie kann bis in tiefe Strukturen unseres Denkapparats reichen.

Unser Gehirn bleibt ein Leben lang veränderbar

Hirnstrukturen bleiben ein Leben lang plastisch, also veränderbar. Was Menschen erleben, wirkt bis auf die Ebene der Gene, die das Wachstum neuer Nervenzellen anregen. Zu diesen strukturverändernden Erfahrungen können auch die intensiven Gespräche einer Psychotherapie gehören. Einige Wissenschaftler gehen sogar davon aus, dass die Gesprächstechniken der Therapeuten das so früh verfestigte limbische System, das innere Kind also, noch einmal korrigieren können. Der Psychologe Richard Davidson von der University of Wisconsin stellte fest, dass schon ein achtwöchiges Meditationstraining einen deutlichen Einfluss auf die Hirnaktivität gestresster Studienteilnehmer haben kann. Bei ihnen war das linke Frontalhirn im Alltag nach dem Training deutlich betriebsamer. Dieses Areal wird mit guten Gefühlen und einer positiven Lebenseinstellung in Verbindung gebracht. Tatsächlich fühlten sich die Probanden zufriedener und entspannter. Selbst nach vier Monaten war die psychische und physische Veränderung immer noch messbar.

Niels Birbaumer, Verhaltensneurobiologe an der Universität Tübingen, wendet bei seinen Studienteilnehmern eine Methode namens Neurofeedback an. Sie lernen, die Aktivität des Gehirns kraft ihrer Gedanken gezielt zu beeinflussen. Dabei erfasst ein Computer die Hirnströme oder die Stoffwechselaktivität des Gehirns und gibt den Probanden ständig Rückmeldungen. Nachdem sie regelmäßig trainiert haben, können viele Teilnehmer unter anderem ihre Aufmerksamkeitsspanne erhöhen, ihre Ängstlichkeit reduzieren oder sogar die Schwere und Häufigkeit epileptischer Anfälle dauerhaft mindern. „Gedankliches Training kann die Arbeitsweise des Gehirns also langfristig verändern", sagt Birbaumer.

Doch obwohl derart grundlegende Veränderung möglich ist, scheitern wir regelmäßig bereits an so übersichtlichen Vorhaben wie weniger fernzusehen oder gesünder zu essen. Denn immer wieder stellt sich der Entschlossenheit ein tückischer Gegenspieler in den Weg: die Gewohnheit. Ihre Macht hat sie einem tief im Gehirn verankerten Mechanismus zu verdanken, der jeden Schritt auf alten, ausgetretenen Pfaden belohnt. Wer bei seinen Gewohnheiten bleibt, fühlt sich dank dieses neuronalen Belohnungssystems fast immer sicher, geborgen – einfach wohl. „So können sich viele Verhaltensweisen verselbstständigen und der bewussten Steuerung entziehen", sagt Gerhard Roth. Das ist praktisch, weil man so nicht über jeden Handgriff erst nachdenken muss. Und unpraktisch, wenn dieser Handgriff kein guter ist.

Wer Veränderung will, kann gerade diesen Automatismus für sich nutzen. Denn auch aus dem Plan, pünktlicher zu werden, kann eine echte Gewohnheit entstehen. Auf diesem Prinzip fußt eine der wirksamsten Schulen der Psychotherapie, die kognitive Verhaltenstherapie. Die Patienten üben, zur falschen Gewohnheit gewordene Verhaltensmuster zu erkennen, zu stoppen und durch neue, angemessenere zu ersetzen – so lange, bis sie ganz automatisch danach handeln. Ausschlaggebend ist, dass die neuen Muster oft und lange genug trainiert werden. Darin liegt für die meisten potenziellen Selbstverbesserer der eigentliche Knackpunkt. Mit dem frisch gefassten Vorsatz „Das wird jetzt anders!" im Kopf ist es noch ganz leicht, den Nachtisch stehen zu lassen. Danach knickt die Selbstbeherrschung immer öfter ein („nur ausnahmsweise"), und irgendwann ist jedes Argument willkommen, die Ausnahme wieder zur Regel zu machen. Wieder siegt die Gewohnheit.

Der Psychologe Roy Baumeister von der Florida State University hat mit ganz unterschiedlichen Experimenten gezeigt, dass es für das Gehirn ein regelrechter Kraftakt ist, Gewohnheiten oder Verlockungen zu widerstehen. Bei einer dieser Untersuchungen bat er Versuchspersonen in einen Raum, in dem frisch gebackene, duftende Kekse auf dem Tisch standen. Allerdings durfte nur die eine Hälfte der Probanden davon kosten. Die andere sollte wegen eines angeblichen Geschmackstests Rettich essen, der daneben lag. Sie blieben standhaft, auch wenn sie noch so gierig nach den Plätzchen schielten.

Die Keksesser halten doppelt so lange durch

Baumeister ließ nun beide Gruppen an einer (in Wirklichkeit nicht lösbaren) Denkaufgabe tüfteln. Und während die Rettichgruppe im Schnitt schon nach neun Minuten aufgab, hielten die in ihrer Selbstbeherrschung noch geschonten Keksesser doppelt solange durch.

Offenbar ist Disziplin wie Muskelkraft erschöpfbar – und nach Höchstleistungen vorerst verbraucht. Vielleicht ist das der Grund, weshalb wir an größeren Veränderungsvorhaben wie Diäten scheitern. Kraft für dauerhafte Veränderung verspricht vor allem die Strategie der kleinen Schritte: realistisch bleiben, nicht zu viel auf einmal verändern wollen, gut erreichbare Zwischenziele stecken, sich für jeden noch so kleinen Teilerfolg belohnen. Die neue Erfahrung prägt sich schneller ein, wenn sie direkt mit guten Gefühlen verknüpft wird. Gerade diese innere Bestärkung, der Genuss der eigenen Leistung ist einer der wichtigsten Motivationsfaktoren und das Geheimnis derjenigen, die Veränderung erreichen. Ihnen hilft die Gewissheit, ihr Ziel aus eigener Kraft erreicht zu haben und auch das nächste erreichen zu können. Manche schöpfen diese Sicherheit schon aus den ersten Erfahrungen ihres Lebens und tragen sie in ihrer Persönlichkeit verankert in sich. Noch vor der Entscheidung zur Veränderung steht aber die Frage, ob der Wandel wirklich Herzenswunsch ist – oder nur den Ansprüchen anderer, womöglich einer Mode entspricht. „Was sich der Veränderung in letzter Instanz entgegensetzt, ist nicht mein bewusster Wille“, sagt Gerhard Roth, „sondern vielmehr das unbewusste Selbst auf der limbischen Ebene“ – und damit auch das innere Kind. „Dies ist diejenige Instanz, die sich fügen muss, falls es überhaupt zu Veränderung kommen kann.“ Der Motivationstrainer und Psychologe Jens-Uwe Martens sagt: „Dieses Hindernis lässt sich nicht überwinden, ohne sich über die eigene Einstellung klar zu werden: Was erwarte ich eigentlich von mir, was ist wirklich wichtig? Und passen meine Ziele dazu?“

Sind die Antworten auf diese Fragen gefunden und festigen sie den Entschluss zur Veränderung, ist nichts so wirksam wie der sofortige Trainingsbeginn. „Die Entscheidung legt die Zigarette nicht unangezündet wieder in die Schachtel zurück“, schreibt der Psychotherapeut Stephan Peek in seinem Buch *Woher kommt die Kraft zur Veränderung?* „Die Erkenntnis schiebt den Fuß morgens noch nicht zur gewünschten Zeit aus dem Bett, und sie macht auch nicht den Mund auf, um endlich das zu sagen, was ich schon lange einmal loswerden wollte.“ Dazu müsse man die Hand, den Arm oder den Mund schon in Bewegung setzen: „Ich muss es tun.“

Aus: ZEIT Wissen 01/2008

Es ist wohl eines der berühmtesten Experimente in der Geschichte der psychologischen Forschung: das Stanford Prison Experiment. Es fand 1971 im Keller der psychologischen Fakultät an der Universität Stanford statt, den **Philip G. Zimbardo** zu einem Gefängnis umbauen ließ. Aus 24 normalen College-Studenten wurden dann in einer Zufallswahl Wächter oder Häftlinge bestimmt, die zwei Wochen lang den Alltag in einem Gefängnis spielen sollten. Doch die Studenten lebten sich mit einer Intensität in ihre Rollen ein, die Versuchsleiter Zimbardo nie erwartet hatte. Die Wachen wurden von Tag zu Tag sadistischer und quälten ihre Gefangenen. Die Häftlinge wurden im Gegenzug immer passiver. Viele zeigten Anzeichen extremer Depressionen. Das Experiment wurde nach sechs Tagen abgebrochen.

Der Versuch zeigte wie kaum ein anderer, welchen Einfluss soziale Situationen auf den Charakter und die Taten eines Menschen haben können, in welchem Ausmaß und in wie kurzer Zeit menschliche Werte und moralische Vorstellungen erodieren können.

Philip George Zimbardo wird am 23. März 1933 in New York geboren. Als Sohn sizilianischer Eltern wächst er in der Bronx in New York City auf und besucht die Monroe High School (zusammen mit dem 1984 verstorbenen berühmten amerikanischen Psychologen Stanley Milgram). Seinen Bachelor macht er auf dem Brooklyn College. Zimbardo studiert, promoviert und lehrt als Assistant Professor an der Yale University. „Die psychologische Fakultät dort war zu der Zeit für ein Kind aus der Bronx wie eine bunte, übervolle Bonbonschachtel. Und jedes Bonbon war zu haben, man musste nur fragen", erinnert sich Zimbardo an die herausragenden Lehrer und Forschungsmöglichkeiten. Dennoch verlässt er Yale und geht mit einem Umweg über die New York University und die Columbia University als Professor für Psychologie 1968 nach Stanford.

„Professor Zimbardo verdient einen tief empfundenen Dank für die Offenlegung und Beleuchtung der dunklen, verborgenen Winkel der menschlichen Seele", sagt der ehemalige tschechische Präsident Václav Havel, dessen Stiftungspreis Zimbardo 2005 erhält. „Er zeigt sehr deutlich, dass es zu den entscheidenden Herausforderungen der menschlichen Existenz gehört, sich selbst kennenzulernen."

Philip G. Zimbardo

Für Philip Zimbardo resultiert aus seiner experimentellen Praxis menschlicher Selbsterkenntnis eine dringende Mahnung: „Wir sind alle verführbar."

Widerstand gegen situative Einflüsse und heroisches Verhalten

Von Philip G. Zimbardo

Jeder Ausgang ist anderswo ein Eingang.
Tom Stoppard *Rosenkranz und Güldenstern* 1967

Das simulierte Gefängnis, das meine Kollegen und ich im Keller der psychologischen Fakultät der Stanford University geschaffen hatten, hat in nur wenigen Tagen und Nächten das paradiesische kalifornische Städtchen Palo Alto und die Stanford University zur Hölle auf Erden gemacht. Gesunde junge Männer entwickelten pathologische Symptome, die den extremen Stress, die Frustration und Hoffnungslosigkeit reflektierten, die sie als Häftlinge erlebten. Ihre Pendants, willkürlich der Rolle als Wärter zugewiesen, überschritten immer wieder die Grenze zwischen frivoler Inszenierung dieser Rolle und ernsthafter Misshandlung „ihrer Häftlinge". In weniger als einer Woche trat unser kleines „Experiment", unser gespieltes Gefängnis, in den Hintergrund unseres kollektiven Bewusstseins, um durch eine Wirklichkeit von Häftlingen, Wärtern und Vollzugsstab ersetzt zu werden, die allen Beteiligten erstaunlich real erschien. Es war ein Gefängnis, das von Psychologen betrieben wurde statt durch den Staat.

Auf theoretischer Ebene sollten wir situative und systemische Prozesse stärker berücksichtigen und gewichten, als wir es gemeinhin tun, wenn wir abnormes Verhalten und vermeintliche Wesensänderungen zu erklären suchen. Menschliches Verhalten ist stets dem Einfluss situativer Kräfte unterworfen. Dieser Kontext ist in einen größeren, makrokosmischen Rahmen eingebettet, häufig in ein bestimmtes Machtsystem, das darauf ausgelegt ist, sich selbst zu versorgen und zu erhalten. Die üblichen traditionellen Analysen der meisten Menschen, etwa in rechtlichen, religiösen und medizinischen Institutionen, rücken den Handelnden als alleinigen kausalen Faktor in den Mittelpunkt; so vernachlässigen oder missachten sie den Einfluss situativer Variablen und systemischer Determinanten, die die Ergebnisse von Verhalten prägen und die Akteure verändern.

In dem vorliegenden Beitrag werden wir nun Ratschläge erwägen, wie man negative situative Kräfte, denen wir alle gelegentlich ausgesetzt sind, verhindern oder bekämpfen kann. Wir werden erkunden, wie wir Einflüssen widerstehen können, die wir weder wollen noch brauchen, die uns jedoch täglich bedrängen. Wir sind der Macht situativer Kräfte keineswegs sklavisch ausgeliefert, doch müssen wir lernen, wie wir uns gegen sie zur Wehr setzen können.

Darüberhinaus möchte ich Sie bitten, zu überlegen, ob *Sie selbst* sich dagegen auch als Held vorstellen können. Wir wollen auch das Gute im menschlichen Wesen feiern – die Helden unter uns und das Ideal des Helden in uns allen.

Unerwünschten Einflüssen widerstehen lernen

Was ist eigentlich ...

paranoide Persönlichkeitsstörung, Persönlichkeitsextremisierung, die durch Misstrauen, Loyalitätszweifel, Kritikempfindlichkeit, die Tendenz, Mitmenschen bösartige Motive gegen die eigene Person und versteckte abwertende bzw. bedrohliche Anspielungen zu unterstellen, nachtragendes Verhalten, spontane Gegenangriffe und Eifersucht charakterisiert ist.

Menschen mit einer paranoiden Störung haben große Schwierigkeiten, eine Empfehlung anzunehmen, sie zu befolgen oder darauf zu reagieren, selbst wenn sie von einem wohlmeinenden Therapeuten oder geliebten Angehörigen kommt. Ihr Zynismus und Misstrauen erzeugen eine isolierende Barriere, die sie zumeist daran hindert, sich an sozialen Begegnungen zu beteiligen. Da sie sich sozialem Druck hartnäckig widersetzen, liefern sie ein extremes Beispiel für Unbeeinflussbarkeit, wenn auch um einen hohen psychischen Preis.

Am anderen Ende des Spektrums stehen zu leichtgläubige, vertrauensselige Menschen, die für jeden Hochstapler und Betrüger ein leichtes Opfer sind. Wir sollten uns allerdings von den Genarrten nicht distanzieren, indem wir ihnen negative dispositionelle Attribute unterstellen (Dummheit, Naivität). Vielmehr müssen wir verstehen, wie und warum diese ganz normalen Menschen so gänzlich verführt werden konnten; erst dann sind wir in der Lage, uns zu wehren und obendrein unser Wissen, wie man solchen Maschen widerstehen kann, weiterzugeben.

Die Dualität von Zurückhaltung und Aufgeschlossenheit

Im menschlichen Wesen existiert eine fundamentale Dualität von Zurückhaltung versus Aufgeschlossenheit, von Distanz und zynischem Misstrauen versus Akzeptanz und Engagement. Sich von anderen zu distanzieren, um nicht „vereinnahmt" zu werden, ist eine sehr defensive Haltung; doch andererseits stimmt es auch, dass wir umso leichter beeinflusst werden können, je offener wir für die Überredungskünste anderer Menschen sind. Dennoch ist ein offener, engagierter Umgang mit unseren Mitmenschen unentbehrlich für menschliches Glück. Wir wollen intensiv fühlen, rückhaltlos vertrauen, spontan handeln und uns anderen verbunden fühlen; wir wollen ein „erfülltes" Leben führen. Zumindest zeitweise wollen wir unser Urteilsvermögen ruhen lassen und unsere archaische, ängstliche Zurückhaltung aufgeben – und leidenschaftlich tanzen wie Alexis Sorbas.

Gleichwohl müssen wir regelmäßig den Wert unserer sozialen Engagements abschätzen. Für jeden von uns besteht die Herausforderung darin, optimal zwischen zwei Polen zu pendeln, zwischen vollständiger Hinwendung und angemessener Distanz. Zu wissen, in welchen Fällen wir anderen Menschen verbunden bleiben sollten, wann wir ein Ziel unterstützen oder eine Beziehung loyal fortführen sollten, ist eine delikate Frage, die sich uns allen regelmäßig stellt. Wir leben in einer Welt, in der es manche Menschen darauf anlegen, uns auszunutzen, in der es aber auch andere gibt, die aufrichtig mit uns teilen wollen, was sie für beiderseitig positive Ziele halten. Wie kann man die einen von den anderen unterscheiden? Das ist hier die Frage, lieber Hamlet, liebe Ophelia.

Hamlet und Ophelia in Shakespeares Tragödie *Hamlet, Prinz von Dänemark* – hier in einer Inszenierung des Almeida Theatre, London, von 1995. Hamlet, angewidert von den Machenschaften am Hofe nach der Ermordung seines Vaters und am Sinn des Lebens zweifelnd („Sein oder nicht sein"), weist selbst die aufrichtige Liebe von Ophelia zurück, da sich diese von ihrem Vater benutzen lässt. Nach dem Tod des Vaters, den Hamlet versehentlich verschuldet, verfällt Ophelia dem Wahnsinn und ertränkt sich.

Ein Zehn-Stufen-Programm zur Abwehr unerwünschter Einflüsse

Ich habe ein solches Kompendium für Sie zusammengestellt; freilich bietet es so viel Tiefe und Detail, dass es den Rahmen dieses Beitrags sprengen würde. Daher stelle ich es kostenlos im Internet zur Verfügung. Dort können Sie es in Ruhe lesen, sich Notizen machen, die Quellen prüfen, auf denen es basiert, und sich Szenarien ausmalen, in denen Sie diese Widerstandsstrategien für sich in die Praxis umsetzen können. Zudem können Sie sich auf diesen handlichen Ratgeber stützen, wenn Sie selbst – oder Menschen in Ihrem Umfeld – einer bestimmten sozialen Einflusstaktik begegnet sind, um Lösungen für das nächste Mal zu finden und dann die Herausforderung besser meistern zu können.

Internet-Link

www.lucifereffect.com

Hier ist also mein Zehn-Stufen-Programm, um der Wirkung unerwünschter sozialer Einflüsse zu widerstehen und gleichzeitig die eigenen Kräfte und Zivilcourage zu stärken. Der Schlüssel zum Widerstand liegt in der Beherrschung der drei „S“: Selbsterkenntnis, situative Sensibilität und *Street Smarts* (etwa: Cleverness, Schläue). Sie werden sehen, dass sie die Essenz vieler der im Folgenden allgemein gehaltenen Widerstandsstrategien sind.

„Ich habe einen Fehler gemacht!“ Wir wollen damit anfangen, das Eingeständnis von Fehlern zu ermutigen, zunächst uns selbst und dann anderen gegenüber. Akzeptieren sie die Redewendung „Irren ist menschlich“. Sie haben etwas nicht richtig eingeschätzt; ihre Entscheidung war falsch. Sie hatten gute Gründe, sie für richtig zu halten, als Sie sie getroffen haben, doch inzwischen wissen Sie, dass Sie falsch gelegen haben. Sagen Sie die Zauberworte: „Es tut mir leid“, „Ich entschuldige mich“, „Verzeih mir“. Nehmen Sie sich vor, aus Ihren Fehlern zu lernen, ein besserer Mensch zu werden. Hören Sie auf, Geld, Zeit und Ressourcen zu verschwenden. Blicken Sie nach vorn. Wenn wir das offen tun, schwindet die Notwendigkeit, Fehler zu rechtfertigen oder zu rationalisieren und dadurch weiterhin für schlechtes oder unmoralisches Verhalten einzutreten. Nachzugeben, anstatt eisern einen falschen „Kurs zu halten“, kostet zunächst Überwindung, erbringt jedoch stets einen bleibenden Gewinn.

„Ich bin achtsam.“ In vielen Situationen legen kluge Menschen ein dummes Verhalten an den Tag, weil sie es versäumen, auf Schlüsselelemente in den Worten oder Taten von Einflussnehmern zu achten und offensichtliche situative Hinweise nicht bemerken. Zu oft funktionieren Sie unter Kontrolle ihres Autopiloten und folgen eingefahrenen Verhaltensmustern, ohne innezuhalten und zu prüfen, ob diese im Hier und Jetzt brauchbar sind. Die Harvard-Forscherin Ellen Langer rät, unseren üblichen Zustand achtloser Unaufmerksamkeit in „Achtsamkeit“ („mindfulness“) zu verwandeln, zumal in ungewohnten Situationen. Zögern Sie nicht, ein Alarmsignal in Richtung Hirnrinde abzufeuern; wenn wir in vertrauten Situationen sind, werden wir von alten Gewohnheiten beherrscht, auch wenn sie inzwischen veraltet oder unpassend sind. Wir müssen daran erinnert werden, unser Leben nicht der Steuerung des Autopiloten zu überlassen, sondern uns stets einen Augenblick Zeit zu nehmen, um in Ruhe die Bedeutung der aktuellen Situation zu reflektieren und zu denken, bevor wir handeln. Stolpern Sie nicht unachtsam in Situationen, in denen blinder Eifer nur schaden kann. Die besten Ergebnisse können Sie erzielen, indem Sie neben Achtsamkeit auch „kritisches Denken“ in Ihrem Widerstand einsetzen. Fragen Sie nach Belegen für in den Raum gestellte Behauptungen; fordern Sie, dass Ideologien hinreichend erklärt werden, um Rhetorik von Substanz trennen zu können. Versuchen Sie festzustellen, ob die empfohlenen Mittel wirklich potenziell

Zum Weiterlesen

Werke der Harvard-Psychologin Ellen Jane Langer in deutscher Sprache:

Kluges Lernen: Sieben Kapitel über kreatives Denken und Handeln (Reinbek bei Hamburg 2001)

Kleine Anleitung zum Klugsein: Sieben Kapitel über sinnvolles Lernen (Stuttgart 1999)

unheilvolle Zwecke rechtfertigen können. Stellen Sie sich das Endergebnis der künftigen Konsequenzen jedes aktuellen Schrittes vor. Lehnen Sie einfache Lösungen als Provisorium für komplexe persönliche oder gesellschaftliche Probleme ab. Unterstützen Sie bei Kindern von der Wiege an kritisches Denken und klären Sie sie auf über irreführende Werbespots, voreingenommene Behauptungen und verzerrte Sichtweisen, die ihnen präsentiert werden. Helfen Sie ihnen, klügere und kritischere Menschen zu werden.

„Ich bin verantwortlich." Mit der Verantwortung für seine Entscheidungen und Taten übernimmt der Handelnde das Steuer, im Guten wie im Schlechten. Lässt man zu, dass andere die eigene persönliche Verantwortlichkeit kompromittieren, sie verwässern, werden diese zu dominanten Beifahrern, und das Auto setzt bedrohlich seinen Weg ohne einen verantwortlichen Fahrer fort. Wir können unerwünschten sozialen Einflüssen besser widerstehen, wenn wir uns stets das Gefühl persönlicher Verantwortlichkeit bewahren und bereit sind, für unser Verhalten zur Rechenschaft gezogen zu werden. Gehorsam gegenüber Autoritäten ist in dem Maße weniger blind, wie wir uns der Tatsache bewusst sind, dass die Diffusion von Verantwortung lediglich unsere persönliche Mittäterschaft an fragwürdigen Taten verschleiert. Ihre Konformität mit antisozialen Gruppennormen wird in dem Maße abnehmen, wie Sie das Abschieben von Verantwortung nicht zulassen und es ablehnen, die Verantwortung in der Gang, der Studentenverbindung, der Werkstatt, dem Bataillon, dem Konzern zu verteilen. Stellen Sie sich stets den Tag vor, an dem Sie wegen Ihrer heutigen Taten vor Gericht stehen und niemand Ihre Ausreden – wie „ich habe nur Befehle ausgeführt" oder „alle anderen haben das auch gemacht" – akzeptieren wird.

„Ich werde meine persönliche Identität behaupten." Lassen Sie sich nicht von anderen deindividuieren, in eine Kategorie oder Schublade stecken, um Sie zu einem Objekt zu machen. Behaupten Sie Ihre Persönlichkeit; sagen Sie höflich, laut und deutlich wie Sie heißen und wer Sie sind. Bestehen Sie auch bei anderen darauf. Stellen Sie Augenkontakt her (entfernen Sie alle undurchsichtigen Sonnenbrillen) und bieten Sie Informationen über sich selbst an, die

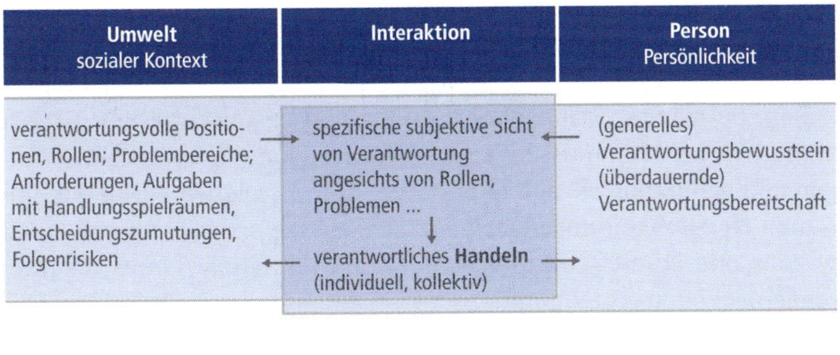

Verantwortung. In dieser Übersicht soll (durch die Pfeile) deutlich gemacht werden, dass die situations- und problemspezifische subjektive Sicht von Verantwortung durch beide Seiten beeinflusst wird: einerseits durch Art und Ausmaß des für eine Person charakteristischen generellen und überdauernden Bewusstseins von Verantwortung bzw. der inneren Verantwortungsbereitschaft, andererseits durch die äußeren Anforderungen in der jeweiligen sozialen Umwelt. Diese spezifische Sicht bestimmt dann weiter das mehr oder minder verantwortliche Handeln, das wiederum auf die Umwelt ebenso wie auf die Persönlichkeit der handelnden Person zurückwirkt.

Ihre Persönlichkeit betonen. Suchen Sie Übereinstimmungen mit dominanten Personen in einflussträchtigen Situationen und betonen Sie Ähnlichkeiten. Anonymität und Heimlichkeit vertuschen Fehlverhalten und stören die zwischenmenschliche Bindung. Sie können zu Brutstätten der Entmenschlichung werden – die, wie wir inzwischen wissen, den Weg ebnet für Schläger, Vergewaltiger, Folterer, Terroristen und Tyrannen. Definieren Sie nicht nur sich selbst als Individuum.Versuchen Sie, alle sozialen Umstände zu verändern, die bewirken, dass Menschen sich anonym fühlen. Unterstützen Sie vielmehr alles, was anderen das Gefühl gibt, etwas Besonderes zu sein, um ihr Selbstwertgefühl zu stärken. Sie sollten nie negative Stereotypen zulassen oder verwenden; Worte, Etiketten und Witze können destruktiv sein, wenn sie andere Menschen verspotten.

„Ich respektiere gerechte Autorität, rebelliere jedoch gegen ungerechte Autorität.“ Versuchen Sie stets, zwischen Autoritäten zu unterscheiden, die aufgrund ihrer Kompetenz, ihrer Klugheit, ihrer Lebenserfahrung oder ihres speziellen Status Respekt verdienen, und den illegitimen Autoritätsfiguren, die jeglicher Substanz entbehren, aber dennoch unseren Gehorsam einfordern. Viele, die sich den Mantel der Autorität umhängen, sind Pseudo-Führer, falsche Propheten, Betrüger oder Propagandisten in eigener Sache, denen man weder Respekt noch Gehorsam erweisen, sondern die man vielmehr einem kritischen, öffentlichen Urteil aussetzen sollte. Eltern, Lehrer und religiöse Führer sollten eine aktivere Rolle dabei spielen, Kindern diesen wichtigen Unterschied zu vermitteln. Wenn es angebracht ist, sollten Kinder höflich und zuvorkommend sein; dennoch sollten sie so klug sein, solchen Autoritäten zu widerstehen, die ihren Respekt nicht verdienen. So wird unser blinder Gehorsam gegenüber selbsternannten Autoritäten, deren Ziele nicht in unserem Interesse sind, gemindert.

„Ich will von der Gruppe akzeptiert werden, doch meine Unabhängigkeit ist mir wichtig.“ Die Verführung, in eine attraktive soziale Gruppe aufgenommen zu werden, ist noch mächtiger als die des mythischen Goldrings in *Der Herr der Ringe*. Das Verlangen nach Zugehörigkeit und Akzeptanz beziehungsweise das Bestreben, die Ablehnung durch die Gruppe zu vermeiden, lassen Menschen fast alles tun. In der Tat sind wir Gesellschaftstiere; für gewöhnlich nützen uns soziale Verbindungen und helfen uns, wichtige Ziele zu erreichen, die wir allein nicht erreichen könnten. Doch es gibt Gelegenheiten, bei denen Gruppenkonformität dem gesellschaftlichen Wohl abträglich ist. Man muss sich vergewissern, wann man der Norm folgen und wann man sie ablehnen sollte. Letztlich leben wir in der einsamen Herrlichkeit unseres eigenen Bewusstseins und müssen daher willens und bereit sein, ungeachtet der womöglich daraus resultierenden sozialen Ablehnung unsere Unabhängigkeit zu erklären. Das

Was ist eigentlich ...

Stereotype [von griech. *stereos* = starr, hart, fest und *typos* = feste Norm, charakteristisches Gepräge], der Begriff des Stereotyps wurde bereits 1922 von dem amerikanischen Journalisten Walter Lippmann (1889–1974) in die Sozialwissenschaften eingeführt, der damit die „Bilder in unseren Köpfen“ beschrieb, die sich als schablonisierte und schematisierte Vorstellungsinhalte zwischen unsere Außenwelt und unser Bewusstsein schieben. Nach einer neueren Stereotypendefinition sind Stereotype „...eine Reihe von Überzeugungen über die Merkmale der Mitglieder einer sozialen Gruppe“. Die Definitionen unterscheiden sich darin, ob Stereotype als „schlecht“ bzw. „negativ“ angesehen werden sollten. Ebenso unterscheiden sie sich danach, ob es sich bei Stereotypen um sozial geteilte Überzeugungen handelt oder ob der Terminus für Überzeugungen einzelner Individuen steht. Ein besonderes Charakteristikum zahlreicher Stereotypendefinitionen ist ihre kognitive Ausrichtung. So werden Stereotype z. B. als „kognitive Struktur“, als „Assoziation“ oder als „hochorganisierte soziale Kategorie“ bezeichnet. Dieses kognitive Verständnis resultiert nicht zuletzt aus dem Versuch, eine Abgrenzung dieses Terminus von dem historisch älteren und zudem zunächst bedeutend prominenteren Begriffs des Vorurteils vorzunehmen.

ist nicht leicht, zumal für junge Leute mit einem ungefestigten Selbstbild oder für Erwachsene, die sich ausschließlich über ihren Beruf definieren. Der Druck, den sie erleben, sich in das „Team einzufügen", ihre persönliche Moral dem Wohl des Teams zu opfern, ist beinahe unwiderstehlich. Dann müssen wir innehalten, Meinungen von außen einholen und neue Gruppen finden, die unsere Unabhängigkeit unterstützen und unsere Werte fördern. Es wird stets eine andere, bessere Gruppe für uns geben.

„Ich werde gegenüber irreführenden Darstellungen wachsamer sein." Wer etwas darstellt, wird zum Darsteller – und mitunter zum Hochstapler oder Betrüger. Die Art und Weise, wie ein Sachverhalt dargestellt wird, hat oft größeren Einfluss als die tatsächlich überzeugenden Argumente im Rahmen dieser Darstellung. Zudem mag eine wirkungsvolle Präsentation hinter griffigen Slogans, visuellen Eindrücken und Logos kaum erkennbar sein. Sie beeinflusst uns, ohne dass wir uns dessen bewusst sind, und lenkt unsere Orientierung in Richtung der Ideen oder Meinungen, für die sie wirbt. Wir wollen Dinge haben, die als „knapp" dargestellt werden, obwohl sie reichlich vorhanden sind. Wir scheuen zurück vor Dingen, die als potenzieller Verlust dargestellt werden, und bevorzugen, was uns als Gewinn präsentiert wird, obwohl das Verhältnis zwischen positiven und negativen Prognosen identisch ist. Wir wollen keine 40-Prozent-Chance, X im Vergleich zu Y zu verlieren, wollen aber durchaus die 60-Prozent-Chance, Y im Vergleich zu X zu gewinnen. Der Sprachwissenschaftler George Lakoff zeigt in seinen Arbeiten sehr deutlich, wie wichtig es ist, sich der Macht irreführender Darstellungen bewusst zu sein und ihrem heimtückischen Einfluss auf unsere Gefühle, Gedanken und Meinungen mit Wachsamkeit zu begegnen.

„Ich werde meine Zeitperspektive ausbalancieren." Wir können verführt werden, Dinge zu tun, die nicht wirklich unseren Überzeugungen entsprechen, wenn wir es zulassen, in die Falle einer expandierten Gegenwart zu gehen. Wenn wir uns nicht mehr auf unser Gefühl bereits eingegangener und zukünftiger Verpflichtungen verlassen, öffnen wir situativen Versuchungen, an Exzessen – wie sie in dem Roman *Herr der Fliegen* (William Golding, 1911–1993) beschrieben sind – teilzunehmen, Tür und Tor. Indem Sie nicht „mit dem Strom schwimmen", wenn Menschen in Ihrem Umfeld sich missbräuchlich oder unkontrolliert verhalten, verlassen Sie sich auf eine zeitliche Perspektive, die sich über gegenwartsbezogenen Hedonismus oder gegenwartsbezogenen Fatalismus hinaus erstreckt. Sie nehmen dann wahrscheinlich eine Kosten-Nutzen-Analyse Ihres Verhaltens im Hinblick auf seine zukünftigen Konsequenzen vor, oder leisten vielleicht Widerstand, weil Sie sich hinreichend eines vergangenen Zeitrahmens bewusst sind, der Ihre persönlichen Werte und Normen enthält. Wenn Sie eine ausgeglichene Zeitperspektive

Was ist eigentlich ...

Konformität, Veränderung einzelner Personen oder Subgruppen in Richtung der Gruppennorm, d. h. der mehrheitlich geäußerten Urteile, Meinungen und Einstellungen. Konformitätsdruck basiert auf den vom Individuum antizipierten oder erlebten Sanktionen normgebundener Verhaltensweisen in Gruppen. Nur sehr schwer kann sich ein Individuum dem Konformitätsdruck entziehen. Angesichts des starken Einflusses, der durch Konformitätsdruck ausgeübt wird, ist es bemerkenswert, dass sich kleine Minderheiten dennoch gegenüber dem Status Quo der Mehrheitsposition durchsetzen können und deshalb oftmals als Triebkraft von Veränderung und Innovation angesehen werden.

Zum Weiterlesen

George Lakoff/Elisabeth Wehling *Auf leisen Sohlen ins Gehirn: Politische Sprache und ihre heimliche Macht* (Heidelberg 2008)

Was ist eigentlich ...

Hedonismus, in der Antike begründete Weltanschauung bzw. philosophische Lehre, die die Motive des Menschen und den Sinn des Lebens auf das Streben nach Lust zurückführt. Demnach sei das Streben nach Lust das höchste ethische Prinzip.

entwickeln, in der je nach aktueller Situation und Aufgabenstellung Vergangenheit, Gegenwart und Zukunft herangezogen werden können, werden Sie besser in der Lage sein, verantwortlich und klug zu handeln, als wenn Ihre Zeitperspektive verzerrt ist und daher nur einen oder zwei Zeitrahmen berücksichtigt. Die Macht der Umstände wird geschwächt, wenn Vergangenheit und Zukunft sich vereinen, um die Exzesse der Gegenwart einzudämmen. Zum Beispiel haben Studien gezeigt, dass rechtschaffene Nichtjuden, die holländischen Juden halfen, sich vor den Nazis zu verstecken, die Art von Rationalisierungen nicht einsetzten, die ihren Nachbarn Gründe lieferten, um nicht zu helfen. Diese Helden verließen sich auf Moralstrukturen aus ihrer Vergangenheit und verloren nie die Zukunft aus den Augen, in der sie auf diese schreckliche Situation zurückblicken und sich fragen würden, ob die Entscheidung, Angst und sozialem Druck nicht nachzugeben, die richtige war.

„Ich werde meine persönlichen oder bürgerlichen Freiheiten nicht für die Illusion von Sicherheit opfern." Das Bedürfnis nach Sicherheit ist eine mächtige Determinante menschlichen Verhaltens. Durch angebliche Bedrohungen unserer Sicherheit oder das Versprechen von Schutz vor Gefahr können wir manipuliert werden, Dinge zu tun, die uns wesensfremd sind. Meistens erringen Manipulateure Macht über uns, indem sie einen faustischen Handel anbieten: Du wirst vor Unheil geschützt sein, wenn du nur der jeweiligen Autorität einen Teil deiner persönlichen oder bürgerlichen Freiheiten preisgibst. Der mephistophelische Verführer wird argumentieren, dass

Zeitperspektive und zeitbezogenes Handeln

Ein großer Bereich psychologischer Arbeiten zum Phänomen Zeit befasst sich mit dem Konstrukt der Zeitperspektive. Individuelles Zeitbewusstsein ist nicht statisch, sondern konstitutiert sich in Abhängigkeit von Ereignissen im Lebenslauf prozesshaft. Zeitbezogenes Handeln zeigt einen doppelten Zeitaspekt. Zum einen werden bestehende gesellschaftliche Werte widergespiegelt, zum anderen werden aber Vergangenheit, Gegenwart und Zukunft vorausgesetzt. Der Begriff wird insbesondere von Kurt Lewin (1890–1947) im Jahre 1953 umfassender definiert. Danach umfasst die Zeitperspektive als Dimension des Lebensraumes eines Individuums alle Ansichten über die psychologische Zukunft und die psychologische Vergangenheit, die in einer gegebenen Zeit existieren können. Damit ist sie permanenten Veränderungen unterworfen. Phänomene wie z. B. Hoffnung, Furcht oder Erwartung können psychologisch nur verstanden werden, wenn deren interne zeitliche Strukturierung berücksichtigt wird. Lewin begründet außerdem die Bedeutung der Zeitperspektive für die Entwicklung des individuellen Anspruchsniveaus und weist damit den Weg für umfangreiche Forschungen im Bereich der Motivationspsychologie.

Vor dem Hintergund der skizzierten Entwicklung des Zeitbegriffes wird die Spannweite gesellschaftlicher Werte und Normen erkennbar, vor denen das individuelle Zeiterleben und -bewusstsein zu verstehen sind. Damit wird deutlich, dass eine psychologische Forschung, die sich in ihrer naturwissenschaftlich quantitativen Ausrichtung primär am Ideal des kritischen Rationalismus orientiert, diesem komplexen Phänomen nicht im vollen Umfang gerecht werden kann. Die Subjektivität des Menschen wird in einer Psychologie, die zu immer allgemeineren Gesetzen kommen will, nur nachrangig behandelt. Bei einer Betrachtung des Phänomens Zeit kann ein psychologischer Zugang aber nur über das Erleben und Bewusstsein des Subjekts erfolgen.

seine Macht, Sie schützen zu können, davon abhänge, dass alle Menschen kleine Opfer bringen und dieses kleine Recht oder jene kleine Freiheit aufgeben. Gehen Sie nicht auf diesen Handel ein. Opfern Sie nie grundlegende persönliche Freiheiten für das Versprechen von Sicherheit, denn das Opfer ist real und unmittelbar, die Sicherheit jedoch eine ferne Illusion. Das gilt ebenso für traditionelle Zwangsverheiratungen wie für das Eintreten guter Bürger für die Interessen des Landes, wenn dessen Führer persönliche und nationale Sicherheit zum Preis eines kollektiven Opfers beschnittener Rechte, Privatsphäre und Freiheiten verspricht. Erich Fromms Klassiker *Furcht vor der Freiheit* erinnert uns eindringlich daran, dass dies unweigerlich der erste Schritt eines faschistischen Führers ist, auch in einer formal demokratischen Gesellschaft.

„Ich kann mich ungerechten Systemen widersetzen." Der Mut des Einzelnen schwindet angesichts der Intensität der beschriebenen Systeme: beim Militär und in Gefängnissen ebenso wie in Gangs, Sekten, Studentenverbindungen, großen Unternehmen und sogar in gestörten Familien. Doch der Widerstand des Einzelnen kann sich mit dem Widerstand ebenso entschlossener Gleichgesinnter verbünden und einen Unterschied bewirken. Widerstand mag es erfordern, sich einer totalen Situation zu entziehen, in der alle Informationen, Belohnungen und Bestrafungen unter Kontrolle stehen. Er mag erfordern, die vorherrschende Mentalität des Gruppendenkens infrage zu stellen und alle Vorwürfe von Fehlverhalten belegen zu können. Er mag erfordern, die Hilfe anderer Autoritäten, Berater, investigativer Journalisten oder revolutionärer Landsleute zu suchen. Systeme besitzen eine enorme Macht, Änderungen zu widerstehen und auch rechtschaffenen Attacken standzuhalten. Unter solchen Umständen kann ein einzelner Mensch heroische Taten gegen ein ungerechtes System und seine schlechten Erschaffer am besten vollbringen, indem er andere dazu bewegt, sich seiner Sache anzuschließen. Das System kann den Widerstand eines einzelnen als verwirrt hinstellen, die Opposition von zweien als *folie à deux*, doch zu dritt werden Sie zu einer Macht von Ideen, mit der man sich auseinandersetzen muss.

Porträt

Fromm, Erich, * 23.3.1900 Frankfurt a. M., † 18.3.1980 Muralto (bei Locarno), Humanist, Sozialpsychologe und Sozialphilosoph jüdischer Herkunft; studierte in Frankfurt, München und Heidelberg Soziologie, Philosophie und Psychologie. Nach der Ausbildung zum Psychoanalytiker am Berliner psychoanalytischen Institut war Fromm seit 1930 am Frankfurter Institut für Sozialforschung tätig. Im Jahre 1934 emigrierte er in die USA und arbeitete am American Institute for Psychoanalysis als Lehranalytiker. 1949 ging er nach Mexiko-City und übernahm ein Jahr später eine Professur für Psychoanalyse. Als Vertreter der sog. Neo-Psychoanalyse versuchte der Anhänger von Karl Marx, eine materialistische Begründung der Psychoanalyse zu leisten. Im Gegensatz zu Sigmund Freud sah Fromm die Prägung des Menschen weniger durch Triebhaftigkeit verursacht, als vielmehr durch soziale, und kulturelle Faktoren seiner Umwelt. Sein Anliegen war, eine Harmonie zwischen den Trieben des Individuums und der aus Individuen bestehenden Gesellschaft herzustellen.

Was ist eigentlich ...

Gruppendenken, beschreibt einen defizitären Gruppenentscheidungsprozess, der mit einer hohen Wahrscheinlichkeit zu einer mangelhaften Entscheidung mit zum Teil katastrophalen Konsequenzen führt. Neben einer hohen Gruppenkohäsion wird Gruppendenken durch zwei weitere Blöcke von Faktoren verursacht. Das sind zum einen strukturelle Fehler der Organisation (z. B. Homogenität des sozialen und ideologischen Hintergrunds der Gruppenmitglieder) und zum anderen ein provokativer situationaler Kontext (z. B. hoher psychischer Stress). Diese Faktoren bewirken neben einem starken Streben nach Einmütigkeit verschiedene Symptome, die unter die drei Kategorien „Selbstüberschätzung der Gruppe", „Engstirnigkeit" und „Druck in Richtung Uniformität" fallen. Diese Symptome erzeugen Fehler im Entscheidungsprozess wie z. B. die unvollständige Generierung und Prüfung von Handlungsalternativen und die Unterschätzung von Risiken der präferierten Alternative.

Was ist eigentlich ...

Folie à deux, (frz. „Geistesstörung zu zweit"), auch „induzierte wahnhafte Störung", „gemeinsame psychotische Störung", „psychotische Infektion" oder „symbiotischer Wahn", bezeichnet die relativ seltene, ganze oder teilweise Übernahme einer Wahnsymptomatik durch einen nahestehenden, primär nicht wahnkranken Partner. Nach einer Trennung verschwindet der Wahn meist bei der vormals gesunden Person.

Bevor wir uns auf den Weg machen, Helden zu würdigen und das Heldentum an sich zu feiern, möchte ich Sie vor korrupten Sünden und kleinen Übertretungen warnen, zum Beispiel vor Schummeln, Lügen, Schwatzhaftigkeit, Verbreiten von Gerüchten, Lachen über rassistische oder sexistische Witze, Spott und Schikanen – denn das können kleine Schritte zu größeren Sündenfällen sein. Große böse Taten beginnen immer mit kleinen, scheinbar trivialen Schritten; denken Sie aber bitte daran, dass das Böse ein glatter Abhang ist. Ist man erst einmal auf diesem Weg, kann man leicht immer weiter abwärtsrutschen. Es sind kleine Schritte, die dazu führen, dass wir unseren Mitgeschöpfen gegenüber destruktiv denken und handeln.

Die Paradoxien des Heldentums

Eine junge Frau widersetzt sich einer Autoritätsperson, die älter ist als sie selbst, und zwingt den Mann, seine Mittäterschaft an verwerflichen Taten einzugestehen, die unter seiner Aufsicht begangen werden. Ihre Kritik geht noch weiter und führt dazu, dass die Misshandlung unschuldiger Häftlinge durch ihre Wärter beendet wird. Qualifiziert ihr Verhalten sie als „heldenhaft", in Anbetracht der vielen anderen Menschen, die die Not der Häftlinge auch gesehen hatten und dennoch nichts gegen das System unternahmen, als sie seine Exzesse erkannten?

Gern würdigen wir Heldentum als besondere Taten besonderer Menschen. Freilich bestehen die meisten Menschen, die auf diese höhere Ebene emporgehoben werden, darauf, nichts Besonderes getan zu haben, sondern nur das, was jeder andere auch in der jeweiligen Situation hätte tun müssen. Sie lehnen es ab, sich als „Helden" zu betrachten. Vielleicht entstehen solche Reaktionen aus der tiefverwurzelten Vorstellung bei uns allen, dass Helden Supermänner und -frauen sind, die über gewöhnliche Sterbliche hinausragen. Vielleicht steckt aber mehr dahinter als nur ihre Bescheidenheit; vielleicht haben wir überhaupt eine falsche Vorstellung davon, was es braucht, um ein Held zu sein.

Betrachten wir nun die besten menschlichen Eigenschaften und die Verwandlung vom Normalen ins Heldenhafte.

Aus welchem Holz sind Helden geschnitzt?

Wann wird ein Mensch, der eine – aufgrund von Kriterien, die wir gleich aufstellen werden – als heldenhaft qualifizierte Tat vollbringt, nicht zu einem „Helden"? Unter welchen Umständen könnte überdies seine Tat nicht als heldenhaft, sondern vielmehr als feige angesehen werden?

Definitionen von Heldentum sind stets an eine Kultur und ein Zeitalter gebunden. In entlegenen Dörfern der Türkei spielen bis zum heutigen Tage Puppenspieler für Kinder die Legende von Alexander dem Großen nach. In den Ortschaften, wo seine Garnisonen errichtet wurden und seine Soldaten Dorfmädchen heirateten, ist Alexander ein großer Held; in anderen Orten hingegen, die schlichtweg erobert wurden in seinem unerbittlichen Bestreben, die damals bekannte Welt zu beherrschen, wird Alexander als großer Bösewicht porträtiert – noch mehr als 2000 Jahre nach seinem Tod.

Um in die Geschichte einer Kultur eingehen zu können, müssen die Taten eines Helden aber auch aufgezeichnet und bewahrt werden von denjenigen, die gebildet sind und die Macht besitzen, Geschichte zu schreiben oder sie mündlich zu überliefern. Arme, eingeborene, kolonisierte, des Schreibens unkundige Völker haben kaum allgemein anerkannte Helden, weil es keine Aufzeichnungen über deren Taten gibt.

Heldentum ist von den Verhaltenswissenschaften bisher nicht systematisch untersucht worden. Helden und Heldentum lassen sich anscheinend am besten anhand von Literatur, den Künsten, Mythen und Spielfilmen erforschen. Vielfältige Quellen dokumentieren die Übel des menschlichen Daseins: Morde und Selbstmorde, Kriminalitätsraten, Gefängnispopulationen, Stufen der Armut und die Häufigkeit von Schizophrenie in einer bestimmten Bevölkerung. Ähnliche quantitative Daten über positive menschliche Aktivitäten sind nicht so leicht zu finden. Wir halten nicht fest, wie viele Akte von Wohltätigkeit, Freundlichkeit oder Mitgefühl im Laufe eines Jahres in einer Kommune vorkommen; nur gelegentlich erfahren wir von einer Heldentat. Diese scheinbar geringe Häufigkeit lässt uns annehmen, Heldentum sei rar und Helden eine echte Ausnahmeerscheinung. Gleichwohl haben die neuartigen Forschungen und empirische Stringenz der Bewegung der „Positiven Psychologie“ neuerliches Interesse am Guten im menschlichen Wesen geweckt. Angeführt durch den Psychologen Martin Seligman und seine Kollegen hat diese Bewegung eine Paradigmenverschiebung hin zu einer Betonung der positiven Aspekte des menschlichen Wesens bewirkt und die Fixierung auf deren negative Aspekte, die unter Psychologen lange üblich war, reduziert.

Die heutzutage akzeptierten Konzepte von Heldentum betonen primär das physische Risiko, ohne jedoch andere Komponenten heldenhafter Taten adäquat zu berücksichtigen, etwa Edelmut der Absicht oder gewaltlose, mit persönlichen Opfern verbundene Akte. Aus den Analysen menschlicher Tugenden durch Vertreter der Positiven Psychologie ergeben sich sechs Hauptkategorien tugendhaften Verhaltens, die nahezu universell über alle Kulturen hinweg anerkannt sind: Weisheit und Wissen, Mut, Menschlichkeit, Gerechtigkeit, Mäßi-

Zum Weiterlesen

Martin E. P. Seligman *Pessimisten küsst man nicht: Optimismus kann man lernen* (München 1995)

Was ist eigentlich ...

Positive Psychologie, ein von Martin E. P. Seligman begründeter Zweig der Psychologie mit der Zielsetzung, die positiven Aspekte des menschlichen Miteinanders zu erforschen. Dabei stellt sie zentrale Lebensthemen, wie Glück, Optimismus, Geborgenheit, Vertrauen, Verzeihen und Solidarität in den Vordergrund, die in der anfänglich konflikt- und störungsorientierten Psychologie wenig Beachtung fanden. Die positive Psychologie konzentriert sich auf die positiven Eigenschaften des Menschen, anstatt sich mit seinen Fehlern und Schwächen zu beschäftigen.

gung und Transzendenz. Davon sind Mut, Gerechtigkeit und Transzendenz die zentralen Charakteristika von Heldentum. Transzendenz umfasst Überzeugungen und Handlungen, die über die Grenzen des Selbst hinausgehen.

Heldentum lenkt unsere Konzentration auf das Richtige des menschlichen Wesens. Wir hören gern Heldengeschichten, da sie uns mit Macht daran erinnern, dass der Mensch in der Lage ist, dem Bösen zu widerstehen, Versuchungen nicht nachzugeben, über das Mittelmaß hinauszuwachsen, zu handeln und zu dienen, wenn andere versagen.

Viele moderne Lexika beschreiben Heldentum als „Tapferkeit" (*gallantry*) oder „Kühnheit" (*bravery*), und diese Begriffe wiederum werden als Mut *(courage)* beschrieben, und Mut führt uns zum Heldentum zurück. Dagegen waren ältere Lexika sehr darum bemüht, das Konzept aufzuschlüsseln und boten subtile Unterscheidungen an zwischen den Worten, die verwendet wurden, um heroische Taten zu beschreiben. Zum Beispiel assoziiert das *Webster's Revised Unabridged Dictionary* von 1913 den Begriff Heldentum mit Mut, Kühnheit, Standhaftigkeit *(fortitude)*, Unerschrockenheit *(intrepidity)*, Tapferkeit und Bravour *(valor)*.

Militärische Helden

Die meisten historischen Beispiele von Heldentum heben mutige Taten hervor, die mit Kühnheit, Tapferkeit und der Gefahr schwerer Verletzungen oder des Todes einhergingen. Den Psychologen Alice Eagly und Selwyn Becker zufolge ist die Verbindung von Mut und edler Absicht eher geeignet, eine Person als Helden erscheinen zu lassen, als Mut allein. Die Idee des Edelmuts im Heldentum ist oft implizit und schwer greifbar. Im Allgemeinen ist die Gefahr für Leib und Leben oder das persönliche Opfer wesentlich offensichtlicher. Das heroische Ideal des Kriegshelden ist beliebtes Thema antiker Epen wie auch vieler Arbeiten des modernen Journalismus.

Achilles, der Befehlshaber der griechischen Streitmacht im trojanischen Krieg, wird oft als der archetypische Kriegsheld bezeichnet. Achilles' Verhalten auf dem Schlachtfeld basierte darauf, dass er sich einem militärischen Kodex verpflichtet fühlte, der seine Taten als tapfer oder ritterlich *(gallant)* definierte. Wenn auch seine Taten durchaus heroisch waren, bestand seine vorrangige Motivation jedoch aus dem Streben nach Ehre und Ruhm, die ihn im Ansehen der Menschen nach seinem Tode unsterblich machen würden.

Die Historikerin Lucy Hughes-Hallett argumentiert: „Ein Held kann sich opfern, damit andere überleben können, oder aber damit er selbst im Angedenken der anderen unsterblich wird. … Achilles wür-

Achilles am Hofe des Lykomedes.

de alles geben, auch sein Leben, um seine Einzigartigkeit zu beweisen, um seinem eigenen Leben Bedeutung zu verleihen und der Vergessenheit zu entkommen.“ Der Drang, sein Leben aufs Spiel zu setzen, um bleibende Anerkennung späterer Generationen zu erringen, mag als Relikt aus einer anderen Ära erscheinen, muss aber dennoch bei unserer Beurteilung modernen heroischen Verhaltens gebührend berücksichtigt werden.

Diese historische Sicht des Helden deutet zudem darauf hin, dass Helden von der Wiege an eine besondere Klasse sind. Hughes-Hallett schreibt: „Es gibt Menschen, schrieb Aristoteles (384–322 v. Chr.), die so gottgleich sind, so außergewöhnlich, dass sie von Natur aus dank ihrer besonderen Gaben über jegliches moralische Urteil und die Macht des Gesetzes erhaben sind: ‚Es gibt kein Gesetz, das solche Männer binden kann: sie selbst sind Gesetz.'“ Eine der Definitionen von Heldentum erwächst aus dieser aristotelischen Auffassung: „Es ist der Ausdruck eines überragenden Geistes. Es ist assoziiert mit Mut und Integrität und Verachtung der verkrampften Kompromisse, mit deren Hilfe die unheroische Mehrheit der Menschen ihr Leben bewältigt. Dies sind Attribute, die weithin als nobel angesehen werden. … [Helden sind] zu Taten großer Tragweite fähig – einen Feind zu besiegen, eine Rasse zu erretten, ein politisches System zu bewahren, eine Reise zu vollenden –, die *kein anderer* hätte vollbringen können.“ [Hervorhebung durch mich.]

Zivile Helden

Wenn Achilles der archetypische Kriegsheld ist, so nimmt Sokrates (um 470–399 v. Chr.) den gleichen Rang als ziviler Held ein. Seine Lehren waren für die Autoritäten von Athen so bedrohlich, dass er

Porträt

Sokrates, griechischer Philosoph, * ca. 470 v. Chr. Athen, † 399 v. Chr. Athen; Lehrer Platons. Neben seiner Tätigkeit als philosophischer Aufklärer sind Kriegsdienst und politische Ämter überliefert. 399 v. Chr. unter der Anklage, die Jugend zu Unglauben zu verführen, zum Tode verurteilt. Im Gegensatz zu den bei den Vorsokratikern vorherrschenden kosmologischen Naturspekulationen stellte Sokrates das menschliche Leben im moralischen wie politischen Sinne in den Mittelpunkt seiner Überlegungen. Sokrates selbst verfasste keine Schriften, seine Lehren sind hauptsächlich durch Platon und Xenophon überliefert.

von der Regierung zensiert und schließlich angeklagt und zum Tode verurteilt wurde, da er sich weigerte, seine Ansichten zu widerrufen. Wenn wir das militärische Heldentum des Achilles mit dem zivilen des Sokrates gleichsetzen, wird klar, dass Heldentaten zwar zumeist anderen Menschen oder den grundlegenden moralischen Grundsätzen einer Gesellschaft dienen, der Held jedoch häufig im Grenzbereich zwischen konstruktiven und destruktiven Kräften sein Werk verrichtet. Hughes-Hallett verweist darauf, dass „die Schwingen der Gelegenheit mit den Federn des Todes versehen sind". Sie unterstellt, dass Helden sich im Streben nach Unsterblichkeit Todesgefahren aussetzen. Sowohl Achilles als auch Sokrates, beeindruckende Vorbilder von Heldentum, gehen für den abweichenden Verhaltenskodex, nach dem zu leben sie sich entschieden hatten, in den Tod.

Sokrates' Entscheidung, für seine Ideale zu sterben, ist eine zeitlose, normative Erinnerung an die Macht zivilen Heldentums. Er soll sich zur Stunde seiner Verurteilung auf das Beispiel des Achilles berufen haben, um seine Entscheidung zu verteidigen, lieber zu sterben als sich einem willkürlichen Gesetz, das seine Opposition gegen das von ihm bekämpfte System unterdrückte, zu beugen.

Man denke an die verwegene Tat des „unbekannten Rebellen", der sich einer Kolonne von 17 heranrollenden Panzern in den Weg stellte, die am 5. Juni 1989 die Protestkundgebung der chinesischen Demokratiebewegung auf dem Platz des Himmlischen Friedens niederwalzen sollten.

Dieser junge Mann blockierte 30 Minuten lang das todbringende Vorrücken einer Panzerkolonne, kletterte dann auf den führenden

Am 5. Juni 1989 stellte sich ein später als „Tank Man" berühmt gewordener Mann den in Richtung Tian'anmen Platz (Platz des Himmlischen Friedens) fahrenden Panzern in den Weg.

Panzer und fragte angeblich dessen Fahrer: „Warum seid ihr hier? Unsere Stadt versinkt euretwegen im Chaos. Haltet ein, kehrt um und hört auf, unsere Landsleute zu ermorden." Der anonyme „Tank Man" („Panzer-Mann") wurde schlagartig zu einem internationalen Symbol des Widerstands; er bestand ehrenvoll die ultimative Probe persönlichen Mutes und zeichnete auf ewig das stolze Bild des Einzelnen, der sich gegen einen militärischen Moloch auflehnt. Das Bild dieser Konfrontation ging um die Welt und machte ihn zu einem universalen Helden. Es gibt widersprüchliche Geschichten darüber, was ihm danach als Konsequenz seiner Tat widerfahren ist – einige berichten von seiner Inhaftierung, andere besagen, er sei hingerichtet worden, und wieder andere künden davon, ihm sei die anonyme Flucht gelungen. Ungeachtet dessen, was aus ihm geworden sein mag, wurde sein Status als ziviler Held anerkannt, indem er (im April 1998) von der Zeitschrift *Time* in deren Liste der 100 einflussreichsten Menschen des 20. Jahrhunderts aufgenommen wurde.

Die körperliche Gefahr, die von heldenhaft handelnden Zivilisten gefordert ist, unterscheidet sich von den Heldentaten eines Soldaten oder Katastrophenhelfers, da solche Profis für ihre Einsätze ausgebildet und durch Dienstpflicht und Verhaltenskodex gebunden sind. Insofern mögen die Standards für pflichtgebundenes und nichtpflichtgebundenes, körperlich gefährliches Heldentum unterschiedlich sein, doch die Art des Einsatzes und der Opferbereitschaft, die die Tat abverlangt, ist sehr ähnlich.

Physische Gefährdung und soziales Risiko als Elemente von Heldentum

Eine von Psychologen vorgeschlagene Definition nennt physische Gefahr als definierendes Element für Helden. Becker und Eagly zufolge sind Helden „Individuen, die sich entschließen, für einen oder mehrere andere Menschen Gefahren einzugehen, ungeachtet der Möglichkeit, infolge dieser Taten zu sterben oder schwerwiegenden physischen Schaden zu erleiden". Andere Motive, etwa Heldentum aus Prinzipientreue, werden genannt, aber nicht ausführlich behandelt. Es erscheint befremdlich, dass Psychologen einen so eng gefassten Prototypen von Heldentum propagieren und andere Formen persönlicher Risiken ausschließen, die jemanden als heldenhaft ausweisen könnten – etwa die Gefährdung der beruflichen Laufbahn oder ein Risiko von Inhaftierung oder Statusverlust.

Die verschiedenen Vorstellungen von Heldentum decken sich darüberhinaus annähernd mit den Konzepten von Mut, Gerechtigkeit und Transzendenz, die Seligman und seine Kollegen im Rahmen ihres Klassifizierungssystems für Tugenden und Stärken entwickelt haben.

So stützt sich die Tugend des Mutes auf vier Charakterstärken, nämlich Authentizität, Kühnheit (ähnlich der Unerschrockenheit), Beharrlichkeit (ähnlich der Standhaftigkeit) und Tatkraft. Gerechtigkeit wird als eine weitere Tugend genannt; Fairness, Führungsqualitäten und Teamwork werden für diese Tugend subsummiert. In der Praxis ist häufig der Einsatz für ein nobles Ziel oder Ideal, etwa die Abschaffung der Sklaverei, letztlich eine Frage von Gerechtigkeit. Zu guter Letzt ist Transzendenz eine weitere Tugend, die Heldentum berührt, denn sie ist die Kraft, die eine Verbindung zur Außenwelt erzwingt und unseren Taten und unserer Existenz Sinn stiftet. Obgleich sie in der Literatur über Heldentum nicht erwähnt wird, kann Transzendenz auf das Konzept von Standhaftigkeit im Rahmen heldenhaften Verhaltens im *Webster's* von 1913 bezogen werden. Transzendenz kann es einem Menschen, der eine Heldentat vollbringt, ermöglichen, sich von den erwarteten oder bereits eingetretenen negativen Konsequenzen seines Verhaltens zu lösen. Um ein Held zu sein, muss man sich über die unmittelbaren Gefahren und Risiken, die Heldentum notwendigerweise mit sich bringt, hinwegsetzen, indem man entweder die Risiken anders betrachtet oder ihren Stellenwert im Hinblick auf „übergeordnete" Werte relativiert.

Eine neue Definition des Heldentums

„Die Freiheit verlangt immer nach Staatsbürgern, manchmal nach Helden."
(Benjamin Constant de Rebecque, 1767–1830)

Das Nachdenken über das im Stanford Prison Experiment beobachtete heldenhafte Verhalten regte mich dazu an, dieses faszinierende Thema in Gesprächen mit einem Kollegen, dem Psychologen Zeno Franco, gründlicher zu erkunden. Zunächst erweiterten wir das Konzept von heldenhaftem Risiko, schlugen dann eine erweiterte Definition von Heldentum vor und entwickelten schließlich eine neue Taxonomie des Heldentums. Es schien auf der Hand zu liegen, dass Risiko oder Opferbereitschaft nicht auf unmittelbare Gefahr für Leib oder Leben beschränkt werden sollten. Immerhin könnte Heldentum auch ein unverzagtes Verhalten angesichts bekannter, langfristiger Gesundheitsrisiken oder schwerwiegender finanzieller Konsequenzen, drohenden Verlusts von gesellschaftlichem oder wirtschaftlichem Status oder Ächtung umfassen. Da folglich die Definition von Heldentum erheblich erweitert wird, schien es auch angebracht, einige Erscheinungsformen vermeintlichen Heldentums auszuschließen, die womöglich nicht als wirklich heroisch, sondern vielmehr als „pseudo-heroisch" anzusehen sind.

Nicht alle Einzelgänger, Krieger oder Heiligen sind Helden. Der Held muss eine Kombination aus bewusstem Edelmut und Opferbereitschaft verkörpern. Mitunter wird einer Person der Status eines Helden nicht aufgrund ihrer Taten verliehen, sondern für die Zwecke einer Regierung oder eines Organs. Solche „Pseudo-Helden" sind

Kreationen der Medien, die durch machtvolle systemische Kräfte gefördert werden.

Helden werden auf vielfältige Weise für ihre Heldentaten ausgezeichnet; falls sie jedoch zur Zeit der Tat sekundären Gewinn erwarten, muss ihnen notwendigerweise der Heldenstatus versagt bleiben. Wenn ihnen allerdings sekundäre Gewinne nach der Heldentat und ohne vorherige, darauf gerichtete Erwartung oder Motivation entstehen, gilt die Tat dennoch als heldenhaft. Der springende Punkt ist, dass eine Heldentat *soziozentrisch* ist, nicht egozentrisch.

Heldentum kann als das Zusammentreffen von vier Elementen definiert werden: erstens muss es freiwillig ausgeübt werden, zweitens muss es angesichts einer Gefahr oder eines potenziellen Opfers – etwa Todesgefahr, unmittelbar drohende körperliche Verletzung, langfristige Gefährdung der Gesundheit oder gravierende potenzielle Beeinträchtigung der Lebensqualität – stattfinden, drittens muss es dem Wohle eines oder mehrerer anderer Menschen oder der Gesellschaft insgesamt dienen und viertens darf es keinen sekundären, äußerlichen, zur Zeit des Aktes erwarteten Gewinn einbringen.

Heldentum im Namen einer noblen Idee ist für gewöhnlich nicht so dramatisch wie Heldentum angesichts physischer Gefährdung. Allerdings entsteht Heldentum bei physischer Gefährdung häufig aus einer impulsiven Entscheidung, einem Moment der Tat. Zudem bringt Heldentum bei physischer Gefährdung in der Regel nur eine Wahrscheinlichkeit, nicht aber die Gewissheit mit sich, schwer verletzt oder getötet zu werden. Im Allgemeinen endet für die handelnde Person nach kurzer Zeit die jeweilige Situation. Andererseits könnte man sich auf den Standpunkt stellen, dass manche Formen zivilen Heldentums heldenhafter sind als Formen des Heldentums bei physischer Gefährdung. Menschen wie Nelson Mandela, Martin Luther King jr. (1929–1968) und Albert Schweitzer (1875–1965) stellten sich Tag für Tag im Laufe eines großen Teils ihres Erwachsenenlebens bereitwillig und wissend den Prüfungen heldenhafter ziviler Aktivitäten. In diesem Sinne ist das mit Heldentum angesichts physischer Gefährdung einhergehende Risiko besser als *Gefahr* zu bezeichnen, während das Risiko, das ziviles Heldentum mit sich bringt, als *Opfer* angesehen wird.

Opfer verursachen zeitlich unbeschränkte Kosten. Typischerweise haben zivile Helden die Möglichkeit, ihr Verhalten sorgsam zu bedenken und die Folgen ihrer Entscheidungen abzuwägen. Ein jeder von ihnen hätte sich entscheiden können, sich von der jeweils unterstützten Sache zurückzuziehen, weil die Kosten seines Handelns zu einer übergroßen Last geworden waren – doch sie taten es nicht. Jeder dieser Menschen hat in vielerlei Hinsicht seine Lebensqualität aufs Spiel gesetzt, ihre Aktivitäten hatten gravierende Folgen: Festnahme, Inhaftierung, Folterung, Gefährdung der Familie und sogar Tod durch ein Attentat.

In Anlehnung an die Definition des Heldentums im *Webster's* von 1913 können wir sagen, dass das zentrale Konzept des Heldentums ein Eintreten für die höchsten zivilen Ideale im Angesicht von Gefahr ist. Ein physisches Risiko einzugehen, ist nur eines der Mittel, um den Gefahren zu begegnen, die auftreten können, wenn man Heldentaten vollbringt. Die Definition im *Webster's* erinnert uns daran, dass Heldentum „eine Geringschätzung von Gefahr ist – nicht aus Ignoranz oder unbedachter Leichtfertigkeit, sondern aus *nobler Hingabe an eine große Sache* und in der berechtigten Zuversicht, im Geiste einer solchen Sache Gefahren meistern zu können." (Hervorhebung durch mich.) Die Gefahr kann unmittelbar lebensbedrohlich oder aber heimtückisch sein. Man bedenke ein Statement von Nelson Mandela am Anfang seiner 27-jährigen Inhaftierung wegen Widerstandes gegen die Tyrannei der Apartheid:

Nelson Mandela 1962 in London. Unmittelbar nach seiner Rückkehr wurde er zu fünf Jahren Haft wegen Beteiligung an verschiedenen Protestaktionen und im Juni 1964 zu lebenslänglicher Haft verurteilt. Unter dem Druck der schwarzafrikanischen Bevölkerung und der Weltöffentlichkeit wurde Mandela am 11.2.1990 aus der Haft entlassen.

> Ich habe mein Leben dem Kampf der Menschen Afrikas gewidmet. Ich habe gegen weiße Herrschaft gekämpft, und ich habe gegen schwarze Herrschaft gekämpft. Ich habe mich dem Ideal einer demokratischen und freien Gesellschaft gewidmet, in der alle Menschen harmonisch und gleichberechtigt zusammenleben. Es ist ein Ideal, für das ich leben will und dessen Verwirklichung ich zu erleben hoffe. Doch wenn es sein muss, bin ich bereit, für dieses Ideal zu sterben.

Ein vierdimensionales Modell des Heldentums

Innerhalb des gesamten Motivationsraums einer Person kann Heldentum entlang dreier Kontinua beschrieben werden: Risikotyp/Opfer, Art des Engagements oder Herangehensweise sowie Bestreben. Die Achse „Risikotyp/Opfer" erstreckt sich zwischen physischem Risiko auf der einen Seite und sozialem Risiko auf der anderen. Entsprechend verläuft die Achse „Art des Engagements oder Herangehensweise" zwischen einem aktiven (tapferen) und, am anderen Ende, einem passiven (standhaften) Ansatz. In der dritten Dimension wird das Bestreben beschrieben, das entweder auf die Erhaltung von Leben oder die Wahrung eines Ideals abzielt. Wenngleich die Letzteren unter Umständen gleichbedeutend sein können – auch die Erhaltung von Leben ist ein nobles Ideal –, ist dennoch im gegebenen Zusammenhang die Unterscheidung wichtig. Die ersten drei Dimensionen dieses Modells sind in der folgenden Grafik dargestellt.

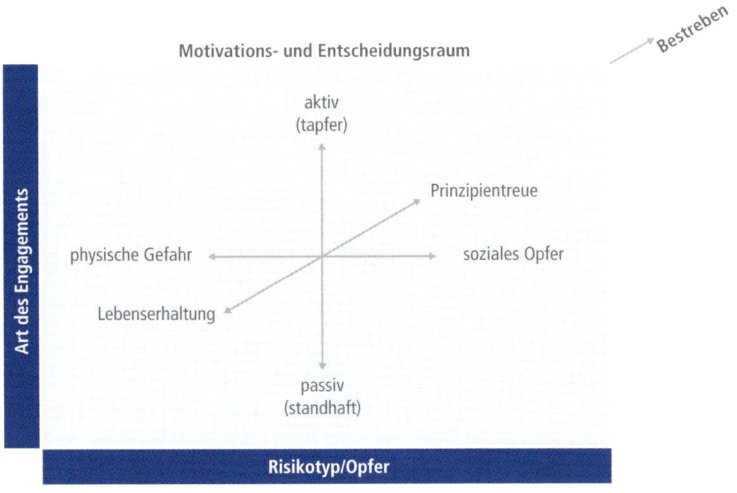

Vierdimensionales Modell des Heldentums.

Eine vierte Dimension, die dieses Modell erweitert, ist der Faktor Zeit. Helden können durch schnelle Taten entstehen oder ihr Heldentum kann ihnen allmählich zuwachsen. Akutes Heldentum, das sich in einer einzelnen Tat zeigt, wird im kriegerischen Zusammenhang oft als Kühnheit *(bravery)* beschrieben – eine mutige Tat in einem einzelnen Gefecht. Demgegenüber wird chronisches militärisches Heldentum, also Mut, der immer wieder im Kampf gezeigt wird, Tapferkeit oder Bravour *(valor)* genannt. Es gibt noch keine vergleichbaren Begriffe, um die Dauer von zivilem Heldentum zu bezeichnen – vielleicht, weil die dramatische Qualität des in Gefahrensituationen demonstrierten Heldentums in der zivilen Domäne nicht so offensichtlich auftritt.

Kontraste im Heldentum: Das Außergewöhnliche und das Banale

Der traditionell akzeptierten Vorstellung, dass Helden außergewöhnliche Menschen sind, können wir nun eine entgegengesetzte Perspektive hinzufügen – dass manche Helden ganz gewöhnliche Menschen sind, die etwas Außergewöhnliches getan haben. Das erste Bild ist romantischer und wird in der antiken Mythologie und den modernen Medien bevorzugt. Es unterstellt, der Held habe etwas getan, was ein gewöhnlicher Mensch in derselben Lage nicht hätte tun können oder wollen. Solche Superstars müssen mit einem Helden-Gen geboren worden sein; sie sind die Ausnahme von der Regel.

„Ruhm ist keine Pflanze, die auf sterblichem Boden wächst." (John Milton, 1838–1905, amerikanischer Diplomat und Schriftsteller)

Eine zweite Perspektive, die wir als „die Regel ist die Ausnahme" bezeichnen könnten, veranlasst uns, die Wechselwirkung zwischen Situation und Person zu untersuchen, die Dynamik, die ein Individuum dazu brachte, sich zu einer bestimmten Zeit an einem bestimmten Ort heldenhaft zu verhalten. Eine Situation kann entweder als Katalysator fungieren und Taten ermutigen, oder sie kann die Hemmnisse für Taten reduzieren, etwa bei der Bildung eines gemeinschaftlichen sozialen Unterstützungsnetzwerks. Bemerkenswerterweise lehnen Menschen, die sich heldenhaft verhalten haben, in den meisten Fällen die Bezeichnung „Held" hartnäckig ab.

Solche Vollbringer heldenhafter Taten sagen typischerweise, sie hätten nur etwas getan, was zur gegebenen Zeit geboten schien. Sie sind sicher, dass jeder andere ähnlich gehandelt hätte, oder finden es andernfalls schwer zu verstehen, warum das nicht der Fall war. So sagte Nelson Mandela: „Ich war kein Messias, sondern ein gewöhnlicher Mann, der aufgrund außergewöhnlicher Umstände zu einem Führer geworden war." Solche Aussagen gibt es von Menschen aller Gesellschaftsschichten, die sich heldenhaft verhalten haben: „Das war doch nichts Besonderes" oder „Ich habe nur getan, was getan werden musste". So hört man es immer wieder vom „gewöhnlichen", alltäglichen Kämpfer, unserem „banalen Helden". Ich möchte diese positive Banalität dem gegenüberstellen, was uns die Gesellschafts- und Politikwissenschaftlerin Hannah Arendt „die Banalität des Bösen" zu nennen gelehrt hat.

Porträt

Arendt, Hannah, jüdische Publizistin und Gelehrte deutscher Herkunft, * 1906 Linden (heute Hannover) als Johanna Arendt, † 1975 New York; 1933 Emigration aus Deutschland, 1937 Ausbürgerung durch das NS-Regime, 1951 Staatsbürgerschaft der USA, seit 1953 Professorin am Brooklyn College in New York. Unter anderem als Journalistin und Hochschullehrerin tätig, veröffentlichte sie wichtige Beiträge zur politischen Philosophie. Ihre vieldiskutierte Wendung im Hinblick auf Adolf Eichmann – die „Banalität des Bösen" – wurde zu einem geflügelten Wort. Aufgrund ihres eigenständigen Denkens, der Theorie der totalen Herrschaft, ihrer existenzphilosophischen Arbeiten und ihrer Forderung nach freien politischen Diskussionen nimmt sie in den Debatten der Gegenwart eine bedeutende Rolle ein.

Von der Banalität des Bösen

Dieses Konzept erwuchs aus Arendts Beobachtungen im Prozess gegen Adolf Eichmann (1906–1962), in dem er wegen Verbrechen gegen die Menschlichkeit angeklagt war. Eichmann hatte maßgeblich dazu beigetragen, den Völkermord an den europäischen Juden zu organisieren. In ihrem Buch *Eichmann in Jerusalem: Ein Bericht von der Banalität des Bösen* formuliert Arendt den Gedanken, dass solche Individuen nicht als Ausnahme, als Monstren oder perverse Sadisten betrachtet werden sollten. Sie argumentiert, dass solche dispositionellen Attribute, die typischerweise auf Verbrecher angewendet werden, die abgrundtief böse Taten begangen haben, dazu dienen, solche Täter vom Rest der menschlichen Gemeinschaft zu scheiden. Stattdessen, so Arendt, sollte man Eichmann und seinesgleichen in ihrer eklatanten Gewöhnlichkeit bloßstellen. Halten wir uns das vor Augen, wird uns bewusster, dass solche Leute eine alles durchdringende, verborgene Gefahr in allen Gesellschaften sind. Eichmanns Verteidigung war, dass er nur Befehle ausgeführt habe.

Die Vorstellung, dass „gewöhnliche Männer" Gräueltaten begehen können, ist von dem Historiker Christopher Browning ausführlicher behandelt worden. Er erforschte die systematische Vernichtung von Juden durch Hunderte von Männern des von Hamburg nach Polen geschickten Reserve-Polizeibataillons 101 in entlegenen polnischen Dörfern. Diese Familienväter mittleren Alters aus der Arbeiterklasse oder unteren Mittelschicht erschossen Tausende von unbewaffneten Juden – Männer, Frauen, Alte und Kinder – und organisierten die Deportation von weiteren Tausenden in die Vernichtungslager der Nazis. Dennoch sagt Browning in seinem Buch, sie alle seien „gewöhnliche Männer" gewesen. Für sie „stellte die Massenmordpolitik des NS-Regimes keine Abfolge anomaler oder außergewöhnlicher Ereignisse dar, die den ‚Alltag' kaum beeinflusst hätten. Wie die Geschichte des Reserve-Polizeibataillons 101 zeigt, wurden Massenmord und Alltagsroutine schließlich eins. Die Normalität selbst wurde immer abnormaler".

Der Psychologe Ervin Staub vertritt eine ähnliche Sicht. Seine Forschungen führten ihn zu dem Schluss: „Böses, das aus gewöhnlichem Denken entsteht und von gewöhnlichen Menschen begangen wird, ist die Regel und nicht die Ausnahme." Nach Zygmunt Baumans Analyse der Gräuel des Holocausts sollte Grausamkeit eher ihren sozialen Ursprüngen zugeschrieben werden als „charakterlich bedingten" Determinanten oder „defekten Persönlichkeiten". Ferner meint Bauman, dass die Ausnahme von dieser Regel das seltene Individuum ist, das die Fähigkeit besitzt, den Forderungen destruktiver Autoritäten zum Trotz seine moralische Autonomie zu behaupten. Ein solcher Mensch ist sich selten darüber klar, dass er diese latente Stärke besitzt, bis er sie beweisen muss.

Zum Weiterlesen

Christopher Browning *Ganz normale Männer. Das Reserve-Polizeibataillon 101 und die Endlösung in Polen* (Reinbek bei Hamburg1976)

Von der Banalität des Heldentums

Nun lässt sich die Idee vertreten, dass Menschen, die zu Übeltätern werden, direkt vergleichbar sind mit Menschen, die zu Vollbringern von Heldentaten werden – und zwar in der Hinsicht, dass beide ganz gewöhnlich und durchschnittlich sind. Die Banalität des Bösen hat vieles gemein mit der Banalität des Heldentums. Keines der beiden Attribute ist eine direkte Folge individueller dispositioneller Neigungen; es gibt keine speziellen inneren Attribute von Pathologie oder Güte, die in der menschlichen Psyche oder dem menschlichen Genom angesiedelt sind. Beide Zustände entstehen zu bestimmten Zeiten in bestimmten Situationen, in denen bestimmte Individuen durch übermächtige situative Kräfte zu der Entscheidung getrieben werden, zu handeln statt untätig zu bleiben. Es gibt einen ausschlaggebenden Moment der Entscheidung, wenn eine Person dem Kraftfeld eines Verhaltenskontextes ausgesetzt ist. Diese Kräfte verbünden sich und erhöhen die Wahrscheinlichkeit des Handelns, um anderen Menschen zu schaden oder ihnen zu helfen. Eine solche Entscheidung kann bewusst geplant und achtsam getroffen worden sein oder auch nicht. In den allermeisten Fällen jedoch entsteht aus situativen Kräften der Impuls zum Handeln. In diesem Feld situativer Kräfte wirken unter anderem Aktionsvektoren wie Gruppendruck und Gruppenidentität, Diffusion der Verantwortung für die Tat, zeitliche Fixierung auf den gegenwärtigen Moment ohne Rücksicht auf zukünftige Konsequenzen der Tat, Anwesenheit sozialer Vorbilder und Loyalität gegenüber einer Ideologie.

Ein Thema, das sich wie ein roter Faden durch die Berichte über europäische Christen zieht, die während des Holocaust Juden geholfen haben, könnte als die „Banalität der Güte" zusammengefasst werden. Es ist erstaunlich, immer wieder festzustellen, wie viele dieser Retter das Richtige getan haben, ohne sich als Helden zu fühlen; sie handelten lediglich aus dem Gefühl ihres schlichten Anstandes heraus. Die Gewöhnlichkeit ihrer Güte ist besonders erstaunlich angesichts der unglaublichen Bösartigkeit des systematischen Völkermords der Nazis, der ein Ausmaß annahm, das die Welt noch nicht erlebt hatte.

Porträt

Parks, *Rosa Louise* Parks, farbige US-amerikanische Bürgerrechtlerin, * 4.2.1913 in Tuskegee, Alabama, † 24.10.2002 in Detroit; wurde am 1. Dezember 1955 in Montgomery, Alabama, verhaftet, weil sie sich weigerte, ihren Sitzplatz im Bus für einen männlichen weißen Fahrgast zu räumen. Ihr ziviler Ungehorsam gegen Rassendiskriminierung löste den *Montgomery Bus Boycott* aus, der neben anderen Protesten als Beginn der schwarzen Bürgerrechtsbewegung in den USA gilt.

Die Heldentaten einer Rosa Parks, die sich weigerte, in einem Bus in Alabama im hinteren, für „Farbige" reservierten Bereich zu sitzen, eines Joe Darby, der die Abu-Ghraib-Folterungen öffentlich machte oder der Katastrophenhelfer, die nach den Anschlägen des 11. September als Erste in das World Trade Center hineingingen, sind Taten des Heldenmuts, die zu bestimmten Zeiten an bestimmten Orten geschehen. Demgegenüber zeigt sich das Heldentum eines Mahatma Gandhi oder einer Mutter Teresa in tapferen Taten, die sich im Laufe eines ganzen Lebens immer wieder abspielen. Chronisches Heldentum verhält sich zu akutem Heldentum wie Zivilcourage zu Kühnheit.

Diese Auffassung impliziert, dass ein jeder von uns unter dem Einfluss situativer Kräfte ebenso leicht zum Helden wie zum Übeltäter werden könnte. Also ist es geboten zu erkunden, wie man die situativen und systemischen Kräfte eindämmen und verhindern kann, die einige von uns zu sozialer Pathologie hintreiben. Doch ebenso wichtig ist es, bei Bürgern aller Gesellschaften ein „heroisches Ideal" zu fördern. Das wird durch die Botschaft erreicht, dass jeder Mensch ein Held im Wartestand ist, von dem erwartet wird, im Moment der Entscheidung das Richtige zu tun. Für jeden von uns ist die entscheidende Frage, ob wir handeln sollen, um anderen zu helfen, um andere vor Schaden zu bewahren oder ob wir untätig bleiben sollen. Es sollten viele Lorbeerkränze geflochten werden für all die Menschen, die ihre geheimen Reserven an Stärke und Tugend entdecken, gegen Unrecht und Grausamkeit handeln und für ihre Grundsätze und Werte einstehen werden.

Feuerwehrmänner im Einsatz nach dem Anschlag auf das World Trade Center am 11. September 2001.

Der große Bestand an Forschungen über situative Determinanten antisozialen Verhaltens zeigt das Ausmaß, in dem normale, gewöhnliche Menschen dazu verleitet werden können, grausame Taten gegen Unschuldige zu begehen. Wenn auch in diesen und vielen anderen Studien die Mehrheit gehorchte, sich anpasste, sich unterordnete, sich überreden ließ, gab es doch stets auch eine Minderheit, die widerstand, widersprach und nicht gehorchte. Heldentum zeigt sich auch in der Fähigkeit, den mächtigen situativen Kräften zu widerstehen, denen die meisten Menschen so leicht in die Falle gehen.

Unterscheidet sich die Persönlichkeit dieser Aufrechten von denen der Blind-Gehorsamen? Keineswegs. Unser Konzept von der Banalität des Heldentums besagt vielmehr, dass die Vollbringer heroischer Taten des Moments sich nicht grundlegend von denjenigen unterscheiden, die den Großteil der Leichtverführten ausmachen. Es existieren kaum empirische Forschungen, die solche Behauptungen belegen könnten. Da Heldentum kein simples Phänomen ist, das systematisch untersucht werden kann, widersetzt es sich sauberen Definitionen und Datenerhebungen im Feld. Heldentaten sind kurzlebig und unvorhersehbar und können definitiv nur nachträglich gewürdigt werden. Da Helden für gewöhnlich erst Monate oder Jahre nach ihrem heldenhaften Verhalten dazu befragt werden, gibt es keine vorausschauenden Studien dessen, was der Fotograf Henri Cartier-Bresson vielleicht den „entscheidenden Moment“ heldenhaften Verhaltens nennen würde. Die Entscheidungsmatrix eines Helden zu dem Zeitpunkt, wenn er sich entschließt, riskante Aktivitäten zu entfalten, können wir in der Regel nicht kennen.

Heldentum stärkt die menschliche Gemeinschaft

Aus Gründen, die wir noch nicht ganz verstehen, entschließen sich überall auf der Welt Tausende von ganz gewöhnlichen Menschen, heldenhaft zu handeln, wenn sie besonderen Umständen ausgesetzt sind. Oberflächlich betrachtet scheint die Perspektive, die wir hier einnehmen, den Mythos des Helden zu entwerten und etwas Besonderes zu etwas Banalem zu machen. Aber dem ist durchaus nicht so, da unser Standpunkt sehr wohl anerkennt, dass eine Heldentat außergewöhnlich und rar ist. Heldentum stützt die Ideale einer Gemeinschaft; es dient als außergewöhnliche Leitlinie und liefert vorbildliche Beispiele prosozialen Verhaltens. Die Banalität des Heldentums bedeutet, dass wir allesamt Helden im Wartestand sind. Es ist eine Entscheidung, mit der ein jeder von uns irgendwann konfrontiert sein kann. Ich glaube, dass wir Heldentaten in jeder Gemeinschaft vermehrt fördern können, wenn wir Heldentum zu einem egalitären Attribut der menschlichen Natur machen anstatt zur seltenen Eigenschaft weniger Auserwählter. Der Journalistin Carol Depino zufolge „hat jeder Mensch die Fähigkeit, mehr oder weniger zum Helden zu werden. Vielleicht erkennt man das mitunter nicht. Für manchen Menschen wird man schon zum Helden, wenn man ihm nur eine Tür öffnet und ihn freundlich grüßt. Jeder von uns ist für irgendeinen Menschen ein Held".

Dieser neue Aspekt der Universalität gewöhnlicher Helden ermutigt uns, neu nachzudenken über die gewöhnlichen Helden unter uns, deren alltägliche Opfer unser Leben bereichern. In seinem Buch *The Image: A Guide to Pseudo-Events in America (Das Image oder Was wurde aus dem amerikanischen Traum)* würdigt der amerikanische Historiker und Schriftsteller Daniel Boorstin (1914–2004) die ungenannten Helden des Alltags, die unter uns leben und arbeiten:

> In unserem heutigen, von Illusion und Quasi-Illusion geprägten Leben ist ein Mensch mit handfesten Tugenden, der für etwas Wesentlicheres als seinen Bekanntheitsgrad bewundert werden kann, häufig ein ungenannter Held: der Lehrer, die Krankenschwester, der ehrliche Polizist; jeder Mensch, der schwere, einsame, unterbezahlte, unglamouröse, ungenannte Arbeit verrichtet. Paradoxerweise können sie Helden bleiben, eben weil sie nicht gefeiert werden.

Und so könnte die Abschiedsbotschaft dieses Beitrags lauten: Heldentaten und die Menschen, die sie vollbringen, sollten gefeiert werden. Sie knüpfen unentbehrliche Bindungen zwischen uns; sie schweißen unsere menschliche Gemeinschaft zusammen. Das Böse, das sich in unserer Mitte behauptet, muss bekämpft und schließlich überwunden werden – durch die Macht der Güte im Herzen der Gemeinschaft und der heroischen Entschlossenheit aller gewöhnlichen

Menschen. Dies ist kein abstraktes Konzept; der russische Dichter Alexander Solschenizyn (1918–2008), ehemaliger Häftling in Stalins Gulag, mahnt uns: „Die Linie, die das Gute vom Bösen trennt, verläuft mitten durch das Herz jedes einzelnen Menschen. Und wer will schon ein Stück seines Herzens zerstören?"

Grundtext aus: Philip G. Zimbardo *Der Luzifer-Effekt. Die Macht der Umstände und die Psychologie des Bösen*; Spektrum Akademischer Verlag (amerikanische Originalausgabe: *The Lucifer Effect*; übersetzt von Karsten Petersen).

Alle für einen!

Ohne die anderen wäre der Mensch nicht, was er ist. Ein neuronales Netz ermöglicht es ihm, sich in andere einzufühlen – es kann ihn aber auch zum willenlosen Mitläufer machen

Katharina Kluin

Er und sie und es sind ich. Kein Handgriff, kein Gedanke, kein Wort funktioniert ohne die anderen, ohne die Welt da draußen. Menschen lernen zu lächeln, wenn sie andere lächeln sehen. Sie lernen zu sprechen, wenn sie andere sprechen hören. Und sie lernen, was richtig und was falsch ist, wenn andere auf ihr Verhalten reagieren. Selbst der überzeugte Einzelgänger wäre ohne Eltern und Kollegen nicht derselbe Mensch.

Wie sehr der Einzelne mit seinem sozialen Umfeld verbunden ist, überrascht immer wieder auch die, die das menschliche Miteinander untersuchen: Primatenforscher, Psychologen und Neurowissenschaftler. Immer deutlicher wird, wie eng Körper und Geist im sozialen Netz verwoben sind. Ist es sicher gespannt, hält es Herz, Kreislauf und Immunsystem fit. Der Mensch lebt länger, sein Gedächtnis funktioniert besser, und er ist zufriedener.

Das Bedürfnis nach Kontakt zu anderen sei in uns angelegt, schreibt der Psychologe Daniel Goleman in seinem Buch *Soziale Intelligenz*. Das haben vor allem die Studien der sozialen Neurowissenschaft gezeigt. Sie sucht nach den Grundlagen des menschlichen Gemeinsinns und fördert immer mehr über jenes System zutage, das unserer Fähigkeit zu Kooperation und Einfühlung zugrunde liegt.

„Es ist eine der wichtigsten Erkenntnisse der vergangenen zehn Jahre, dass ein großer Teil unseres Gehirns auf die Verarbeitung sozialer Reize ausgerichtet ist", sagt Christian Keysers, Hirnforscher am Neuroimaging Center im niederländischen Groningen. Wie er sind viele Forscher inzwischen überzeugt: Diese neuronalen Schaltkreise bilden ein „soziales Gehirn", das viel mächtiger ist, als man es lange für möglich hielt. An jedem Blick, den wir austauschen, an jedem Schritt, den wir machen, ist es beteiligt. Es registriert feinste Nuancen in Mimik und Tonfall des Gegenübers, sagt intuitiv dessen nächste Handlung voraus und braucht nur selten die Hilfe des bewussten Denkens, um klug zu reagieren.

Ohne Frontalhirn werden Affen zu asozialen Rüpeln

Wie wichtig diese Fähigkeit für das Leben in der Gruppe ist, zeigen Untersuchungen an Rhesusaffen, denen ein Teil dieses sozialen Gehirns fehlt. Die Forscher waren nicht zimperlich: Sie entfernten den Äffchen wichtige Teile des Frontalhirns, darunter die Mandelkerne, die auch bei Menschen zur emotionalen Frühwarnzentrale gehören. Die Tiere mutierten zu asozialen Rüpeln. Sie ignorierten die Regeln der Gruppe, stopften mit gefundenem Fressen nur ihr eigenes Maul und waren sexuell enthemmt. Die Strafe blieb nicht lange aus: Die Unruhestifter wurden von ihrer Gruppe verstoßen oder sogar getötet.

Die verheerende Wirkung solcher Hirnverletzungen ist auch am Menschen erforscht. Patienten mit Schäden an bestimmten Arealen des Frontalhirns werden aus der Mimik ihrer Mitmenschen nicht mehr schlau. Menschen mit Verletzungen der sogenannten Insula, eines Bereichs in der

Großhirnrinde, verlieren nicht nur jedes Ekelgefühl, sie verstehen auch den angewiderten Gesichtsausdruck anderer nicht mehr als Warnsignal – und greifen beherzt nach allem, was dem Gegenüber heftigen Würgereiz beschert. Und Patienten mit dem Williams-Beuren-Syndrom, einer seltenen Erbkrankheit, sind offenbar deshalb besonders vertrauensselig, weil ihre Mandelkerne nur wenig funken. Schon als Kleinkinder fremdeln sie kaum.

Woher jedoch das Gespür kommt, das uns im Dickicht möglicher Reaktionen und Motive der Mitmenschen den Weg weist, blieb lange ein Rätsel. Der Psychologe Edward Lee Thorndike definierte 1920 soziale Intelligenz als die Fähigkeit, „in Beziehungen klug zu handeln". Viele Kollegen glaubten, diese Gabe sei im bewussten Denken begründet, das mithilfe früherer Erfahrungen die richtigen Schlüsse ziehe: Wer oft gesehen habe, dass sich unsichere Menschen am Kopf kratzen, gehe davon aus, dass ein Mensch, der sich am Kopf kratzt, unsicher ist.

Anfang der 1990er-Jahre kam diese Interpretation sozialer Intelligenz ins Wanken. Die italienischen Hirnforscher Giacomo Rizzolatti und Vittorio Gallese machten eine Entdeckung, die eine viel direktere Brücke zwischen dem Ich und den anderen schlägt: die Spiegelneuronen. Ganz gleich, ob die Affen in den italienischen Versuchslabors nach ihrem Futter griffen oder ob sie nur einen Artgenossen dabei beobachteten – immer waren dieselben Nervenfasern der vorderen Großhirnrinde aktiv.

Das da Draußen ist ein Teil von uns

In den folgenden Jahren fanden die Italiener und ihre internationalen Kollegen Hinweise darauf, dass es die Spiegelneuronen auch im menschlichen Gehirn gibt. Und zwar nicht nur in den Arealen für das Erkennen von Bewegungsabläufen, sondern auch in jenen für die Verarbeitung von Seh-, Hör- und Tastreizen und in jenen für Ekel. „Das alles verändert unsere Vorstellung davon, wie unser Gehirn die soziale Welt verarbeitet, natürlich grundlegend", sagt Christian Keysers. „Das da draußen ist eben nicht getrennt von mir, sondern etwas, das mir ähnelt, das ich direkt auf mich übertrage und nachempfinde." Das heißt: Wer sieht, dass sich ein anderer am Kopf kratzt, weiß bereits, dass er unsicher ist – ohne überhaupt darüber nachzudenken.

Die Spiegelneuronen könnten eine Erklärung für die kleinen Wunder bieten, die sich im täglichen Miteinander ereignen: für wortloses Verstehen, für Empathie und selbstlose Hilfsbereitschaft. Ohne derlei biologische Zusammenhänge zu kennen, beschrieb der Psychologe Theodor Lipps bereits zu Beginn des vergangenen Jahrhunderts Einfühlungsvermögen als innere Nachahmung der Gefühle anderer. Mehr als 100 Jahre später zeigt die moderne Wissenschaft, wie recht er hatte.

Die Spiegelneuronen könnten so auch einen entscheidenden Beitrag zur Evolution der menschlichen Kultur geleistet haben. Denn sie haben es den Menschen schon früh leicht gemacht, sich als einander ähnliche Wesen zu verstehen.

Diese Vorstellung von dem, was im Kopf der anderen geschieht, die „Theory of Mind", entwickeln Kinder etwa im vierten Lebensjahr. Untersucht wird sie mit der sogenannten Maxi-Aufgabe. Dazu spielen Forscher den Kindern ein Puppentheater vor. Die Figur Maxi legt ein Stück Schokolade in einen Schrank und verschwindet dann „auf den Spielplatz". Währenddessen versteckt ihre Mutter die Schokolade in einer Schublade. Anschließend kommt Maxi zurück. Die Kinder, die all das beobachtet haben, sollen nun beantworten: Wird Maxi die Schokolade im Schrank oder in der Schublade suchen? Fast alle Kinder unter drei Jahren rufen noch falsch: „In der Schublade!" Sie können noch nicht zwischen Maxis Wissen und ihrem eigenen unterscheiden.

Mit jedem weiteren Lebensmonat sinkt die Quote jedoch rapide: Schon die Hälfte der Vier- bis Fünfjährigen weiß, dass Maxi im Schrank suchen wird, sie können Maxis Denken nachvollziehen. Sechs- bis Siebenjährige sind kaum noch verwirrt. „Dieses Verständnis ermöglicht es ihnen, sich in die geistige Welt einer anderen Person hineinzuversetzen, sodass sie nicht nur vom anderen, sondern auch durch den anderen lernen können", schreibt Michael Tomasello vom Max-Planck-Institut für Evolutionäre Anthropologie in Leipzig.

Wer durch bloßes Beobachten bereits die Hirnareale aktivieren kann, die zum Hausbau oder Fischfang nötig sind, lernt viel nebenbei. Er braucht in der Praxis nur noch ein bisschen Übung – und hat mehr Zeit für eigene Ideen und Innovationen. Erst diese Fähigkeit, kulturelles Wissen zu erschließen und aus der Erfahrung vieler Generationen zu lernen, ermöglicht dem Einzelnen Weitblick und Orientierung, als stände er, wie Isaac Newton gesagt haben soll, „auf den Schultern von Giganten".

Die dunkle Seite des Gemeinschaftsgefühls

Doch das tief verankerte Bedürfnis, Teil einer Gemeinschaft zu sein, hat auch eine dunkle Seite. Es ermöglicht nicht nur Kooperation, sondern auch falsche Folgsamkeit, blinden Gehorsam und Machtmissbrauch. Die Forschung zur Gruppendynamik lehrt, dem sozialen Instinkt zu misstrauen. Einige Vertreter dieser Disziplin hatten als Opfer des nationalsozialistischen Regimes erlebt, was erst durch die wechselseitigen Einflüsse zwischen Machthabern, Machern und Mitläufern möglich wurde – und aus normalen Menschen die braune Masse machte.

Wie sehr sich der Einzelne durch das Er und Sie und Es beeinflussen lässt, zeigt ein Experiment des amerikanischen Sozialpsychologen Solomon Asch. Er legte einer vierköpfigen Gruppe Karten vor, auf denen unterschiedlich lange Geraden zu sehen waren. Die Teilnehmer sollten sich nun auf die längste Gerade einigen. Allerdings gab es nur einen wirklichen Probanden in der Runde – die drei übrigen Mitglieder waren Mitarbeiter von Asch. Wenn diese nun eine eindeutig falsche Lösung wählten, beobachtete Asch Erstaunliches: Der vierte, echte Proband schloss sich der Mehrheit in jedem dritten Fall an.

Eine ganz ähnliche Nebenwirkung des sozialen Gehirns beobachtete Muzafer Sherif. Er forderte Versuchsteilnehmer auf, sich auf die Bewegungsrichtung eines Lichtpunkts im Versuchsraum zu einigen. Nach einem kurzen Prozess der Meinungsbildung kamen sie zu einer Entscheidung. Nur hatte Sherif sie auf die falsche Fährte gesetzt, der Punkt bewegte sich in Wirklichkeit keinen Millimeter vom Fleck – das vermeintliche Wandern war nur eine Sinnestäuschung. Die Probanden aber hatten sich in kürzester Zeit von einer „eindeutigen" Bewegungsrichtung überzeugt.

Allerdings gibt es auch Forschungsergebnisse, die zeigen, dass der Einzelne nicht nur der Gruppe ausgeliefert ist. Ihnen zufolge lohnt es sich eben doch, die eigene Meinung auf vermeintlich verlorenem Posten kundzutun. Der Sozialpsychologe Serge Moscovici, der die Schrecken des Naziregimes in einem rumänischen Arbeitslager miterlebt hatte, schleuste zwei Mitarbeiter in eine Versuchsgruppe ein, deren Teilnehmer die Farbe von Karten benennen sollten. Diese beiden behaupteten von jeder grünen Karte, sie sei blau. Auf die Überzeugung der Gruppe, eine grüne Karte gesehen zu haben, hatte das zwar keinen Einfluss. Aber als Moscovici anschließend die einzelnen Probanden noch einmal befragte, stellte er fest, dass sich deren Farbwahrnehmung ein klein wenig verändert hatte: Sie ordneten Grüntöne mit Blaustich nun eher als Blau ein als zuvor.

Das soziale Gehirn nutzt seine Sinne also auch, um die Stimmen derjenigen einzufangen, die außerhalb der Gruppe stehen. Sie provozieren ein Umdenken bei der Mehrheit. Und das führt, auch das haben die Forscher oft bestätigt, zu kreativeren und besser durchdachten Gruppenentscheidungen – und ist damit eine wichtige Voraussetzung für Weiterentwicklung und Innovation.

Der Mut zum eigenen Standpunkt

Allerdings scheint der Gedanke des Einzelnen seine Wirkung zu verlieren, sobald ausgeprägte Hierarchien ins Spiel kommen. Die meisten Menschen verlieren spätestens unter der Aufsicht einer dominanten Führungsperson den Mut zum eigenen Standpunkt. Am eindrucksvollsten haben das in den 1960er- und 1970er-Jahren die Stromstoß-Studien des amerikanischen Sozialpsychologen Stanley Milgram bewiesen. Mehr als 3000 Menschen haben an dem nach ihm benannten Experiment teilgenommen, die Ergebnisse sind mehr als erschreckend.

Milgram hatte den Probanden erklärt, er wolle untersuchen, wie sehr körperliche Bestrafung das Lernen beeinflusse. Dazu solle ein „Schüler“ im Nebenraum Wortpaare richtig ergänzen, und sie selbst hätten den Part des strafenden Lehrers zu übernehmen, der jeden Fehler mit immer stärkeren Stromstößen quittiert.

Und das taten sie. Zumindest, solange sie unter der Aufsicht des strengen Versuchsleiters standen. Ein mahnendes „Das Experiment erfordert, dass Sie weitermachen“ oder „Bitte fahren Sie fort“ genügte, um zwei Drittel aller Teilnehmer bis zur tödlichen Schockstufe aufdrehen zu lassen. Selbst als die „Lehrer“ ihren „Schüler“ (der in Wirklichkeit ein Schauspieler war) im Nebenraum schreien und schließlich verstummen hörten, blieben 62 Prozent der Probanden bis zur höchsten Stufe von 405 Volt folgsam.

Verließ der Studienleiter jedoch den Raum, gehorchte augenblicklich nur noch jeder fünfte „Lehrer“. Gab es beisitzende „Lehrer“, die gegen das Prozedere protestierten, war sogar nur noch jeder Zehnte bereit, die grausamen Befehle des Versuchsleiters auszuführen.

Demokratische Führung fördert Höchstleistung

Wie sich der Führungsstil darauf auswirkt, wie gut unser sozialer Geist funktioniert, hat der Sozialpsychologe Kurt Lewin untersucht. Was er herausfand, passt zu den Milgram-Ergebnissen: Wer unter autokratischer Anleitung arbeitet, zeigt unbedingten Einsatz und Gehorsam – allerdings nur, solange sein Chef anwesend ist. Sobald dieser den Raum verlässt, verfallen die Untergebenen dem unselbstständigen Nichtstun, der Feindseligkeit und der Suche nach Sündenböcken.

Weniger aggressiv, aber für einen produktiven Arbeitsablauf ähnlich unbrauchbar verhalten sich Menschen, die nach dem Motto „Laissez faire“ geführt werden: Sie entwickeln sich zu unmotivierten Faulpelzen. Nur wenn Leitungspersonen ihre Leute demokratisch, das heißt unter Einbeziehung aller Interessen anleiten, laufen Gruppenmitglieder zur Höchstform auf: Sie leisten am meisten, sind einfallsreich, offen, loyal, freundlich und unterstützen sich gegenseitig.

Das soziale Gehirn entfaltet seine Fähigkeiten also erst in der richtigen Umgebung. „Zwar ist die Neigung zu Zorn, Eifersucht, Egoismus und Neid im biologischen Erbe der Menschen ebenso angelegt wie ihre Bereitschaft, grob, aggressiv, gewalttätig zu sein“, sagt der amerikanische Psychologe Jerome Kagan. Doch trügen sie ein noch stärkeres Erbe für Freundlichkeit, Mitgefühl, Kooperation, Liebe und Hilfsbereitschaft in sich. „Dieser ethische Imperativ“, so Kagan, „gehört zur biologischen Ausstattung unserer Art.“

Aus: ZEIT Wissen 06/2007

Nachwort: Denken und Handeln

Von Gerhard Roth

Denken und Handeln stehen im Alltag in einem seltsam widersprüchlichen Verhältnis. Wir nehmen gewöhnlich an, dass wir umso besser handeln können, je gründlicher wir vorher nachgedacht haben. Auf der anderen Seite wissen wir aus Erfahrung, dass ein guter Denker keineswegs zwangsläufig ein guter Handelnder ist.

Wir Menschen zeichnen uns im Vergleich mit allen anderen Tieren neben der Sprache am deutlichsten durch unsere Fähigkeit zur längerfristigen Handlungsplanung aus. Die größte Herausforderung, die wir dabei oft glücklich bestehen, ist das gedankliche „Herstellen" der richtigen Reihenfolge von Handlungen. Die meisten Tiere scheitern daran. Auch die klügsten Säugetiere wie die Schimpansen können nur wenige Stunden im Voraus planen, zum Beispiel bei der Herstellung von Stöckchen für den Fang schmackhafter Termiten. Natürlich können auch Tiere längere Handlungssequenzen ausführen, aber das beruht (wie manches Tun des Menschen) auf der Einübung von Aktionsfolgen, bei der die eine Aktion das „Stichwort" zur nächsten gibt.

Allerdings ist auch der Mensch bei der gedanklichen Repräsentation von Handlungsabfolgen nicht zwangsläufig perfekt, und deshalb schreiben wir uns bei mehr als zwei geplanten Aktionen die Reihenfolge am besten auf – wir schreiben Einkaufszettel, notieren Straßenrouten und entwickeln Strategiepapiere.

Auch beim Abwägen von Handlungsalternativen stoßen wir rasch an unsere Grenzen. Rein gedanklich und ohne weitere Hilfsmittel können wir vielleicht gerade zwei mäßig komplexe Alternativen und ihre Konsequenzen abwägen. Wenn wir bei einer dritten angekommen sind, haben wir meist die Erkenntnisse über die ersten vergessen und fangen wieder von vorn zu denken an.

Schuld an diesen Schwierigkeiten ist die Begrenztheit unseres Arbeitsgedächtnisses, das im oberen Stirnhirn angesiedelt ist. Schon vor mehr als 100 Jahren hat der Psychologe Hermann Ebbinghaus, ein Pionier der Gedächtnisforschung, herausgefunden, dass das gedankliche Behalten selbst von einfachen Dingen wie Silben oder kurzen Worten nur bis zu einer Anzahl von rund sieben gut klappt und sich ab dann die Fehler häufen. Wir können mit sinnvoller Gruppierung (Telefon- und Kontonummern) und Gestaltbildung (Position von Zahlen auf der Tastatur des Handys) sowie den bekannten Eselsbrücken das Fassungsvermögen des Arbeitsgedächtnisses scheinbar erweitern, aber damit betreiben wir nichts anderes als „Datenkompression". Das Fassungsvermögen ist offenbar grundsätzlich konstant, wenngleich interindividuell verschieden, und je intensiver wir uns gedanklich auf eine Sache konzentrieren, desto weniger Kapazität steht für andere Dinge zur Verfügung.

Bei professionellen Entscheidungsprozessen, zum Beispiel im Management von Unternehmen, wird deshalb die Zahl und Art der zu betrachtenden Möglichkeiten und ihrer Konsequenzen weitgehend „vorentschieden", sodass die kognitiven Kapazitäten der Letzt-Entscheider nicht überlastet werden. Neben dem Mangel an Information ist nämlich ein Informationsüberangebot schädlich.

So sehr also die rationale Handlungsplanung als menschliche Sonderleistung gepriesen wird, so sehr haben wir allein schon wegen der Begrenztheit unseres Arbeitsgedächtnisses Schwierigkeiten mit ihr. Gleichzeitig wissen wir, dass viele Entscheider gar nicht rational entscheiden, sondern „intuitiv" oder – wie sie sagen – „aus dem Bauch heraus". Ist die Intuition also dem Verstand überlegen? Steuern Gefühle unser Handeln?

Es lohnt sich, das Verhältnis von Verstand, Gefühlen, Intuition und Handeln einmal gründlicher zu betrachten.

Die allermeisten Entscheidungen in unserem alltäglichen Leben treffen wir ohne großes Nachdenken und ohne große Gefühlsregungen

Wenn wir über Handlungsentscheidungen nachdenken, lautet unsere erste Erkenntnis, dass wir die allermeisten Entscheidungen in unserem alltäglichen Leben ohne großes Nachdenken und ohne große Gefühlsregungen treffen. Wir weichen beim Waldspaziergang kleinen Hindernissen automatisch aus, wir lenken unser Auto durch dichten Straßenverkehr, ohne dass wir über die erforderlichen Bewegungsabläufe nachdenken müssen. Wir spielen Klavier oder fahren Rad, ohne zu wissen, was wir da sensomotorisch tun.

Bei all diesen Dingen handelt es sich um ziemlich komplizierte Entscheidungs- und Steuerungsprozesse, die alle das Eine gemeinsam haben: dass sie ohne Nachdenken funktionieren. Allerdings erfordern sie zuvor eine mühsame Einübung, und dabei mussten wir uns in der Regel anfangs sehr konzentrieren. Je mehr wir üben, desto schneller gehen uns die Abläufe von der Hand, und desto weniger müssen wir unser Bewusstsein darauf lenken, und schließlich würde ein Nachdenken darüber, was wir da tun, uns sogar „aus dem Takt bringen".

Würden wir dabei unser Gehirn mit bildgebenden Methoden analysieren, so würden wir sehen, dass anfangs, wenn die Handlungsabläufe noch nicht geübt sind und wir uns konzentrieren müssen, weite Teile der sensorischen, kognitiven und motorischen Großhirnrinde aktiv sind, und sich mit zunehmender Übung und abnehmender Beteiligung der Aufmerksamkeit die Aktivität aus der Großhirnrinde in die Basalganglien verlagert.

Die Basalganglien bilden unter Mitwirkung des Kleinhirns eine Art Handlungsgedächtnis aus, denn in ihnen sind alle Handlungssequenzen gespeichert, die wir flüssig, genau und ohne Nachdenken ausführen können. Wir entscheiden höchstens, wann, nicht aber wie wir eine bestimmte Bewegung ausführen; diese läuft dann mehr oder weniger automatisiert ab. Dieses Handlungsgedächtnis bestimmt über 90 Prozent unserer alltäglichen Entscheidungen.

Generell trachtet unser Gehirn immer danach, Entscheidungs- und Steuerungsprozesse zu standardisieren, sodass für wiederkehrende Tätigkeiten immer weniger kognitiver, emotionaler und motorischer Aufwand getrieben werden muss. Solche Routinen können wir auch unter starkem Zeitdruck und hoher emotionaler Belastung präzise ausführen, etwa als Feuerwehrleute in einer Brandkatastrophe.

Natürlich hat dieses automatisierte Verfahren auch Nachteile. Die abgespeicherten Handlungsabläufe passen nur auf bestimmte Situationen und versagen entsprechend, wenn unerwartete Dinge geschehen. Dann reagieren wir häufig „kopflos“. Zweitens sind solche Routine-Bewegungen, wenn sie einmal trainiert sind, schwer zu ändern. Auch wenn wir sehr genau wissen, was wir falsch machen: Einmal eingeschliffene Fehler lassen sich nur mühsam, wenn überhaupt, beheben. Jeder Klavierspieler kann das aus eigener Erfahrung bestätigen.

Eine zweite wichtige Art von Entscheidungen sind die zur Zeit in Büchern und auf Vortragsveranstaltungen vieldiskutierten Bauchentscheidungen. Überall heißt es „Hör auf deinen Bauch!“ oder „Trainiere deine Bauchgefühle“.

Bei schnellen Entscheidungen unter Stress oder in Gefahr können oder wollen wir nicht lange nachdenken

Die „Entscheidungen aus dem Bauch heraus“ sind den automatisierten Entscheidungen ähnlich, hier geht es um schnelle Entscheidungen bei Stress oder Gefahr; wir können oder wollen nicht lange nachdenken, aber gleichzeitig handelt es sich um hochaffektive Situationen. In unserem modernen Alltag sind damit nicht nur Feuersbrünste, Überfälle und andere lebensbedrohliche Situationen gemeint, sondern auch Kaufentscheidungen unter Zeitdruck oder – besonders eindrucksvoll – das Verhalten im Straßenverkehr. Unser Verhalten hinter dem Steuer ist in aller Regel hochaffektiv.

Ob ich meinen Vordermann noch vor der Kurve überhole, ob ich jemandem die Vorfahrt lasse oder nicht, all dies sind – insbesondere bei Männern – Momente der Entscheidung, die stammesgeschichtlich tief in uns verwurzelt sind, es geht nämlich um Flucht, Abwehr/Verteidigung, Angriff, Erstarren (Totstellen), Unterwerfung (Resignation), um Macht, Dominanz und Imponieren. Bei so etwas hat der Verstand wenig zu suchen.

Solche affektiven Entscheidungen werden von einem Bereich in unserem Gehirn kontrolliert, den man „untere limbische Ebene“ nennt. Neben der Sicherung der elementaren Körperfunktionen werden durch diese Ebene unsere spontanen affektiven Verhaltensweisen und Empfindungen wie Angriffs- und Verteidigungsverhalten, Dominanz- und Paarungsverhalten, Flucht und Erstarren, Aggressivität und Wut gesteuert. Die von dieser Ebene ausgehenden Antriebe und Affektzustände bilden unser stammesgeschichtliches Erbe und sind durch Erfahrung und willentliche Kontrolle nur wenig beeinflussbar. Sie machen in ihrer individuellen genetischen Ausformung das *Temperament* eines Menschen und seine grundlegende Triebstruktur aus.

Unter Zeitdruck, Gefahr und sonstiger hoher emotionaler Belastung werden Botenstoffe ausgeschüttet, die uns zu schnellen, urtümlichen Reaktionen veranlassen und zu diesem Zweck das Denken abschalten. Da sie stammesgeschichtlich für primitive Macht- und Bedrohungssituationen vorgesehen sind, ist klar, dass sie in komplexeren Situationen wie dem Straßenverkehr meist unangepasst wirken: Man gibt Gas, anstatt zu bremsen; man nimmt dem Konkurrenten die Vorfahrt, anstatt sie ihm souverän zu überlassen.

Bei Entscheidungen ohne Zeitdruck können wir wählen, ob wir eher unsere Vernunft walten lassen wollen oder am Ende doch das Gefühl den Ausschlag gibt

Der dritte wichtige Entscheidungstyp sind Entscheidungen ohne Zeitdruck, zum Beispiel bei der Frage, ob man diese Person oder eine andere heiraten, ein Jobangebot von X annehmen oder ablehnen, das Automodell A oder B kaufen soll. Hier tut sich die bekannte Alternative auf: „Lass Verstand und Vernunft walten!“ gegenüber „Hör auf dein Gefühl!“ In diesem Zusammenhang denken wir bei Gefühlen oder Emotionen zunächst vor allem an große Gefühlsaufwallungen. Wir vergessen dabei, dass erlebte Gefühle nur der bewusste Ausdruck tieferliegender und häufig sich unbewusst vollziehender Vorgänge der Bewertung von allem, was wir erleben und tun, sind. Diese vollziehen sich auf der zweiten und dritten limbischen Ebene.

Die zweite limbische Ebene ist die *Ebene der emotionalen Konditionierung*. Hieran sind die Amygdala und das mesolimbische System im weiteren Sinne beteiligt. Die Amygdala ist Ort der erfahrungsabhängigen Verknüpfung negativer oder neuartiger Ereignisse mit Gefühlen der Furcht, Angst, Abwehr und Überraschung, aber auch des Erkennens emotional-kommunikativer Signale wie Mimik, Gestik, Körperhaltung und emotionaler Tönung der Stimme.

Interaktionspartner und gleichzeitig Gegenspieler der Amygdala ist das mesolimbische System. Es dominiert bei der Registrierung und

Verarbeitung natürlicher Belohnungsereignisse und stellt zum einen das cerebrale *Belohnungssystem* (über die Ausschüttung der endogenen Opiate – der hirneigenen Belohnungsstoffe) und zum anderen das *Motivationssystem* dar, das über die Ausschüttung von Dopamin Belohnungen „verspricht".

Diese zweite limbische Ebene repräsentiert die unbewusste Grundlage des „Selbst". Erste Erfahrungen werden bereits vor der Geburt im Mutterleib erworben. Daran schließen sich unmittelbar nach der Geburt intensive Bindungserfahrungen mit der Bezugsperson, in der Regel mit der Mutter an, im zweiten Jahr kommen die Erfahrungen mit dem Vater und Geschwistern hinzu und schließlich Erfahrungen mit Spielkameraden. Das Ganze vollzieht sich unbewusst oder auf gering bewusster Ebene und stets in einem ego-zentrierten Kontext („Ich will alles, und zwar sofort").

Die dritte, wiederum darüber angeordnete limbische Ebene ist die *Ebene der Sozialisierung*. Hier lernen wir in der Interaktion mit den Familienangehörigen, den Spiel- und Schulkameraden und weiteren Mitgliedern der Gesellschaft, wie wir uns zu verhalten haben, damit uns andere Menschen lieben oder zumindest bereit sind, etwas für uns zu tun. Dazu gilt es, die archaischen und ego-zentrierten Impulse der unteren und mittleren limbischen Ebene zu zügeln.

Diese Ebene umfasst Teile der Großhirnrinde und ist die Grundlage unserer sozial vermittelten „Ich-Existenz". Auf dieser Ebene lernen wir, dass kurzfristige Belohnungen nicht immer auch auf Dauer positiv sind; wir lernen, dass Anstrengungen, Opfer und Durststrecken sich auszahlen, dass Kompromisse geschlossen und Rangfolgen von Präferenzen erarbeitet werden müssen.

Die neuronale Basis der Rationalität ist in unserem Großhirn von der Handlungssteuerung entkoppelt. So können wir erst planen – und dann handeln

Wir haben jetzt drei Arten von Emotionen kennengelernt, nämlich zum einen die Affekte, die unser Temperament bestimmen und uns mitreißen, dann die ego-zentrierten Gefühle als Resultat emotionaler Konditionierung, und schließlich die sozial vermittelten Emotionen, die Rücksichtnahme, Risikowahrnehmung und Empathie und ähnliches vermitteln. Sie bilden die Brücke zur vierten Ebene der – meist sprachlich vermittelten – Rationalität.

Diese Rationalität wird im Wesentlichen vermittelt durch Netzwerke im oberen Stirnhirn, dem präfrontalen Cortex, wo sich auch das bereits erwähnte Arbeitsgedächtnis und der Sitz der Intelligenz befin det. Der präfrontale Cortex hat mit der zeitlich-räumlichen Strukturierung von Sinneswahrnehmungen zu tun, mit Problemlösen, planvollem und kontextgerechtem Handeln und Sprechen und mit der Entwicklung von rationalen Zielvorstellungen. Er steht in enger anatomischer und funktionaler Beziehung zum Broca-Sprachzentrum. Wahrscheinlich haben beide dieselben stammesgeschichtlichen Wurzeln, und offenbar deshalb sind Rationalität und Sprache beim Menschen eng (wenngleich nicht zwingend) miteinander verbunden.

Wir lernen auf dieser Ebene, wie wir unser Verhalten vor uns selbst und vor unseren Mitmenschen am besten rechtfertigen. Sie ist deshalb auch die Ebene der Selbstdarstellung und des Selbstbetrugs, der Diplomatie, der Heuchelei und der Lüge.

Das Bemerkenswerte hieran ist, dass nicht nur sprachliche Rechtfertigung, sondern auch Rationalität sich im Extremfall von den übrigen Ebenen abkoppeln können, die direkt mit Handlungssteuerung zu tun haben. Nicht nur können wir höchst rationale Gedankengebäude errichten, die mit der Realität nichts zu tun haben müssen, wir können uns auch vorstellen, was wir alles tun könnten (oder müssten), ohne dass wir zur gleichen Zeit den Drang verspürten, dies in die Tat umzusetzen. So können wir ohne Folgen über das Elend in der Welt nachsinnen und moralische Postulate aufstellen, denen wir selbst gar nicht folgen.

Dies hat vornehmlich mit der Tatsache zu tun, dass der präfrontale Cortex anders als die limbischen Ebenen keinen direkten Bezug zur Handlungssteuerung hat. Wir folgen in unserem Handeln bestimmten Gedanken und Vorstellungen, die dort entwickelt werden, nur dann, wenn sich gleichzeitig Inhalte der verschiedenen limbischen Ebenen „einklinken".

So können uns bestimmte Gedanken völlig kaltlassen, weil dabei emotional nichts mitklingt, während wir bei anderen in große Wut geraten können, wenn sie emotionale Inhalte des limbischen Systems anstoßen. Das Nachsinnen über das Elend in der Welt bleibt nur dann nicht folgenlos, wenn Zustände des Mit-Leidens so aktiviert werden, dass sie uns zur Tat drängen.

Warum ist dies so? Ich habe bereits erwähnt, dass der Mensch sich vor allen anderen Tieren in seiner Fähigkeit zur Handlungsplanung auszeichnet. Diese Fähigkeit beruht darauf, sich vorzustellen, was man in welcher Weise wann tun *könnte* und was daraus wahrscheinlich folgt. Ist das gedankliche Resultat negativ, dann denken wir über Alternativen nach.

Das kann nur gelingen, wenn eine solche Handlungsplanung nicht gleich in Handeln übergeht. Rational vorzugehen heißt, Alternativen abzuwägen und nicht gleich zu handeln. Es heißt aber auch, dass Denken und Planen anderen Gesetzen folgt als Handeln. Ein rationales Vorgehen muss deshalb nicht automatisch ein gutes Handeln zur Folge haben, denn es lässt oft die wesentlichen affektiv-emotionalen Bedingungen des Handelns außer Acht.

Dem traditionellen Modell rationalen Handelns liegt die Auffassung zugrunde, dass eine Entscheidung umso besser ist, je mehr sie von Verstand und Vernunft geleitet wird – also eine *rationale* Entscheidung ist. Entsprechend lautete die Kernaussage des in der Ökonomie und Soziologie vorherrschenden Rational-Choice-Modells: Menschen entscheiden sich so, wie es ihnen das rationale Abwägen von Vor- und Nachteilen möglicher Entscheidungen vorgibt. Gefühle gelten hierbei als störendes Beiwerk und sollten deshalb zurückgedrängt werden. Entsprechend entwickelten die Väter der modernen Entscheidungstheorie wie Herbert Simon das Konzept der „begrenzten Rationalität": Es ist zwar im Prinzip richtig, rein rational zu entscheiden, aber man muss immer in Rechnung stellen, dass Menschen aufgrund affektiver und emotionaler Gründe davon abweichen und zumindest partiell „irrational" handeln.

Dieses Konzept der *bounded rationality* wurde von Reinhard Selten, Hartmut Esser und anderen Entscheidungstheoretikern weiterentwickelt, und es wurden einige Prinzipien aufgestellt, die erklären, warum Menschen häufig vom reinen rationalen Handeln abweichen. So geben wir uns häufig mit der ersten Lösung zufrieden, die uns in den Sinn kommt, anstatt gründlich zu suchen. Wir ziehen einen naheliegenden, aber geringeren Gewinn einem ferneren Gewinn in der Regel vor, auch wenn dieser aller Wahrscheinlichkeit nach viel größer ist. Wir machen aus Bequemlichkeit und Angst vor dem Risiko „weiter wie bisher", obwohl eine Verhaltensänderung große Vorteile mit sich bringen würde. Grundsätzliche Einschränkungen rationalen Handelns beruhen nach dieser Sicht auf der begrenzten Information, der begrenzten Zeit und der begrenzten Ausdauer.

Es sind die Affekte und Emotionen, die in Form von Handlungsmotiven unser Verhalten steuern

Diese Prinzipien treffen sicher zu. Ihre theoretische Grundlage aber erscheint mir falsch. Ich denke, man muss aufgrund der hier dargestellten Erkenntnisse das Verhältnis von Ratio, Affekt und Emotion umgekehrt sehen: Es ist nicht etwa so, dass Rationalität die primäre Instanz der menschlichen Handlungssteuerung ist, die durch Emotionen begrenzt wird, sondern es sind die Affekte und Emotionen, die in Form von *Handlungsmotiven* unser Verhalten steuern. Rationalität kann allein für sich die affektiv-emotionale Verhaltenssteuerung nicht direkt beeinflussen, sondern nur über das „Einkoppeln" anderer affektiv-emotionaler Motive, die der bisherigen Handlungsplanung entgegenstehen und ihr eventuell eine andere Richtung geben.

Wenn ich mir zum Beispiel einen teuren und schicken Sportwagen kaufen will, weil mein bester Freund dies gerade getan und damit in seiner Umgebung und auch bei mir großen Eindruck hinterlassen hat, so mögen Verstand und Vernunft dagegen einwenden, dass mein Bankkonto die Anschaffung und den Unterhalt eines solchen Autos nicht zulässt. Solche rationalen Erwägungen sind aber nur wirksam, wenn sie bestimmte negative Emotionen in mir wachrufen, zum Beispiel die Furcht vor den Folgen weiterer Schulden. Der Appell an die Vernunft wirkt also nur über die Aufforderung „denk über die Folgen deines Tuns nach – willst du die?" Die Antwort hierauf ist niemals rational, sondern immer emotional.

Nun kann man einwenden, dass es neben der kalten gedanklichen auch eine *emotionale Rationalität* geben kann: Falls der schicke, aber leider teure Sportwagen für mich einen so hohen emotionalen Stellenwert hat, dass er mein Selbstbewusstsein enorm steigert, dann sind mir eben die Gedanken an weitere Schulden egal. Ich verwirkliche dann das, was mein emotionales Bedürfnis am besten befriedigt, und das ist eben auch rational.

„Rational" und „irrational" sind also zunächst einmal individuen- und kontextabhängige Begriffe. Jeder lebt in seiner höchst individuellen Welt der Affekte, Emotionen und rationalen Erklärungen und damit auch seiner Handlungszwecke. Solche Zwecke verfolgen wir nicht aus logischen Überlegungen heraus, sondern aufgrund von unbewussten oder bewussten Motiven, die häufig weit in unsere Kindheit zurückreichen. Es sind diese Motive, die in aller Regel die rationale Instanz in uns so lange verbiegen, bis sie zu ihnen passt – und nicht umgekehrt. Insofern ist erst einmal jedes Verhalten subjektiv „rational" im Sinne der Verwirklichung individueller Zwecke, etwa der maximalen Befriedigung von Ehrgeiz und Anerkennung, gleichgültig woher diese Antriebe stammen.

Irrationales Verhalten wäre dann ein Verhalten, das dem Erreichen dieser Zwecke nicht dient. Ich glaube vielleicht, mit der Anschaffung des schicken, teuren Sportwagens großen Eindruck auf Freunde und Nachbarn zu machen, aber sie spotten nur über mich.

Irrational handeln aber auch die Menschen, die zwar Einsicht in die negativen Konsequenzen ihres Handelns besitzen, die sie auch durchaus kundtun, die aber nicht entsprechend handeln *können*. Untersuchungen an solchen Personen zeigen, dass ihr rationaler präfrontaler Cortex gut funktioniert, nicht aber ein anderer Bereich ihrer Großhirnrinde, der orbitofrontale Cortex, der die Funktion hat, vor negativen Konsequenzen zu warnen. Während bei einer gesunden Person das plötzliche Bewusstsein der negativen Konsequenzen („oh Gott, was tue ich da eigentlich?") zu starken affektiv-emotionalen Reaktionen im limbischen System führt, schweigt dieses System bei solchen Patienten. Sie sind aufgrund der Schäden im orbitofrontalen Cortex nicht in der Lage, aus Fehlern zu lernen, und besitzen entsprechend kein Warnsystem.

Rationalität – so sehen wir – ist wichtig beim Aufstellen und Abwägen der Konsequenzen des geplanten Verhaltens. Der Appell an die Einsicht kann Motive in uns aufrufen, die vorher nicht aktiviert waren („daran hatte ich gar nicht gedacht!"), aber ob er dies tut und ob wir diesem Appell folgen, hängt nicht von dem Appell ab, sondern von der individuellen Motivlage.

Eine letzte Entscheidungsinstanz haben wir bisher noch nicht diskutiert, nämlich das intuitive Entscheiden oder Problemlösen. Intuition wird häufig mit „Bauchentscheidung“ verwechselt, ist aber etwas ganz anderes. Es handelt sich nämlich um eine Art von Einsicht, die nicht auf dem schrittweise vorgehenden gedanklich-sprachlichen Abhandeln von Dingen und Argumenten beruht, sondern auf einer „Ahnung“, eben einer Intuition, eine bestimmte Entscheidung oder Problemlösung sei die richtige, ohne dass wir dies genau artikulieren könnten.

Wir alle kennen die Situation, dass wir lange vergeblich über etwas nachdenken oder uns an etwas erfolglos zu erinnern versuchen. Wir geben schließlich auf, beschäftigen uns mit etwas anderem, und Stunden oder Tage später fällt uns die Lösung oder die Erinnerung ein, manchmal beim Aufwachen oder sonst wie aus „heiterem Himmel“.

Eine neurobiologisch plausible Erklärung dieses Vorgangs ist folgende: Die Informationsverarbeitung in unserem Gehirn besteht nicht nur aus der Ebene des Bewusstseins, die in der Großhirnrinde lokalisiert ist, und der Ebene (oder besser den Ebenen) des Unbewussten, die im limbischen System außerhalb der Großhirnrinde beheimatet sind, sondern auch aus dem *Vorbewussten*.

Dieses Vorbewusste umfasst alles, was aktuell nicht bewusst ist, aber einmal bewusst war, ins Vorbewusste abgesunken ist und unter bestimmten Umständen bewusst gemacht werden kann. Hierzu gehört unser sprachlich berichtbares (deklaratives) Gedächtnis. Es enthält alles, was mit uns passiert ist (das sogenannte episodisch-autobiografische Gedächtnis) ebenso wie das, was wir an Wissen verfügbar haben. Dieses deklarative Gedächtnis ist in der Großhirnrinde lokalisiert – sonst könnten seine Inhalte ja nicht bewusst werden –, aber seine Inhalte befinden sich sozusagen knapp unterhalb der Bewusstseinsschwelle. Diese Schwelle wird entweder durch aktiven äußeren oder inneren Anstoß überschritten (uns fällt etwas ein, weil wir gerade etwas wahrnehmen, oder wir denken intensiv nach), oder es fällt uns scheinbar ganz zufällig ein.

In Wirklichkeit gibt es einen solchen Zufall nicht. Die Tatsache, dass uns in einer bestimmten Situation etwas einfällt oder auch nicht, wird von vor- und unbewussten Prozessen in unserem Gehirn bestimmt, über die wir keine willentliche Kontrolle besitzen.

Das Vorbewusste, die Grundlage unserer Intuition, ist in seiner Kapazität der Informationsverarbeitung schier unbegrenzt

Dieses Vorbewusste ist gegenüber dem, was wir bewusst verarbeiten können, in seiner Kapazität der Informationsverarbeitung schier unbegrenzt. Dies zeigt sich unter anderem daran, dass wir im Prinzip alles behalten könnten, was wir jemals erlebt haben, aber wir können nicht alles davon erinnern. Entsprechend ist auch die Fähigkeit des

Vorbewussten zum Problemlösen außerordentlich viel größer als beim rationalen Problemlösen. Das intuitive Problemlösen geschieht vorbewusst, nicht unbewusst, aber es geschieht nach anderen Prinzipien als unser rationales Denken – eben intuitiv.

Wir können, da es sich um vor- und nicht unbewusste Inhalte handelt, im Nachhinein nur einige Teile des Lösungsprozesses rekonstruieren, aber meist gelingt dies nicht völlig. Von großen Wissenschaftlern ist bekannt, dass sie ihre bahnbrechenden Einfälle intuitiv – meist nach Unterbrechung langen und quälenden Nachdenkens – haben, aber in den anschließend geschriebenen Lehrbüchern oder Autobiografien dann als Ergebnis rationalen Suchens darstellen.

Ausblick: Das Gehirn – ein vieldimensionales System

Schaut man aus großer Distanz auf die jüngere Entwicklung der Hirnforschung, so lassen sich drei große Umbrüche feststellen. Der erste Umbruch war die Entdeckung des „kognitiven Gehirns" Ende der 1970er-Jahre und zugleich das Aufkommen der im Rückblick verhängnisvollen Gehirn-Computer-Analogie. Rund zwanzig Jahre später rückten mit den bahnbrechenden Arbeiten von Damasio und LeDoux die neuronalen Grundlagen emotionaler Zustände in das Zentrum des Forschungsinteresses, und dieser zweite Umbruch trug nicht nur das Gehirn-Computer-Analogon zu Grabe, sondern führte auch zur Erforschung des „psychischen Gehirns" und seiner Erkrankungen. Der dritte Umbruch hin zum „sozialen Gehirn" vollzieht sich zur Zeit.

Damit reift die Erkenntnis, dass unser Gehirn ein vieldimensionales System ist. Es ist aufgespannt durch die funktionalen Grunddimensionen „unbewusst – bewusst", „emotional – rational" und „individuell/egozentrisch – sozial/altruistisch". Unsere Persönlichkeit ist ein höchstindividueller Mischungszustand von Zuständen aus diesen Dimensionen, und dieser Mischungszustand ergibt sich wiederum aus der Kombination genetischer Prädispositionen, Hirnentwicklung, frühkindlicher Bindungserfahrung und späterer psychosozialer Erfahrung.

Unser Gehirn ist ein vieldimensionales System und unsere Persönlichkeit eine höchstindividuelle Mischung von Zuständen aus diesen Dimensionen

Unser Handeln wird durch diese Multidimensionalität bestimmt: Es wird teils unbewusst, teils bewusst gesteuert, ist teils emotional, teils rational und immer ein Kompromiss zwischen individuell-egozentrischen und sozial-altruistischen Motiven. Denken spielt hierbei eine besondere Rolle. Gutes Denken – so sehen wir – kann zu gutem Han-

Gerhard Roth zählt zu den bekanntesten Hirnforschern Deutschlands. Er hat in Philosophie und Zoologie promoviert und lehrt seit 1976 als Professor für Verhaltensphysiologie an der Universität in Bremen; seit 1989 ist er Direktor am dortigen Institut für Hirnforschung. 1997 wurde er zum Gründungsrektor des Hanse-Wissenschaftskollegs ernannt. Er ist Mitglied der Berlin-Brandenburgischen Akademie der Wissenschaften und seit 2003 Präsident der Studienstiftung des deutschen Volkes. Seine Forschungsschwerpunkte sind neurobiologische Grundlagen der kognitiven und emotionalen Verhaltenssteuerung bei Wirbeltieren, neurobiologische Grundlagen psychischer Zustände und Erkrankungen, theoretische Neurobiologie und Neurophilosophie.

deln führen, muss es aber nicht. Schlecht, weil meist unangepasst an unser komplexes Alltagsleben, sind die hochaffektiven schnellen Entscheidungen. Rein emotionale Entscheidungen haben ebenfalls ihre großen Nachteile, denn sie hindern uns meist daran, an die mittel- und langfristigen Folgen des beabsichtigten Handelns zu denken. Hier hilft der Appell an die Rationalität. Aber dieser Appell ist als solcher wirkungslos, wenn er nicht zur Aktivierung emotionaler Zustände führt, die dann als Motive unser Verhalten beeinflussen. Intuition ist ein mächtiger Vermittler zwischen Rationalität und Emotionalität, aber ihre neuronalen Grundlagen sind noch wenig bekannt.

Haben wir also über diese neuen Erkenntnisse der Hirnforschung den Menschen zumindest im Prinzip voll verstanden? Kritiker weisen darauf hin, dass in diesem Menschenbild das Kreative, Künstlerische und das Spirituelle nicht vorkommen. Wohl nicht ganz, könnte man entgegnen, denn Intuition hat mit Kreativität und künstlerischer Tätigkeit zu tun, und auch über Spiritualität wird inzwischen aus neurowissenschaftlicher Sicht geforscht, wenngleich hier die methodischen und begrifflichen Schwierigkeiten enorm sind. Die neuronalen Grundlagen des Psychischen, seiner Erkrankungen und deren möglicher Therapie werden weiterhin ein dominierendes Thema der Hirnforschung sein ebenso wie die Grundlagen sozialen Denkens, Fühlens und Handelns. Schließlich wird uns die Frage nach der neurobiologisch inspirierten „künstlichen Intelligenz" wieder stärker beschäftigen, wohl wissend, dass diese Intelligenz nicht bloß kognitiv-rational, sondern auch emotional und intuitiv sein muss, um auch nur in die Nähe der Komplexität menschlichen und tierischen Handelns zu kommen. Vielleicht wird dies der vierte Durchbruch sein.

Bild- und Textnachweise

Bildnachweise:

S. 5:	© Roger Ressmeyer/Corbis
S. 13:	© B. F. Skinner Foundation
S. 20:	Wikipedia © Public Library of Science
S. 31:	© Helena Bergmann, Melanie Voerman, www.synaesthesie.info
S. 42:	Mit freundlicher Genehmigung von Jana und Emma Vierkant
S. 103:	Wikipedia
S. 115:	© Garland Science und Paul Ekman
S. 126:	(©) Masami Ito.
S. 144:	aus Atkinson/Hilgard, Einführung in die Psychologie, Spektrum Akademischer Verlag 2007
S. 161:	© The Gallery Collection/Corbis
S. 164:	© Sunset Boulevard/Corbis
S. 168:	© Bettmann/Corbis
S. 170:	© Vienna Report Agency/Sygma/Corbis
S. 179:	© Bettmann/Corbis
Beitrag Spitzer:	
S. 192:	© Reuters/CORBIS
S. 205:	Corbis, © Michael Maloney/San Francisco Chronicle
S. 218:	© Brooke Fasani/Corbis
S. 220:	© Wolfgang Flamisch/zefa/Corbis
S. 235:	© Robbie Jack/Corbis
S. 245:	Marie-Lan Nguyen/Wikimedia Commons
S. 246 oben:	Wikipedia
S. 250:	© Mary Benson/Felicity Brian Literary / Corbis
S. 252:	Wikipedia
S. 254:	Wikipedia, United States Department of State
S. 255:	© Neville Elder/Corbis/Sygma

Textnachweise:

S. 181: „Stalker“ zitiert nach www.polizei-beratung.de; S. 200: Kindersterblichkeit, Daten von Unicef 2007;

Buchbeiträge aus:

Blackmore, *Die Macht der Meme. Die Evolution von Kultur und Geist* (2000), Vorwort von Richard Dawkins und Kapitel 4; Harrison, *Wenn Töne Farben haben. Synästhesie in Wissenschaft und Kunst* (2007), Kapitel 1; Kühnel/Markowitsch, *Falsche Erinnerungen. Die Sünden des Gedächtnisses* (noch nicht erschienen), Kapitel 3; Altenmüller, *Vom Neandertal in die Philharmonie* (noch nicht erschienen), Kapitel 2; Ekman, *Gefühle lesen. Wie sie Emotionen erkennen und richtig interpretieren* (2004), Kapitel 3 ; Haenel, *Depression. Leben mit der schwarz gekleideten Dame* (2008), Kapitel 2 und 5; Buss, *Der Mörder in uns. Warum wir zum Töten programmiert sind* (2007), Kapitel 1 und 9; Spitzer, *Selbstbestimmen. Gehirnforschung und die Frage: Was sollen wir tun?* (2003), Kapitel 17; Seidel, *Emotionale Kompetenz: Gehirnforschung und Lebenskunst* (2004), Kapitel 17; Zimbardo, *Der Luzifer-Effekt: Die Macht der Umstände und die Psychologie des Bösen* (2008), Kapitel 16.

Index

Kursive Seitenzahlen verweisen auf Zusatzelemente (Randspaltentexte, Exkurse, Bilder), steile Seitenzahlen auf den Grundtext.

A
Abort 172
Abruf (von Informationen) 61, 64f, *66f*, 67, 70f
  assoziativer *67*
  falsche Erinnerung 75
  freier *67*
  zielgerichteter (strategischer) *67*
Abschreckungs- und Deeskalationsmaßnahmen 178
Absoluthörer
  neuroanatomische Besonderheiten 104f
  Verbreitung 104
Abstraktion (Schematheorie) 68
Abwehr *173*
Abwehrinstinkte (Evolution) 172–174
Abwehrmechanismen des Ich *173*
Abwehrstrategien 226f
Abwehrtaktiken 182f
Achilles 244–246, *245*
Achtsamkeit 236
Adaptation 167
Adaptationsproblem 181
Adolphs, R. 133
Advanced Measures of Audiation-Test (AMMA), Hörfertigkeiten 102f
Affekt *169*, 268f
affektive Steuerung (Denken und Verhalten) *169*
affektive Störungen *139*
affektiver Typ 125
Affekttat 169, *169*, 174
Affektzustände 265
Aggressionsforschung
  geschlechtstypische Verhaltensweisen 185–187
  vorfeministische 185
Aggressivität *221*
  Definition 185
  Geschlechterunterschiede 185–187
  Motive 186
  systematische Kulturvergleiche 186
  und Wut 265
akustisch evozierte Potenziale (AEP) 41f, *41*
Akzeptanz 234, 238
Alexander der Große 243
Alexie, musikalische (Notenblindheit) *93*
Alkoholmissbrauch 54
Altenmüller, E. *82*, 108–110
Altruismus 180
Alzheimer-Krankheit 54, 87
Amboss *89*
Amnesie 54
  anterograde *54*
  expressive *93*
  infantile 36f, *36*
  retrograde *54*
  rezeptive *93*
Amphetamin 144
Amusie *93*
Amygdala (Mandelkern) *XI*, 133, 258f, 265
Anamnese *54*
Anasazi-Indianer (Kannabalismus) 171
Anerkennung 152
Aneurysma 54
angeborene erworbene Talente 217
angeborener auslösender Mechanismus (AAM) *113*
Angriffs- und Verteidigungsverhalten 185–187, 265
Angst 116, *117–119*, 118, 121f, 133, 168, 217
Angst- und Panikstörung 140, *140*
Angstauslöser 120, 122
Angsterleben *140*
Angstforschung 120f
Angstneurose *202*
Angstreaktion 120
Anonymität 238
Anreiz, natürlicher (Evolution) *169*
Anspruchsniveau, individuelles 240
Ansteckung (*contagion*), Definition 16, 15–22
anteriorer (vorderer) cingulärer Cortex siehe Cortex
Antidepressiva 142, *142*, 155f, 159, 201
Antizipationsnutzen *196*
Antrieb (*drive*) 168f, *168*, *219*, 220
Aphasie *93*
Apoptose 44
Appetitlosigkeit 140, *145*
Arbeitsgedächtnis 86f, *86*, 195, *195*, 262f, 266
Arbeitsmodell (Cordes und Dougherty) *148*
Arendt, H. 252, *252*
Ärger 117f, 128
Arglist 169
Aristoteles 48, 245
Arrow, K. 208
Asch, S. 260
Atkinson, J. W. 222f
auditive Assoziationsareale 91f
auditorische Mustererkennung 90
auditorischer Cortex, siehe Cortex
Aufgeschlossenheit 234
Aufmerksamkeit *71*, 71f, 86, *86*, 114, 116, 224, 264
Auftragsmord 169
Aural-Oral-Loop 86
Ausdauer *221*
Auslösemechanismus, erlernter (EAM) 113
Auslöser (Reiz) 113, *113*, 118f, 169
  emotionaler 120–125, 129f
  emotionaler (Fallbeispiel einer Abschwächung) 125–128
  erlernter 120
Aussagepsychologie, suggestive Befragungen *58*
Außenohr *89*
äußerer Reiz *168*
Außerirdische, Glaube an 53, 55–58
Autismus 23–27
  Forschung 24–27
  Gehirnhemisphären-Theorie 26
  Hirnforschung 25–27
  Kennzeichen 24
Autist
  genialische Fähigkeiten 23–27
  Hirnschädigungen 25–27
  kognitive Strategien 26
  Merkfähigkeit 24
  neuronale Netzwerke 25
automatisierte Tätigkeit, Vergesslichkeit 72
Autonomie *220f*
Autorität (Form der Beeinflussung) 224–227, 240
  Arten 224
  destruktive 253
  gerechte 238
  Missbrauch 226
  selbsternannte 238
  ungerechte 238
Autoritätsfiguren, illegitime 238
Axon 38, *38*
Axonhügel *38*

B
Baghai, T. 153, 157
Balken (Corpus callosum) *XI*
Banalität
  der Güte 254
  des Bösen 252f, *252*
  des Heldentums 253
  positive 252
Baron-Cohen, S. 31, 35f
Bartlett, F. C. Sir 51f, *51*
Basalganglien 264
Basilarmembran 88, 89, *89*, 93
Bauchgefühl (Entscheidungen) 131, 134, 136, 263f, 270
Baudelaire, C. 29f, *29*
Bauman, Z. 253
Baumeister, R. 230
Becker, S. 244, 247
Bedürfnis nach Sicherheit 240
Beeinflussung
  emotionale Intelligenz *214*
  Formen 219–226

intelligente Haupttaktik *216*
Intensität 213–216
Motivation 221–224
Spezialtaktiken *216*
Strategie 214, 216–227, *218*
ungewollte 226f
Beeinträchtigung der Lebensqualität 249
Beethoven, L. van 87
Befehlen (Form der Beeinflussung) 219–222, 227
Behaviorismus *12*, *14f*
Beilock, S. L. 136
Belohnung *220*, 223
Bentham, J. *196*
Beobachten 260
Beobachtungslernen *16*
Bereitschaft, innere *168*
Bergmann, H. *31*
Berufsmusiker 100
Bestrafung *223*
Betsch, C. 135
Beweisführung *193*
Bewertung 8, *219*
Bewertungsmechanismus, automatischer 113, 126
Bewunderung 217
Bewusstsein 113, 126, 135, 210, 263
kollektives 233
- und Erlebniswelt *142*
Bewusstseinsschwelle 270
Bewusstseinsstörung, tiefgreifende *175*
Bieri, P. 211
Bilder (als Stimulusmaterial) 62
bildgebende Verfahren 35, 74, 76, 102
bin Laden, O. 169
Birbaumer, N. 27, 229f
Blackmore, S. 1f
blinder Gehorsam 260
Blutrache 178, *178*
Boorstin, D. 256
Borderline-Persönlichkeitsstörung 175, 202, *202*
Brahms, J. 84
Bravour 244
Brecht, B. *198*
Brendel, A. 97, *97*
Broca, P. *94*, 107
Broca-Areal *XI*, 266
Brodie, R. 13
Brodmann-Areal-10 210
Brown Simpson, N. 173
Brown, A. 78–80
Browning, C. 253
Brustregion (Thoracalregion) *X*
Brutalität (Kino und Fernsehen) 165
Bundy, T. *168*, 169
Burisch, M. *152*
Burnout/Burnout-Syndrom 146–152, *146*
Definition 146f
Entstehung, Hauptursachen 148f
Erschöpfungsdepression 146
Fallbeispiel einer Therapie *151*
Häufigkeit 149
Helfersyndrom 146
im Berufsleben 147–149, *148*
Interventionsmaßnahmen *148*
Krankheitsbild 146–148
Prävention 149–152
Symptome *146*
Busch, W. *147*, 206
Busoni, F. B. *83*
Buss, D. M. *160*

C

Campbell, A. 186
Carbamazepin 78
Cartier-Bresson, H. 255
Caton, R. 41–43
Chamberlain, L. 29
Charme 216f
Choriongonadotropin (hCG) 172, *172*
Chunk 86f, *87*, 96f
Cicero *35*
cingulärer Cortex, siehe Cortex
Co-Aktion (*co-action*) 16
Cochlea 88, *88*
-Kern *91*
Corpus callosum *95*
Cortex (Großhirnrinde) 5, *5*, *91*, 266, 269
Aktivierung einzelner Areale 264
Aktivität *98*
Areale *XI*, 30
auditorischer (Hörrinde) *XI*, *55*, *88*, 89f
cingulärer 75f, *76*
deklaratives Gedächtnis 270
Ebene des Bewusstseins 269f, 259
frontopolarer 210
inferotemporaler *XI*
insulärer 133
limbischer *XI*
motorischer 108
okzipitaler 41
orbitofrontaler 269
parahippocampaler *74*
parietaler 210
perirhinaler 74, *74*
posteriorer *XI*, 75
primärer motorischer *XI*
präfrontaler *XI*, *67*, 75, *76*, 266f, 269
prämotorischer *XI*
somatosensorischer *XI*
supplementär-motorischer *XI*
visueller (Sehrinde) *XI*, 5, 37
Corti, A. G. G. de *88*
Corti-Organ 88, *88*
Cytowic, R. 30f, *30*, 47f

D

Damasio, A. 14, *14*, 132f, 136, 271
Dankbarkeit *118*
Darby, J. 254
Darwin, C. 133
Daueraufmerksamkeit *71*
Dauerstress 158
Davidson, R. 229
Dawkins, R. 10, *10*
Debussy, C. 84
Deeskalationsstrategie 180
Deisler, S. 154
Déjà-vu 77–81
Dauer-Déjà-vu 77
Forschung 79
Häufigkeit 79
neurowissenschaftliche Erklärungen 78f
deklaratives Wissen *99*
Demütigung 127
Dendrit *38*
Denken 4–10, 32, 34f, 131f, 271f
autistisches 25f
bewusstes 135, 259
memetisches 7–10
rationales 271
Sprachentwicklung 6
und Gefühle 131–137
und Handeln 262–272
und Planen 267
Dennett, D. 7, *7*
Depersonalisation *148*
Depino, C. 256
Depression 79, 139–152, *139f*, 200f, *202*
akut depressive Phase 142
Begriff 139f
Behandlung 201
Diagnose 140, 155
endogene 158
Erleben 140, 142
Erklärungsmodelle 143–146
exogene 158
genetische Veranlagung 158
Geschlechtsunterschiede 145
Häufigkeit und Verbreitung 154
Krankheitsbild 153f
Krankheitsentstehung 143–146
psychogene 140f
Risiko 154f
Statistik 155
Stoffwechselstörung im Gehirn 143, *144*
Symptome *141*, *143*
Therapie 155
und Trauer, Unterschiede 141
Verbreitung 145f
vererbte Disposition 143
Volkskrankheit 153–159
Vorbeugung und Heilungsmöglichkeiten 153–159
Depressionsforschung 140, 157f
depressionspräventives Programm 144, *144*
Depressionsstudie, genetische 158
depressive Episoden *139*, 201
depressive Erkrankungen, volkswirtschaftlicher Schaden 154
Dershowitz, A. 192
Descartes, R. 32, *32f*
Desensibilisierung, systematische *150*
Desoxyribonucleinsäure (DNA) 2
Diencephalon (Zwischenhirn) X, *90*
Dijksterhius, A. 135
Distanz 234
Dominanz *221*
der Eltern 221

- und Paarungsverhalten 265
Dominanzproblem *220*, 221
Dopamin 107, *142*, 156, 266
Drohung mit Tadel 223
Druck in Richtung Uniformität *241*
Dualismus (Geist und Materie) 32, *32f*
Ductus cochlearis (Scala media) *89*

E

Eagly, A. 244, 247
Ebbinghaus, H. 52, *52*, 262
Ebbinghaus-Gesetz 52
Ebbinghaus-Vergessenskurve *52*
Eccles, J. C. Sir 32, *33*
Edelmut 243
Effekt-Gesetz *15*
Eibl-Eibesfeldt, I. *177*
Eichmann, A. 252, *252*
Eifersucht 168, 175
Einfühlungsvermögen *174*, 259
Einspeicherung *66*, 67
von Bildinformationen 74
von Informationen 71, 65
Einstein, A. 136, *198*
Einzelner und soziales Umfeld 258
Ekel 118, *118*, 133
Ekman, P. *112*, *116*, 215
Elektroencephalographie (EEG) 41, 107, 109
Kleinkind *42*
Standard-Elektrodenposition *43*
Elektrokonvulsionstherapie (EKT) *150*, 153, 157, 159
Embryo 172
Emergentismus *34*
emotionale Alarmdatenbank 118–122, 133
emotionale Aufladung 125, 127
emotionale Belastbarkeit 229
emotionale Entscheidung *114*
emotionale Erfahrungen 125, 129
emotionale Grundthemen siehe Emotionsthema
emotionale Intelligenz 214, *214f*
Felder 215f
emotionale Kompetenz, interpersonale (Felder) *216*
emotionale Konditionierung 265
emotionale Reaktion 113, 116–119, *117*, 122, 124
individuelle Ausprägung 125
emotionale Reaktionsbereitschaft *117*
emotionale Schemata 117f, *117*
emotionale Struktur 129
emotionale Wende (Psychologie) 132
emotionaler Auslöser, Abschwächung 122–128
emotionaler Intelligenzquotient (EQ) *214*
emotionaler Marker 214
emotionaler Schock 158
Emotionalität 120f, *174*, 272
emotional-kommunikative Signale 265
Emotionen 15, 165, 268, 269
affektive 265f
Antriebe für Mord 168
Auslösung und Beeinflussung 113–130
Denk- und Handlungstendenzen 114–117, *114*, *118*
ego-zentrierte 266
Einteilung *119*
Gedächtnisbildung 87
Gesichtsausdruck *114f*
innere körperliche Veränderungen *114*
kognitive Bewertung *114*
negative *268*
neuronale Grundlagen *271*
positive *121*
Reaktionen auf die Emotion *114*
(Rolle bei Entscheidungsfindung) 14f
sozial vermittelte 266
subjektives Erleben *114*
und Verstand 131–137
wissenschaftliche Klassifikation *119*
Emotionsforschung *119*, 119f
Emotionsprozess
Komponenten 113–118, *114*
Schema *114*
Emotionspsychologie *194*
Emotionsregulation
Fallbeispiel 125–128
Klassifikation von Strategien *127*
kognitive und verhaltensbezogene Strategien *127*
Emotionssystem 121
Emotionsthema
Auslöser 120
Evolution 123
Variation 120–123, 122
Empathie *214–216*, 215, 227, 259
Empirismus 40, *40*
Emrich, H. 47, 49
Endolymphe *88*
Energie, psychische 222
Engagement 234
Engstirnigkeit *241*
Entmenschlichung 238
Entscheidung 8, *196*, 272
affektive *169*, 264f
automatisierte 264
falsche 195f
intuitive 270
ohne Zeitdruck 265
rationale 267
Entscheidungsbaum *208*
Entscheidungsfindung 209–211
Libets Experiment 209f
neuronale Aktivitätsmuster 210
Entscheidungsforschung 131
Entscheidungsprozess 263
Entscheidungstheorie *196*, 268
Entwicklungsdiagnostik *175*
Entwicklungspsychologie
Methoden 41
Säuglingsforschung 40
Epilepsie 41, 78–80
Epiphänomen 34
Epiphyse 32, *32*
Descartes' Skizze 33
Erbarmen 169
Erfahrung 11, 125, 190, *190*, 215, 219, 224, 229f, 259f
falsche 189f
Nutzen *196*
strukturverändernde 229
Erhabenheit *118*
Erinnerung 37, 51, *52*, 65–67, *66*, 79, 81
Erinnerungsphänomen, siehe Déjà-vu
Erkennen *8*
Erkenntnis 231
erlernte Variation 122f
erlernter Auslösemechanismus (EAM) *113*
Ernährung 154
Erregung *169*
Erwartung *240*
Erwartungs-Wert-Theorie (J. W. Atkinson) 222f, *223*
Esser, H. 268
ethnische Konflikte 177
Ethologie *113*
Erklärungsmodell für Fremdenfeindlichkeit *177*
Euphorie 128f
Eustachische Röhre *89*
Evolution 166
Emotionsthema 123
kulturelle 19f
evolutionär bedingte Konflikte 176
Evolutionsbiologie *6*
Evolutionsgeschichte, Töten von Artgenossen 171
Evolutionspsychologie 6, *6*, 8, *8*
evozierte Potenziale (Reizpotenziale) *41*, 41–43
Existenzanalyse *142*
Experimentelle Psychologie 51, *52*

F

Fairness 152
falsche Erinnerungen 51–76, *53*, 69–71
anatomische Grundlagen 74–76
Beispiele 52f
Definition 52f
Entstehung 65–73
Formen 53–65, *53*
Forschung 51f
Studie 52f
falsche Folgsamkeit 260
falsche Rekognitionen *53*, 61–65, 75
Bilder-Methode 62
Definition 61
Film-Paradigma 62, 75
Wortlisten-Methode 61f
Familienehre *178*
Farben (Synästhesie) 30f
Farbenhören 31, 47
Farb-Klang-Synästhesie 30f, 46
Farbwahrnehmung 260
Fatalismus 239
Feedback 223f

Fehlanpassung 197f
Fehler eingestehen 236
Fehlinformation *57*, 70, 74
  provozierte Konfabulationen 57
Fehlverhalten 241
Fehlzuordnung (*misattribution*) 69f, 74
Ferguson, J. 108
Fissura longitudinalis cerebralis *95*
Flach, F. 142
Flashback *59*
Fleiß 198
Flucht und Erstarren 265
Fofor, J. 96
Folie á deux (Geistesstörung zu zweit) 241, *242*
Fornix *XI*
Franco, Z. 248
Freiheitsstrafe, lebenslange *164*
Fremdenangst (Xenophobie) *177*
Freud, S. 24, 51, 81, *143*, *173*, *241*
Freude *118*, 133, 217
Freudenberger, H. J. 146
Freundlichkeit 243
Freundschaft *119*, 180
Fridja, N., Emotionsklassen *119*
Fröhlichkeit *128*
Fromm, E. 241, *241*
frontopolarer Cortex, siehe Cortex
Frontallappen 54
frontotemporale Demenz (FTD) 26f
Frustation 186
Frustrationstoleranz *174*
Führungsqualität *216*, 217
Funkhouser, A. 77, 80
Furcht 118, *118*, *140*, *240*
Furchtlosigkeit 133f
Fuseli, H. *55*

G
Gabora, L. 13
Gallese, V. 259
Gandhi, M. 254
Geborgenheit *243*
Gedächtnis *8*, 32, 35, 51–53, *70*
  deklaratives 270
  musikalisches 83–87, *85*
Gedächtnisabruf *70*
Gedächtnisbildung 65
  Modell *86*
  musikalische 84–87
Gedächtnisforschung 52, 262
Gedächtnis-Items 86
Gedächtnisleistung, Experiment 36
Gedächtnismodell *51*
Gedächtnispsychologie *194*
Gedächtnisstörung 54
Gedächtnisstudien *52*
Gedanken 3f, 8
gedankliches Training 229f
Gefährdung der Gesundheit 249
Gefühl 131f
  als Form der Intelligenz 133, 265
  positives *169*
  und Ratio (bei Tötungsdelikten) 174f
  und Überleben 133
Gefühlsbeeinflussung *128*
Gefühlsentscheidung 132
Gefühlserlebnis *169*
Gefühlsleben 124
Gefühlsreaktion 116f, *117*
Gehirn *121*
  Aktivitätsbilder 75f
  Angstzentrum 133
  Arbeitsweise *35*
  Entscheidungs- und Steuerungsprozesse 264
  Evolution *6*
  funktionelle Anatomie 37f
  Hör- und Sehzentrum 39
  im Überblick *X*, *XI*
  Informationsverarbeitung 37f, 270
  kognitives 271
  Lage der hippocampalen Formation *74*
  limbisches System (Assoziationssystem) 265f
  Meme 7–9
  Musikverarbeitung 83–107, 111
  psychisches 271
  soziales 271
  Stoffwechselaktivität 229
  Veränderbarkeit seiner Arbeitsweise 228–231
  veränderbare Strukturen 229f
  Verarbeitung sozialer Reize 258–261
  Verhalten und Kognition (GVK) 34f, *35*
  vieldimensionales System 271f
  Zellensemble (*cell assembly*), konditioniertes Netz 120f
Gehirnaktivität 35
  Beeinflussung durch Gedanken 229f
  Messung 41
Gehirn-Computer-Analogie 271
Gehirnentwicklung 44
Gehirnfunktion
  bei Depression *144*
  Nervenzellen 44
Gehirnregionen
  Aktivität bei Abruf falscher Erinnerungen 75f
  Musikverarbeitung 107
  Musikwahrnehmung 90–92
Gehirnstoffwechselstörung (Depression) 200
Gehirnzellen, perinatales Absterben 44
Gehör
  absolutes 103–105
  menschliches 88–93, *89*
  relatives 103
Gehörbildung 100f
  Effekte der Neuroplastizität 102–105
  Längsschnittstudien 98–102
  neuronale Netzwerke 97–102
Gehörgang *89*
Gehörknöchelchen *89*
Gehorsam 237f
Geiselnahme, Stanford (Maine) 1968 *179*
Geist, menschlicher (Adaptationen für das Töten) 167
Geistesabwesenheit 71f
Geiz 168
Gemeinschaftssinn 152
Gemütserregung *169*
Gemütslage 129
Gen, Replikationseinheit 9, *10*
Genom, menschliches 253
Genpool 1, 9
Gerechtigkeit 243, 247f
Gereiztheit *128*
Geschmacksempfindung 30
Geselligkeit *221*
gesellschaftliches Wohl 238
Gesichtsausdruck *115*, 117
Gespür 134–136
Gestalttherapie *142*
Gewalt 185
Gewohnheit 230
Gewohnheitsrechtsordnung *178*
Gewöhnlichkeit 252
Gigerenzer, G. 131, 136f, *190*
Ginsburg, S. G. 146
Gladwell, M. 134
Glaube an die eigenen Fähigkeiten 229
Gleichmut *128*
Gleichspannungs-EEG (DC-EEG) 99, 101
Gliazellen *121*
Globalisierung 177, 199
Glück 229, *243*
Goddwin, M. *179*
Golding, W. 239
Goleman, D. *123*, *225*, 258
Good, I. J. 192
Goodwin, R. *179*
Gordon, E. 102
Gore, A. 206
Gray, J. 145
Greene, G. 146
Greenspan, E. L. 161
Grenznutzen 196
Griepentrog, G. J. 104
Groll 168
Großhirnhemisphäre (Großhirnhälfte) *X*, 90–92, 94–96, *95*
Großhirnlateralisation 95
Großhirnrinde, siehe Cortex
Gruhn, W. 98, 101
Grundfähigkeiten, menschliche *142*
Grundstimmungen, individuelle 229
Gruppendenken 241, *241*
Gruppendruck 254
Gruppendynamik 260
Gruppenidentität 254
Gruppenkonformität 238, *239*

H
Haarzelle 88f, 92
Habituations-Dishabituations-Verfahren 40
Haenel, T. *138*
Haig, D. 172
Halluzination 78
  hypnagoge 56, *56*
  hypnopompe 56, *56*

Halsregion (Cervicalregion) *X*
Hammer *89*
Hämoglobin *171*
Handeln
  Multidimensionalität 271f
  rationales *174*, 267f
  verantwortliches 237, *237*
  zeitbezogenes 240, *240*
Handlungsabläufe (Aktivierung von Gehirnarealen) 72, 263f
Handlungsbereitschaft *168*
Handlungsentscheidung 263
Handlungsgedächtnis 264
Handlungsmotiv 268
Handlungsplanung *8*, 262f, 267f
Handlungsprogramm *8*
Handlungssteuerung 267f
Harmonie 107
Harrison, G. 69
Harrison, J. *28*
Hartmann, H. *203*
Hass *119*, 168
Hauptkategorien tugendhaften Verhaltens 243
Haynes, J.-D. 209–211
Hedonismus 239, *239*
Hegerl, U. 155
Heimlichkeit 238
Heimweh 159
Hektik 148f
Helden 234, 242f, 252
  banale 251f
  gewöhnliche (Universalität) 256
  militärische 244f
  zivile 245–247
Heldentum
  akutes 251, 254
  als Prinzipentreue 247
  aristotelische Auffassung 245
  chronisches 251, 254
  Definition 243f
  historische Beispiele 244
  Kontraste 251f
  Konzepte 243
  neue Taxonomie 248–250
  Paradoxien 242
  Stärkung der menschlichen Gemeinschaft 256f
  Verhaltenswissenschaften 243
  vierdimensionales Modell 250f, *251*
  Vorbilder 246
  zentrale Charakteristika 244
  zentrales Konzept 250
  ziviles 246
Hermelin, B. 24f
Heschl-Gyrus 104
Heschlsche Querwindung 90f, 96, 102
Heuchelei 267
Hilfsbereitschaft *221*
Hinterhauptslappen (Okzipitallappen) *X*, *5*
Hinweisreize (Wörter, Bilder) 62, 64, *70*
Hippocampus *XI*, *36*, *67*, 74–76, *74*, *76*, 78
Hirn- und Emotionsforschung 119f, 125
Hirnaktivierungsmuster 101
  Höraufgabe 99f, *100*
Hirnaktivierungsstudien (Absoluthörer) 104f
  Musikverarbeitung 107
Hirnforschung
  Ausblick 272
  Debatte um den freien Willen 209–211
  Emotionen 119f
  Musikalität (Test) 109
  Sprache 107
  Studien zum „sozialen Gehirn" 258–261
  Umbrüche 271
Hirnregionen
  funktionelle Spezialisierung 37f
  Gedächtnisbildung 74
Hirnlappen *X*
Hirnschäden (Stirnlappenbereich) 14f
  Ausfälle musikalischer Leistungen 93–95
  Verlust der Gefühle 136
Hirnstamm *X*, 91
Hirnstruktur, Hörfertigkeiten 102f
Hochstrasser, B. 149
Hodgkin, A. L. *33*
Hoffman, D. („Rain Man") 24f
Hoffnung *240*
Hoffnungslosigkeit *145*
Holden, C. 176
Holocaust 253
Holsboer, F. 156–158
Hominidenevolution 6, 171–173
Homo oeconomicus 131
Hörbahn 89f, *91*
Hörbiografie 84, 101f
Hörerfahrung 83
Hörerlebnis 111
Hörleitung 101
Hormonsystem 158
Hörnerv 89f, *89*
Hörreiz 39, 90
Hörrinde 90f, *92*
Hörsinn 92
Hörsystem, Besonderheiten 92f
Hörwahrnehmung, sensitive *88*
Hoving, T. 134
Hughes-Hallett, L. 244–246
Hume, D. *180*
Humes Gesetz *180*
Huxley, A. F. *33*
Hyperrationalität 137
Hypnose 56f

I
Ich *203*, 266
  -Funktionen 203, *203*
Ideale einer Gemeinschaft 256
Ideologie 254
Illusion (von Sicherheit) 240
Imformationsverarbeitung, visuelle 37
Imitation 1f, *10*, 13, 15–22
  bei Affen 19f, *20*
  bei Kindern 19–21
  Definition 10, 15f
  Forschung 21
  Handlung 20–22
  Meme 10–22
inferotemporaler Cortex, siehe Cortex
Informationsquelle (Abspeicherung) 65–67
Informationsspeicherung 75
Informationsverarbeitung 37, 71f, 270
Innenohr *88f*, 88–92
Inselbegabung 23
Instinkt-Kultur-Verschränkung *180*
insulärer Cortex, siehe Cortex
Integration (Schematheorie) 68
Intelligenz
  der Gefühle 132, 23f, *215*, 217, 266
  „g"-Faktor *214*
Intelligenzdiagnostik *175*
Intelligenztest 23
Intention 219, *237*
Interaktionsprozesse, soziale 40
Interferenz (Überlagerung) 70, *70*
Internationale Klassifikation psychischer Störungen (ICD-10) 146
Interpretation (Schematheorie) 68
Intervall (Melodie) *97*
intrinsische Motivation, siehe Motivation
Introspektion 142, *142*
Intrusionen *53*, *59*, 59–61, 64
  nach einer traumatischen Erfahrung *59*
  semantische 60, *60*
  Wortlisten-Methode 60f
Intuition 131, 134, 164, 263, 270, 272
  Grundlage (des Vorbewussten) 270f
  lebensrettende 183f
Invertierung (Bewegungssteuerung) *22*
in-vivo-Desensibilisierung *150*
Irrtum (Falsch denken) 190–195

J
Ja-Nein-Fragen *58*
Jauch, G. 139

K
Kagan, J. 261
Kandinsky, W. 29
Kanner, L. 24
Kant, I. *203*
Katastrophenhelfer 247, 254, *255*
Kelly, G. *164*
Kernspintomographie 102
Kevorkian, J. 169
Keysers, C. 258f
Kindersterblichkeit 199f, *200*
Kindheitserinnerung 53
Klangfarben 90, *94*, 96, 100, 107
Klein- und Intergruppenforschung *194*
Kleinhirn (Cerebellum) *X*, *XI*, 264

klientenzentrierte Therapie (Gesprächspsychotherapie) *150*
Klinische Psychologie *225*
Koelsch, S. 109–111
Kognition (mentale Prozesse) 35, *35*, *127*, 131f, *194*
Kognitionspsychologie 209
kognitive Kapazitäten 263
Kognitive Psychologie, Konnektion *96*
kognitive Verhaltensmodifikation *150*
kognitive Verhaltenstherapie 230
Kohl, H. 201
Kokain 144
Konditionierung 12–14, *12*, *14*, 120, 122
Konfabulation 53–59, *53f*, 61, 64
  Hirnschädigungen 54f
  provozierte (Auslösung) *53*, 57, *57*, 65
  spontane 54–56
  Ursachen 54–56
  wissenschaftliche Untersuchungen 55f
Konformitätsdruck *58*, *239*
Konnektionismus *15*, 96f, *96*
Kontingenzmanagement 203, *203*
Kontur (Melodie) *97*
Konzentration 71, *71*, *145*
Konzept der „begrenzten Rationalität" (Entscheidungstheorie) 268
Kooperationsvermögen 180, 260
Kopieren (Handlung) 20–22
Korsakow, S. S. 53f, *54*
Korsakow-Syndrom *53f*, 54
Kosten *171*
  des Handelns 249f
  Tötungsversuch 174
Kosten-Nutzen-Analyse 171, *171*, 176, 181, 239
Kosten-Nutzen-Bilanz *171*
Kreativität 272
Kreuzbeinregion (Sacralregion) *X*
Kriegsheld 244f
kritischer Rationalismus *240*
kritisches Denken 236f
Kryptomnesia (unbewusstes Plagiat) 69
Kühnheit 244, 251, 254
Kühnle, S. 50
Künstliche Intelligenz 272
Kurzzeitgedächtnis 85f, *86*, *195*

L

Lachen 16, 217
Lakoff, G. 239, *239*
Langer, E. J. 236, *236*
Langzeitgedächtnis *67*, *86*, 87
Läsionsstudie 95
  Fallbeispiel *94*
  Methode der Neurowissenschaften 93–95, *94*
Lateralisation *95*
Lebensbedingungen (Ungleichheit) 199
Lebensbedrohung durch Artgenossen 172
Lebenserhaltung *251*
Lebensmuster, frauentypisches 186
Lebensqualität 226, 250
Lebenszeitrisiko 140
LeDoux, J. 119–122, 130, 271
Leib-Seele-Problem 32, *33*
Leistung *221*
Leiter, M. P. 147, *147*
Lemke, L. 23
Lendenregion (Lumbalregion) *X*
Lernen 16–18, 261
  durch Imitation 11, 13
  Evolutionsprozess 13
  Haupttypen 11–14
  individuelles 12, 18
  kulturelles 18
  Selektionstheorien 13
  soziales (Beispiele) 16–20, 15–22
Lernexperiment *14*
Lester, D. 174
Lester, G. 174
Levitin, D. 109
Lewin, K. *240*, 261
Libet, B. 209–211
Libido, narzisstische 143
Libidoverlust 140
Liebe *119*, 169
Liebert, G. 101
limbischer Cortex, siehe Cortex
limbisches System 229, 269
  Bestandteile *XI*
  Ebenen des Unbewussten 265f, 270
  emotionale Inhalte 267
Lippmann, W. *238*
Lipps, T. 259
Lob 223
Locke, J. 40
Loftus, E. F. 52f
Logik 193f, *193*, 211
Lüge 132f, 267
Lurija, A. 49
Luther King, M. jr. 249
Lykomedes *245*

M

Macht 224, 226
  irreführender Darstellungen 239
Machtmissbrauch 260
Magnetoencephalogramm (MEG) 98, *98*
Magnetoresonanztomographie (MRT) 46
Mammillarkörper *XI*
Mandela, N. 249f, *250*, 252
Mandelkern, siehe Amygdala
Manfredi, B. *161*
Mann, L. *94*
Mann, T. 146
Marinetti, F. T. 29f
Markowitsch, H. J. *50*
Marktregulierung 199, *199*
Martens, J.-U. 231
Marx, K. *241*
Maslach, C. 147, *147*
Massenmord 253
Mäßigung 243f
Maurer, D. 39
McClelland *169*
medialer Thalamus *144*
Medikamente
  angstlösende *142*
  antipsychotische *142*
Meditation *4*, 9, 127
Meditationstraining, Einfluss auf Hirnaktivität 229
Medulla oblongata *X*
Mees, U., Emotionsklassen *119*
Mehrheit (Problem) 203–208
Melodie 96–99, 107f, 110
Mem 1–22
  Begriff 1
  Definition 10–15, *10*
  Denkkapazität 9
  Denkwerkzeuge 7
  Gedanken 7–10
  Kopierfähigkeit 7f
  Reolikationseinheit 7–9, *10*
  Selektion 1
  Typen 8
  Wettbewerbsvorteil 7
  Wirt 2–4
Memetik 7, 20, 22
  Prinzipien 8f
Memkomplex (Memplex) 1, 8
Memperspektive 1–22
Mempool 1, 8, *10*
Memtheorie 2, 10
menschliches Verhalten, Einfluss situativer Kräfte 233
Menschlichkeit 243
Merleau-Ponty, M. 43
Mesencephalon, siehe Mittelhirn
mesolimbisches System, Belohnungs- und Motivationssystem 265f
Metrum *97*
Milgram, S. 261
Milgram-Experimente (Stromstoß-Studien) 261
Milland, R. *164*
Miller, B. 26f
Miltin, J. *251*
Mimik 258
Misstrauen 234
Mitgefühl *117*, *119*, 243
Mitleid 217
Mittelhirn (Mesencephalon) *X*
Mittelohr 89
Mobilität 177
Modell-Lernen *150*
Modul (Verarbeitungseinheit im Gehirn) 96
Modultheorie *94*
Möllemann, J. 201
Möller, H.-J. 153f
Mord *164*, *178*
  Antriebe und Motive 167–169
  archäologische Belege 171
  ethnische Gruppen 177
  evolutionäre Theorie 161–184
  in der modernen Gesellschaft 176–179
  mentale Mechanismen 176
  niedrige Beweggründe 164
  Phänomen 163–165
  psychische Prozesse 161–184

Triebkräfte 165
Mordadaptation, Theorie 161–184
Mordängste 177
Mordarten 168f
Mordfantasien 163, 165f, 178
Mordgefahr-Alarmsystem 173
Mordimpuls 164f
Mordmotiv 169
in der Gegenwart 176f
in der Vergangenheit 176f
Mordphilosophie *180*
Mordproblem 183
Mordstatistik (FBI) nach Mordopfern *180*
Morgenstern, C. *224*
Moscovici, S. 260
Motiv 169, *169*, *216*, *219*, 230, 269
Motivation 8, *168*, *219*, 221
extrinsische 219, *220*, 222, 224
gerichtete 222
intrinsische *220–222*, 224
ungerichtete 222
Motivationsforschung 221f
Motivationsmodell von McClelland *169*
Motivationspsychologie *240*
Motivationsverlust 147
Motorik *90*, *92*
motorischer Cortex, siehe Cortex
Moulin, C. 80
Mozart, W. A. 84, 108
Murphy, E. A. 189, *189*
Murphy-Gesetz 189, *189*
Musik *84*, 107
Auslösung von Emotionen 109f
Gedächtnis 83–87
Informationsaufnahme, -verarbeitung und -speicherung 83–106, *84*
kognitiver Vorgang *84*
kulturelle Unterschiede 108
Kurzzeitgedächtnis *84*, 85
soziale Funktion 110
Strukturelemente 83–85
und Sprache 110f
Verarbeitung, neuronale Netzwerke 105
Musikalität *87*, 95f
Hirnforschung 107–111
Musikerziehung 100, 108
Musikformen (Chunking) 87
Musikhören
Gehirn 83–106
Konstruktion des Gehirns 107
Musikleistung, individuelle Ausprägung 108f
Musikpsychologie 87, *87*
Musikverarbeitung, Experimente 109
Musikverständnis 91, 107
Musikwahrnehmung 96
anatomische Grundlagen 88–93
cerebrale Organisation 101f
hirnphysiologische Grundlagen 93–97
Plastizität 97f
Studien 97f
Musikwahrnehmungsstörungen, isolierte (Verarbeitung) 96f
Mustererkennung 210
Mut 241, 243f, 247f
Mutation 172
Mutter Teresa 254
Myelinscheide 38, *38*
Myoglobin/Myohämoglobin 171, *171*

N

Nachahmung16, *16*
Nativismus 40, *40*
natürliche Selektion 1f, 7, 13
Neid *117*, *119*, 168, 175
Neo-Psychoanalyse *241*
Neppe, V. 80
Nervenbahn, Synästhesie 42f
Nervenkommunikation 154
Nervensystem 121, *121*
autonomes *121*
Grundaufbau *121*
parasymphathisches *121*
peripheres zentrales (Zentralnervensystem) 121
somatisches *121*
sympathisches 121
Nervenzelle *38*
Neuron *121*
Sehrinde 37f
Nesse, R. 159
Neugeborene
Entwicklungspsychologie *40*
Hirnregionen 37f
Imitations- und Lernfähigkeit 40
Reaktion auf Reize 40f
Reizpotenziale 41f
Sinneswahrnehmung 40
Neuroanatomie 93–97
Neurofeedback (Methode) 229
Neuron 38, *38*, 43, siehe auch Spiegelneuron
neuronales Netzwerk *121*
Musikverarbeitung 95f
neuronales Belohnungssystem 230
Neuropeptid CRH (Corticotropin Releasing Hormone) 158
Neuroplastizität 102, *102*
neuropsychologische Diagnostik, Ziele 95
Neurotransmitter *143*, 156, 200
Neurowissenschaft, Hierarchie-Modell 32–34, *34*, 37
Newton, I. 260
Nickel, T. 156
non-REM-Schlaf *56*
Noradrenalin 143, 156
Notenblindheit, siehe Alexie
Nubien 171
Nucleus accumbens 107
Nutzen 196, *196*
Nutzenmaximierung *174*

O

Ohr *89*, *91*, 92f
Ohrmuschel *89*
okzipitaler Cortex, siehe Cortex
Okzipitallappen (Hinterhauptslappen) *X*, 37
Opfer 249f, *251*
Opferbereitschaft 180
Opimismus *243*
orbitofrontaler Cortex, siehe Cortex
Organisationspsychologie *225*
Osteoperose 154
Östrogen *172*
„Ötzi“ (Mumie eines Alpenbewohners) 170, *170*

P

Panikstörung 140, *140*
Panksepp, J. 110
Pantev, C. 97f
Panzer-Mann (Tank Man) *246*
Parahippocampaler, siehe Cortex
parahippocampaler Gyrus 74, *74*, 78, 80
paranoide Persönlichkeitsstörung 234, *234*
parietaler Cortex, siehe Cortex
Parkinson-Krankheit 43
Parks, R. L. 254, *254*
Pathologie, soziale 254
Paukengang (Scala tympani) *89*
Pawlow, I. P. 12, *12f*
Peek, S. 231
Peretz, I. 96
Perilymphflüssigkeit 88, *88*
perirhinaler Cortex, siehe Cortex
Personalführung 149
persönliche Autorität (Vorbild) 224f
Voraussetzungen 225
Persönlichkeit 124, 224, 230, *237*, 255, 271
Veränderbarkeit ihrer Grundzüge 228–231
Eigenschaften *127*
Merkmale *124*, *148*, 228f
Persönlichkeitsentwicklung, psychoanalytische Theorien 117
Persönlichkeitsprofil 127, *127*
Persönlichkeitspsychologie 229
Persönlickeitstest *127*
Peseschkian, N. 142, *142*
PET-Scan 5, *5*
Phelps, E. 132
Phobie *140*
Phylogenese (Stammesgeschichte) 6
Physikalismus 33f, *34*
physische Gefährdung (Heldentum) 247–249, *251*
Pinker, S. 107
Plato 132
Platz des Himmlischen Friedens *246*
Play it again Sam-Effekt (Musikpsychologie) 87
Plutschik, R., Emotionsklassen *119*
Pons *X*
positive Psychologie 243, *243*
positive Psychotherapie 142, *142*
Positronen-Emissions-Tomographie (PET) 4f, *5*, 104, *104*
posteriorer (hinterer) cingulärer Cortex, siehe Cortex
postttraumatische Belastungsstörung (PTBS) *59*, 140, *140*
Post-Vietnam-Syndrom *59*

Präferenztechnik 40
präfrontaler Cortex, siehe Cortex
Präfrontallappen (Stirnlappen) *X*, 38
Prägung, kulturelle 169
Prägungstheorie (absolutes Gehör) 103–105
prämenstruelles Syndrom (PMS) 159
prämotorischer Cortex, siehe Cortex
Primäremotion *118*
Primärgedächtnis *86*
primärer motorischer Cortex, siehe Cortex
Prinzip der doppelten Quantifizierung *168*
Problemlösen, intuitives 271
Progesteron *172*
prosoziales Verhalten 256
Proust, A. *94*
Proust, M. *83*, *94*
Prozesse, unbewusste 135
Pseudo-Helden 248f
Psyche, menschliche 253
psychische Erkrankungen 139–152, *140*
  Wirkungsweisen der Hauptmedikamentengruppen *143*
psychische Mechanismen, Mordimpuls 165
Psychoanalyse 24, *143*, *150*
Psychologie *6*, *34*
  der Informationsverarbeitung *71*
  des Mordes 161–184
  Schema-Theorie der Emotionen 117, 132
  Thema „Gene kontra Umwelteinflüsse" 40f
  von Entscheidungen 131
psychologische Ereignisse 31–34
Psychomotorik (depressive) 139
Psychopath (antisoziale Persönlichkeit) *174f*, 175
Psychopharmaka *150*
Psychose 169
Psychosoziologie, feministische 185
Psychotherapie 127, 142, *142*, 150, *150*, 202, 229f

Q

Quellen-Überwachung 65–67, *66*
  externe 67
  Theorie *66*
Quellen-Überwachungsfehler 75

R

Radionuclid *104*
Ranvierscher Schnürring (Markscheide) *38*
Rassendiskriminierung *254*
Ratio 131f, 134f, 268
  bewusste 135f
  der Mörder 174–176
Rational-Choice-Modell 268
Rationalität 174, *174*, 266f, 269, 272
  emotionale 269
  neuronale Basis 266
  und Sprache 266
Ravel, M. 84
Reagan, R. 69
Reaktion *15*
  affektiv-emotionale 269
  bedingte *12*
  konditionierte *12*
  unkonditionierte *12*
  vegetative *169*
Reaktionsrate (Reaktionswahrscheinlichkeit) *203*
Reaktionsstärke *168*
Realisierungstheorie *34*
Rebecque, B. C. de *248*
Reflex, bedingter *12*
Refraktärzeit/Refraktärphase 116f, *116*, 125, 129, 118, 123, 125
Reissner-Membran *89*
Reiz 8, *15*, 18, *30*, *223*
  äußerer *86*
  akustischer 30
  innerer (Gedanken) *86*
  konditionierter *12*
  unkonditionierter *12*
Reiz-Reaktions-Verknüpfung *113*
Reizpotenziale, siehe evozierte Potenziale
Reizüberflutung *150*
Reizverstärkung *17*, 18
Rekognition 61, 69, siehe auch falsche Rekognitionen
Rekognitionstest, Filmparadigma 62–64, *63*
REM-Schlaf (paradoxer Schlaf, aktivierter Schlaf) 56, *56*
repetitive transcraniale magnetische Stimulation (rTMS) 27
Replikation *2*, 2f
Replikator 2, 7, 21
Reproduktionsvorteil 179
Resozialisierungsgedanken 228
Respekt 152
Rhythmus *97*, 107f
Ribonucleinsäure (RNA) *2*
Rimbaud, A. 29f
Rindenfelder 92
Risiko 248, 250
Rivalitätsverhalten, männliches 186
Rizzolatti, G. 259
Roth, G. 93, *93*, 132, 135, 228–231, *272*
Rückenmark *X*, *121*
Rücksichtnahme 213
Rutz, W. 154

S

Saffran, J. R. 104
Säuglingsforschung 40
Savant
  „Idiot Savant" („wissender Dummkopf") 23–27
  autistischer 25
  Inselbegabung 25f
Scala
  tympani 88
  vestibuli 88
Schaeffer, R. *181*
Schall 88, 90, 107
Scham *118*
Scheitellappen (Parietallappen) *X*, *5*
Schema
  Erwartungshaltung 68
  Gedächtnis 84f, 87, 126f
Schematheorie *51*, 67f
  der Emotionen *117*
  Prinzipien 68
Schläfenlappen (Temporallappen) *X*, *5*, 78
Schlafentzug 155
Schlafparalyse (Schlaflähmung) 56, 57
  Halluzinationen 56
  künstlerische Darstellung *55*
Schlafstörungen 140, *145*
Schlüsselreiz *113*
Schmecken 48
Schmerl, C. 185–187
Schmerz 121
Schnecke (Cochlea) *89*
Schneider, P. 102
Schooler, J. 134
Schüchternheit 159
Schuld *118*
  und Strafbarkeit *175*
Schuldbewusstsein *174*
Schuldfähigkeit (von Mördern), Untersuchung 176
Schuldgefühl *143*
Schumann, R. 84, 102f, *102f*
Schutzmechanismus (Evolution) 172–174
Schwangerschaft, Tötungsschutzmechanismus 172f
Schwangerschaftsnachweis (Aschheim-Zondek-Reaktion) *172*
schwarze Bürgerrechtsbewegung *254*
Schwarzenegger, A. 165, 204
Schweitzer, A. 249
Scrjabin, A. 29
Seelenleben *32*, 33
Sehreiz 39
Seidel, W. *212*
Sekundärgedächtnis *96*
Selbst 266
Selbstbeherrschung 230
Selbstbehinderung (Bewusstsein) 196f
  Mechanismen 189–208
Selbstbeobachtung *142*
Selbstbescheiden *221*
Selbstbestimmen 189f, *220*
  Fallstücke/Behinderungen 189–208
Selbstbetrug 267
Selbstbewertung *139*
Selbstbild 239
Selbstdarstellung *221*, 267
selbstdestruktives Verhalten *202*
Selbsteinschätzung 58, *139*
Selbsterkenntnis 203, *203*, 236
Selbsterniedrigung *221*
Selbstjustiz *178*
Selbstkontrolle *216*
Selbstkonzept *139*, *215*
Selbstmotivation (Internalisierung des Ziels) *222*

Selbsttäuschung 189–208
Selbstüberschätzung der Gruppe *241*
Selbstverachtung 200f
Selbstverletzung 202, *202*
Selbstvernichtung 201f
Selbstverteigungsstrategien 173f
Selbstvertrauen 217
Selbstverwirklichung 228
Selbstwahrnehmung *216*
Selbstwerterleben *139*
Selbstwertgefühl *139*, 143, 238
Selektion 1f, 13, 21, 68, *171*, 172
Selektionsdruck 3, 7, *7*, 169
Seligman, M. E. P. 243, *243*, 247
Selten, R. 268
Sensorik *90*, *92*
sensorischer Speicher *86*
Sensualismus *40*
separation calls 110
Serotonin *143*, 144, 156
  -Wiederaufnahmehemmer (SSRI) 156
Sexualität *221*
Sexualmord 177f
sexuelle Devianz *175*
Shakespeare, W. 161, *235*
Sherif, M. 260
Sicherheit *221*, 240f
Simon, H. 268
Simpson, O. J. 173, 191, *192*
Simpson-Prozess 191f, *192*
Sinnestäuschung 56
Sinneswahrnehmung 29f
Situationsanalyse 149, *149*
situative Prozesse 233–257
Skinner, B. F. 12–14, *12*, *14*
Skinner-Box *14*
Sloboda, J. 109
Smith, S. 169
Snyder, A. 25f
Sokrates 245f, *246*
Soldat 247
Solidarität *243*
Solomon, A. 158
Solschenizyn, A. 257
somatosensorisch evozierte Potenziale (SEP) *41*, 42
somatosensorischer Cortex, siehe Cortex
Sorbas, A. 234
SORKC-Modell, Situationsanalyse *149*
soziale Ablehnung 238
soziale Bahnung (*social facilitation*) 16
soziale Einflusstaktiken, Widerstandsstrategien 235–242
soziale Gruppe 238
soziale Intelligenz 259
soziale Interaktion *225*
soziale Kompetenz 225f, *225*
sozialer Druck 240
sozialer Geist 261
sozialer Kontext *237*
soziales Gehirn 258, 260f
soziales Netz 258
soziales Risiko (Heldentum) 247f
Sozialisierung, Cortexareale 266
Speichelreflex *12f*
Spiegelneuronen 215, 259
Spiralganglion *91*
Spiritualität 272
Spitzer, M. *188*
Sprache 5, *8*, 104
Sprachverständnis 91f
Sprachzentrum 26, *94*
Stalking *181–183*, 182
Stammhirn, siehe Hirnstamm
Statistik, Wahrscheinlichkeiten und Häufigkeiten 190–192
Staub, E. 253
Steigbügel 88f, *89*
Stereotypen 58, *238*, 238
Stereotypendefinitionen, kognitive Ausrichtung *238*
Stimmung 128–130, 142
  Ethologie *128*
  euphorische 129
  Evolution 129
  neurobiologisches Korrelat *128*
  Psychologie *128*
  und Emotion (Unterschiede) 128f
Stimulation, auditorische 5
Stirnhirn *76*
  Frontallappen X, 74, 262
  vorderes, Schäden 136
Stirnlappen (Frontallappen) *X*
Stoppard, T. 233
Störung, induzierte wahnhafte *242*
Störungstheorie (Déjà-vu) 78
Strafverfolgung, Ziel 181
Strafverteidigung, Rechtfertigung 180
Street Smarts (etwa: Cleverness, Schläue) 236
Stress 120f, 129f, 148, 154, 201, 264
Stresshormon Kortisol 158
Subarachnoidalraum (Hirnhäute) *88*
Substantia nigra 43, *43*
Suggestion *52*, 57, *57*
suggestive Fragetechniken *58*
Suizid/Selbsttötung *145*, 201f
Suizidalität 144
Suizidgefahr (Depression) 153f, 146
Suizidhandlung (Depression) 143
Suizidprävention (Depressionsprävention) 144, 201
supplementär-motorischer Cortex, siehe Cortex
Sylvische Furche (Sulcus lateralis) *X*
Sympathie 226
Synapse *38*
Synästhesie 29–49, *30*
  anatomische Erklärung 37f
  Definition 30f
  genetische Veranlagung 47
  idiopathische (anlagebedingte) 31
  molekularbiologische Erklärung 43–45
  physiologische Erklärung 39
  psychologische Theorie 45f
  Stammbäume veranlagter Individuen *45*
  Theorie 36–39
  Ursache *30*
  Vererbung 44f, *45*

T

Tank-Man, siehe Panzer-Mann
Tapferkeit 244
Tastempfindung 30
Tasten 48
Taylor, C. 23, 26
Teamfähigkeit *216*
Tektorialmembran *98*
Temperament (eines Menschen) 265
Temporallappen (Schläfenlappen) *X*, 5, 37
Thalamus 90, *90*
Thiamin *54*
Thorndike, E. L. *12*, *15*, 16, 259
Tiefenpsychologie 24
Todesgefahr 249
Tomasello, M. 260
Tonfall 258
Tonhöhe 110
Tonhöhenanalyse 89
Tonhöhenverschiebung 104
Tonotopie 89
Tonsprache 104, *104*
Töten, als evolutionäre Adaptation 161–184
Totschlag *164*, 178
Tötungsdrang, menschlicher 165–167
Tötungsfantasien, siehe auch Mord
  Fallbeispiele (wiss. Studie) 166f
  Geschlechterunterschiede 166
  Gründe und Bedingungen (wiss. Studie) 165–167
Tötungsneigung, im Laufe der Evolution 170–172
Tötungsschutzmechanismen (vor und nach der Geburt) 172f
tracer-Moleküle 46
Transformation 22, *22*
transkranielle Magnetstimulation (TMS) 155
Transzendenz 244, 247
Trauer *118*, 128, *128*, 141
  und Verzweiflung 118
Trauerarbeit 141
Traum 185
Traumapsychologie 59, *59*
traumatische Erfahrungen, Beispiele *59*, 81
Traurigkeit 128
Treffert, D. 26
Trieb *219*
Triebhaftigkeit *241*
Triebimpulse *143*
Triebstruktur 265
Trommelfell *89*, 107
Troyes, C. de *88*
Tugenden und Stärken (Klassifizierungssystem) 247f

U

Überforderungssituation 147
Über-Ich 143, *143*
Überleben 165, *169*
Überlebensvorteil 6f
Überreaktion 118
Überzeugen 218
Ultrakurzzeitgedächtnis 85, *86*

Ungerechtigkeit 199f, 241
Unterlassungstraining *223*
Urteilsfehler *190*, 194–196, *194*
Urteilsvermögen 234
Urteilsverzerrung *194*

V

Vagusnervstimulation 155
Verantwortung
  Diffusion 237
  für Entscheidungen und Taten 237
  persönliche 237
Verantwortungsbewusstsein *237*
Verfälschung von Erinnerung und Aussagen *58*
Vergesslichkeit (Beispiele) 71f
Vergewaltigung 177f
Verhalten *127*, *171*, 269
  aggressives 186
  antisoziales (situative Determinanten) 255
  beobachtetes 34, *35*
  gewalttätiges 165
  heldenhaftes 242
  intrinsisches *220*
  irrationales 269
  soziales 20f, 213
  sprachliches *16*
  und situative Einflüsse 233–257
Verhaltens- und Denkmuster 228–231
Verhaltensänderung 268
Verhaltensansteckung (*behavioral contagion*) 16
Verhaltenskodex 247
Verhaltenskontext 253–255
Verhaltensmuster 230, 236
Verhaltensökologie *171*
Verhaltenssteuerung *168*, 209, 268
Verhaltenstherapie 127, 155
Verhaltensweisen, affektive 265
Verlerntheorie (absolutes Gehör) 103–105
Vernunft 267f
Verstand 265, 267f
Verstärkereinsatz *203*
Verstärkung 223f
  Formen *17*, 18
  negative *17*, *223*
  positive *17*, *223*
  selektive *150*
  Verfälschung von Erinnerung *16*, *58*, *116*, *223*
Versuch-und-Irrtum-Lernen 12–14, 17
Vigilanz (Wachsamkeit) *71*
visuelle evozierte Potenziale (VEP) 41, *41*
visueller Cortex, siehe Cortex
Voerman, M. *31*
Vogelgesang
  kulturelle Evolution 18f
  lautspektrographische Darstellung (Sonagramm) *19*
Vorbild 225–227
Vorhaltfragen *58*
Vorhofgang (Scala vestibuli) *89*
Vorstellungsgabe *72f*
Vorurteil *238*

W

Wagner, R. 29, 103, *103*
Wahl, Gouverneurs-Wahl Ca.-2003 204f
Wahlen, Präsidentschaft USA-2000 206f
Wahlsysteme 208
  Paradoxien 204–207
Wahnideen *145*
Wahnsymptomatik *242*
Wahrnehmung
  akustische *87*
  auditorische 93
  musikalische 84
  synästhetische 30, 43
  visuelle 30, 39
  synästhetische 37
Watson, J. B. *12*
Watson, M. 47
Webern, A. 84
Wehling, E. *239*
Weik, B. *93*
Weisheit 243f
Weisung 220
Weltgesundheitsorganisation (WHO) 154
Werkzeugdenken *6*
Wernicke-Areal *XI*
Wernicke-Region (Wernicke-Sprachzentrum) 92
Wertvorstellung 227
Whitehouse, J. 24
Widerstandsstrategien 235–242
Wiegand, M. 155
Wille 219
Willensbildung, Prozess 211
Willensfreiheit 209, 211
Willensstärke 198
Williams-Beuren-Syndrom 259
Willis, B. 165
Wilson, T. 134
Wissen 219, 243
Wohltätigkeit 243
Wortlisten 60f
  Beispiele *60f*
  -Methode 61f, *61*
  -Tests 62
Wut 114, *118*, 163, 175
  Gesichtsausdruck *126*
Wutanfall, Strategie zur Abschwächung 125–128
Wutauslöser 126

X

Xenophobie (Fremdenangst) *177*

Y

Yoga 4
Young, R. 27

Z

Zazen 4
Zehn-Stufen-Programm zur Abwehr unerwünschter Einflüsse 235–242
Zeit *240*, 251
Zellkern *38*
Zentralfurche (Sulcus centralis) *X*
Zentralnervensystem *121*
  Hauptbestandteile *X*
Ziel 222, *223*
Zielerreichung (Wahrscheinlichkeit) 223, *223*
Zielsetzungstheorie 222, *222*
Zielvorgaben 222, *222*
Zimbardo, P. G. *232*
Zivilcourage 236, 254
ziviler Ungehorsam *254*
Zorn 114f, *114*, 118, 121, 123, 127–129
Zufriedenheit *118*, 229
Zugehörigkeit 238
Zurückhaltung 234
  und Aufgeschlossenheit (Dualität) 234f
Zwangsstörung *140*
Zwischenhirn (Diencephalon) *X*, 90
Zwölftonmelodie 84f